AF545799

ESV

Finanzwesen der Gemeinden
FdG Band 4

Kommunale Rechnungsprüfung

Von

Prof. Dr. Adelheid Zeis
Wirtschaftsprüferin, Steuerberaterin,
Frankfurt University of Applied Sciences

begründet von

Helmut Fiebig
Kämmerer der Stadt Meerbusch a. D.,
vormals Leiter des Rechnungsprüfungsamtes der Stadt Meerbusch

6., völlig neu bearbeitete Auflage

ERICH SCHMIDT VERLAG

Bibliografische Information der Deutschen Nationalbibliothek
Die Deutsche Nationalbibliothek verzeichnet diese Publikation
in der Deutschen Nationalbibliografie; detaillierte bibliografische Daten
sind im Internet über http://dnd.d-nb.de abrufbar.

Weitere Informationen zu diesem Titel finden Sie im Internet unter
ESV.info/978-3-503-21216-3

1. Auflage 1994
2. Auflage 1998
3. Auflage 2003
4. Auflage 2007
5. Auflage 2018
6. Auflage 2023

Gedrucktes Werk: ISBN 978-3-503-21216-3
ISSN 1437-5702
eBook: ISBN 978-3-503-21217-0

www.ESV.info

Satz: multitext, Berlin
Druck und Bindung: C. H. Beck, Nördlingen

Zum Geleit

Gut ein Vierteljahrhundert nach der ersten Auflage dieses mittlerweile Standardwerkes zur kommunalen Rechnungsprüfung erscheint nunmehr die sechste Auflage, an der ich nicht mehr als Verfasser mitwirke. Nach der Umstellung des kommunalen Haushaltsrechts auf die doppelte kaufmännische Buchführung wurde für die fünfte Auflage bereits Frau Prof. Dr. Zeis als Mitautorin gewonnen.

Nach meiner Pensionierung lege ich die Fortführung des Buches vertrauensvoll in ihre bewährten Hände und verabschiede mich als Verfasser.

Ich bin mir sicher, dass diese und zukünftige Auflagen den gleichen Zuspruch wie die bisherigen finden und den Praktikern in den Rechnungsprüfungsämtern hilfreich sein werden!

Monheim am Rhein, im Dezember 2022 Helmut Fiebig

Vorwort

Das von Helmut Fiebig 1993 begründete und von Prof. Dr. Adelheid Zeis fortgeführte Standardwerk zur Kommunalen Rechnungsprüfung zeigt die kontinuierliche Weiterentwicklung der Kommunalen Rechnungsprüfung.

Vier Jahre nach der 5. Auflage erscheint nun die völlig überarbeitete 6. Auflage – dies ist auch ein Indiz für die rasante Weiterentwicklung der öffentlichen Finanzkontrolle im kommunalen Bereich von den „Häkchenmachern“ zu den „Cyberprüfenden“.

In modernen Kommunalverwaltungen wird doppisch gebucht, in Prozessen gedacht und in Projekten umgesetzt. Das hat auch die Kommunale Rechnungsprüfung vor Herausforderungen gestellt, denen es mit modernen Prüfmethoden und Prüfansätzen und einem neuen Leitbild zu begegnen gilt.

System-, IKS und Geschäftsablauforientierte Prüfungen und analytische Prüfungshandlungen anstelle von Einzelfallprüfungen, Ex-ante und begleitende Prüfungen anstelle von Ex-post Prüfungen prägen die moderne Rechnungsprüfung. Dem trägt dieses Werk Rechnung und gibt Hilfen zur praktischen Umsetzung in der täglichen Arbeit.

Die Kommunale Rechnungsprüfung steht vor einer weiteren Herausforderung – der Digitalisierung der Verwaltung. Die zunehmende Automatisierung von Verwaltungsvorgängen, aber auch der demografische Wandel und der damit einhergehende Fachkräftemangel erfordern die digitale Transformation der Rechnungsprüfung.

Die digitale Transformation hat zwei Seiten. Auf der einen Seite gilt es, den Digitalisierungsprozess der Verwaltung prüferisch zu begleiten, Chancen und Risiken zu erkennen und die Entscheidungsträger zu beraten. Auf der anderen Seite muss sich die Rechnungsprüfung selbst digital weiterentwickeln.

„Prüfen der IT, das Prüfen mit IT Unterstützung und die IT Sicherheit werden immer wichtiger. Stetig wachsende Datenmengen erfordern neue Prüfmethoden sowie Analyse und Prüftools für die Prüfung. Dies wiederum bedingt eine Vernetzung und Weiterbildung der Prüfenden in hochkompetenten Prüfteams.“ Tim Fritsch, IT Prüfer im Revisionsamt Frankfurt am Main, CISA (Zertifizierter IT-System-Auditor), Zertifizierter Rechnungsprüfer und Vorsitzender des IDR AK DITS (Arbeitskreis Digitalisierung und IT Sicherheit).

Die Autorin vermittelt das Wissen nicht nur über dieses Kompendium, sondern ist integraler Bestandteil im IDR Zertifizierungslehrgang, der dem prüferischen Nachwuchs die Grundlagen der modernen Rechnungsprüfung im Sinne einer wirksamen öffentlichen Finanzkontrolle vermittelt.

Ich freue mich, dass es der Autorin gelungen ist, in der 6. Auflage nicht nur den aktuellen Stand der Diskussion wiederzugeben und wertvolle Tipps für die Praxis zu geben, sondern auch Impulse für die Weiterentwicklung der öffentlichen Finanzkontrolle zu setzen.

In diesem Sinne empfehle ich Ihnen die intensive Lektüre.

Frankfurt, im November 2022

Hans-Dieter Wieden

Leiter des Revisionsamts
der Stadt Frankfurt a. M.,
Vorsitzender des Vorstandes
des Instituts der Rechnungsprüfer (IDR)

Inhaltsverzeichnis

Abkürzungsverzeichnis

a. F.	alte Fassung
AktG	Aktiengesetz
AO	Abgabenordnung
BauGB	Baugesetzbuch
BayGO	Gemeindeordnung für den Freistaat Bayern
BFH	Bundesfinanzhof
BGB	Bürgerliches Gesetzbuch
BMF	Bundesministerium für Finanzen
BMI	Bundesministerium des Innern
BSI	Bundesamt für Sicherheit in der Informationstechnik
BStBl.	Bundessteuerblatt
BVerwG	Bundesverwaltungsgericht
BW	Baden-Württemberg
d. h.	das heißt
dergl.	dergleichen
DIIR	Deutsches Institut für Interne Revision e. V.
ECA	European Court of Auditors, Europäischer Rechnungshof
etc.	et cetera (und so weiter)
EU	Europäische Union
evtl.	eventuell
EZB	Europäische Zentralbank
gem.	gemäß
GemHVO	Gemeindehaushaltsverordnung
GemKVO	Gemeindekassenverordnung
GemO	Gemeindeordnung
GemPrO	Gemeindeprüfungsverordnung
ggf.	gegebenenfalls
GO	Gemeindeordnung
GPA	Gemeindeprüfungsanstalt
GmbHG	GmbH-Gesetz
GWG	Gesetz gegen Wettbewerbsbeschränkungen
HGB	Handelsgesetzbuch

HGO	Hessische Gemeindeordnung
HGrG	Haushaltsgrundsätzegesetz
HOAI	Verordnung über die Honorare für Architekten u. Ingenieurleistungen
i. d. F.	in der Fassung
i. d. R.	in der Regel
i. S.	im Sinne
IAA	Institute of Internal Auditors ()
IASP	International Auditing Practice Statements
IDR H	Prüfhilfen des Instituts der Rechnungsprüfer
IDR L	Prüfungsleitlinien des Instituts der Rechnungsprüfer
IDR	Institut der Rechnungsprüfer e. V.
IDW PH	Prüfungshilfen des Instituts für Wirtschaftsprüfer
IDW PS	Prüfungsstandards des Instituts für Wirtschaftsprüfer
IDW RS	Rechnungslegungsstandards des Instituts für Wirtschaftsprüfer
IDW	Institut der Wirtschaftsprüfer e. V.
IFAC	International Federation of Accountants
IKS	Internes Kontrollsystem
IM	Ministerium des Innern
INTOSAI	International Organization of Supreme Audit Institutions
IPPF	International Professional Practices Framework
ISA	International Standards on Auditing
ISSAI	International Standards of Supreme Audit Institutions
KAG	Kommunalabgabengesetz
KGSt	Kommunale Gemeinschaftsstelle für Verwaltungs-vereinfachung
KPG	Kommunalprüfungsgesetz
KommPrV	Kommunale Prüfungsverordnung
KommVerfG	Kommunalverfassungsgesetz
lfd.	laufend(e)
LHO	Landeshaushaltsordnung
LKrO	Landkreisordnung
LV	Leistungsverzeichnis
Mio.	Millionen
M-V	Mecklenburg-Vorpommern
nds	niedersächsisch
NRW	Nordrhein-Westfalen

NKF	Neues Kommunales Finanzmanagement
Nr.	Nummer
OLG	Oberlandesgericht
OVG	Oberverwaltungsgericht
PH	Prüfungshandlungen
PN	Prüfungsnachweise
RLP	Rheinland-Pfalz
Rn.	Randnummer
RPA	Rechnungsprüfungsamt
SA	Sachsen-Anhalt
SAKD	Sächsische Anstalt für kommunale Datenverarbeitung
SH	Schleswig-Holstein
s. o.	siehe oben
SGB	Sozialgesetzbuch
sog.	sogenannte
u. a.	unter anderem
UVgO	Verfahrensordnung für die Vergabe öffentlicher Liefer- und Dienstleistungsaufträge unterhalb der EU-Schwellenwerte
VGH	Verwaltungsgerichtshof
vgl.	vergleiche
VgV	Vergabeverordnung
VO	Verordnung
VOB	Vergabe- und Vertragsordnung für Bauleistungen
VV	Verwaltungsvorschrift
VwGO	Verwaltungsgerichtsordnung
z. B.	zum Beispiel
z. T.	zum Teil

A. Einführung: Rechnungsprüfung und Finanzkontrolle in Deutschland

I. Bedeutung der Rechnungsprüfung

Bund, Länder und Kommunen gaben 2021 1.371 Milliarden € aus. Davon 1
entfielen 303 Milliarden € auf die Kommunen.[1]

Die Staatsquote, also der Anteil der Staatsausgaben (von Bund, Ländern und Kommunen ohne Sozialversicherungen) am Bruttoinlandsprodukt betrug 2021 29,7 %.[2] Die Leistungen aller drei Ebenen machen damit einen erheblichen Teil der Wirtschaftsleistung in der Bundesrepublik aus.

Die Kehrseite der aktiven Rolle der Gebietskörperschaften ist zum einen die Abgabenbelastung der Bürger. Die OECD sieht Deutschland bei den Abgaben auf Einkommen der Erwerbstätigen auf einen Spitzenplatz[3]; der Bund der Steuerzahler ermittelt für einen durchschnittlichen Arbeitnehmer-Haushalt ohne Berücksichtigung der Abgaben für die Sozialversicherung eine Abgabenquote von 26 %.[4]

Die Leistungen wurden aber nicht in vollem Umfang von den Abgabepflichtigen finanziert. Am 31. 12. 2021 hatte der öffentliche Gesamthaushalt ohne Sozialversicherungen beim nicht-öffentlichen Bereich Finanzschulden i. H. v. 2.319,9 Milliarden €, auf die Kommunen entfielen 131,1 Milliarden €.[5] Die Finanzschulden werden wie die Pensionen künftige Abgabenzahler belasten.

Wenn die Medien die Stimmung der Bevölkerung wiedergeben, ist diese nicht immer vollständig zufrieden damit, wie diese Leistungen erbracht wer-

1 Statistisches Bundesamt Ausgaben des Öffentlichen Gesamthaushalts Kassenstatistik, bereinigt um Zahlungen der Einheiten untereinander unter www.destatis.de.

2 EUROSTAT Ausgaben in der Gliederung der volkswirtschaftlichen Gesamtrechnung unter https://ec.europa.eu/eurostat.

3 OECD Taxing Wages 2022 unter https://www.oecd.org/tax/tax-policy/taxing-wages-brochure.pdf.

4 Eigene Berechnung auf der Grundlage BdSt Rundschreiben Nr. 5/2022 Steuerzahlergedenktag und Einkommensbelastungsquote 2022 unter https://www.steuerzahler.de.

5 Statistisches Bundesamt Vorläufiger Schuldenstand des Öffentlichen Gesamthaushalts beim nicht-öffentlichen Bereich unter www.destatis.de.

den. Einstürzende Brücken, Kostenexplosion bei Tunnelbauten, die fehlende Möglichkeit Verwaltungsleistungen digital abzuwickeln, unzureichender Katastrophenschutz, ein zu geringes Angebot im ÖPNV und eine unsichere Energie- und Wasserversorgung sind nur einige Klagen aus den jüngsten Diskussionen.

Rechtfertigen lässt sich die Belastung der Abgabenzahler nur dadurch, dass drei Bedingungen eingehalten werden. Die Leistungen werden von der demokratisch gewählten Volksvertretung mit Mehrheit beschlossen. Eine übermäßige Verschiebung von Finanzierungslasten auf künftige Generationen wird vermieden. Die Beschlüsse der Volksvertretungen können nur einen Rahmen vorgeben, die Aufgabenerfüllung in diesem Rahmen durch die Verwaltung muss wirtschaftlich sein. Dies gilt es nicht nur tatsächlich, sondern für die Abgabenzahler und Bürgerinnen auch erkennbar sicherzustellen.

Die Rechnungsprüfung ist nicht der einzige, aber ein wesentlicher Baustein der institutionellen Gewährleistung der Einhaltung dieser Bedingungen.

Für ihre Einordnung *(s. B. Organisation, Stellung, Rolle)* gilt es an dieser Stelle einige Begriffe zu definieren und dabei auch an die Betriebswirtschaftslehre anzuschließen.

II. Begriffe

2 **Rechnungsprüfung** ist der älteste Begriff. Auf staatlicher Ebene legt ein Rechenschaftspflichtiger über „die Verwendung aller Einnahmen … zur Entlastung … Rechnung“[6] ab, diese Rechnung bezeichnet den Gegenstand der Rechnungsprüfung. Die Aufgabe leitet sich vom Gegenstand ab. Die Rechnungsprüfung dient dem Rechenschaftsempfänger.

Die Aufgabe des Bundesrechnungshofes wird seit dem Bundesrechnungshofgesetz als unabhängige **Finanzkontrolle** bezeichnet,[7] einige Landesrechnungshofgesetze verwenden diesen Begriff ebenfalls.[8]

---

6 Z.B. Art. 72 Gesetz betreffend die Verfassung des Deutschen Reiches vom 16. April 1871.

7 *Mühlenkamp,* Einführende Überlegungen zur Finanzkontrolle durch Rechnungsprüfungsbehörden, in: Hill/Mühlenkamp, Neue Wege in der Finanzkontrolle. Beiträge zur Tagung der Deutschen Universität für Verwaltungswissenschaften, Duncker/Humblot, Berlin 2017.

8 § 1 Abs. 1 LandesrechnungshofG Hessen; § 1 Abs. 1 Gesetz über den Landesrechnungshof Brandenburg.

In der BWL ist die Kontrolle wie die Prüfung ein Element der Überwachung.[9] Ziel der Überwachung ist es im überwachten System Fehler zu vermeiden, entstandene Fehler zu entdecken und damit die Möglichkeit zu schaffen sie zu korrigieren und Informationen zu generieren, mit denen die Entscheidungen derjenigen besser werden in deren Auftrag überwacht wird.[10] Die Vorgehensweise der Überwachung ist ein Dreischritt: der Istzustand wird aufgenommen, der Sollzustand ermittelt und eventuelle Abweichungen werden festgestellt und beurteilt.[11]

Kennzeichnend für die **Prüfung** ist, dass die Überwachung von Personen vorgenommen wird, die nicht Teil des überwachten Systems, insbesondere der zugehörigen Geschäftsprozesse sind und nicht für die Ergebnisse des Systems und der Prozesse verantwortlich sind.[12] Dies ist eine Voraussetzung für die Unbefangenheit der Prüferinnen *(s. E. Prüfungspsychologie).*

Entsprechend wird die **Kontrolle** von Personen durchgeführt, die Teil des überwachten Systems und seiner Geschäftsprozesse sind und an der Verantwortung für Fehler beteiligt sind.[13] Bei diesen Kontrollen handelt es sich um Kontrollaktivitäten im internen Kontrollsystem des Systems *(s. J. IKS und Geschäftsprozess).*

Die Unabhängigkeit muss nur zum konkret geprüften Subsystem und dessen Geschäftsprozessen gegeben sein, eine persönliche Abhängigkeit durch Anstellung im Unternehmen und Weisungsbindung hindert nicht. Daher werden im Unternehmen Prüfungen sowohl durch Unternehmensexterne wie z. B. Wirtschaftsprüfer und Mitarbeiterinnen von Aufsichts- und Regulierungsbehörden durchgeführt als auch durch Mitarbeiter des Unternehmens, die interne Revision oder Innenrevision. Die Aufgabe der Innenrevision ist es, die Unternehmungsleitung in der Wahrnehmung ihrer Überwachungsfunktion zu unterstützen.

Ebenfalls mit einem Soll-Ist-Abgleich befasst ist das betriebliche **Controlling**. Dessen Tätigkeit ist zum einen enger, da keine eigenen Erhebungen der Wirklichkeit vorgenommen werden, sondern lediglich an anderen betrieblichen Orten generierte Daten verwendet werden. Es teilt mit der Innenrevision die Aufgabe der Leitungsunterstützung, durch die Zurverfügungstellung entscheidungsrelevanter Informationen. Dabei setzt es aber

9 Stichwort Überwachung Gabler Wirtschaftslexikon online-Version Stand 1. 9. 2022.

10 Stichwort Überwachung Gabler Wirtschaftslexikon online-Version Stand 1. 9. 2022.

11 Stichwort Überwachung Gabler Wirtschaftslexikon online-Version Stand 1. 9. 2022.

12 Stichwort Prüfung Gabler Wirtschaftslexikon online-Version Stand 1. 9. 2022.

13 Stichwort Kontrolle Gabler Wirtschaftslexikon online-Version Stand 1. 9. 2022.

durch die Formulierung von Planvorgaben und Umsetzungsvorschlägen bei Abweichungen zeitlich sowohl vor als auch nach dem Tätigwerden der Innenrevision an. Mit der Aufgabe der Mängelbeseitigung geht auch eine entsprechende Verantwortung für die Umsetzung der Feststellungen einher, die die Innenrevision nicht hat.[14]

Die Präsidien und Kollegien der Rechnungshöfe, Organe der staatlichen Rechnungsprüfung, verfügen mindestens über dasselbe Maß an Unabhängigkeit wie unternehmensexterne Prüfer, die Mitarbeiterinnen der örtlichen Rechnungsprüfungsämter haben eine mit der Innenrevision vergleichbare Stellung (*s. B. Stellung der Rechnungsprüfung*).

3 Die Regelung der kommunalen Rechnungsprüfung ist Aufgabe der Länder. Kommunale Rechnungsprüfung findet u. a. in Gemeinden, Städten, Stadtbezirken, (Land)-Kreisen, Ämtern, Bezirken, Regionen, Samtgemeinden, Verwaltungsgemeinschaften, Gemeindeverwaltungsverbänden, Zweckverbänden, deren Sondervermögen und rechtsfähigen Anstalten des öffentlichen Rechts statt. Regelungen dazu finden sich in Gemeindeordnungen, (Land)-Kreisordnungen, Amtsordnungen, Kommunalverfassungsgesetzen, Gesetzen über die kommunale Gemeinschaftsarbeit und vielen anderen mehr. Die Begriffe variieren, die Funktionen weisen aber viele Gemeinsamkeiten auf. In dieser Darstellung werden daher soweit möglich funktionale Begriffe verwendet:

Die genannten Regelungen werden unter dem Begriff **Kommunalverfassungsgesetz** zusammengefasst. Bei der Betrachtung wurden die drei Stadtstaaten ausgeklammert.

Die **Volksvertretung** steht für den Gemeinde- oder Stadtrat, den Kreistag, die Gemeindevertretung, die Stadtverordnetenversammlung.

Die **Verwaltungsspitze** steht für den Bürgermeister, die Oberbürgermeisterin, den Gemeindevorstand, den Magistrat, den Hauptverwaltungsbeamten, die Amts- bzw. Gemeindedirektorin, den Amtsvorsteher oder die Landrätin.

Die **Verwaltungsleitung** umfasst einen weiteren Kreis, alle Mitarbeiterinnen mit Führungsfunktionen.

Ist von der **Verwaltung** die Rede, sind die hauptamtlichen Bediensteten gemeint in Abgrenzung zur Volksvertretung, die auf kommunale Ebene ebenfalls Teil der Verwaltung ist.

Die **Rechnungslegung** bezeichnet sowohl den doppischen Jahres- und Gesamtabschluss als auch die kamerale Haushaltsrechnung. Gleichwohl

14 Stichwort Kontrolle Gabler Wirtschaftslexikon online-Version Stand 1. 9. 2022.

liegt der Schwerpunkt in dieser Auflage auf einer doppischen Haushaltswirtschaft. Für Besonderheiten der kameralen Haushaltswirtschaft kann auf die 4. Auflage zurückgegriffen werden. Als Rechtsgrundlage für die doppische Haushaltswirtschaft wurde soweit möglich die Muster-GemHVO aus dem Beschluss der Innenministerkonferenz von 2003 verwandt.

Und schließlich wird für die bessere Lesbarkeit abwechselnd die männliche und weibliche Form verwendet, alle übrigen sind jeweils mit gemeint.

III. Neuere Entwicklungen

Die Arbeit der Mitarbeiterinnen der kommunalen Rechnungsprüfung hat 4
sich in den letzten 15 Jahren erheblich verändert. Dafür waren viele Faktoren verantwortlich.

Zuerst ist die weitgehende Umstellung auf die **doppische Haushaltswirtschaft** zu nennen. Die zu prüfende Rechnung ist erheblich komplexer geworden und damit auch die Prüfung dieser Rechnung. Die fachlichen Anforderungen an die Mitarbeiter sind deutlich gestiegen.

Um diese Mitarbeiterinnen gewinnen und halten zu können, müssen die Stellen in der Rechnungsprüfung entsprechend bewertet sein. Ein vom Institut der Rechnungsprüfer in Auftrag gegebenes Gutachten zur Bewertung der Beamtenstellen in der kommunalen Rechnungsprüfung[15], hat nicht nur ein höheres Qualifikationsniveau bestätigt, sondern war auch Ansatzpunkt für die Diskussion über das **Leitbild** einer modernen kommunalen Rechnungsprüfung.

Diese Diskussion wird vom **Institut der Rechnungsprüfer** (IDR) beför- 5
dert, dessen Gründung 2006 bereits Ausdruck eines gestiegenen Bedürfnisses an Selbstorganisation, überregionaler Koordination, Interessenvertretung und Außenrepräsentation der Leitungen und Mitarbeiter der Rechnungsprüfungsämter war.

In seinem Leitbild für eine moderne kommunale Revision stellt das IDR insbesondere heraus[16]:

15 *Richter,* Leitbild einer modernen kommunalen Rechnungsprüfung – Gutachten zur Bewertung der Beamtenstellen in der kommunalen Rechnungsprüfung v. 30. 6. 2013 unter https://www.idrd.de/fileadmin/user_upload/idr/downloads/Gutachten/Stellenplangutachten_2013_06_30.pdf.

16 IDR Leitbild einer modernen kommunalen Rechnungsprüfung unter https://www.idrd.de/idr-update/idr-leitbild.

- Die Rechnungsprüfung will als Revision Instrument der Führungsunterstützung sein und zugleich als unabhängige Partnerin der Verwaltung und der gewählten Gremien im Interesse der Bürgerinnen tätig werden.
- Sie verpflichtet sich selbst zur Schaffung von Mehrwert, der darin besteht, dass sie Prozesse optimiert und Chancen und Risiken aufzeigt. Prüfungen der Wirtschaftlichkeit und Zweckmäßigkeit sollen gegenüber reinen Ordnungsmäßigkeitsprüfungen verstärkt werden.
- Ihr Handeln soll zukunftsorientiert sein, das soll durch Systemprüfungen und Prüfungen der Abläufe erreicht werden, statt der bisher im Zentrum stehenden Einzelfall- und Belegprüfungen. Ebenso sollen ex-ante und begleitende Prüfungen Vorrang haben vor ex-post Prüfungen.
- Sie unterstreicht die Geltung des Wirtschaftlichkeitsprinzips auch für die eigene Prüfungstätigkeit und den daraus abgeleiteten Grundsatz der Wesentlichkeit.

Das ist eine Abkehr zumindest vom traditionellen Zerrbild der Rechnungsprüfer als Erbsenzähler, die tätig werden, wenn das Kind schon in den Brunnen gefallen ist. Insbesondere kommt darin der Wunsch nach Wirksamkeit der Rechnungsprüfung zum Ausdruck; das Gegenteil der in der Vergangenheit nicht selten beobachteten Reaktion der geprüften Organisationseinheit: „wird künftig beachtet, z. d. A.“.

Im IDR findet tatsächlich ein nationaler Erfahrungsaustausch und Wissenstransfer zu den Themen der Rechnungsprüfung statt. Er hat auch ein Konzept für die fachliche Qualifikation der Mitarbeiterinnen entwickelt und bietet ein Weiterbildungsangebot.

6 Die **Vergleichbarkeit der Rechnungslegung** von Kommunen und Unternehmen ermöglicht erstmals auch den Vergleich der Prüfungsmethodik und Vorgehensweise von Rechnungsprüfern und Wirtschaftsprüferinnen. Wo die Kommunalverfassung eine Prüfung durch Wirtschaftsprüfer zulässt stehen sie sogar in Konkurrenz.

Dies lässt vielleicht zum ersten Mal in der Geschichte der Rechnungsprüfung die Frage nach ihrer Prüfungsmethodik aufkommen und danach, ob sie geeignet ist die richtigen Prüfungsurteile zutreffend festzustellen und dabei effizient zu sein.

Ein (Rest-)**Prüfungsrisiko**, also trotz ordnungsgemäßer Prüfung Fehler nicht zu finden ist unvermeidbar (*s. G. Prüfungsmethodik*). Ein nach Abschluss der Prüfung aufgetauchter Fehler ist daher kein Beweis für eine nicht ordnungsgemäß durchgeführte Prüfung. Daraus entsteht der Wunsch und bei haftungsrechtlichen Konsequenzen die Notwendigkeit eine ordnungsgemäße Prüfung nachweisen zu können.

Dazu braucht es anerkannte **Standards** für eine ordnungsgemäße Prüfung, deren Einhaltung nachgewiesen werden kann (*s. F. Prüfungsgrundsätze und Standards*). Die Standards der Wirtschaftsprüfer stellen dafür eine Referenz dar; können aber wegen der gegenüber der Rechnungsprüfung beschränkten Prüfungsurteile nicht einfach übernommen werden, bzw. weisen erhebliche Lücken auf. Es ist daher in erster Linie die Aufgabe der Rechnungsprüfer solche Standards zu entwickeln und mit den Erwartungen ihrer Auftraggeber bzw. den Bürgern und der interessierten Öffentlichkeit an die Rechnungsprüfung abzustimmen. Hier gibt es noch Handlungsbedarf. Es bietet sich jedoch die Chance, an internationale Entwicklungen und Standards anzuknüpfen und von internationalen Harmonisierungsbestrebungen fachlich zu profitieren.

Ebenfalls Ausdruck des Bemühens um die (nachweisbare) Qualität der Leistungen ist die Diskussion über eine **Qualitätssicherung** in der Organisationseinheit Rechnungsprüfungsamt.[17] In Einzelfällen wurden ein Qualitätsmanagementsystem oder jedenfalls einzelne Elemente eingerichtet. Ein wesentliches Element ist der sogenannte **Peer Review.**[18] Dabei wird eine Organisationseinheit durch Externe evaluiert, die im Hauptberuf einer Organisationseinheit mit denselben Aufgaben angehören, dieselben Anforderungen wie die Geprüften erfüllen müssen und ähnliche Erfahrungen gemacht haben. Dahinter steht die Vermutung, dass die Qualität von komplexen Dienstleistungen nur von jemandem beurteilt werden kann, der schon „in denselben Schuhen gestanden ist". Als Vorbild dient der Peer Review als externe Qualitätssicherung in der Wirtschaftsprüferpraxis.

Auf das Problem der fast unbeschränkten Aufgaben und sehr beschränkten *7*
Ressourcen, dass sie mit der gesamten Verwaltung teilt, reagiert die Rechnungsprüfung methodisch mit dem Konzept der **Wesentlichkeit** und der Orientierung am **Fehlerrisiko.** Ihre Ressourcen lenkt sie dahin, wo ein erhöhtes Risiko für wesentliche Fehler vermutet, Fehler sind nur dann wesentlich, wenn ihre Aufdeckung Auswirkungen auf Entscheidungen der Verantwortlichen hat. Dies gilt sowohl für die Auswahl der Prüfungsthemen, die von der Leitung der Rechnungsprüfung verantwortet wird als auch für die Durchführung konkreter Prüfungsaufträge durch die Prüferinnen. Davon zu unterscheiden ist ein **Risikomanagementsystem**, dessen Einführung von den Kommunen gefordert wird.[19] Hier geht es um die Adressierung von

---

17 2009 Arbeitshilfe Qualitätsmanagement in der Rechnungshilfe der VERPA e.V., 2. Auflage 2014.

18 Vergl. *Binus*, Peer Review als Mittel zur Verbesserung von Effektivität und Effizienz der Finanzkontrolle, in: Hill/Mühlenkamp, Neue Wege in der Finanzkontrolle. Beiträge zur Tagung der Deutschen Universität für Verwaltungswissenschaften, Duncker/Humblot, Berlin 2017.

19 KGSt-Bericht 5/2011; 1/2019.

wesentlichen Risiken für die Verwaltungstätigkeit. Die Rechnungsprüfung kann zum einen selber Element eines solchen Systems sein, gleichzeitig kann die Wirksamkeit eines solchen Risikomanagements einen neuen Prüfungsgegenstand für die Rechnungsprüfung bilden.

Für die Einschätzung des Fehlerrisikos sind Prüfungshandlungen erforderlich, deren Ergebnisse sich auf die weitere Planung und Auswahl auswirken. Dadurch bildet sich in der Praxis langsam ein Verständnis von der Prüfung sowohl als Prozess als auch als rückkoppelndes kybernetisches System aus.

8 Keine der genannten Entwicklungen ist bereits abgeschlossen.

Wie die gesamte Verwaltung steht die Rechnungsprüfung in einem Umfeld, das durch das Akronym VUCA beschrieben wird, das für die Schlagworte **v**olatility Volatilität, **u**ncertainty Unsicherheit, **c**omplexity Komplexität und **a**mbiguity Mehrdeutigkeit steht.[20] Aufbau- und Ablauforganisationen reagieren – wie die Flüchtlings- und Coronakrise gezeigt haben – darauf und verändern sich. Aus Sicht der Rechnungsprüfung steigt das inhärente Risiko für Fehler, Erkenntnisse aus Vorperioden können nicht wiederverwendet werden; der Zeitaufwand, der für eine hinreichende Urteilssicherheit aufgewendet werden muss steigt.

Die Digitalisierung bietet der Rechnungsprüfung Chancen auf einen Effizienzgewinn, noch leidet sie aber an der Kluft zwischen Anspruch und Wirklichkeit der Digitalisierung der Verwaltung.[21]

Als weitere fachliche Herausforderungen in der Zukunft könnte die Verpflichtung zur Einführung europäisch harmonisierter Rechnungslegungsstandards, der EPSAS[22] ebenso anstehen, wie eine Verpflichtung zur Nachhaltigkeitsberichterstattung.[23]

Konstant ist auch in der Rechnungsprüfung lediglich die Veränderung, das Tempo der Veränderung nimmt jedoch zu.

---

20 *Hill,* Prüfung situativ experimentellen Verwaltungshandelns, in: Hill/Mühlenkamp, Neue Wege in der Finanzkontrolle. Beiträge zur Tagung der Deutschen Universität für Verwaltungswissenschaften, Duncker/Humblot, Berlin 2017.

21 Vergl. *Fasswand/Scherwa,* Digitalisierung der Verwaltung – Auswirkungen auf die Prüfung, in: Hill/Mühlenkamp, Neue Wege in der Finanzkontrolle. Beiträge zur Tagung der Deutschen Universität für Verwaltungswissenschaften, Duncker/Humblot, Berlin 2017.

22 EUROSTAT, Bericht vom 23. 11. 2020, Updated accounting maturities of EU governments and EPSAS implementation cost unter https://ec.europa.eu/eurostat/documents/9101903/9700113/Updated-accounting-maturities-and-EPSAS-implementation-cost-June+2020.pdf.

23 *Eulner,* Nachhaltigkeitsberichterstattung: Inwieweit sind öffentliche Unternehmen davon betroffen? WPg 2022, 745 f.

B. Organisation, Stellung und Rolle der Rechnungsprüfung

I. Organisation der örtlichen Rechnungsprüfung

Die Organisation der kommunalen Rechnungsprüfung unterscheidet sich von Bundesland zu Bundesland, kann aber anhand weniger Punkte kategorisiert werden. Zum einen wird zwischen örtlicher und überörtlicher Prüfung unterschieden und zum anderen wird nach ehrenamtlicher Prüfung und hauptamtlicher Prüfung differenziert.

1. Ehrenamtliche und hauptamtliche Prüfung

a) Rechnungsprüfungsausschuss

Nach allen Kommunalverfassungsgesetzen kontrolliert die Volksvertretung 9
die Verwaltung als Aufgabe und ihre Leitung als Institution.[1] Zur Ausübung dieser Kontrolle ist es ihr im Rahmen ihres Rechts zur Einrichtung von Ausschüssen[2] grundsätzlich unbenommen einen Prüfungsausschuss einzurichten. Dieser kann die Rechte der Volksvertretung gegenüber der Spitze der Verwaltung, wie Auskunftsersuchen und Einsicht in Akten[3] ausüben.

Einige Kommunalverfassungen verpflichten aber zur Einrichtung eines Rechnungsprüfungsausschusses und regeln seine Aufgaben und Befugnisse. So müssen alle bayrischen Kreise und Gemeinden über 5.000 Einwohner einen Rechnungsprüfungsausschuss einrichten[4], ebenso wie die Kreise und Gemeinden im Saarland, in NRW und Rheinland-Pfalz[5]. Die Gemeinden in Mecklenburg-Vorpommern sind dazu verpflichtet, wobei sich amtsangehörige Gemeinden auch des Rechnungsprüfungsausschusses des Amtes bedienen können.[6]

---

1 Z. B. § 50 Abs.2 HGO.
2 Z. B. § 62 Abs.1 HGO.
3 Z. B. § 50 Abs.2 HGO.
4 Art. 89 Abs. 3 LKrO/Art. 103 Abs. 2 GO.
5 § 57 Abs. 2 GemO NRW, für Kreise i.V.m. § 53 Abs. 1 KrO NRW; § 110 Abs. 1 GO RLP, für Kreise i.V.m. § 57 LKO RLP, § 172 Abs. 1, § 48 Abs. 1 KommVerfG Saarland.
6 § 1 Abs. 2 Kommunalprüfungsgesetz (KPG M-V).

Aufgrund dieser Kontrollfunktion führt den Vorsitz in Bundesländern mit Bürgermeisterverfassung nicht der Bürgermeister, sondern ein Mitglied.[7] Auch im Rechnungsprüfungsausschuss des Kreises führt nicht der Landrat, sondern ein Mitglied den Vorsitz.[8]

b) Rechnungsprüfungsamt

10 Daneben besteht in allen Bundesländern für beinah jede Kommune die Pflicht bzw. die Möglichkeit eine hauptamtlich tätige Organisationseinheit einzurichten. Dabei handelt es sich um ein Rechnungsprüfungsamt.

Die Kreise in Baden-Württemberg, Bayern, Brandenburg, Hessen, Mecklenburg-Vorpommern, Niedersachsen, Rheinland-Pfalz, Sachsen, Sachsen-Anhalt, Schleswig-Holstein, Thüringen und im Saarland sind zur Einrichtung eines eigenen Rechnungsprüfungsamtes verpflichtet.[9]

Bei den Gemeinden ist eine Pflicht zur Einrichtung grundsätzlich entweder vom rechtlichen Status oder von der Größe abhängig. So haben die kreisfreien Gemeinden in Baden-Württemberg, Bayern, Brandenburg, Hessen, Niedersachsen, Rheinland-Pfalz und Thüringen ein Rechnungsprüfungsamt einzurichten.[10] Auch für große Kreisstädte in Baden-Württemberg, große kreisangehörige Städte in Rheinland-Pfalz, und die großen selbständigen Städte und die selbständigen Gemeinden in Niedersachsen gilt dies.[11] In Sachsen, Schleswig-Holstein und Mecklenburg-Vorpommern trifft die Verpflichtung alle Gemeinden über 20.000, im Saarland und in Sachsen-Anhalt über 25.000 Einwohner.[12]

---

7 Art. 103 Abs. 2 GemO Bayern, § 110 Abs.1 GO RLP.

8 Art. 89 Abs. 3 LKrO Bayern.

9 § 48 LKrO, § 109 Abs. 1 GemO Baden-Württemberg, Art. 90 LKrO Bayern, § 131 Abs. 1, § 101 Abs. 1 S. 1 KommVerfG Brandenburg; § 52 HKO; § 153 Abs. 1 Nds KommVerfG, § 1 Abs.3 KPG M-V; § 59 LKrO RLP, §§ 190, 119 Abs. 1 KommVerfG Saarland, § 64 S. 1 LKrO Sachsen, § 138 Abs. 1 KommverfG SA; § 57 KrO S-H i. V. m. § 114 GemO S-H; § 115 KommVerfG Thüringen.

10 § 109 Abs. 1 GemO Baden-Württemberg; § 101 Abs. 1 S. 1 KommVerfG Brandenburg; § 111 GemO RLP; § 81 Abs. 1 KommVerfG Thüringen, § 153 Abs. 1 Nds KommVerfG.

11 § 109 Abs. 1 GemO Baden-Württemberg; ; § 111 GemO RLP; § 153 Abs. 1 Nds KommVerfG.

12 §§ 190, 119 Abs. 1 KommVerfG Saarland, § 64 S. 1 LKrO Sachsen, § 103 Abs. 1 S. 1 GemO Sachsen, § 138 Abs. 1 KommverfG SA; § 153 Abs 1 Nds KommVerfG; § 114 GemO S-H ggf. i. V. m. § 57 KrO S-H.

Einige Kommunalverfassungen dispensieren von der Pflicht zur Einrichtung, wenn sich die Gemeinden eines anderen kommunalen Prüfungsamtes bedienen.[13]

Andere Gemeinden können ein Rechnungsprüfungsamt einrichten. In Bayern, Brandenburg, Niedersachsen, Rheinland-Pfalz, Sachsen-Anhalt, Schleswig-Holstein und Thüringen macht der Gesetzgeber das von einem Bedürfnis abhängig und davon, dass die Kosten in angemessenem Verhältnis zum Umfang der Verwaltung stehen. Hier besteht immer die Möglichkeit sich auch eines anderen kommunalen Prüfungsamtes zu bedienen.

§ 53 Abs. 3 KrO NRW und § 101 Abs. 1 S. 1 GO NRW begründen für Kreise, Kreisfreie Städte und grundsätzlich auch Große und Mittlere kreisangehörige Städte die Verpflichtung eine örtliche Rechnungsprüfung einzurichten. Trotz der abweichenden Bezeichnung muss es sich dabei auch um eine in die hauptamtliche Verwaltung eingegliederte Organisationseinheit mit mindestens zwei Bediensteten handeln. Zum einen statuiert der Gesetzgeber die Pflicht zur Einrichtung eines Prüfungsausschusses und die Pflicht zur Einrichtung einer örtlichen Rechnungsprüfung nebeneinander zum anderen grenzt er die Einrichtung einer örtlichen Rechnungsprüfung von der Bestellung eines (einzelnen) Bediensteten als Rechnungsprüfer ab. Damit stellt die örtliche Rechnungsprüfung in NRW keine materielle Abweichung zum Rechnungsprüfungsamt nach anderen Kommunalverfassungsgesetzen dar.

c) *Bestellung eines (einzelnen) Bediensteten zum Rechnungsprüfer*

Weniger Ressourcen als das Vorhalten einer Amtsstruktur beansprucht 11
die Bestellung eines einzelnen Bediensteten zum Rechnungsprüfer. Diese Möglichkeit eröffnen die Gemeindeordnungen von Baden-Württemberg, Mecklenburg-Vorpommern, NRW und Sachsen, wenn keine Pflicht zur Einrichtung eines Amtes besteht.[14] Der Einzel-Rechnungsprüfer genießt dann grundsätzlich dieselbe Stellung wie die Leitung eines Rechnungsprüfungsamts.

13 § 109 Abs. 1 GemO Baden-Württemberg, § 119 Abs. 1 KommVerfG Saarland § 64 S. 1 LKrO Sachsen, § 103 Abs. 1 S. 1 GemO Sachsen; § 138 Abs. 1 KommverfG SA.

14 § 109 Abs. 1 GemO Baden-Württemberg, § 103 Abs. 1 S. 2 GemO Sachsen; § 1 Abs. 3 KPG MV; § 101 Abs. 1 S. 1 GO NRW.

d) Beauftragung eines Wirtschaftsprüfers/einer Wirtschaftsprüfungsgesellschaft

12 § 101 Abs. 1 S. 1 GO NRW und § 103 Abs. 1 S. 2 GemO Sachsen bieten die Option, einen Wirtschaftsprüfer bzw. eine Wirtschaftsprüfungsgesellschaft mit der Rechnungsprüfung zu beauftragen.

e) Kommunale Zusammenarbeit

13 Allein nicht ausreichend leistungsfähige Kommunen können in Baden-Württemberg, Brandenburg, Hessen, Niedersachsen, NRW, Sachsen und Sachsen-Anhalt und im Saarland im Rahmen einer interkommunalen Kooperation gemeinsame Rechnungsprüfungsämter einrichten oder soweit die Option eines einzelnen Rechnungsprüfers besteht, sich des Rechnungsprüfers einer anderen Gemeinde bedienen.[15]

In Brandenburg, Hessen, Niedersachsen, Sachsen-Anhalt, Thüringen wird für Gemeinden, für die kein Rechnungsprüfungsamt besteht das Rechnungsprüfungsamt des Landkreises tätig.[16]

f) Verhältnis von Prüfungsausschuss zu hauptamtlicher Rechnungsprüfung

14 Ist sowohl eine ehrenamtliche Rechnungsprüfung in Form eines Rechnungsprüfungsausschusses als auch eine hauptamtliche Rechnungsprüfung eingerichtet stellt sich die Frage nach dem Verhältnis von Prüfungsausschuss zu hauptamtlicher Rechnungsprüfung.

Dazu muss zuvor das **Verhältnis** des Rechnungsprüfungsamtes **zur Volksvertretung** eingeordnet werden. Die Kommunalverfassungsgesetze unterscheiden zwischen Unterstellung und Verantwortlichkeit, die Gemeindeordnung NRW unterscheidet innerhalb der Unterstellung die sachliche Unterstellung. Einige Kommunalverfassungsgesetze darunter NRW und Niedersachsen unterstellen das Rechnungsprüfungsamt der Volksvertretung, andere darunter Bayern und Rheinland-Pfalz ausdrücklich der Verwaltungsspitze, eine dritte Gruppe verzichtet auf spezielle Regelungen. Da das Rechnungsprüfungsamt keine selbstständige Behörde, sondern eine unselbstständige Organisationseinheit innerhalb der Kommunalverwaltung ist, gelten dann die allgemeinen Regeln.

15 § 101 Abs. 1 S. 3 KommVerfG Brandenburg; § 103 Abs. 1 GemO Sachsen, § 119 KommVerfG Saarland; § 153 Abs. 1 Nds KommVerfG.

16 § 101 Abs. 2 KommVerfG Brandenburg; § 128 HGO; § 153 Abs. 1 Nds KommVerfG; §. 139 Abs. 2 KommVerfG SA, § 81 Abs. 1 S. 2 KommVerfG Thüringen.

Die **Unterstellung** begründet eine Über-/Unterordnung und damit einen Verwaltungsaufbau i. S. d. Beamtenrechts (z. B. § 3 Abs. 4 BBG), die Volksvertretung rückt damit in die Position der **Vorgesetzten** gegenüber dem Rechnungsprüfungsamt. Die Position der Dienstvorgesetzen der Leitung und der Prüfer verbleibt – wie bei allen Beschäftigten der Kommune – bei der Verwaltungsspitze.

Grundsätzlich darf der Vorgesetzte dienstliche Anordnungen treffen (z. B. § 3 Abs. 3 BBG), während der **Dienstvorgesetzte** auch beamtenrechtliche Entscheidungen über die persönlichen Angelegenheiten der nachgeordneten Beamtinnen treffen darf (z. B. § 3 Abs. 2 BBG). Beide Rechte werden jedoch beschränkt durch das von allen Kommunalverfassungsgesetzen dem Rechnungsprüfungsamtes gewährte Recht auf fachliche Unabhängigkeit *(s. u. III.1.)* und entsprechende Weisungsfreiheit.

Bei Unterstellung unter die Volksvertretung darf diese daher lediglich solche dienstlichen Anordnungen treffen, die nicht Umfang, Art und Weise oder Ergebnis der Prüfung betreffen. Darunter fällt die Erteilung von konkreten Prüfungsaufträgen, auch wenn dies nicht ausdrücklich geregelt ist. Dasselbe gilt bei einer Unterstellung unter die Verwaltungsspitze.

Die Dienstvorgesetzte erteilt und versagt Urlaub oder eine Aussagegenehmigung, untersucht Dienstunfälle, stellt die Dienstunfähigkeit fest, überwacht Nebentätigkeiten und das Fernbleiben vom Dienst, stellt Dienstzeugnisse aus, entscheidet über Beförderungen und übt die disziplinarrechtlichen Befugnisse aus. Sonderregeln für die Bestellung, Abberufung und das Verbot der Führung der Geschäfte sind unter *III. Stellung der örtlichen Rechnungsprüfung* dargestellt. Bei einer Unterstellung unter die Volksvertretung umfasst die Stellung der Verwaltungsspitze als Dienstvorgesetzte nicht das Recht konkrete Prüfungsaufträge zu erteilen. Dafür ist eine ausdrückliche Regelung erforderlich.

Die unmittelbare **Verantwortlichkeit** gegenüber der Volksvertretung wie sie die Kommunalverfassungen z. B. von Bayern, NRW und Mecklenburg-Vorpommern regeln, bedeutet, dass das Rechnungsprüfungsamt seine Aufgaben in Verantwortung gegenüber der Volksvertretung und nicht gegenüber der Verwaltungsspitze wahrnimmt. Dies betont die unterstützende Funktion des Rechnungsprüfungsamtes als Instrument der Verwaltungskontrolle der Volksvertretung.

Das **Verhältnis**, die sich aus dieser unmittelbaren Verantwortlichkeit **zum** *15*
Rechnungsprüfungsausschuss ergibt, zeigt die Regelung zur Prüfung des Jahresabschlusses in Nordrhein-Westfalen besonders deutlich. Gemäß § 59 Abs. 3 GO NRW ist der Rechnungsprüfungsausschuss zuständig für Prüfung; die örtliche Rechnungsprüfung, ein bestellter Rechnungsprüfer oder Wirtschaftsprüfer wird als Sachverständiger für den Rechnungsprüfungs-

ausschuss tätig und berichtet an den diesen. Nur der Rechnungsprüfungsausschuss tritt gegenüber dem Rat auf und nimmt schriftlich Stellung zum Ergebnis der Jahresabschlussprüfung. Auch in Bayern, im Saarland und Mecklenburg-Vorpommern ist gem. Art. 103 Abs. 1 und Abs. 3 GO Bayern/§ 101 Abs. 1 S. 3 KommVerfG Saarland/§ 1 Abs. 3 KPG M-V die Prüfung des Jahresabschlusses Aufgabe des Rechnungsprüfungsausschusses; ein Rechnungsprüfungsamt dient dem Rechnungsprüfungsausschuss (als Sachverständiger). § 3 Abs. 4 KPG-MV akzentuiert die Beziehung jedoch etwas anders, hier muss die Leitung des Rechnungsprüfungsamtes der Gemeindevertretung und dem Vorsitzenden des Rechnungsprüfungsausschusses einmal jährlich oder auf Verlangen über die Erfüllung der Aufgaben berichten. Der Vorsitzende des Rechnungsprüfungsausschusses hat diese Berichterstattung in seinen Bericht einzubeziehen. Wo es an solch einer Regelung fehlt, ist davon auszugehen, dass das Rechnungsprüfungsamt nur gegenüber dem Rechnungsprüfungsausschuss auftritt. Zur Bedeutung eines Zugangs zur Öffentlichkeit über eine Berichterstattung an den Rat in öffentlicher Sitzung *(s. D.VIII. Zugang zur Öffentlichkeit)*.

16 Aus der Einordnung als Sachverständiger für den Rechnungsprüfungsausschuss bei gleichzeitig verbürgter Unabhängigkeit bei Prüfungsdurchführung und Weisungsfreiheit beim Prüfungsergebnis lässt sich ableiten, wie mit einem Dissens zwischen Ausschuss und Rechnungsprüfungsamt umgegangen werden muss. Eine Abweichung von den Feststellungen des Sachverständigen ist im Bericht des Ausschusses an den Rat möglich, der Dissens ist aber in den Bericht aufzunehmen, um dem Plenum eine transparente Entscheidungsgrundlage zur Verfügung zu stellen.[17]

Im Gegensatz dazu ist in Rheinland-Pfalz die Prüfung des Jahresabschlusses Aufgabe sowohl des Rechnungsprüfungsausschusses als auch des Rechnungsprüfungsamtes. Regelungen zum Verhältnis dieser beiden fehlen. § 113 Abs. 3 GO RLP verpflichtet beide zur Erstellung eines Berichtes über Gegenstand, Art, Umfang und Ergebnis der Prüfung. Nach Abs. 4 erstattet das Rechnungsprüfungsamt seinen Bericht dem Ausschuss. Weiterhin wird der Prüfungsbericht an das Plenum gegeben. Unklar ist, ob nur der Bericht des Ausschusses oder daneben auch der des Rechnungsprüfungsamtes ins Plenum gelangt. Nach 114 Abs. 2 GO RLP wird jedenfalls sowohl der Bericht des Ausschusses als auch der des Prüfungsamtes veröffentlicht, was für eine vorherige Befassung durch das Plenum spricht.

17 *Sedlmaier*, in: BeckOK, KommunalR Bayern, 11. Ed., 1.8.2021, GO Art. 103 Rn. 31, 32.

g) Leistungsfähigkeit und Leistungspflicht der ehrenamtlichen Rechnungsprüfung

Ist zwar eine ehrenamtliche aber keine hauptamtliche Rechnungsprüfung eingerichtet, was in kreisangehörigen Gemeinden in Bayern, Mecklenburg-Vorpommern, NRW, Rheinland-Pfalz und im Saarland dann der Fall sein kann, z. B. wenn kein Bedürfnis bestand und die Kosten als unverhältnismäßig beurteilt wurden, dann stellt sich die Frage danach, was ehrenamtliche Rechnungsprüfung leisten muss und kann. *17*

Regelungen finden sich in Bayern, die sonst als Anhaltspunkt dienen können. Dort präzisieren und reduzieren die Verwaltungsvorschriften[18] die Prüfungsurteile und -aussagen die Art. 106 Abs. 1 GO formuliert. In Gemeinden ohne Rechnungsprüfungsamt wird eine örtliche Prüfung der Jahresrechnung dann als ausreichend angesehen, wenn in angemessenen Stichproben geprüft wird, ob:

- die Haushaltssatzung und der Haushaltsplan eingehalten wurden,
- die Einnahmen rechtzeitig eingehen,
- bei Stundung, Niederschlagung und Erlass ordnungsgemäß verfahren wurde,
- Beschlüsse der Beschlussgremien richtig ausgeführt wurden,
- Ausgaben unter Berücksichtigung der örtlichen Verhältnisse als notwendig und angemessen anzusehen sind,
- die Buchungen ausreichend belegt sind,
- die in den Nachweisungen erfassten Vermögensgegenstände vollständig vorhanden sind.

Das gilt entsprechend auch für die örtliche Prüfung der Jahresabschlüsse der Eigenbetriebe und der Krankenhäuser mit kaufmännischem Rechnungswesen.

Allen Prüfern gestatten die bayrischen Verwaltungsvorschriften (VV zu § 2 Nr. 3) inhaltliche Schwerpunkte-als Prüfungsgebiete bezeichnet-zu setzen. Dies bietet sich insbesondere für die Prüfungsurteile „Ausgaben notwendig und angemessen" und „Buchungen ausreichend belegt" an. Bei der Auswahl der Prüfungsgebiete sind Umfang, Schwierigkeit und finanzielle Bedeutung zu berücksichtigen. *18*

Es empfiehlt sich im Zeitraum bis zur nächsten überörtlichen Prüfung durch Rotation alle in diesem Sinne wesentlichen Prüfgebiete abzudecken und diese Absicht in einem Rotationsplan zu dokumentieren.

18 VV zur Kommunalwirtschaftlichen Prüfungsverordnung (VVKommPrV) vom 26. 11. 1981, Az. IB4-3036-27/8 (MABl. S. 740) § 2 Nr. 5.

Ebenso ist allen Prüfern eine Prüfung in Stichproben gestattet (VV zu § 2 Nr. 3). Sie müssen jedoch so bemessen werden, dass das Prüfungsgebiet zutreffend beurteilt werden kann. Repräsentative Stichproben – Zufallsstichproben nach mathematisch-statistischen Verfahren – in Prüfgebieten mit Massentransaktionen wie es Buchungen sind, können erhebliche Stichprobenfänge erfordern. Eine bewusste Auswahl der Stichproben erfordert ein ausreichendes Verständnis der Geschäftsprozesse und Fehlerrisiken (s. *G. XII. Prüfung in Stichproben*).

Weiterhin besteht die Empfehlung Teilprüfungen während des laufenden Haushaltsjahres durchzuführen (VV zu § 2 Nr. 4) und dadurch die zeitliche Belastung zu entzerren.

Und schließlich kann sich ein Rechnungsprüfungsausschuss auch wo dies nicht ausdrücklich geregelt ist, durch Sachverständige unterstützen lassen.

Eine Reduzierung der Rechnungsprüfung, die ihre Wirksamkeit in Frage stellt, mit der Begründung den Ausschussmitgliedern wäre eine entsprechende zeitliche Beanspruchung nicht zumutbar, muss jedenfalls so lange abgelehnt werden, wie von den vorgesehenen Entlastungen kein Gebrauch gemacht wurde.

2. Interne Organisation mittels Rechnungsprüferordnung und Dienstanweisung

19 Innerhalb des Rahmens, den die Kommunalverfassungsgesetze und ggf. Rechtsverordnungen aufspannen kann die Kommune eigene Regelungen für die örtliche Rechnungsprüfung treffen. Diese Regelungen können die Form einer Satzung oder von Verwaltungsvorschriften annehmen, beides kann auch parallel vorliegen. Die Volksvertretung kann – im Rahmen ihrer Zuständigkeiten – Satzungen oder allgemeine Verwaltungsvorschriften erlassen, der Vorgesetzte erlässt Verwaltungsvorschriften als Dienstanweisungen.

In der Praxis werden diese Regelungen unabhängig von ihrer Rechtsqualität als Rechnungsprüfungsordnung bezeichnet.

Regelungsgegenstände, die über die Wiederholung der gesetzlichen Regelungen hinausgehen sind insbesondere die dauerhafte Übertragung von weiteren Prüfungsaufgaben *(s. C.I.4. Übertragene Aufgaben)* an die örtliche Rechnungsprüfung, die Unterstützung der Prüfer durch die Verwaltung und Pflichten der Rechnungsprüfung.

Sinnvoll ist es, das gesetzliche Informationsrecht der Prüfer, das die übrigen Beschäftigten erst nach Aufforderung zur Informationserteilung verpflichtet *(s. D.VII. Informationsrecht)*, durch eine proaktive Informationspflicht für alle Organisationseinheiten zu ergänzen. Die Rechnungsprüfung sollte z. B. unverzüglich informiert werden über:

- festgestellte oder vermutete Unregelmäßigkeiten,
- Schwächen des internen Kontrollsystems,
- Störungen der verwendeten IT,
- beabsichtigte Änderungen der IT,
- wesentliche Organisationsveränderungen und Veränderungen des internen Kontrollsystems.

Um sich selber zeitnah unterrichten zu können, sollte die Revisionsordnung die Verpflichtung enthalten, die Rechnungsprüfung mit Tagesordnung und Beratungsunterlagen zu den Sitzungen der Gremien, Ausschüsse, Kommissionen, Verwaltungs- und Aufsichtsräte, Stiftungsverwaltungen usw. zu laden und ihr eine Ausfertigung der Sitzungsniederschriften und Beschlüsse zuzuleiten.

Schwach ausgeprägt sind gesetzliche Pflichten der Rechnungsprüfung *(s. D. Rechte und Pflichten der Rechnungsprüfung)*. In der Revisionsordnung könnte daher die Verpflichtung zur zeitgerechten Aufgabenerledigung, zur Fortbildung, zur Gesamtplanung und zur Einrichtung eines Qualitätssicherungssystems begründet werden.

3. Heranziehung von Dienstleistern

Die Rechnungsprüfung muss nicht nur mit eigenen Kräften durchgeführt *20* werden.[19] Wie in anderen Bereichen der Kommunalverwaltung ebenfalls können Dienstleister bei der Aufgabenerfüllung herangezogen werden. Dabei verbleibt die Verantwortung für die Durchführung und das Ergebnis der Prüfungstätigkeiten beim Organ der Rechnungsprüfung. Dazu gehört auch die Sicherstellung, dass die Pflichten der Rechnungsprüfung z. B. zur Verschwiegenheit und zum Schutz von Daten auch vom Dienstleister eingehalten werden. Dies ist durch eine sorgfältige Auswahl, vertragliche Regelungen und eine wirksame Aufsicht zu gewährleisten.

Mit Hilfe von Dienstleistern können zum einen ggf. auch nur vorübergehend, fehlende Personalkapazitäten erschlossen werden. Weiterhin können so für die Prüfungstätigkeiten erforderliche, aber nicht vorhandene Spezialkompetenzen wie z. B. von Aktuaren, Ingenieuren oder IT-Fachleuten gewonnen werden. Die Beschäftigung von Dienstleistern erfordert entsprechende Haushaltsmittel. Die angemessene Ausstattung eines Rech-

19 § 102 Abs. 2 S. 1 KommVerfG Brandenburg; VV Zu § 130 HGO, § 1 Abs. 5 KPG M-V, § 140 Abs. 4 KommVerfG SA; § 120 Abs. 3 KommVerfG Saarland.

nungsprüfungsamtes sollte auch ausreichende Mittel für Dienstleister vorsehen.

II. Organisation der überörtlichen Rechnungsprüfung

Da die örtliche Rechnungsprüfung von Organen und Beschäftigten der Kommune durchgeführt wird, und daher eine Selbstprüfung ist wird sie durch die überörtliche Rechnungsprüfung ergänzt.

21 Bei den Landkreisen und Gemeinden über 4000 Einwohner in **Baden-Württemberg** (§ 113 Abs. 1 GO) ist die Aufgabe der überörtlichen Rechnungsprüfung einer Gemeindeprüfungsanstalt übertragen. Kleine Gemeinden werden dort durch die Rechtsaufsichtsbehörde, das Landratsamt überörtlich geprüft. Die Gemeindeprüfungsanstalt handelt im Auftrag der Rechtsaufsichtsbehörden und wird im eigenen Namen und eigenverantwortlich tätig.

In **Bayern** wird gem. Art. 105 Abs. 1 GO, Art. 91 Abs. 1 KrO die überörtlichen Rechnungs- und Kassenprüfungen bei den Mitgliedern des Bayerischen Kommunalen Prüfungsverbands durch diesen Verband, bei den übrigen Gemeinden durch die staatlichen Rechnungsprüfungsstellen der Landratsämter durchgeführt.

Die Kommunalaufsicht ist in **Brandenburg** zugleich Prüfungsbehörde für die überörtliche Prüfung gem. § 105 Abs. 3 KommVerfG. Ist dies die Landrätin, wird sie vom Rechnungsprüfungsamt des Landkreises wahrgenommen; ist das für Inneres zuständige Ministerium Kommunalaufsichtsbehörde, vom dort eingerichteten kommunalen Prüfungsamt.

In **Hessen** ist die überörtliche Prüfung kommunaler Körperschaften gem. § 1 S. 1 ÜPKKG dem Präsidenten des Hessischen Rechnungshofes übertragen. Für diese Aufgabe sind ihm Bedienstete des Rechnungshofes besonders zugeordnet. Gem. § 5 Abs. 1 S. 3 ÜPKKG kann er aber auch öffentlich bestellte Wirtschaftsprüfer, Wirtschaftsprüfungsgesellschaften und andere geeignete beauftragen, was in der Praxis geschieht.

In **Mecklenburg-Vorpommern** ist gem. § 6 KPG der Landrat Organ der überörtlichen Rechnungsprüfung, wenn er auch für die Rechtsaufsicht zuständig ist. Er bedient sich dazu des Rechnungsprüfungsamtes des Landkreises. Für die übrigen Kommunen ist gem. § 5 KPG der Landesrechnungshof zuständig. Er kann aber Querschnittsprüfungen im Benehmen mit dem Innenministerium auch bei anderen kommunalen Körperschaften durchführen.

Ebenfalls dem Präsidenten des Rechnungshofes übertragen, ist gem. § 1 Abs. 1 KPG die überörtliche Rechnungsprüfung in **Niedersachsen**. Er kann Rechnungsprüfungsämter der Landkreise mit deren Einvernehmen mit der Durchführung der Prüfung der kreisangehörigen Gemeinden und Samtgemeinden ohne eigenes Rechnungsprüfungsamt beauftragen und sich Dritter bedienen.

In **Nordrhein-Westfalen** (§ 105 Abs. 1 GO, § 52 Abs. 2 KrO) ist die Aufgabe der überörtlichen Rechnungsprüfung einer Gemeindeprüfungsanstalt übertragen.

In **Rheinland-Pfalz** ist gem. § 110 Abs. 5 GO der Rechnungshof zuständig für die überörtliche Prüfung der Gemeinden, die Prüfung kann aber gem. § 14 Abs. 1 des Landesgesetzes über den Rechnungshof Rheinland-Pfalz auf staatliche Verwaltungsbehörden delegiert werden. Der Rechnungshof prüft selber die Landkreise und kreisfreien Städte sowie größere Gemeinden. Für die übrigen ist eine Delegation durch die Verordnung über die Gemeindeprüfungsämter erfolgt. Bei der Kreisverwaltung als unterer Behörde der allgemeinen Landesverwaltung wurde ein Gemeindeprüfungsamt eingerichtet, das unmittelbar der Landrätin oder dem Landrat untersteht und organisatorisch mit dem Rechnungsprüfungsamt des Landkreises verbunden ist, aber der fachlichen Weisung des Rechnungshofs unterliegt.

Im **Saarland** hat das Landesverwaltungsamt gem. § 123 Abs. 4 und § 191 Abs. 1 KommVerfG die Aufgabe der überörtlichen Prüfung. Es kann mit der Wahrnehmung der Prüfungen geeignete Dritte beauftragen.

In **Sachsen** ist gem. § 108 GemO und § 64 S. 2 LKrO der Rechnungshof Organ der überörtlichen Rechnungsprüfung.

Die überörtliche Prüfung der kreisangehörigen Gemeinden in **Sachsen-Anhalt** obliegt gem. § 137 Abs. 1 KommVerfG dem Rechnungsprüfungsamt des Landkreises als Gemeindeprüfungsamt. Die überörtliche Prüfung der Kommunen mit mehr als 25 000 Einwohnern sowie der Zweckverbände obliegt dem Landesrechnungshof. Darüber hinaus kann der Landesrechnungshof auf Ersuchen der Kommunalaufsichtsbehörde oder der oberen Kommunalaufsichtsbehörde auch andere kreisangehörige Gemeinden überörtlich prüfen.

In **Schleswig-Holstein** ist gem. § 2 KPG der Landesrechnungshof zuständig für die überörtliche Prüfung der Kreise und der Städte über 20 000 Einwohnerinnen. Die Landrätin ist gem. § 3 KPG zuständig für die überörtliche Prüfung der kommunalen Körperschaften, über die sie die Kommunalaufsicht führt, soweit nicht der Landesrechnungshof zuständig ist.

In **Thüringen** obliegt die überörtliche Rechnungsprüfung gem. § 1 Abs. 1 Prüfungs- u. BeratungsG dem Rechnungshof. Mit der Wahrnehmung der Prüfungen kann er gem. Abs.3 auch öffentlich bestellte Wirtschaftsprüfer,

Wirtschaftsprüfungsgesellschaften oder andere geeignete Dritte beauftragen.

Zu den Aufgaben der überörtlichen Rechnungsprüfung s. *C. Aufgaben.*

III. Stellung der örtlichen Rechnungsprüfung

22 Das Rechnungsprüfungsamt nimmt im Vergleich zu anderen Organisationseinheiten der Kommunalverwaltung eine besondere Stellung zwischen den Polen organisatorische Eingliederung und fachliche Unabhängigkeit ein.

Die Verwaltungsspitze ist wie oben dargestellt Dienstvorgesetzte sowohl der Leitung als auch der Prüferinnen.

1. Fachliche Unabhängigkeit

Alle Kommunalverfassungsgesetze statten das Rechnungsprüfungsamt bei der Ausübung seiner Aufgaben mit einer fachlichen Unabhängigkeit aus. In Baden-Württemberg, Bayern, NRW, Sachsen, Sachsen-Anhalt und Schleswig-Holstein wird formuliert: bei der Erfüllung/Wahrnehmung (der ihr zugewiesenen Prüfungs-)aufgaben unabhängig und an Weisungen nicht gebunden bzw. nur dem Gesetz unterworfen.[20] Der Wortlaut in Hessen, Rheinland-Pfalz, im Saarland und in Thüringen erscheint etwas enger: bei der Durchführung von Prüfungen unabhängig; ihm können keine Weisungen erteilt werden, die den Umfang, die Art und Weise oder das Ergebnis der Prüfung betreffen.[21] Brandenburg, Mecklenburg-Vorpommern und Niedersachsen sprechen von einer Unabhängigkeit bei der (sachlichen) Beurteilung der Prüfungsvorgänge und einer insoweit bestehenden Weisungsfreiheit.[22]

Die Unabhängigkeit schützt jedenfalls nicht vor der Übertragung dauerhafter Prüfungsaufgaben und ad-hoc Prüfungsaufträge (*s. C.I.4. Übertragene Aufgaben und C.I.6. Ad hoc Prüfungsaufträge*). Mehr zum Umfang des verbleibenden Weisungsrechts s. *D.IV. Pflicht/Recht zur Eigenverantwortlichkeit.*

---

20 § 109 Abs. 2 S. 1 GemO BW; Art. 104 Abs. 2 S. 3 BayGO; § 101 Abs. 2 GO NRW; § 103 Abs. 2 GemO Sachsen. § 139 Abs. 1 KommVerfG SA, § 115 Abs. 3 GemO SH.

21 § 130 Abs. 1 S. 1 HGO; § 111 Abs.2 S. 2 GemO RLP; § 81 Abs. 3 S. 1; § 120 Abs. 1 KommVerfG Saarland, KommVerfG Thüringen.

22 § 101 Abs. 3 S. 3 KommVerfG Brandenburg; § 154 Abs. 1 Nds. KommVerfG, § 2 Abs. 1 KPG M-V.

Darüber hinaus bestehen Sonderregeln, mit denen die fachliche Unabhängigkeit gestärkt werden soll.

2. Mitwirkung der Volksvertretung

So ist sowohl für die für die Bestellung der Leitung des Rechnungsprüfungsamtes als auch für deren Abberufung[23] und in Hessen das Verbot der Führung der Geschäfte[24] die Zustimmung der Volksvertretung erforderlich. Bayern, Brandenburg, Niedersachsen, Mecklenburg-Vorpommern, NRW, Schleswig-Holstein und Thüringen erweitern dies auf alle Prüfer,[25] in Baden-Württemberg, Sachsen und Sachsen-Anhalt gilt dies nur für die Abberufung.[26] Teilweise wird darüber hinaus für die Abberufung eine qualifizierte Mehrheit verlangt,[27] die Einbeziehung der Rechtsaufsichtsbehörde[28] und als Grund wird nur die nicht ordnungsgemäße Erfüllung der Aufgaben anerkannt.[29] *23*

3. Nachweis der fachlichen Kompetenz

Voraussetzung für die Bestellung sind einschlägige Kenntnisse und Erfahrungen.[30] In Rheinland-Pfalz kann nur ein Beamter,[31] in Bayern , Brandenburg, Mecklenburg-Vorpommern, Saarland, Thüringen nur einer auf Le- *24*

23 Art. 104 Abs. 3 S. 1 BayGO,§ 130 Abs. 3 S. 1 HGO;§ 101 Abs. 4 S. 1 GemO NRW; § 111 Abs. 3 S. 1 GemO RLP; § 81 Abs. 4 KommVerfG Thüringen.

24 § 130 Abs. 3 S. 1 HGO

25 Art. 104 Abs. 3 BayGO; §101 Abs. 4 KommVerfG Brandenburg; § 101 Abs. 4 S. 1 GemO NRW, § 2 Abs. 2 KPG M-V; § 81 Abs. 4 KommVerfG Thüringen; § 154 Abs. 2 Nds KommVerfG; § 116 Abs. 2 GemO S-H.

26 § 109 Abs. 5 GemO BW; § 103 Abs. 4 S. 1 GemO Sachsen, § 139 Abs. 5 KommverfG SA.

27 Art. 104 Abs. 3 BayGO; § 109 Abs. 4 GemO BW; § 101 Abs. 5 S. 2 GemO NRW; § 111 Abs. 3 S. 2 GemO RLP; § 103 Abs. 4 S. 2 GemO Sachsen § 81 Abs. 4 KommVerfG Thüringen; § 154 Abs. 2 Nds KommVerfG.

28 § 109 Abs. 4 S. 2 GemO BW; § 2 Abs. 2 KPG M-V: § 101 Abs. 5 S. 2 GemO NRW; § 111 Abs. 3 S. 2 GemO RLP; § 103 Abs. 4 S. 2 GemO Sachsen; § 139 Abs. 5 KommverfG SA; § 154 Abs. 2 Nds KommVerfG; § 116 Abs. 2 GemO S-H.

29 Art. 104 Abs. 3 BayGO; § 109 Abs. 4 GemO BW; § 101 Abs. 5 S. 1 GemO NRW; § 111 Abs. 3 S. 2 GemO RLP; § 103 Abs. 4 S. 1 GemO Sachsen; § 81 Abs. 4 KommVerfG Thüringen.

30 Art. 104 Abs. 4 BayGO; § 130 Abs. 4 S. 1 HGO; § 109 Abs. 3 S. 2 GemO BW; § 2 Abs. 3 KPG M-V, § 101 Abs. 3 S. 2 GemO NRW; § 103 Abs. 3 S. 2 GemO Sachsen § 139 Abs. 2 KommverfG SA § 81 Abs. 5 KommVerfG Thüringen.

31 § 111 Abs. 3 GemO RLP; § 139 Abs. 2 KommverfG SA.

benszeit zum Leiter des Rechnungsprüfungsamts bestellt werden,[32] in Baden-Württemberg, NRW und Sachsen muss es sich um einen hauptamtlichen Bediensteten handeln.[33]

4. Inkompatibilitäten

25 Ein persönliches Näheverhältnis der Leitung zur (erweiterten) Verwaltungsspitze,[34] zu Anordnungsbefugten[35] und Mitarbeitern der Kasse[36] und dem Vorsitzenden der Volksvertretung disqualifiziert,[37] dies gilt in einigen Bundesländern für alle Prüfer.[38]

Leitung und Prüfer dürfen weder eine Kasse verwalten[39] noch Zahlungen anordnen oder ausführen.[40] andere Stellungen in der Kommune dürfen sie nur innehaben, wenn dies mit ihren Prüfungsaufgaben vereinbar ist.[41] In

32 Art. 104 Abs. 4 BayGO; § 101 Abs. 5 S. 1 KommVerfG Brandenburg; § 2 Abs. 3 KPG M-V; § 120 Abs. 2 KommVerfG Saarland; § 81 Abs. 5 KommVerfG Thüringen.

33 § 109 Abs. 3 S. 1 GemO BW, § 101 Abs. 3 S. 1 GemO NRW; § 103 Abs. 3 S. 1 GemO Sachsen.

34 Art. 104 Abs. 5 S. 3 BayGO; § 101 Abs. 5 S. 2 KommVerfG Brandenburg; § 130 Abs. 4 S. 2 HGO; § 109 Abs. 5 S. 1 GemO BW; § 2 Abs. 3 KPG M-V; § 101 Abs. 6 S. 1 GemO NRW; § 111 Abs. 4 GemO RLP; § 103 Abs. 5 S. 1 GemO Sachsen; § 139 Abs. 3 KommverfG SA; § 120 Abs. 2 KommVerfG Saarland; § 154 Abs. 3 Nds KommVerfG; § 116 Abs. 3 GemO S-H.

35 Art. 104 Abs. 5 S. 3 BayGO; § 81 Abs. 6 KommVerfG Thüringen.

36 § 109 Abs. 5 S. 1 GemO BW; § 101 Abs. 5 S. 2 KommVerfG Brandenburg; § 2 Abs. 3 KPG M-V; § 101 Abs. 6 S. 1 GemO NRW; § 111 Abs. 4 GemO RLP; § 103 Abs. 5 S. 1 GemO Sachsen; § 139 Abs. 3 KommverfG SA; § 120 Abs. 2 KommVerfG Saarland; § 154 Abs. 3 Nds KommVerfG.

37 § 130 Abs. 4 S. 2 HGO, § 2 Abs. 3 KPG M-V; § 116 Abs. 3 GemO S-H.

38 Baden-Württemberg; in Bayern auch für den Stellvertreter; Sachsen, Sachsen-Anhalt, Schleswig-Holstein, Mecklenburg-Vorpommern.

39 § 110 Abs. 3 HGO; § 2 Abs. 5 KPG M-V; § 81 Abs. 6 KommVerfG Thüringen.

40 Art. 104 Abs. 5 S. 2 BayGO; § 101 Abs. 6 KommVerfG Brandenburg; § 109 Abs. 5 S. 3 GemO BW; § 130 Abs. 5 HGO; § 2 Abs. 6 KPG M-V; § 101 Abs. 6 S. 4 GemO NRW; § 111 Abs. 6 GemO RLP; § 103 Abs. 5 S. 3 GemO Sachsen, § 139 Abs. 4 KommverfG SA § 81 Abs. 6 KommVerfG Thüringen; § 120 Abs. 3 KommVerfG Saarland; § 154 Abs. 5 Nds KommVerfG; § 116 Abs. 5 GemO S-H.

41 Art. 104 Abs. 5 S. 1 BayGO; § 101 Abs. 4 S. 2 KommVerfG Brandenburg; § 130 Abs. 3 S. 2 HGO; § 109 Abs. 5 S. 2 GemO BW; § 101 Abs. 6 S. 3 GemO NRW; § 111 Abs. 5 GemO RLP; § 103 Abs. 5 S. 2 GemO Sachsen; § 139 Abs. 4 KommverfG SA § 81 Abs. 6 KommVerfG Thüringen; § 154 Abs. 4 Nds KommVerfG, § 116 Abs. 4 GemO S-H.

Bayern sind auch die Möglichkeiten einer Nebentätigkeit ausdrücklich eingeschränkt.[42]

Neben diesen detaillierten Regelungen fehlen allerdings Regelungen, die eine angemessene Ausstattung der örtlichen Rechnungsprüfung mit Stellen und Mitteln z. B. für Fortbildung, Kapazitätserweiterungen durch Externe und Spezialisten gewährleisten. Die Verwaltungsleitung in Gestalt des für das Finanzwesen Verantwortlichen bringt im Haushaltsaufstellungsverfahren (nur) den von ihr anerkannten Stellen- und Finanzbedarf des Rechnungsprüfungsamtes ein. In der Praxis zeigt sich, dass diese Einschätzung zu Anzahl und Bewertung der in der örtlichen Rechnungsprüfung erforderlichen Stellen sehr schwanken kann.[43]

5. Klagebefugnis der örtlichen Rechnungsprüfung

Fraglich ist, ob die Rechnungsprüfung als Organisation, ihre Rechtsposi- *26*
tionen (*s. D. Rechte und Pflichten*) im Klageweg gegen andere Organe der Kommune durchsetzen kann. Das Kommunalverfassungsstreitverfahren ist dadurch gekennzeichnet, dass Organe oder Organteile über Bestand und Reichweite zwischen- oder innerorganschaftlicher Rechte streiten. Eine Klage ist daher in entsprechender Anwendung des § 42 Abs. 2 VwGO nur zulässig, wenn eine eigene Rechtsposition geltend gemacht werden kann, bei der es sich um ein durch das Innenrecht eingeräumtes, dem klagenden Organ oder Organteil zur eigenständigen Wahrnehmung zugewiesenes wehrfähiges subjektives Organrecht handelt.[44] **Wehrfähige Rechte** zeichnen sich nach der sogenannten Kontrastorgantheorie dadurch aus, dass die Rechtsordnung sie Organen und Organteilen mit dem Zweck verleiht, ihnen das eigenständige Geltendmachen eines Sachinteresses auch im Widerspruch zu einem „Kontrastorgan“ im Sinne einer „inneradministrativen Gewaltenteilung und -balancierung“ zu ermöglichen.[45] Ziel ist es durch Machtverteilung ein verfassungsmäßiges Handeln und Zusammenwirken zu sichern.[46] Diese Aufgabe nimmt die örtliche Rechnungsprüfung gegenüber der Verwaltungsleitung unzweifelhaft war.

Dass dem Rechnungsprüfungsausschuss nach nordrhein-westfälischem Landesrecht Organstellung und Klagebefugnis zustehen ist unbestritten. Sie lei-

42 § 1 Abs. 5 KomPrV Bayern.

43 *Zahradnik,* Personalstellen und -struktur städtischer Rechnungsprüfungsämter in Deutschland, GemHH 2018, S. 1.

44 *Ogorek,* Der Kommunalverfassungsstreit im Verwaltungsprozess, JuS 2009, 511 ff.; VG Stade, Urt. v. 27. 8. 2021 – 1 A 1615/20, BeckRS 2021, 24543.

45 *Kisker*, Insichprozess und Einheit der Verwaltung, 1986, S. 38 ff.

46 *Preusche,* Zu den Klagearten für kommunalverfassungsrechtliche Organstreitigkeiten, NVwZ 1987, 854 ff.

tet sich aus der Wahrnehmung seiner Prüfungskompetenz und der Verantwortung gegenüber dem Rat für eine nach Verfahren und Ergebnis korrekte Prüfung ab.[47] Teilweise wird verneint, dass eine solche Klagebefugnis dem Rechnungsprüfungsamt auch dann zusteht, wenn ein Rechnungsprüfungsausschuss eingerichtet ist und dieser sich des Rechnungsprüfungsamts lediglich bedient, es fehle dem Rechnungsprüfungsamt an der Organstellung.[48] Diese Ansicht überzeugt nicht. Zum einen, da in dem Urteil des VG Düsseldorf der Vorsitzende des Rechnungsprüfungsausschusses als Organteil angesehen wird. Zum anderen stehen sich Rechnungsprüfung und Rechnungsprüfungsausschuss im Rahmen der Aufgabenerfüllung gleichrangig gegenüber. Obwohl sich der Rechnungsprüfungsausschuss der örtlichen Rechnungsprüfung bedient ist die örtliche Rechnungsprüfung nicht bloßer Erfüllungsgehilfe.[49]

IV. Stellung der überörtlichen Rechnungsprüfung

Bei der Prüfung durch die externe überörtliche Rechnungsprüfung stellen sich vor allem die Fragen, welche Rechte deren Organe in der Kommune haben, wie die überörtliche Rechnungsprüfung mit der Arbeit der örtlichen Rechnungsprüfung umgeht und schließlich wie sich die geprüfte Kommune mit den Ergebnissen auseinandersetzen muss.

1. Prüfungsrecht der überörtlichen Prüfung

27 Den Prüfern der überörtlichen Rechnungsprüfung stehen gegenüber der geprüften Stelle dieselben Rechte (*s. D. Rechte und Pflichten der Rechnungsprüfung*) zu wie denen der örtlichen Rechnungsprüfung. Insbesondere wo eine von der Landesregierung unabhängige Behörde die überörtliche Rechnungsprüfung durchführt, wie in Bayern, Hessen, Niedersachsen, Mecklenburg-Vorpommern, Rheinland-Pfalz, Saarland, Schleswig-Holstein und Thüringen ist dies ausdrücklich geregelt.[50] Soweit die überörtliche Rechnungsprüfung gleichzeitig Rechtsaufsichtsbehörde ist oder im Auftrag der

47 VG Düsseldorf, Urt. v. 6.12.2011 – 1 K 574/11, BeckRS 2011, 56784.

48 *Rosarius,* in: BeckOK, KommunalR NRW, 19. Ed., 1.3.2022, GO NRW, § 101 Rn. 3, 4.

49 *Desens/Oebbecke*, Die Rechtsstellung der Leitungen der örtlichen Rechnungsprüfung, 1. Aufl. 2012, S. 60.

50 Art. 106 Abs. 6 BayGO; § 5 Abs. 2 ÜPKKG; § 110 Abs. 5 S. 1 GemO RLP i.V.m. § 95 LHO; § 2 ThürPrBG; § 8 Abs. 1–5 KPG M-V; § 123 Abs. 6 KommVerfG Saarland; § 3 Abs. 2 Nds KPG, § 6 Abs. 1 KPG S-H.

Rechtsaufsichtsbehörde handelt,[51] leiten sich die Rechte der Prüfer zumindest[52] aus dem Informationsrecht der Rechtsaufsichtsbehörde ab.

2. Verwendung der Ergebnisse der örtlichen Rechnungsprüfung

Die Identität von Prüfungsaufgaben und -gegenständen bei örtlicher und überörtlicher Rechnungsprüfung (s. *C. Aufgaben der Rechnungsprüfung*) birgt grundsätzlich die Gefahr von Doppelprüfungen, bei der doppelt Ressourcen für denselben Erkenntnisgewinn aufgewendet werden. Der Gesetzgeber versucht das zu vermeiden, indem er die überörtliche Rechnungsprüfung dazu anhält die Ergebnisse der örtlichen Prüfungen zu berücksichtigen[53] bzw. auf ihnen aufzubauen.[54] Darüber hinaus kann die überörtliche Rechnungsprüfung aufgrund ihrer Organisation und Stellung (s. *B.V. 2. Rolle der überörtlichen Prüfung*) einen Mehrwert schaffen. *28*

3. Auseinandersetzung mit den Ergebnissen

Ihre Ergebnisse in der Form eines Prüfungsberichts teilt die überörtliche Rechnungsprüfung Aufsichtsbehörden[55] und der Kommune[56] mit. Die Volksvertretung erhält Kenntnis vom Bericht,[57] in Baden-Württemberg hat jedes Mitglied der Volksvertretung Anspruch auf Einsicht in den Bericht, in Hessen, Mecklenburg-Vorpommern und Thüringen erhält jede Fraktion *29*

51 § 113 Abs. 1 GemO BW; § 105 Abs. 3 KommVerfG Brandenburg; § 105 Abs. 1 GemO NRW.

52 ausdrücklich § 2 KomPrV BW; 3.3 RdErl. des LRH Sachsen-Anhalt v. 15.6. 2010 – 42-10900.

53 § 114 Abs. 1 S. 2 GemO BW; § 105 Abs. 3 S. 4 GemO NRW, § 109 Abs. 1 S. 3 GemO Sachsen, 2.2 RdErl. des LRH Sachsen-Anhalt v. 15.6.2010 – 42-10900 zur überörtlichen Prüfung der kommunalen Gebietskörperschaften; § 123 Abs. 4 KommVerfG Saarland.

54 § 5 Abs. 5 ÜPPKG, § 3 Abs. 1 S. 3, 4 ThürPrBG; § 2 Nds KPG.

55 Wenn die GPA Prüfungsorgan ist § 114 Abs. 4 S. 1 GemO BW; § 8 KomPrV Bayern, § 6 Abs. 1 ÜPKKG; in NRW, soweit relevant auch Fachaufsichtsbehörden § 105 Abs. 5 GemO NRW; § 7 ThürPrBG; § 105 Abs. 5 KommVerfG Brandenburg; § 109 Abs. 4 GemO Sachsen, § 137 Abs. 5 KommVerfG SA, § 123 Abs. 7 KommVerfG Saarland; § 4 Nds KPG; § 7 KPG S-H.

56 § 114 Abs. 4 S. 1 GemO BW; § 8 KomPrV Bayern; § 105 Abs. 3 KommVerfG Brandenburg; § 6 Abs. 1 ÜPKKG; § 105 Abs. 5 GemO NRW, § 109 Abs. 5 GemO Sachsen § 7 ThürPrBG; § 137 Abs. 5 KommVerfG SA, § 123 Abs. 7 KommVerfG Saarland; § 4 KPG; § 7 KPG S-H.

57 § 105 Abs. 5 KommVerfG Brandenburg; § 109 Abs. 4 GemO Sachsen; § 137 Abs. 6 KommVerfG SA; § 5 Nds KPG.

ein Exemplar.[58] In Thüringen und im Saarland kann der Rechnungshof/das Landesverwaltungsamt zum Abschluss der überörtlichen Rechnungsprüfung eine Schlussbesprechung anordnen,[59] in Schleswig-Holstein und Mecklenburg-Vorpommern ist sie die gesetzliche Regel, die Rechtsaufsichtsbehörde hat ein Recht zur Teilnahme.[60] Regelmäßig ist die Kommune verpflichtet, gegenüber der Kommunalaufsichtsbehörde zu den Feststellungen Stellung zu nehmen.[61] Die Verwaltungsleitung trägt ihre Sicht der Dinge vor.[62] Die Stellungnahme beschließt die Volksvertretung (in öffentlicher Sitzung).[63] Wo ein Rechnungsprüfungsausschuss eingerichtet ist, findet dort eine Vorberatung statt.[64] In Baden-Württemberg, Mecklenburg-Vorpommern, Schleswig-Holstein und Sachsen muss die Kommune ausdrücklich erklären, ob sie den Feststellungen Rechnung getragen hat.[65] Die Rechtsaufsichtsbehörde bestätigt entweder, dass keine wesentlichen Feststellungen getroffen wurden oder diese erledigt sind oder veranlasst die Gemeinde zu den erforderlichen Maßnahmen.[66] In Thüringen und Schleswig-Holstein muss der Rechnungshof die Initiative ergreifen und sich zur Erledigung von unausgeräumten Prüfungsbeanstandungen an die Rechtsaufsichtsbehörde wenden, diese entscheidet über die weitere Veranlassung nach eigenem Ermessen.[67] In Rheinland-Pfalz und im Saarland wird die Volksvertretung nur vom Ergebnis einer überörtlichen Prüfung unterrichtet, die Feststellungen und eine etwaige Stellungnahme werden aber öffentlich ausgelegt,[68] ebenso wie der Prüfungsbericht in Schleswig-Holstein, Niedersachsen und Mecklenburg-Vorpommern.[69]

30 Das Organ der überörtlichen Rechnungsprüfung hat keine eigenen rechtlichen Möglichkeiten, den Vollzug der von ihm für notwendig erachteten

58 § 114 Abs. 4 S. 2 GemO BW, § 6 Abs. 1 ÜPKKG; § 7 Abs. 1 ThürPrBG; § 10 Abs. 2 KPG M-V.

59 § 3 Abs. 2 S. 1 ThürPrBG; § 123 Abs. 7 KommVerfG Saarland.

60 § 9 Abs. 1 KPG M-V; § 7 Abs. 1 KPG S-H.

61 In BW auch gegenüber der GPA § 114 Abs. 5 S. 1 GemO BW; § 9 Abs. 2 KPG M-V; § 105 Abs. 7 S. 1 GemO NRW; § 109 Abs. 4 GemO Sachsen; § 7 Abs. 3 KPG S-H.

62 § 105 Abs. 5 KommVerfG Brandenburg; § 105 Abs. 6 S. 2 GemO NRW; § 3 Abs. 2 S. 1 ThürPrBG.

63 § 105 Abs. 7 S. 2 GemO NRW; 2.9 RdErl. des LRH Sachsen-Anhalt v. 15.6.2010 – 42-10900.

64 § 105 Abs. 6 GemO NRW.

65 § 114 Abs. 5 S. 1 GemO BW; § 9 Abs. 3 KPG M-V; § 109 Abs. 5 GemO Sachsen; § 7 Abs. 5 KPG S-H.

66 § 114 Abs. 5 S. 2, 3 GemO BW; § 109 Abs. 5 GemO Sachsen.

67 § 7 Abs. 2 ThürPrBG; § 7 Abs. 3 KPG S-H.

68 § 110 Abs. 6 GemO RLP, §§ 101 Abs. 1, 123 Abs. 9 KommVerfG Saarland.

69 § 10 Abs. 3 KPG M-V; § 5 Nds KPG; § 7 Abs. 5 KPG S-H.

Maßnahmen anzuordnen oder gegen den Willen der Kommune zu erzwingen, auch nicht über die Instrumente der Kommunalaufsicht. Vielmehr schafft die überörtliche Prüfungstätigkeit notwendige Informationen über die Gesetz- und Ordnungsmäßigkeit des Handelns der Kommune für die Aufsichtsbehörden, die ihren Maßnahmen die Erkenntnisse der überörtlichen Rechnungsprüfung zugrunde legen. Gem. § 2 Abs. 3 S. 1 NRWGPAG können die Kommunalaufsichtsbehörden deshalb auch die Gemeindeprüfungsanstalt mit der Durchführung von Prüfungen im begründeten Einzelfall beauftragen.

In Selbstverwaltungsangelegenheiten sind die Kommunalaufsichtsbehörden auf eine Rechtsaufsicht beschränkt, es ist Sache der zuständigen Kommunalorgane, darüber zu entscheiden, ob die Kommune den Anregungen der überörtlichen Rechnungsprüfung folgt oder nicht. Hier kann die vorgeschriebene Publizität der Prüfungsfeststellungen durch Befassung in einer öffentlichen Sitzung oder öffentliche Auslegung eine Beteiligung der Öffentlichkeit und politischen Druck auslösen.[70] In Hessen ist die örtliche Rechnungsprüfung verpflichtet im Rahmen ihrer Prüfung der Zweckmäßigkeit und Wirtschaftlichkeit auch die Umsetzung von Feststellungen der überörtlichen Prüfung zu adressieren.[71]

Im Falle fehlerhafter Prüfungsfeststellungen sind grundsätzlich wohl auch 31
Schadenersatzansprüche der Kommune gegen den Verwaltungsträger der überörtlichen Prüfung aus Amtshaftung gem. § 839 BGB i.V.m. Art. 34 GG denkbar. Der BGH zieht in seinem Urteil vom 5.6.2008 – III ZR 225/07 eine Parallele zur Rechtsaufsicht. Die Kommune kann ersatzberechtigte Dritte i.S.d. § 839 BGB sein, „wenn der für die haftpflichtige Behörde tätig gewordene Beamte der geschädigten Körperschaft bei Erledigung seiner Dienstgeschäfte in einer Weise gegenübertritt, wie sie für das Verhältnis zwischen ihm und seinem Dienstherrn einerseits und dem Staatsbürger andererseits charakteristisch ist.“ Für die Rechtsaufsicht wurde dies bejaht.[72] Der BGH ließ die Frage nach der Übertragbarkeit auf die überörtliche Rechnungsprüfung im konkreten Fall offen, weil der geltend gemachte Schaden jedenfalls nicht vom Schutzzweck der Prüfungspflicht umfasst war.

70 *Herrmann*, Die überörtliche Prüfung in Rheinland-Pfalz, 2005 S. 4 unter www.rechnungshof-rlp.de.

71 § 131 Abs. 1 Nr. 4. S. 2 HGO.

72 BGH, Urteil v. 12.12.2002 – III ZR 201/01.

V. Rolle der Rechnungsprüfung

1. Rolle der örtlichen Rechnungsprüfung

32 Die örtliche Rechnungsprüfung hat eine Doppelfunktion. Sie ist zum einen das Instrument der Volksvertretung zur Kontrolle der hauptamtlichen Verwaltung.

Dies zeigt sich insbesondere im Prozess der Haushaltswirtschaft, wo die hauptamtliche Verwaltung von der Volksvertretung in Ausübung ihres Budgetrechts durch den Haushaltsplan gesteuert wird. Über die Bewirtschaftung im Haushaltsjahr legt die Verwaltung durch die Rechnungslegung Rechenschaft ab. Bei mehr als nur geringer Komplexität braucht die Volksvertretung Unterstützung um die Informationslücke zu schließen. Nur die vom Sachverständigen bestätigte Richtigkeit des Zahlenwerks ermöglicht ihr den eigenen Soll-Ist-Abgleich und damit die Kontrolle der Einhaltung des Budgetrechts. Die Rechnungsprüfung hat hier die Rolle eines von der Verwaltung unabhängigen Garanten für die Richtigkeit der Rechnungslegung, ähnlich wie sie sie der Jahresabschlussprüfer eines Unternehmens im Interesse des Rechtsverkehrs einnimmt.

Dieses Verständnis der Rechnungsprüfung als Instrument der Volksvertretung kommt auch in der Möglichkeit zum Ausdruck, dass die Volksvertretung der Rechnungsprüfung weitere Aufgaben übertragen und sie mit konkreten Prüfungen beauftragen kann.

33 Die örtliche Rechnungsprüfung dient aber auch als Instrument der Leitung der hauptamtlichen Verwaltung, um ihrer **Organisationsverantwortung** nachzukommen. Diese Organisationsverantwortung ist Ausfluss der politisch-demokratischen Verantwortung der Verwaltungsspitze für das gesamte Verwaltungshandeln. Die Aufgabenerfüllung erfordert in großem Umfang Arbeitsteilung und Delegation, auch der Organisationsverantwortung. Jede Vorgesetzte muss sicherstellen, dass Rechtsvorschriften und Vorgaben der Leitung von allen Bediensteten jederzeit zuverlässig umgesetzt werden. Dafür wird ein System benötigt, das dies gewährleistet. Dieses System wird als **internes Kontrollsystem** (IKS) bezeichnet (*s. J. Internes Kontrollsystem*). Ein unerlässliches Element des IKS sind Überwachungsmaßnahmen des internen Kontrollsystems. Die Rechnungsprüfung kann Überwachungsmaßnahmen durchführen. Nur durch die Einrichtung eines IKS werden Führungskräfte ihrer Organisationsverantwortung gerecht und vermeiden bei Fehlern der Mitarbeiter ein Organisationsverschulden. Prüfungstätigkeiten der Rechnungsprüfung können unterschiedliche Wirkungen entfalten. Wird die Rechnungsprüfung im Auftrag der Verantwortlichen tätig, können ihre Prüfungsaktivitäten dieser zugerechnet werden und ersetzen eigene Kontrollaktivitäten. Dies ist dort möglich, wo die Verwaltungsleitung die Rechnungsprüfung mit Aufgaben betraut oder mit konkreten Prüfungen beauftragen kann.

Wird die Rechnungsprüfung eigeninitiativ/-verantwortlich tätig können diese Maßnahmen zwar nicht direkt den Führungskräften zugerechnet werden und beseitigen das Bedürfnis nach eigenen Kontrollaktivitäten nicht vollständig, sie sorgen aber für ein allgemein geringeres Fehlerrisiko. Die Fehlerrisikoeinschätzung der Führungskräfte für ihren Bereich beeinflusst Art und Umfang der erforderlichen eigenen Kontrollaktivitäten. Ein niedriges Fehlerrisiko ermöglicht niedrigere Standards bei der eigenen Kontrolle. Hier ist die Rolle der Rechnungsprüfung eher mit der internen Revision im Unternehmen zu vergleichen. Sie profitiert aber auch bei dieser Aufgabe von ihrer Unabhängigkeit bei der Prüfungsdurchführung.

Zwischen beiden Rollen besteht grundsätzlich eine gewisse Spannung. Es *34*
wird um beschränkte Ressourcen konkurriert. Bei einer Einschaltung in den Prozess der Leistungserstellung besteht die Gefahr die Objektivität bei einer nachträglichen Prüfung der Ergebnisse dieses Prozesses zu verlieren. Und schließlich könnten Verantwortliche der hauptamtlichen Verwaltung als Auftraggeber Prüfungsaktivitäten der Rechnungsprüfung in ihnen genehme Richtungen und damit weg von für sie kritischen Themen lenken.

Das Spannungsfeld wird in jedem Bundesland rechtlich etwas anders akzentuiert. Anders als die Prüfungsorgane der Länder, die Rechnungshöfe, denen Prüfungsaufgaben nur durch Gesetz oder auf Grund eines Gesetzes, also von der Volksvertretung übertragen werden können,[73] ist die örtliche Rechnungsprüfung grundsätzlich Diener zweier Herren.

Tatsächlich werden die Mitarbeiter der Rechnungsprüfung im Zeitablauf zumeist in beiden Rollen tätig und Erkenntnisse der Tätigkeit als „interne Revision“ fließen insbesondere in die Tätigkeit als Prüfer der Rechnungslegung ein.

2. Rolle der überörtlichen Rechnungsprüfung

Die organisatorische Unabhängigkeit der überörtlichen Rechnungsprüfung *35*
und die Distanz zum Prüfungsobjekt ermöglicht es ihr insbesondere Prüfungen anzugehen, die stark politisch gefärbt und umstritten sind, auch zwischen Verwaltungsspitze und Volksvertretung oder innerhalb der Volksvertretung. Hier besteht die Gefahr, dass die örtliche Rechnungsprüfung diese Themen meidet. Beispiele für solche typischerweise politischen Prüfungen liefert § 3 ÜPPKG Hessen oder § 3 Abs. 1 ThürPrBG, wie die Frage nach der Einhaltung der Grenzen der Leistungsfähigkeit bei Investi-

73 Z. B. § 2 Rechnungshofgesetz RLP.

tionen und freiwilligen Leistungen; des Vorrangs der Finanzierung von Aufgaben durch Entgelte oder ob die allgemeine Finanzkraft und der Stand der Schulden Anlass für Empfehlungen zur Änderung der künftigen Haushaltswirtschaft der Kommune geben.

Darüber hinaus hat die überörtliche Prüfung durch die Möglichkeit zum Vergleich von vergleichbaren Kommunen einen spezifischen und besonders erfolgversprechenden Ansatz für Wirtschaftlichkeits- und Zweckmäßigkeitsprüfungen. Am Beispiel des Hessischen Rechnungshofs stellen dessen Vertreter die folgenden Vorteile einer vergleichenden Prüfung dar:[74]

- Neutrale Information aller Interessierten über das in der kommunalen Praxis tatsächlich vorgefundenen Handeln;
- Übermittlung dieser Informationen an andere – vergleichbare – Kommunen als Anlass zur Selbstüberprüfung und -optimierung (Benchmarking).
- Identifikation von gelungenen Lösungen, sog. „Best Practice-Beispielen" als motivierende Rückmeldung und zur
- Übermittlung dieser Best Practice-Beispiele an andere Kommunen als Hilfestellung.
- Bündelung und Würdigung von Verbesserungsvorschlägen und berechtigter Kritik der Praxis an Vorgaben des Bundes oder des Landes; Weitergabe an den Gesetz- und Verordnungsgeber;
- Sammlung und Weitergabe von Hinweisen auf eine notwendige Unterstützung durch die kommunalen Spitzenverbände.

Die Gemeindeprüfanstalt NRW beschreibt ihre Methodik[75] als überwiegend auf vergleichende Untersuchungen mittels Kennzahlen gestützt. Sie ermittelt interkommunale Vergleichswerte und Benchmarks. Aus dem Vergleich der geprüften Kommune mit diesen Vergleichswerten und Benchmarks stellt sie Unterschiede im Ressourceneinsatz dar und berechnet monetäre Potenziale.

---

74 *Keilmann/Volk*, Vergleichende überörtliche Prüfung in Hessen, in: Hill/Mühlenkamp (Hrsg.) Neue Wege in der Finanzkontrolle; Beiträge zur Tagung der Deutschen Universität für Verwaltungswissenschaften, Schriftenreihe der Deutschen Universität für Verwaltungswissenschaften Speyer (HS), Band 237 2019.

75 Eigendarstellung Homepage unter https://gpanrw.de.

C. Aufgaben der Rechnungsprüfung

In einigen Bundesländern sind die Aufgaben für die örtliche und überörtliche Rechnungsprüfung unterschiedlich formuliert, in anderen sind sie identisch. Nach allen Kommunalverfassungsgesetzen gibt es Pflichtaufgaben, in einigen Bundesländern kann die Rechnungsprüfung selbständig weitere Aufgaben wählen, in anderen können ihr weitere Aufgaben übertragen werden.

I. Aufgaben der örtlichen Rechnungsprüfung

1. Aufgaben des Rechnungsprüfungsausschusses

Wo ein Rechnungsprüfungsausschuss eingerichtet werden muss (*s. B.I.1.a) Rechnungsprüfungsausschuss*), ist seine Aufgabe die Prüfung der Jahresrechnung bei kameraler Haushaltswirtschaft bzw. des Jahresabschlusses und des Gesamtabschlusses bei doppischer Haushaltswirtschaft.[1] Deren Prüfung durch den Ausschuss ist eine Vorbedingung der Befassung, Feststellung und Entlastung der Verwaltung durch das Plenum der Volksvertretung. Zum Umfang und den Anforderungen einer Prüfung durch den Ausschuss (*s. B.I.1.g) Leistungsfähigkeit*). *36*

In Rheinland-Pfalz teilt der Rechnungsprüfungsausschuss gem. § 112 Abs. 1 GO alle Pflichtaufgaben mit dem Rechnungsprüfungsamt, soweit eines eingerichtet wurde.

2. Pflichtaufgaben des Rechnungsprüfungsamtes

a) Prüfung der Jahresrechnung bzw. des Jahresabschlusses

Entweder als Sachverständiger für den Rechnungsprüfungsausschuss oder in eigener Zuständigkeit und Verantwortung ist die wichtigste Aufgabe des Rechnungsprüfungsamtes in allen Bundesländern die Prüfung der Jahresrechnung bzw. des Jahresabschlusses und des Gesamtabschlusses (§ 110 Abs. 1 GO BW, Art. 103 Abs. 1 GO Bayern, § 104 KommverfG Brandenburg, § 128 Abs. 1 GO Hessen, § 155 Abs. 1 Nds KommverfG § 3 Abs. 1 KPG M-V, § 102 Abs. 1 GO NRW, § 112 Abs. 1 Nr. 1 GO RLP, § 121 *37*

1 Art. 103 Abs. 1 BayGO, § 102 Abs. 1 GO NRW; § 1 Abs. 4 KPG M-V, § 101 Abs. 1 S. 3 KommVerfG Saarland.

Abs. 1 KommVerfG Saarland, § 104 GemO Sachsen; § 140 Abs. 1 KommVerfG SA; § 116 Abs. 1 GemO S-H, § 82 KommVerfG Thüringen).

Im Zusammenhang mit der Übertragung anderer Aufgaben als der der Prüfung der Jahresrechnung bzw. des Jahresabschlusses, stellt sich die Frage, was diese Prüfung umfasst und wie sie von anderen Prüfungsaufgaben abzugrenzen ist. Gelegentlich ist strittig, welche Fragestellungen das Rechnungsprüfungsamt im Rahmen dieser Pflichtaufgabe angehen kann, bzw. wann sie einer Beauftragung bedarf.

Die Kommunalverfassungsgesetzen regeln die zu treffenden Prüfungsurteile und -aussagen unterschiedlich (Beispiel Hessen *s. M. Jahresabschlussprüfung*). Überschlägig lassen sich diese jedoch drei Kategorien zuordnen.

Zum einen sind Aussagen zur **Einhaltung der Vorschriften zu Haushaltswirtschaft** im engeren Sinne treffen. Darunter fällt die Einhaltung des Haushaltsplanes und die Anwendung der Vorschriften für die Rechnungslegung. Für die buchungspflichtigen Geschäftsvorfälle und Sachverhalte, ist darüber hinaus die Einhaltung aller übrigen Rechtsvorschriften einschließlich des Ortsrechtes zu prüfen. Die Jahresabschlussprüfung umfasst eine **allgemeine Rechtmäßigkeitsprüfung**, allerdings beschränkt auf Vorgänge und Sachverhalte, die sich unmittelbar in der Rechnungslegung niederschlagen. Dazu gehören jedenfalls die buchungspflichtigen Geschäftsvorfälle, aber auch solche Sachverhalte, über die als Risiken- oder Chancen oder als bedeutsame Ereignisse nach Ende des Haushaltsjahres berichtet werden muss.

38 Da das Wirtschaftlichkeitsgebot ebenfalls zu diesen Rechtsvorschriften gehört, umfasst die Jahresabschlussprüfung auch die Prüfung der **Einhaltung des Wirtschaftlichkeitsgebotes** allerdings auch nur bei Entscheidungen und Sachverhalten, die sich unmittelbar in der Rechnungslegung niederschlagen.

Diese Erstreckung der Jahresabschlussprüfung auf eine allgemeine Rechtmäßigkeits- und Wirtschaftlichkeitsprüfung gilt auch für Bundesländer, die die Prüfungsurteile zum Jahresabschluss stärker an §§ 317, 322 HGB orientiert haben. In der Jahresabschlussprüfung gem. § 316 ff. HGB müssen nur rechnungslegungsrelevante Rechtsvorschriften geprüft werden, eine Wirtschaftlichkeitsprüfung findet nicht statt (*s. O. Prüfung kommunaler Unternehmen*). Bei der Vorgabe des Prüfungsurteils handelt es sich aber lediglich um die Vorgabe der Mindestberichterstattung über die Jahresabschlussprüfung, nicht um eine Einschränkung der Pflichtaufgabe.

39 Das Rechnungsprüfungsamt muss mit seiner Prüfung nicht warten bis eine Buchung erfolgt oder gar die Rechnungslegung aufgestellt ist, eine laufende Prüfung der Kassenvorgänge (und Belege) bzw. der Vorgänge in der

Finanzbuchhaltung [ausdrücklich] zur Vorbereitung der Prüfung des Jahresabschlusses[2] ist zulässig und Teil dieser Pflichtaufgabe.

Von der Visa-Prüfung (*s. I.4.e) Prüfung der Anordnungen vor Weiterleitung an die Kasse*) unterscheidet sich diese Prüfung durch den Zeitraum und durch die Wirkung. Sie setzt einen Vorgang in der Finanzbuchhaltung voraus. Dieser kann bereits zum Zeitpunkt der Vorerfassung einer Rechnung entstehen, durchläuft mit der Zeichnung als sachlich/rechnerisch richtig, der Anordnung und der Buchung mehrere Prozessschritte und wird durch den Abschluss der Bücher beendet. Alternativ kann auf den Zeitpunkt abgestellt werden, zu dem nach den Rechnungslegungsregeln ein Vorgang in der Finanzbuchhaltung hätte stattfinden müssen, aber nicht stattgefunden hat. Die laufende Prüfung kann jederzeit innerhalb dieses Zeitraums einsetzen und hält eine Buchung nicht auf. Sie ermöglicht lediglich eine Entzerrung der Jahresabschlussprüfung. *40*

b) Prüfung der Sondervermögen/Eigenbetriebe

Teilweise gehört zu den Pflichtaufgaben auch die Prüfung der Jahresabschlüsse der Sondervermögen, insbesondere der Eigenbetriebe der Kommune; dies anstatt, neben oder subsidiär zu einer Prüfung durch einen Abschlussprüfer (§ 111 GO BW, § 102 Abs. 1 KommVerfG Brandenburg; § 157 Nds KommVerfG, § 103 GO NRW, § 112 Nr. 2 GO RLP, § 124 Abs. 2 KommverfG Saarland, § 140 Abs. 1 KommVerfG SA; § 82 Abs. 1 KommVerfG Thüringen). In Sachsen (§ 105 GemO Sachsen) eingeschränkt auf bestimmte Fragestellungen (*s. O. Prüfung kommunaler Unternehmen*). *41*

In Hessen überwacht das Rechnungsprüfungsamt die Eigenbetriebe und rechtsfähigen kommunalen Anstalten gem. § 131 Abs. 1 Nr. 3 HGO. In Nordrhein-Westfalen handelt es sich dabei gemäß § 104 Abs. 2 Nr. 2 GO um eine Wahlaufgabe. Das Rechnungsprüfungsamt übernimmt dabei die Funktion der internen Revision, über die kleinere Eigenbetriebe zumeist selber nicht verfügen.

c) Kassenprüfung und dauernde Überwachung der Kassen

In Bayern und Thüringen ist die Kassenprüfung Aufgabe des Bürgermeisters (Art. 103 Abs. 5 GemO Bayern, § 82 Abs. 3 KommVerfG Thüringen) bzw. des Landrats (Art. 89 Abs. 5 LKrO Bayern, § 114 KommVerfG Thüringen). Beide bedienen sich dabei aber des Rechnungsprüfungsamtes. Nach anderen Kommunalverfassungsgesetzen gehört die Kassenprüfung *42*

2 § 112 Abs. 1 Nr. 1 GO BW; § 131 Abs. 1 Nr. 2 HGO; § 104 Abs. 1 Nr. 1 GO NRW; § 112 Abs. 1 Nr. 4 GemO RLP.

teilweise als dauernde Überwachung der Kassen bzw. der Zahlungsabwicklung bezeichnet, zu den Pflichtaufgaben des Rechnungsprüfungsamtes.[3]

Unabhängig von der Bezeichnung beinhaltet die Kassenprüfung in allen Bundesländern die Durchführung unvermuteter Kassenprüfungen, beschränkt sich aber nicht darauf, sondern umfasst -in der Formulierung von Art. 106 Abs. 5 BayGO- die Prüfung der ordnungsmäßigen Erledigung der Kassengeschäfte, die ordnungsmäßige Einrichtung der Kassen und das Zusammenwirken mit der Verwaltung. Auch wenn in vielen Kommunalverfassungsgesetzen weiterhin der Begriff Kasse verwendet wird, erfüllt diese bei doppischer Haushaltswirtschaft zumeist auch die Funktion einer Finanzbuchhaltung. Sie muss durch ihre Aufbau- und Ablauforganisation und das dazugehörige interne Kontrollsystem die Einhaltung der Grundsätze ordnungsmäßiger Buchführung gewährleisten.

Die dauernde Überwachung der Kasse muss daher als Prüfung der Wirksamkeit ihres internen Kontrollsystems angelegt werden, die unvermuteten Kassenprüfungen dienen auch diesem Zweck.

Zu den Inhalten s. *P. Kassenprüfung*

d) Prüfung finanzwirksamer DV-Verfahren vor Anwendung

43 So wie die Ordnungsmäßigkeit der eingesetzten finanzwirksamen DV-Verfahren eine notwendige Voraussetzung der Ordnungsmäßigkeit des Jahresabschlusses ist, ist auch die Prüfung der eingesetzten Verfahren notwendiger Bestandteil der Prüfung des Jahresabschlusses. Zu den Inhalten s. *K. IT-Prüfung*. Teilweise[4] ist eine Prüfung angeordnet, bevor diese Programme zur Anwendung kommen. In anderen Bundesländern ist das eine Aufgabe der überörtlichen Rechnungsprüfung.[5]

Abhängig vom Bundesland können weitere Aufgaben zu den Pflichtaufgaben gehören, die anderswo Wahlaufgaben darstellen oder dem Rechnungsprüfungsamt übertragen werden müssen.

3. Wahlaufgaben

44 Gemäß § 104 Abs. 2 GO NRW, § 106 Abs. 2 GemO Sachsen, § 3 Abs. 2 KPG M-V kann die örtliche Rechnungsprüfung bestimmte Prüfungsaufgaben wahrnehmen, muss das aber nicht tun. In anderen Bundesländern han-

---

3 § 131 Abs. 1 Nr. 3 HGO; § 104 Abs. 1 Nr. 2 GemO NRW; § 112 Abs. 1 Nr. 5 GemO RLP.

4 § 112 Abs. 1 Nr. 7 GO RLP; § 104 Abs. 1 Nr. 3 GO NRW.

5 § 114a GemO BW, § 3 Abs. 2 ÜPKKG Hessen.

delt es sich dabei zumeist um übertragbare Aufgaben. In Nordrhein-Westfalen, Sachsen und Mecklenburg-Vorpommern ist kein Übertragungsakt erforderlich.

Zum Verhältnis von Pflichtaufgaben zu Wahlaufgaben siehe *unten I.5. Auswahl der Prüfungsthemen*.

4. Übertragene Aufgaben des Rechnungsprüfungsamtes

Alle Kommunalverfassungsgesetze mit Ausnahme von Bayern und Thürin- *45*
gen (wo der Kreis der Pflichtaufgaben sehr weit gezogen ist) sehen die Möglichkeit vor, neben den Pflichtaufgaben weitere Aufgaben (dauerhaft) zu übertragen, sie regeln aber sowohl die Art der Aufgaben als auch den Auftraggeber unterschiedlich.

Häufig fallen unter die übertragbaren Aufgaben:

- die Prüfung der Vorräte und Vermögensbestände,
- die Prüfung der Auftragsvergaben,
- die Prüfung der Verwaltung auf Ordnungsmäßigkeit, Zweckmäßigkeit und Wirtschaftlichkeit,
- die Prüfung der Betätigung der Kommune bei Unternehmen und Einrichtungen in einer Rechtsform des privaten Rechts an denen sie beteiligt ist,
- die Prüfung von Anordnungen vor ihrer Zuleitung an die Kasse,
- weitere Prüfungen bei Dritten, die sich die Kommune vorbehalten hat.

a) Prüfung der Vorräte und Vermögensbestände

Bei doppischer Haushaltswirtschaft wird diese Aufgabe von der Jahres- *46*
abschlussprüfung fast vollständig mitumfasst, da Vorräte und Vermögensbestände in die Vermögensrechnung einfließen. Nur bei kameraler Haushaltswirtschaft, die zwar Pflichten zum Vermögensnachweis kennt, Vermögen aber nicht in die Rechnungslegung aufnimmt, kann dieser Prüfungsaufgabe – abhängig vom Umfang der Prüfung der Jahresrechnung – eigenständige Bedeutung zukommen. Dann wären im Rahmen dieser Prüfung Prüfungsaussagen zur Einhaltung der Nachweis- und Buchführungspflichten, zum Vorhandensein, Erhalt und zum pfleglichen Umgang mit dem Vermögen zu treffen. Unabhängig vom Stil der Haushaltswirtschaft eröffnet die Übertragung die Möglichkeit zur Prüfung, ob Vorräte im erforderlichen Umfang zum Beispiel für den Pandemie- und Katastrophenfall vorhanden sind. Es handelt sich dann um einen Unterfall der Wirtschaftlichkeitsprüfung.

b) Prüfung der Auftragsvergaben

47 Soweit die Auftragsvergaben zu buchungspflichtigen Vorgängen führen, könnten sie -nachträglich- innerhalb der Jahresabschlussprüfung als allgemeine Rechtmäßigkeitsprüfung oder als Wirtschaftlichkeitsprüfung geprüft werden. Die Übertragung ermöglicht die Prüfung noch laufender Verfahren, also bis zum Zuschlag.[6] Eine solche vorlaufende, fehlerverhindernde Prüfung hat evidente Vorteile. Es muss jedoch bedacht werden, dass mit der Einflussnahme des Prüfers auf Verwaltungsentscheidungen Verantwortlichkeiten unschärfer werden und seine Objektivität leidet. Aufgrund der erheblichen finanziellen Auswirkungen und rechtlichen Risiken von Vergaben sollte die Abwägung zugunsten der Übertragung ausfallen.

Zu den Inhalten *s. R. Vergabeprüfung.*

c) Prüfung der Verwaltung auf Ordnungsmäßigkeit, Zweckmäßigkeit und Wirtschaftlichkeit

48 Ist diese Aufgabe übertragen, kann zum einen das gesamte Verwaltungshandeln, auch soweit es sich nicht unmittelbar in der Rechnungslegung niedergeschlagen hat, auf Rechtmäßigkeit, Zweckmäßigkeit und Wirtschaftlichkeit geprüft werden. Zum anderen können Aufbau- und Ablauforganisation der gesamten Kommunalverwaltung oder einzelner Organisationeinheiten unabhängig von ihren Aufgaben untersucht werden.

Zu den Inhalten *s. T. Wirtschaftlichkeitsuntersuchungen/s. U. Zweckmäßigkeitsprüfung.*

Die Übertragung dieser Aufgabe ist aus mehreren Gründen sinnvoll.

Es werden prüfungsfreie Räume vermieden. Das Gebot der Rechtmäßigkeit der Verwaltung aus Art. 20 Abs. 3 GG wird durch die Widerspruchsbehörden oder durch Gerichte nur lückenhaft kontrolliert. Deren Rechtmäßigkeitsprüfung verlangt einen Kläger und dessen Betroffenheit in eigenen Rechten. Eine zweckmäßige Aufbau- oder Ablauforganisation vermeidet finanzielle Nachteile in der Zukunft.

Die Verantwortung für die Einhaltung des Rechtmäßigkeits- und des Wirtschaftlichkeitsgebots trifft insbesondere die Verwaltungsspitze und durch Delegation alle Führungskräfte. In der arbeitsteiligen Hierarchie können Pflichten an Mitarbeiterinnen delegiert werden, der Delegierende muss aber alle Vorkehrungen treffen um eine ordnungsgemäße Aufgabenwahr-

---

6 *Wieden/Risch,* in: BeckOK, KommunalR Hessen, 16. Ed. 1.8.2021, HGO § 131 Rn. 64.

nehmung durch den Beauftragten sicherzustellen.[7] Dazu gehören unverzichtbar auch Überwachungsmaßnahmen.[8] Prüfungen des Rechnungsprüfungsamtes können solche Überwachungsmaßnahmen darstellen. Dies ist ein Beitrag dazu, dass Führungskräfte ihrer Organisationsverantwortung gerecht werden und bei Fehlern der Mitarbeiterinnen ein Organisationsverschulden vermeiden (*s. B. V.1 Rolle der örtlichen Rechnungsprüfung*).

Die Methoden der Rechtmäßigkeits-, Zweckmäßigkeits- und Wirtschaftlichkeitsprüfung sind innerhalb und außerhalb des Rahmens der Jahresabschlussprüfung dieselben, der Rechnungsprüfer ist daher Spezialist und bestens dafür qualifiziert Überwachungsmaßnahmen durchzuführen. *49*

d) Prüfung der Betätigung der Kommune bei Unternehmen und Einrichtungen in einer Rechtsform des privaten Rechts, an denen sie beteiligt ist

Die Betätigungsprüfung ist ein Spezialfall der Rechtmäßigkeitsprüfung bezogen auf die Einhaltung der kommunalwirtschaftlichen Vorschriften und des kommunalen Unternehmensrechts. Sie komplementiert die Jahresabschlussprüfung durch Abschlussprüfer. In einem engen Rahmen ermöglicht sie auch die Prüfung der Wirtschaftsführung des privatrechtlichen Unternehmens. Durch Organisationsprivatisierungen scheiden kommunale Aufgaben aus der Haushaltswirtschaft und der Rechnungslegung der Kommune aus. Sie sind damit auch dem unmittelbaren Zugriff der Rechnungsprüfung entzogen. Die Übertragung der Betätigungsprüfung kompensiert diesen Verlust teilweise und ist erforderlich, da die Prüfung des Jahresabschlusses durch den Abschlussprüfer nicht alle Fragestellungen der Rechnungsprüfung abdeckt und die Betätigungsprüfung die Wirksamkeit der Beteiligungsteuerung durch die Kommune erhöht. *50*

Zu den Inhalten s. *O. Prüfung kommunaler Unternehmen.*

e) Prüfung von Anordnungen vor ihrer Zuleitung an die Kasse

Auch hier geht es um eine Vorverlegung des Prüfungszeitpunkts, da die Anordnungen als Belege auch Gegenstand der Prüfung der Haushaltsrechnung bzw. des Jahresabschlusses sind. *51*

Die bei dieser sog. Visa-Prüfung zu treffenden Prüfungsaussagen ergeben sich aus der jeweiligen Gemeinde-Kassenverordnung. Am Beispiel von Hessen sind dies Aussagen zu den gem. § 7 GemKVO erforderlichen Mindestinhalten der Anordnungen:

---

7 Zur Amtshaftung BGH Urteil vom 11.01.2007 – III ZR 302/05.

8 *Hauschka/Moosmayer/Lösler*, Corporate Compliance, § 44. Revision Rn. 122.

- den anzunehmenden oder auszuzahlenden Betrag,
- den Grund der Zahlung,
- den Zahlungspflichtigen oder Empfangsberechtigten,
- den Fälligkeitstag,
- die Buchungsstelle oder ein Merkmal, welches eine eindeutige Verbindung zur sachlichen Buchung herstellt, und das Haushaltsjahr,
- die Bestätigung, dass die sachliche und rechnerische Feststellung nach § 11 Abs. 1 vorliegt,
- das Datum der Anordnung,
- die Unterschrift des Anordnungsberechtigten;
- alternativ: das Vorliegen einer Ausnahme gem. § 8 GemKVO.

Die Prüfung umfasst auch die Aussagen, dass die Mindestinhalte zutreffend sind, es sich um den richtigen Anordnungsberechtigten gemäß § 6 Abs. 2 GemKVO, den richtigen Fälligkeitstag und die richtige Buchungsstelle handelt und der Betrag mit der rechnerischen Feststellung übereinstimmt.

52 Neben der Prüfung der Formalien eröffnet diese Prüfung auch die Möglichkeit einer Prüfung aller buchungspflichtigen Vorgänge auf ihre Rechtmäßigkeit, beim Nachvollzug, ob die gem. § 11 GemKVO erforderliche sachlichen Richtigkeit gegeben war.

Auch hier liegen die Vorteile einer vorlaufenden, fehlerverhindernde Prüfung auf der Hand, aber auch hier ist Sie mit erheblichen Nachteilen verbunden. Durch die Einschaltung in den Buchungsprozess entsteht eine Verzögerung, die rechtlich wegen der Verpflichtung zur zeitnahen Verbuchung und wirtschaftlich wegen der Möglichkeit zum Skontoabzug problematisch sein kann. Die Gefahr besteht, dass Anordnungsberechtigte und Buchende, die gem. § 6 Abs. 1 S. 2 GemKO Hessen primär zu einer Prüfung verpflichtet sind, sich auf die Visa-Prüfung verlassen und weniger sorgfältig arbeiten; oder gar dass die Rechnungsprüfung bei schwierigen Sachverhalten in die Rolle des Entscheiders gedrängt wird. Und schließlich beeinträchtigt eine frühere Befassung die Objektivität bei einer späteren Prüfung.

Die Übertragung der Aufgabe der Visa-Prüfung führt nicht automatisch zu einer Prüfung aller Anordnungen. Die Rechnungsprüfung hat ein Auswahlermessen sowohl was Art und Anzahl der zu prüfenden Anordnungen betrifft als auch welche Prüfungsaussagen sie dabei trifft, insbesondere ob sie die Prüfung auf die materielle Rechtmäßigkeit des buchungspflichtigen Vorgangs erstreckt.

Mit zunehmender Automatisierung der Rechnungs- und Buchungsprozesse verliert die einzelfallbezogene Visa-Prüfung ihre Bedeutung fast vollständig. Sie wird ersetzt durch eine Prüfung der Wirksamkeit des internen Kontrollsystems für diese Prozesse. Dadurch erledigen sich auch die dargestellten Nachteile.

f) Prüfungen bei Dritten, die sich die Kommune vorbehalten hat

Hat sich die Kommune bei Dritten, zum Beispiel im Rahmen einer Dar- *53*
lehensgewährung Prüfungsrechte vorbehalten, so ist es evident sinnvoll diese Prüfungsrechte durch die Prüfungsspezialisten des Rechnungsprüfungsamtes ausüben zu lassen.

Die nach den Kommunalverfassungsgesetzen übertragbaren Aufgaben sind entweder gar nicht eingegrenzt [9] oder durch die Formulierung „insbesondere" als nicht abschließend beschrieben gekennzeichnet.[10]

g) Übertragung von Prüfungsaufgaben außerhalb der Kommunalverfassungsgesetze

Bei der Gewährung von Fördermitteln kann der Gewährende eine Prüfung *54*
der Mittelverwendung durch das Prüfungsamt der Empfängerin verlangen. Art und Umfang der Prüfung ergibt sich dann aus der Rechtsgrundlage der Zuwendung (s. Q. *Prüfung von Investitionen*).[11] Ein weiteres Beispiel stellt die Beauftragung der kommunalen Rechnungsprüfungsämter und der Gemeindeprüfanstalt in NRW als Prüfungseinrichtung im Rahmen des Gesetzes zur Verbesserung der Korruptionsbekämpfung dar.[12]

h) Prüfung von delegierten Aufgaben

Selbstverständlich obliegt der Rechnungsprüfung die Prüfung aller Vor- *55*
gänge, die sich in den Büchern der Kommune niederschlagen. Unabhängig davon, ob sie die Zahlungsvorgänge selber ausführt oder dies ein anderer Aufgabenträger tut, an diesen aber zum Beispiel Erstattungen fließen. Entsprechende Vorschriften in den Kommunalverfassungsgesetzen sind le-

9 § 103 Abs. 3 GO NRW.

10 § 112 Abs. 2 GO BW; § 131 Abs. 2 HGO; § 112 Abs. 2 GO RLP

11 Z. B. HMUKLV vom 18.06.2021 – III 2 – 79m10.01 Richtlinie zur Förderung von Maßnahmen, die der Umsetzung der EG-Wasserrahmenrichtlinie dienen.

12 § 2 G. zur Verbesserung der Korruptionsbekämpfung NRW.

diglich deklaratorisch.[13] Ein Beispiel ist die Erfüllung der Aufgabe der Grundsicherung für Arbeitssuchende in gemeinsam mit der Bundesagentur für Arbeit betriebenen Jobcentern. Praktisch besteht das Problem darin, dass die vom Aufgabenträger als Buchungsgrundlage gelieferten Informationen für eine Prüfung nicht ausreichen und für eine Prüfung unmittelbar beim selbstständigen Aufgabenträger ein Prüfungsrecht bestehen muss.

Hier muss das Rechnungsprüfungsamt darauf hinwirken, dass Buchungen und Erstattungen nur erfolgen, wenn prüfungsfähige Unterlagen vorliegen.

i) Dauerhafte Übertragung von Prüfungsaufgaben

56 Das Recht dem Rechnungsprüfungsamt dauerhaft weitere Prüfungsaufgaben zu übertragen, liegt entweder bei der Volksvertretung[14] oder bei der Spitze der hauptamtlichen Verwaltung.[15] In Hessen hat gem. § 131 Abs. 2 HGO der Gemeindevorstand, der Bürgermeister, der für die Verwaltung des Finanzwesens bestellte Beigeordnete und die Gemeindevertretung dieses Recht.

In welcher Form die Übertragung stattfindet hängt davon ab, wer überträgt und in welchem Verhältnis der Übertragende zum Rechnungsprüfungsamt steht. Die Volksvertretung bedient sich bei der Begründung von Rechten und Pflichten grundsätzlich des Instruments der Satzung. Der Vorgesetzte kann Dienstanweisungen erlassen. Ist das Rechnungsprüfungsamt dem Bürgermeister bzw. Landrat unterstellt und darf dieser Prüfungsaufgaben übertragen geschieht dies in Form einer Dienstanweisung. Ist die Volksvertretung wie in Nordrhein-Westfalen zugleich fachliche Vorgesetzte kann sie ebenfalls diese Form wählen. Als Kollektivorgan fasst sie einen Beschluss, der jedoch nicht den formalen Anforderungen einer Satzung entsprechen muss.

Die Übertragung einer Prüfungsaufgabe verpflichtet und berechtigt das Rechnungsprüfungsamt zur Wahrnehmung der Aufgabe in eigener Verantwortung. Sie löst keine unmittelbare Prüfungspflicht in diesem Bereich aus. Vielmehr handelt es sich bei der Entscheidung, welche Prüfungsaufträge und -urteile, von der Rechnungsprüfung in jedem Jahr tatsächlich in Angriff genommen werden, um eine Ermessensentscheidung der Leitung, bei der das Ermessen pflichtgemäß ausgeübt werden muss. Die Wertung des

---

13 § 112 Abs. 1 S. 2 GO RLP; § 102 Abs. 4 GO NRW.

14 § 112 Abs. 2 GO BW; § 102 Abs. 1 S. 3 KommVerfG Brandenburg; § 103 Abs. 3 GO NRW, § 140 Abs. 2 KommVerfG SA, § 156 Abs. 2 Nds KommVerfG, § 116 Abs. 2 GemO S-H.

15 § 112 Abs. 2 GO RLP; § 121 Abs. 2 KommVerfG Saarland.

Gesetzgebers durch Zuordnung einer Aufgabe zu den Pflichtaufgaben muss dabei einfließen.

5. Auswahl der Prüfungsthemen

Die Summe aller vollständig und überschneidungsfrei formulierten mög- 57
lichen Prüfungsaufträge/-urteile wird z. B. Prüfungslandkarte genannt.[16] Sie dient als Grundlage für die Auswahl. Die Auswahl muss von der Leitung der Rechnungsprüfung getroffen werden. Formell verlangt eine pflichtgemäße Ermessenausübung eine ausreichende Dokumentation der Entscheidung, damit Dritte, z. B. die überörtliche Prüfung, die Auswahlentscheidung nachvollziehen können. Die Auswahl wird in der Jahresprüfungsplanung und einem Mehrjahresprüfungsplan mit dem zeitlichen Horizont von einem und z. B. fünf Jahren getroffen und dokumentiert. Materiell wird für die Auswahlentscheidung ein sachgerechtes Kriterium benötigt, mit dem der Einsatz der beschränkten Ressourcen Jahr für Jahr gerechtfertigt wird. Nicht sinnvoll ist es sich alle denkbaren Prüfungsaufträge/-urteile in entsprechend (sehr) langen Abständen einmal im Mehrjahresprüfungszeitraum vorzunehmen, da dies dazu führt, dass die Prüfung nicht zeitnah erfolgt und damit wenig relevant ist.[17]

Wenn sich der Gesetz- und Verordnungsgeber mit diesem Auswahlpro- 58
blem befasst, dann stellt er zumeist die Forderung auf, jedes Prüfungsgebiet je nach Schwierigkeit und wirtschaftlicher/finanzieller Bedeutung in angemessenen Zeitabständen zu prüfen.[18] Dies bedeutet, dass im Mehrjahresplanungszeitraum alle Prüfgebiete mindestens einmal aufgegriffen werden müssen, schwierige und wirtschaftlich bedeutsame aber häufiger.

Teilweise wird eine **Risikoorientierung** vorgegeben;[19] wo eine Festlegung fehlt, bekennt sich die Rechnungsprüfung aber auch selbst dazu.[20] Der dabei verwendete Risikobegriff wird definiert als „Gegebenheiten, Ereignisse, Umstände, Maßnahmen oder Unterlassungen, die sich auf die örtliche Daseinsvorsorge und die dauernde Leistungsfähigkeit der Kommune oder auf die Fähigkeit der Verwaltung, ihre Ziele und Strategien umzusetzen, nachteilig auswirken“.[21] Dabei handelt es sich um das sogenannte

16 *Erdmann,* Risikoorientierte Prüfungsplanung in der öffentlichen Finanzkontrolle, Kommunal- u. Schulverlag 2013, S. 92.

17 *Gohlke,* Die örtliche Rechnungsprüfung: Funktion, Effektivität und Effizienz in kritischer Analyse, Loewen-Verlag 1996, S. 217.

18 § 6 Abs. 2 SächsKomPrüfVO; VV zu § 2 KomPrVO Bayern.

19 § 1 Abs. 2 GemPrO BW, beschränkt auf die Prüfung des Jahresabschlusses § 6 Abs. 3 SächsKomPrüfVO.

20 ISSAI 1000 Rz. 77 (der Standard ist allerdings aufgehoben); IDR L 112 Rz 11.

21 IDR L 112 Rz. 12.

Geschäftsrisiko.[22] Die in der Literatur vorgeschlagenen[23] und in der Praxis der Gesamtprüfungsplanung verwandten Kriterien zur Bestimmung und Messung des Risikos z. B. das Finanzvolumen, der Zustand des internen Kontrollsystems, die Organisation, die Komplexität des Prüfobjektes und der Zeitabstand zur letzten Prüfung adressieren aber kaum Geschäftsrisiken sondern sind Indikatoren eines erhöhten und potentiell wesentlichen **Fehlerrisikos** im Prüfgebiet.

Dieses Verständnis des Risikobegriffs lässt sich sehr gut mit der Forderung einer Auswahl nach Schwierigkeit und wirtschaftlicher/finanzieller Bedeutung verbinden.

59 Die Pflichtaufgabe der Prüfung der Haushaltsrechnung bzw. des Jahresabschlusses eröffnet rechtlich die Möglichkeit, das gesamte finanzwirksame Handeln der Kommunalverwaltung im Haushaltsjahr einer Rechtmäßigkeits- und Wirtschaftlichkeitsprüfung zu unterziehen. Es ist evident, dass die Kapazitäten eines Prüfungsamtes nicht ausreichen, um diesen Rahmen auszuschöpfen und bereits hier schon Auswahlentscheidungen zu treffen sind. Deshalb kann nicht davon ausgegangen werden, dass Wahlaufgaben und übertragene Aufgaben erst dann aufgegriffen werden können, wenn die Pflichtaufgaben erfüllt sind. Vielmehr gehen grundsätzlich Pflicht-, Wahl- und übertragene Aufgaben in die Prüfungslandkarte ein, aus der dann risikoorientiert ausgewählt wird.

Bei der Jahres- und der Mehrjahresprüfungsplanung des Rechnungsprüfungsamtes sind auch Kapazitäten für ad hoc Prüfungsaufträge vorzusehen.

6. Ad hoc Prüfungsaufträge

60 Neben der dauerhaften Übertragung von Prüfungsaufgaben zur eigenverantwortlichen Erledigung gibt es auch die Möglichkeit konkrete Prüfungsaufträge zu erteilen. Prüfungsaufgaben sind dadurch gekennzeichnet, dass sie abstrakt formuliert sind und wiederkehrend erfüllt werden müssen. Ein Prüfungsauftrag hingegen ist konkret und zumeist aktuell. Eine übertragene Prüfungsaufgabe geht mit allen anderen in einen risikoorientierten Auswahlprozess der eigenverantwortlichen Rechnungsprüfung ein. Das gilt grundsätzlich auch für einen Prüfungsauftrag. Allerdings erwarten die Auftraggeber eines aktuellen Prüfungsauftrages zumeist eine zeitnahe Erfüllung und beeinflussen damit die Entscheidung des Rechnungsprüfungs-

---

22 IDR L 112 Rz. 12 zitiert ISSAI 1000 Rz. 77 (aufgehoben), der sich wiederum an ISA 315 anlehnt vergl. ISA (E-DE) 315 (revised) Tz. 5.

23 *Erdmann,* Risikoorientierte Prüfungsplanung in der öffentlichen Finanzkontrolle, Kommunal- u. Schulverlag 2013, S. 110; *Matzeit/Götz,* Risikoorientierte Prüfungsplanung in der kommunalen Rechnungsprüfung, GemH 2019, S. 127.

amtes. Es besteht die Möglichkeit, dass derartig dringende Prüfungen unter Risikogesichtspunkten wichtige Prüfungen verdrängen.

Das Recht zur Erteilung von Prüfungsaufträgen ist in einigen Bundeslän- *61*
dern explizit geregelt. In Bayern, Brandenburg z. B. haben dieses Recht die Verwaltungsspitze und die Volksvertretung.[24] In Hessen ist die Volksvertretung berechtigt.[25] In Niedersachsen, Nordrhein-Westfalen und Mecklenburg-Vorpommern besteht eine solche Regelung nur für die Verwaltungsspitze (innerhalb ihres Amtsbereichs) und erfordert teilweise eine Mitteilung an den Rechnungsprüfungsausschuss.[26]

Fraglich ist, ob sich dieses Recht in Bundesländern ohne ausdrückliche Regelung aus dem Recht ableiten lässt, Prüfungsaufgaben zu übertragen oder aus der Unterstellung des Prüfungsamtes. Weiterhin stellt sich die Frage, ob ein abgeleitetes Recht durch die explizite Regelung verdrängt wird.

Beispielhaft kann hier Nordrhein-Westfalen stehen, wo das Rechnungsprüfungsamt fachlich der Volksvertretung unterstellt ist und diese auch das Recht hat, weitere Prüfungsaufgaben zu übertragen, eine ausdrückliche Regelung zur Erteilung von Prüfungsaufträgen aber nur für die Verwaltungsspitze besteht . Umgekehrt liegt der Fall in Hessen, wo auch ein weiter Kreis an der Verwaltungsspitze Prüfungsaufgaben übertragen kann, ausdrücklich Prüfungsaufträge aber nur von der Volksvertretung erteilt werden können.

Der Gesetzgeber in Nordrhein-Westfalen differenziert nicht deutlich zwischen Prüfungsaufgaben und Prüfungsaufträgen, da ausweislich der Gesetzesbegründung auch die Übertragung von „anlassbezogenen" Prüfungsaufgaben denkbar sind.[27] Dass er sich des Problems einer Beeinträchtigung der Pflichtaufgaben durch die Übertragung von Prüfungsaufträgen bewusst war, zeigt die Verpflichtung zur Unterrichtung des Rechnungsprüfungsausschusses.[28]

Zum Problem trägt die eine möglicherweise unklare Motivation der Verwaltungsleitung bei, die als Verantwortliche für geprüfte Organisationseinheiten sowohl Betroffene als auch Auftraggeberin von Prüfungen sein kann

24 Art. 104 Abs. 2 S. 1 BayGO, Art. 90 Abs. 2 S. 2 LKrO Bayern, § 101 Abs. 3 S. 2 KommVerfG Brandenburg.

25 § 130 Abs 2 GO.

26 § 104 Abs. 4 GO NRW, § 2 Abs. 1 S. 2 KPG M-V, § 154 Abs. 1 S. 2 Nds KommVerfG.

27 Gesetzesbegründung, LT-Drs. 17/3570, 96.

28 *Rosarius,* in: BeckOK, KommunalR NRW, 17. Ed. 1.9.2021, GO NRW § 104 Rn. 4a.

und daher durchaus ein Interesse daran haben könnte, die Ressourcen der Rechnungsprüfung in von ihr vorgegebene Richtungen zu lenken.

Die Frage berührt das Verständnis von der Funktion der örtlichen Rechnungsprüfung (*s. B.V.1. Rolle der örtlichen Rechnungsprüfung*). Aus der Zuordnung z.B. der Prüfung des Jahresabschlusses zu den Pflichtaufgabe muss geschlossen werden, dass diese Prüfung zu den Hauptaufgaben gehört, während die Tätigkeit als interne Revision im Auftrag und Interesse der Verwaltungsspitze dem nachgeordnet ist und nur im Rahmen der verbleibenden Kapazitäten wahrgenommen werden kann.

Und außerdem ist aus diesem Verständnis der Funktion zu schließen, dass aus einer Unterstellung des Rechnungsprüfungsamtes unter die Verwaltungsspitze kein Recht zur Erteilung von Prüfungsaufträgen durch die Verwaltungsspitze abzuleiten ist, wenn ein solches vom Kommunalverfassungsrecht nicht vorgesehen ist. Da es aber im Verhältnis zur Volksvertretung an einem Interessenskonflikt fehlt ist davon auszugehen, dass das Recht zur Übertragung von dauerhaften Prüfungsaufgaben durch die Volksvertretung bzw. die (fachliche) Unterstellung das Recht zur Erteilung von konkreten Prüfungsaufträgen mit umfasst.[29]

II. Aufgaben der überörtlichen Rechnungsprüfung

1. Umfang der Aufgaben

62 Kurz fasst sich **Bayern**, wonach die beiden Prüfungsinstitutionen der überörtlichen Prüfung in ihrem Prüfungsbereich die überörtlichen Rechnungs- und Kassenprüfungen durchführen.[30] Ebenfalls parallel zur detaillierten Beschreibung der Aufgaben des Rechnungsprüfungsamtes bei der Prüfung des Jahresabschlusses fasst § 114 Abs. 1 GemO **Baden-W**ürttemberg die Aufgabe der überörtliche Prüfung so zusammen: Prüfung, ob bei der Haushalts-, Kassen- und Rechnungsführung, der Wirtschaftsführung und dem Rechnungswesen sowie der Vermögensverwaltung der Gemeinde sowie ihrer Sonder- und Treuhandvermögen die gesetzlichen Vorschriften eingehalten worden sind. § 105 Abs. 3 GO **Nordrhein-Westfalen** und § 5 KPG **Schleswig-Holstein** formulieren das ähnlich und ergänzen um die Einhaltung der zur Erfüllung von Aufgaben ergangenen Weisungen und die bestimmungsgemäße Verwendung zweckgebundener Staatszuweisungen. Weiterhin wird von der überörtlichen Prüfung ein Urteil erwartet, ob die Gemeinde sachgerecht und wirtschaftlich verwaltet wird.

29 A. A. NRW NKF, Handreichung, 7. Auflage 2.1.03.
30 § 9 Abs. 1 KomPrV.

In **Rheinland-Pfalz** verweist § 110 Abs. 5 GO RLP auf die Landeshaushaltsordung. Gem. § 90 LHO sind dadurch Prüfungsurteile darüber abzugeben, ob die Haushaltssatzung und der Haushaltsplan eingehalten worden sind; die Einnahmen und Ausgaben begründet und belegt sind und der Jahresabschluss ordnungsgemäß aufgestellt ist; wirtschaftlich und sparsam verfahren wird; die Aufgabe mit geringerem Personal- und Sachaufwand oder auf andere Weise wirksamer erfüllt werden kann. Im Gegensatz dazu werden keine Prüfungsurteile für die örtliche Rechnungsprüfung formuliert.

In **Thüringen** teilt die überörtliche Prüfung die Aufgaben der örtlichen Prüfung einschließlich der Kassenprüfung, ausdrücklich werden ihr in § 3 Abs. 1 ThürPrBG aber mit der Prüfung der dauernden Leistungsfähigkeit, insbesondere auf die Erschließung und Ausschöpfung der eigenen Einnahmemöglichkeiten, der Wirtschaftsführung der kostenrechnenden Einrichtungen, der Eigenbetriebe und kommunalen Anstalten sowie der Abwicklung von Investitionen darüber hinaus gehende Aufgaben zugewiesen.

§ 105 KommVerfG **Brandenburg** schränkt die überörtliche Prüfung darauf ein, ob die Rechtsvorschriften und die zur Erfüllung von Aufgaben ergangenen Weisungen eingehalten sind und ob die zweckgebundenen Zuwendungen bestimmungsgemäß verwendet wurden; die Rechtsvorschriften werden jedoch weit i. S. einer allgemeinen Rechtmäßigkeitsprüfung verstanden, die die Wirtschaftlichkeitsprüfung mitumfasst, hier beschränkt sich das kommunale Prüfungsamt aber auf Empfehlungen.[31] **Sachsen** verlangt dieselben Prüfungsurteile, erlaubt aber, dass sich die Prüfung auf die Organisation und die Wirtschaftlichkeit der Verwaltung sowie auf die Haushalts- und Wirtschaftsführung der Unternehmen erstreckt, soweit der überörtlichen Prüfungsbehörde ein Prüfungsrecht eingeräumt wurde.[32] Ähnlich ist die Rechtslage in **Niedersachsen** und **Sachsen-Anhalt**, wo auch noch die Kassenprüfung zu den Aufgaben gehört.[33] **Mecklenburg-Vorpommern** formuliert in § 7 KPG zwar eigene Prüfungsurteile, der Umfang der Prüfung ist aber gegenüber der örtlichen Rechnungsprüfung nicht reduziert und beinhaltet auch die Kassenprüfung.

In **Hessen** verlangt § 3 ÜPKKG für die Prüfungsurteile, dass die Verwal- *63*
tung rechtmäßig, sachgerecht und wirtschaftlich geführt wird eine Prüfung insbesondere, ob:

31 *Schlinkert,* in: Muth (Hrg.), Potsdamer Kommentar, § 105 BbgKVerf Rz. 9,10 Loseblatt-Sammlung, Carl Link Kommunal Verlag.

32 § 109 Abs. 1, 2 GemO Sachsen.

33 § 137 Abs. 4 KommVerfG SA; § 2 Nds KPG.

1. Die Grundsätze der Einnahmebeschaffung (§ 93 HGO) beachtet werden,
2. die personelle Organisation zweckmäßig und die Bewertung der Stellen angemessen ist,
3. bei Investitionen die Grenzen der Leistungsfähigkeit eingehalten, der voraussichtliche Bedarf berücksichtigt sowie die Planung und Ausführung sparsam und wirtschaftlich durchgeführt werden,
4. Einrichtungen nach wirtschaftlichen Gesichtspunkten und in Erfüllung ihrer öffentlichen Zweckbestimmung betrieben werden,
5. Kredite und Geldanlagen regelmäßig sich ändernden Marktbedingungen angepasst werden,
6. der Umfang freiwilliger Leistungen der Leistungsfähigkeit entspricht und nicht auf Dauer zur Beeinträchtigung gesetzlicher und vertraglicher Verpflichtungen führt,
7. Aufgaben nicht kostengünstiger in Betrieben anderer Rechtsform erbracht oder durch Dritte erfüllt werden können,
8. die allgemeine Finanzkraft und der Stand der Schulden Anlass für Empfehlungen zur Änderung der künftigen Haushaltswirtschaft geben.

Eine ähnliche Aufzählung enthält § 123 Abs. 2 KommVerfG Saarland. Den aufgezählten Themen ist eine potentiell starke „Politisierung“ innerhalb der Volksvertretung und zwischen Volksvertretung und Verwaltungsspitze gemeinsam. Für diese Themen besteht ein erhöhtes Risiko von blinden Flecken der örtlichen Rechnungsprüfung, nämlich das Risiko, dass sich die organisatorisch abhängige örtliche Rechnungsprüfung mit ihnen nur zurückhaltend befasst, um dem Vorwurf der Parteinahme zu entgehen. Deshalb ist eine Fokussierung der organisatorisch unabhängigen überörtlichen Rechnungsprüfung auf diese Themen sinnvoll.

Zur Frage, wie die überörtliche Prüfung mit den Ergebnissen der örtlichen Prüfung umgeht, wenn örtliche und überörtliche Rechnungsprüfung grundsätzlich dieselben Aufgaben haben s. u. *B.IV. Stellung der überörtlichen Rechnungsprüfung.*

Die Prüfung von DV-Verfahren im Finanzwesen vor ihrer Anwendung ist in einigen Bundesländern ebenfalls eine Aufgabe der überörtlichen Prüfung.[34]

Auch für die überörtliche Prüfung gilt, dass die Aufgaben größer sind als die zur Verfügung stehenden Ressourcen.

34 § 114a GemO BW, § 3 Abs. 2 ÜPKKG Hessen.

2. Prüfungsturnus

Eine Reaktion darauf ist die Gestattung eines mehrjährigen Prüfungsturnus. In Baden-Württemberg soll die Prüfung innerhalb von 4 Jahren nach Ende des Haushaltsjahres,[35] in NRW und Sachsen alle fünf Jahre[36] unter Einbeziehung sämtlicher vorliegender Jahresabschlüsse, Gesamtabschlüsse und Jahresabschlüsse der Eigenbetriebe, Sonder- und Treuhandvermögen, [Beteiligungsberichte sowie Jahresabschlüssen der Unternehmen und Beteiligungen] vorgenommen werden. In Bayern sollen bei Gemeinden ohne Rechnungsprüfungsamt in der Regel drei Jahresrechnungen und in den anderen Fällen in der Regel vier Jahresrechnungen einbezogen werden.[37] In Hessen sollen Kreise und kreisfreie Städte in einem Zeitraum von fünf Jahren mindestens einmal überörtlich geprüft werden.[38] In Schleswig-Holstein gibt es Vorgaben zum Prüfungsturnus, nur wenn die Landrätin Prüfungsbehörde ist und die Kommune kein eigenes Rechnungsprüfungsamt hat.[39] Wo ein mehrjähriger Turnus nicht gesetzlich geregelt ist wird er praktiziert.[40] 64

3. Auswahl der Prüfungsthemen

Auch wenn mehrere Jahre zusammengefasst geprüft werden ist eine Auswahl der Prüfungsthemen erforderlich. § 1 Abs. 2 S. 2 GemPrV BW verpflichtet die örtliche wie die überörtliche Prüfung zu einem risikoorientierten Vorgehen. Wo keine Regelung getroffen ist muss eine sachgerechte Auswahl gefordert werden, die wie oben dargestellt jedenfalls bei einer Risikoorientierung gegeben ist. 65

4. Vergleichende Prüfung

Gerade bei den erforderlichen Aussagen zur Wirtschaftlichkeit, Angemessenheit und Zweckmäßigkeit kann die überörtliche Rechnungsprüfung aus ihren Erfahrungen aus Prüfungen ähnlicher Kommunen schöpfen. Im Vergleich mit anderen zeigen sich Auffälligkeiten, die auf ein Defizit oder eine gelungene Handhabung hinweisen können. Und im zweiten Fall als Vorbild bei der Beseitigung von ersteren dienen können. Tatsächlich wird eine überörtliche Prüfung immer auf dem Hintergrund dieser Erfahrungen 66

35 § 114 Abs. 3 GemO BW.

36 § 105 Abs. 4 GemO NRW; § 109 Abs. 3 GemO Sachsen.

37 § 2 Abs. 1 S. 2 KomPrV Bayern.

38 § 5 Abs. 1 S. 1 ÜPKKG.

39 § 3 Abs. 3 KPG S-H.

40 *Herrmann,* Überörtliche Prüfung in Rheinland-Pfalz 2005 unter https://rechnungshof.rlp.de/de/veroeffentlichungen/vortraege-und-aufsaetze/.

stattfinden; teilweise gestattet[41] der Gesetzgeber eine vergleichende Prüfung oder verpflichtet[42] die überörtliche Prüfung dazu. *s. B.V.2. Rolle der überörtlichen Prüfung.*

Neben diesem sachlichen Vergleich mehrerer Kommunen kann durch die Zusammenfassung mehrerer Haushaltsjahre in einer Prüfung auch ein intertemporaler Vergleich der Ergebnisse der Kommune erfolgen und eine nachträgliche tatsächliche Entwicklung als Prüfungsnachweis für Schätzungen der Vorperioden genutzt werden.

5. Weitere Aufgaben der überörtlichen Prüfungsorgane

67 In einigen Bundesländern können das Innenministerium oder die Rechtsaufsichtsbehörden das Organ der überörtlichen Rechnungsprüfung mit Prüfungen im Einzelfall[43] und teilweise auch mit der Erstellung von Gutachten betrauen.[44]

In Thüringen ist gem. § 5 ThürPrBG der überörtliche Rechnungsprüfung vor dem Einsatz von rechnungslegungsrelevanter IT Gelegenheit zu geben, Stellung zu nehmen.

III. Beratung

68 Die Vorteile einer Beratungstätigkeit durch Rechnungsprüfer liegen auf der Hand. Besser vorher einen guten Rat erteilen, als im Nachhinein einen Fehler festzustellen. Allerdings ist die Beratungstätigkeit auch geeignet, die Prüfungstätigkeit zu beeinträchtigen. Zum einen konkurriert sie mit der Prüfungstätigkeit um Ressourcen. Zum anderen bedroht sie die Unbefangenheit des Prüfers *(s. D.III. Pflicht zur unabhängigen Prüfungsdurchführung und Unbefangenheit).*

Von der selbständigen Beratungstätigkeit abzugrenzen ist die prüfungsbegleitende Beratung. Gem. § 1 Abs. 2 S. 2 GemPrV BW dient die prüfungsbegleitende Beratung dazu, aus Anlass einer Prüfung Hinweise insbesondere zur Zweckmäßigkeit des Verwaltungshandelns und zur Erledigung von Prüfungsfeststellungen zu geben und Effizienzpotenziale aufzeigen. Darunter dürfte auch die Beratung fallen, die die Rechnungshöfe Hessen

---

41 § 105 Abs. 1 Nr. 1 KommVerfG Brandenburg, § 105 Abs. 3 S. 2 GO NRW, § 4a ThürPrBG; § 7 Abs. 4 KPG M-V; § 5a KPG S-H.

42 § 3 Abs. 1 S. 2 ÜPKKG Hessen, § 123 Abs. 3 KommVerfG Saarland; § 3 Abs. 1 S. 2 Nds KPG.

43 Art. 2 Abs. 1 S. 2 PrfVG Bayern.

44 § 2 Abs. 3 GemPrfAG BW; Nach § 2 Abs. 3 S. 1 NRWGPAG.

und Rheinland-Pfalz, nach eigenem Bekunden leisten,[45] während die selbständige Beratung auf Antrag in diesen Bundesländern nicht geregelt ist.[46] Die prüfungsbegleitende Beratung birgt keine der genannten Gefahren.

Der Gesetz- und Verordnungsgeber hat die Beratungsaufgabe insbesondere bei der überörtlichen Rechnungsprüfung angesiedelt.

1. Überörtliche Rechnungsprüfung

Die Organe der überörtlichen Rechnungsprüfung können auf Antrag der Kommune diese beraten[47] und für konkrete Fragestellungen Gutachten erstellen.[48] Teilweise findet eine Einschränkung der Beratungsgegenstände statt.[49] Zumeist handelt es sich um Fragen der Organisation und Wirtschaftlichkeit der Verwaltung;[50] in NRW gehören auch Fragen der Rechnungslegung, der Rechnungsprüfung und der Ausschreibung, Vergabe und Abrechnung von baulichen Maßnahmen dazu.[51] Das Problem der Befangenheit löst der Gesetzgeber in NRW dadurch, dass er Personenidentität von Prüfern und Beratern verbietet und von der Gemeindeprüfanstalt ein geeignetes Rotationsverfahren verlangt.[52] *69*

2. Örtliche Rechnungsprüfung

Die Kommunalverfassungsgesetze sehen eine eigenständige Beratungstätigkeit der örtlichen Rechnungsprüfung nicht vor. Auch wenn sie von der Interessenvertretung reklamiert wird,[53] sollte das Rechnungsprüfungsamt *70*

45 *Keilmann/Volk*, Vergleichende überörtliche Prüfung in Hessen, in: Hill/Mühlenkamp (Hrsg.), Neue Wege in der Finanzkontrolle; Beiträge zur Tagung der Deutschen Universität für Verwaltungswissenschaften Schriftenreihe der Deutschen Universität für Verwaltungswissenschaften Speyer (HS), Band 237 2019; *Herrmann*, Überörtliche Prüfung in Rheinland-Pfalz 2005 unter https://rechnungshof.rlp.de/de/veroeffentlichungen/vortraege-und-aufsaetze/.

46 Die Kommunale Haushaltsberatung ist in Hessen Aufgabe des Beauftragten für die Wirtschaftlichkeit, der ebenfalls beim Rechnungshofpräsidenten angesiedelt ist.

47 § 114 Abs. 2 GemO BW; § 105 Abs. 2 KommVerfG Brandenburg; § 105 Abs. 8 GemG NRW, § 1 Abs. 4 Thüringer Prüfungs- u. BeratungsG, § 6 Nds KPG.

48 § 9 Abs. 2 S. 2 kommunale Prüfungsverordnung Bayern.

49 § 1 Abs. 4 Thüringer Prüfungs- u. BeratungsG.

50 § 114 Abs. 2 Gemeindeordnung BW; § 105 Abs. 8 Gemeindeordnung NRW.

51 § 105 Abs. 8 Gemeindeordnung NRW.

52 § 105 Abs. 9 Gemeindeordnung NRW.

53 IDR-Stellungnahme Einheitliche Normen der Rechnungsprüfung vom 16. 11. 2016, § 1.

wegen der genannten Problematik auf eine Beratungstätigkeit, die über die prüfungsbegleitende Beratung hinausgeht, verzichten.

In einzelnen Bundesländern ist eine gutachterliche Stellungnahme auf Wunsch der Verantwortlichen zu einer Planung oder (geplanten) Maßnahme vorgesehen.[54]

Denkbar ist die Wahrnehmung von Prüfungs- und Beratungsaufträgen, wenn von der Möglichkeit Gebrauch gemacht wird, Dritte mit der Rechnungsprüfung zu beauftragen.[55] Für den Dritten gilt in NRW eine Gesamteinnahmengrenze aus Prüfungs- und Beratungstätigkeit für die zu prüfende Kommune.[56]

Um die gewünschte fehlerverhindernde Wirkung der Prüfungstätigkeit zu erreichen eignet sich insbesondere die Prüfung des internen Kontrollsystems und die Prüfung von laufenden Auftragsvergaben vor dem Zuschlag.

54 § 116 Abs. 4 GemO S-H, § 3 Abs. 5 KPG M-V.

55 § 101 Abs. 1 S. 1 GO NRW, § 103 Abs. 1 S. 2 GemO Sachsen.

56 § 104 Abs. 7 Nr. 3 Gemeindeordnung NRW.

D. Rechte und Pflichten der Rechnungsprüfung

Allgemeine Pflichten der Rechnungsprüfer lassen sich aus ihrer dienstrechtlichen Stellung als Beamte oder Bedienstete ableiten. Spezifische Pflichten der Rechnungsprüferinnen werden durch den Gesetz- und Verordnungsgeber nur spärlich und lückenhaft geregelt. Soweit solche Pflichten aus der Aufgabe und Stellung des Rechnungsprüfers resultieren, bestehen sie auch ohne ausdrückliche Regelung und können durch Vergleich mit der Rechtslage der anderen prüfenden Berufe konkretisiert werden. Den Pflichten stehen zumeist Rechte gegenüber, mit deren Hilfe die Rechnungsprüferinnen ihre Aufgaben erfüllen. 71

I. Pflicht zur sachgerechten Prüfung

§ 1 Abs. 1 KommPrV Bayern und § 2 Abs. 1 GemPrO Baden-Württemberg verpflichten die Prüferin zu einer sachgerechten bzw. sachgemäßen Prüfung. Für die Leitung der Rechnungsprüfung verlangen die meisten Kommunalverfassungen eine nachgewiesene Sachkunde (s. *B.III.3. Nachweis der fachlichen Kompetenz*). 72

Die Sachgerechtigkeit ist ein unbestimmter Rechtsbegriff, der durch fachliche Grundsätze und Berufsausübungsregeln für den Prüfer handhabbar gemacht werden muss (*s. F. Prüfungsgrundsätze und Prüfungsstandards*).

II. Pflicht zur gründlichen und gewissenhaften Prüfung

Weiterhin statuiert § 1 Abs. 1 KommPrV Bayern auch die Pflicht zu einer gründlichen und gewissenhaften Prüfung. § 102 Abs. 3 GemO NRW verlangt bei der Prüfung des Jahresabschlusses eine gewissenhafte Berufsausübung. 73

Diese Forderung ist gleichzusetzen mit der Verpflichtung zur beruflichen Sorgfalt durch die Standards für die berufliche Praxis der Internen Revision.[1] Diese verstehen darunter „jenes Maß an Sorgfalt und Sachkunde an[zu]wenden, das üblicherweise von einem sorgfältigen und sachkundigen Internen Revisor erwartet werden kann."[2] Sie stellen darüber hinaus fest:

---

* Die Autorin dankt Frau Prof. Dr. B. Lämmlein für wertvolle Literaturhinweise

1 IPPF 2017, Grundprinzipien für die berufliche Praxis der Internen Revision.

2 IPPF 2017, 1220.

„berufliche Sorgfaltspflicht ist nicht gleichbedeutend mit Unfehlbarkeit." § 320 Abs. 2 S. 1 und 3 HGB sprechen von einer sorgfältigen (Jahresabschluss)-Prüfung. An anderer Stelle (§ 317 Abs. 1 S. 3, § 323 Abs. 1 HGB und § 4 der Berufsatzung der Wirtschaftsprüfer) wird von Gewissenhaftigkeit bei der Berufsausübung gesprochen. Darunter fällt zuerst die oben dargestellte Verpflichtung zur Einhaltung der fachlichen Grundsätze und Berufsausübungsregeln.[3] Darüber hinaus werden daraus insbesondere die folgenden -auf die Rechnungsprüferinnen übertragbaren- Pflichten abgeleitet:

Für die Mitarbeiterinnen:

- Aufträge müssen zeitgerecht erledigt werden,[4]
- es besteht eine Verpflichtung sich fortzubilden.[5]

Für die Leitung gilt:

- Beauftragung eines Mitarbeiters nur, wenn die erforderliche Sachkunde und die zur Bearbeitung erforderliche Zeit vorhanden sind;[6]
- Sicherstellung einer angemessenen Zeitplanung und der Zeitgerechtigkeit der Berichterstattung durch eine Gesamtplanung;[7]
- Sicherstellung der erforderlichen Sachkunde der Mitarbeiter und deren Fortbildung durch geeignete organisatorische Maßnahmen;[8]
- Verpflichtung zur Einrichtung eines Systems zur Qualitätssicherung.[9]

74 Die Pflicht zu Sorgfalt und Gewissenhaftigkeit verlangt kein „Erbsenzählen" sondern sie ist im Zusammenhang mit dem Grundsatz der Wesentlichkeit (s. *G.XI. Wesentlichkeit*) zu konkretisieren.[10] Das deutet auch § 2 Abs. 1 GemPrO Baden-Württemberg an, wonach der Prüfer „alle vorgefundenen Anstände aufzugreifen" hat, also keine Fehler ignorieren oder unterdrücken darf, „unwesentliche Anstände" aber „nach Möglichkeit im Verlauf der Prüfung bereinig[t]" werden sollen und damit nicht mehr in die Berichterstattung zum Prüfungsergebnis einfließen sollen.

3 IPPF 2017, Einleitung S. 20, § 4 Abs. 1 Berufssatzung für Wirtschaftsprüfer.
4 IPPF 2017, 1220 A1; § 4 Abs. 2 Berufssatzung für Wirtschaftsprüfer.
5 IPPF 2017, 1230; § 5 Berufssatzung für Wirtschaftsprüfer.
6 IPPF 2017, 2230; § 4 Abs. 2 Berufssatzung für Wirtschaftsprüfer.
7 IPPF 2017, 2010; § 4 Abs. 3 Berufssatzung für Wirtschaftsprüfer.
8 § 7 Berufssatzung der Wirtschaftsprüfer.
9 IPPF 2017, 1300; § 8 Berufssatzung der Wirtschaftsprüfer.
10 *Ebke,* in: MüKoHGB, 4. Aufl. 2020, HGB § 323 Rn. 44.

III. Pflicht zur unabhängigen Prüfungsdurchführung und Unbefangenheit

Es besteht ein allgemeines Neutralitätsgebot in der Verwaltung,[11] verankert zum Beispiel in §§ 20, 21 VwVerfG, in den Kommunalverfassungsgesetzen[12] oder § 33 Abs. 1 Beamtenstatusgesetz. Sein Zweck ist, die effiziente Erfüllung der öffentlichen Aufgaben zu gewährleisten, die Bediensteten vor Interessens- und Gewissenskonflikten zu schützen und Vertrauen in die Verwaltungstätigkeit und Akzeptanz der Entscheidungen zu schaffen.[13] In der Rechnungsprüfung gilt dieses Neutralitätsgebot, auch wenn diese Vorschriften nicht anwendbar sind, mit prüfungsspezifischer Ausprägung. *75*

Zusätzlich lässt sich die Pflicht zur unabhängigen Prüfungsdurchführung für jeden Prüfer daraus ableiten, dass alle Kommunalverfassungsgesetze die Unabhängigkeit der Organisationseinheit Rechnungsprüfungsamt bei der Prüfungsdurchführung festlegen *(s. B.III.1. Fachliche Unabhängigkeit)*.

Unterschieden wird **Unabhängigkeit** und Unparteilichkeit. Und innerhalb der Unabhängigkeit zwischen der inneren und äußeren Unabhängigkeit.[14] Dabei meint die innere Unabhängigkeit, auch als **Unbefangenheit** bezeichnet, die innere Einstellung. Unbefangen ist, wer sich sein Urteil unbeeinflusst von unsachgemäßen Erwägungen bildet.[15] Als Gefährdungen der Unbefangenheit beim Prüfer werden Voreingenommenheit, Interessenkonflikte und unangemessene Einflussnahme Dritter identifiziert.[16]

Voreingenommenheit und Interessenskonflikte können insbesondere durch Selbstprüfung und persönliche Vertrautheit entstehen.[17]

Selbstprüfung liegt vor, wenn der Prüfer einen Sachverhalt zu beurteilen hat, an dessen Entstehung er selbst unmittelbar beteiligt und diese Beteiligung nicht von nur untergeordneter Bedeutung war.[18] *76*

Selbstprüfung soll durch Regelungen vermieden werden, wonach die Leitung des Rechnungsprüfungsamtes und die Prüfer weder eine Kasse verwalten, noch Zahlungen anordnen oder ausführen dürfen. Andere Stellungen in der Kommune dürfen sie nur innehaben, wenn dies mit ihren Prüfungsaufgaben vereinbar ist (s. *B.III.4. Inkompatibilitäten*).

---

11 *Schoch/Schneider/Schuler-Harms*, 1. EL August 2021, VwVfG § 20 Rn. 6.
12 Z. B. § 25 HGO.
13 *Schoch/Schneider/Schuler-Harms*, 1. EL August 2021, VwVfG § 20 Rn. 7, 8.
14 IFAC Verhaltenskodex 120.12 A1.
15 § 29 Abs. 2 S. 1 Berufssatzung der Wirtschaftsprüfer.
16 IFAC Verhaltenskodex 110.1 A1.
17 IFAC Verhaltenskodex 120.6 A3.
18 § 33 Abs. 1 Berufssatzung der Wirtschaftsprüfer.

Aber auch über diese ausdrücklichen Verbote hinaus ist eine Selbstprüfung im Interesse einer wirksamen Rechnungsprüfung zu vermeiden.

Beim Wechsel eines Mitarbeiters von der Verwaltung in die Rechnungsprüfung sollte vor seinem Einsatz als Prüfer in seinem alten Arbeitsgebiet eine angemessene Zeitspanne liegen.[19]

In der Praxis entsteht die Gefahr einer Selbstprüfung regelmäßig dann, wenn die Rechnungsprüfung bereits in den Entstehungsprozess von Entscheidungen einbezogen wird, beraten hat oder um Vorab-Stellungnahmen gebeten wurde. Dabei muss die Rechnungsprüfung dem Bedürfnis der Verwaltung, durch ihre frühzeitige Einbeziehung Fehler zu vermeiden, Rechnung tragen; eine Ablehnung solcher Anfragen a priori wäre nicht sinnvoll. Wenn und soweit durch organisatorische Maßnahmen sichergestellt werden kann, dass Prüfungen von Mitarbeitern durchgeführt werden, die nicht bereits im Vorfeld beteiligt gewesen sind. Für Mitarbeiter der überörtlichen Prüfung ist dies gem. § 2 Abs. 6 GPAG NRW und § 105 Abs. 9 GemO NRW gesetzlich geregelt. Die Gefahr lässt sich nicht vollständig beseitigen, wenn die Leitung der Rechnungsprüfung mitgewirkt hat.

77 **Persönliche Vertrautheit** beschreibt die Gefahr, dass der Prüfer aufgrund einer langen oder engen Beziehung zu Personen, die auf den Prüfungsgegenstand Einfluss haben, deren Interessen oder den Interessen der geprüften Organisationseinheit zu wohlwollend gegenübersteht oder deren Tätigkeiten zu viel Akzeptanz entgegenbringt.[20]

Persönliche Vertrautheit aufgrund verwandtschaftlicher Beziehungen sucht der Gesetzgeber dadurch zu vermeiden, dass er ein persönliches Näheverhältnis der Leitung der Rechnungsprüfung zur (erweiterten) Verwaltungsspitze, zu Anordnungsbefugten und Mitarbeitern der Kasse und dem Vorsitzenden der Volksvertretung verbietet. Dieses Verbot wird in einigen Bundesländern auf alle Prüfer ausgedehnt (s. *B.III.4. Inkompatibilitäten*).

Auch hier ist wieder im Interesse der Wirksamkeit der Rechnungsprüfung über die gesetzlichen Vorschriften hinaus persönliche Vertrautheit zu vermeiden.

Da in vielen Fällen lediglich der Prüfer von einem relevanten Näheverhältnis oder einem anderem potentiellen Interessenskonflikt Kenntnis haben kann, ist daraus für die Prüfer eine Pflicht zur Meldung eines jeden potentiellen Interessenskonflikts an die Vorgesetzte abzuleiten. Sie sollte von dieser durch Aufnahme in die Dienstanweisung kommuniziert und kon-

19 Die von IPPF 1130.A1 geforderte Jahresfrist ist für die Rechnungsprüfung zumeist zu kurz.

20 IFAC Verhaltenskodex 120.6 A3; § 35 Berufssatzung der Wirtschaftsprüfer.

kretisiert werden. Persönliche Vertrautheit kann aber auch – schleichend – durch langjährige Prüfungstätigkeit bei denselben Organisationen und auf denselben Prüffeldern entstehen. Dieses Risiko ist von der Leitung durch Rotation der Prüfer zu adressieren.

Der Gefahr der **Einflussnahme Dritter** begegnet der Gesetzgeber zum einen durch die Regelung der Weisungsfreiheit bei Prüfungsdurchführung. Er schützt aber auch die Leitung und in einigen Bundesländern alle Prüfer vor Abberufung und Umsetzung *78*

Für die für die Abberufung der Leitung des Rechnungsprüfungsamtes und in Hessen für das Verbot der Führung der Geschäfte ist die Zustimmung der Volksvertretung erforderlich. Einige Bundesländern erweitern dies auf alle Prüfer. Teilweise wird für die Abberufung eine qualifizierte Mehrheit verlangt; und die Beteiligung der Rechtsaufsichtsbehörde. Als Grund wird nur die nicht ordnungsgemäße Erfüllung der Aufgaben anerkannt (s. *B.III.2. Mitwirkung der Volksvertretung*). Der so gewährte Schutz ist offensichtlich lückenhaft, insbesondere gegen Einflussnahmen durch die Verwaltungsspitze bei Entscheidungen über Personalausstattung, Beförderung und Fortbildungsbudget.

Die äußere Unabhängigkeit bezeichnet das Nichtbestehen der **Besorgnis der Befangenheit.**[21] Sie wird beschrieben als das Vorliegen von Umständen, die aus Sicht eines verständigen Dritten geeignet sind, die Urteilsbildung unsachgemäß zu beeinflussen.[22] Hier liegt tatsächlich keine Befangenheit vor, geschützt werden soll lediglich das Vertrauen der Adressaten in die Tätigkeit der Rechnungsprüfung. Daher sind nicht die strengen Maßstäbe, die für das Verwaltungsverfahren gelten, anzulegen. Allerdings sollten die Mitarbeiter in der Rechnungsprüfung im eigenen Interesse alles vermeiden, was Zweifel an ihrer Unabhängigkeit begründet. *79*

Unparteilichkeit verpflichtet zur Neutralität. Keiner der Betroffenen darf benachteiligt oder bevorzugt werden.[23] Dies ist evident für Leistungen der Rechnungsprüfung wie Beratung und Erstattung von Gutachten. Weitere daraus abgeleitete Pflichten sind auch für die Prüfung relevant. So muss der Prüfer oder Gutachter den Sachverhalt vollständig erfassen. Bei seiner fachlichen Beurteilung sind alle wesentlichen Gesichtspunkte abzuwägen und schließlich hat er auch bei der Berichterstattung alle wesentlichen Gesichtspunkte vollständig wiederzugeben.[24] *80*

---

21 IFAC Verhaltenskodex 120.12 A1b).

22 § 29 Abs. 3 S. 1 Berufssatzung der Wirtschaftsprüfer.

23 § 28 Abs. 1 S. 1 Berufssatzung der Wirtschaftsprüfer.

24 § 28 Abs. 1 S. 2 Berufssatzung der Wirtschaftsprüfer.

IV. Pflicht/Recht zur Eigenverantwortlichkeit

81 Um die von allen Kommunalverfassungsgesetzen zugesagte Unabhängigkeit des Rechnungsprüfungsamtes bei der Prüfungsdurchführung zu ermöglichen, gewähren sie der Organisation insoweit, nämlich bezüglich des Umfangs, der Art und Weise und dem Ergebnis der Prüfung-, Weisungsfreiheit (s. *B.III.1. Fachliche Unabhängigkeit).*

Diese Regelung eröffnet Fragen zur Reichweite. Zum einen, ob dadurch auch die einzelne Prüferin vor Weisungen der Verwaltungsspitze bzw. der Leitung des Rechnungsprüfungsamtes geschützt wird und zum Anderen nach der Abgrenzung von Weisungen zur Prüfungsdurchführung zu anderen, zulässigen Weisungen.

Da die Weisungsfreiheit der Organisationseinheit Rechnungsprüfungsamt zusteht schützt sie nicht die einzelne Prüferin vor Weisungen durch die Leitung des Rechnungsprüfungsamtes. Vielmehr trägt die Leitung die Verantwortung für die Aufgabenerfüllung der Organisation und darf in ihrer Funktion als Vorgesetzte das Weisungsrecht auch bezüglich Umfang, Art und Weise und Ergebnis der Prüfungen der Mitarbeiterinnen ausüben.

82 Die Prüfungstätigkeit ist jedoch geprägt von ungezählten Ermessensentscheidungen. Diese können auch aus Effizienzgründen nicht vollständig von der Leitung oder von diesen beauftragten Mitarbeitern nachvollzogen werden. Daher bleibt tatsächlich noch ein erheblicher Anwendungsbereich für eigenverantwortliche Entscheidungen der Prüfer. Daraus lässt sich für den Prüfer auch eine Pflicht zur eigenverantwortlichen Prüfungsdurchführung unter Beachtung der Verpflichtung zur sachgerechten und sorgfältigen Prüfung ableiten.

Damit die Weisungsfreiheit für die Organisation wirksam werden kann, schützt die Regelung den einzelnen Prüfer vor Weisungen der Verwaltungsspitze über den Kopf der Leitung hinweg. Ein betroffener Prüfer wendet sich an die Leitung, die die Weisungsfreiheit geltend macht.

83 Die Weisungsfreiheit bezüglich der Prüfungsdurchführung erstreckt sich auch auf Prüfungsaufträge, mit der die Verwaltungsspitze die Rechnungsprüfung beauftragt hat.[25]

Besondere Relevanz hat der Einsatz von Mitarbeitern der Rechnungsprüfung in der Verwaltung, also ihre Umsetzung in krisenbedingten Ausnah-

25 *Desens/Oebbecke*, Die Rechtsstellung der Leitungen der örtlichen Rechnungsprüfung, 1. Aufl. 2012, S. 38.

mesituationen wie zum Beispiel einer Pandemie gewonnen.[26] In NRW nimmt die Volksvertretung die Funktion der vorgesetzten Stelle für die Rechnungsprüfer wahr und entscheidet über die, für eine Umsetzung erforderliche Abberufung.[27] Der vermutete Interessenkonflikt aus der Stellung als Vorgesetzte und Geprüfte besteht in sehr viel geringerem Maße als bei der Verwaltungsspitze. Das Einverständnis der Leitung ist nicht erforderlich. Anders als bei der Abberufung der Leitung des Rechnungsprüfungsamtes darf die Entscheidung der Volksvertretung auch einen anderen Zweck haben als die Gewährleistung der ordnungsgemäßen Erfüllung der Aufgaben, also z. B. eine wirksame Krisenbewältigung.

Wo sich die Rechtslage anders darstellt, also das Rechnungsprüfungsamt der Verwaltungsspitze unterstellt ist und nur der Leiter durch Einbindung der Volksvertretung geschützt wird, wie zum Beispiel in Hessen ist die Umsetzung eines Mitarbeiters durch die Verwaltungsspitze auch gegen den Willen der Leitung grundsätzlich möglich. Hier prüft das Verwaltungsgericht lediglich, ob die für die Umsetzung eines Mitarbeiters der Rechnungsprüfung in die Verwaltung vorgetragenen sachlichen Gründe nur vorgeschoben sind, um seine Tätigkeit im Revisionsamt zu verhindern, „die Funktionsfähigkeit und Weisungsfreiheit des Revisionsamts einzuschränken und/oder einen Strafcharakter der Umsetzung zu verdecken“.[28]

Die überörtliche Rechnungsprüfung ist schon wegen der fehlenden organisatorischen Eingliederung tatsächlich frei von Weisungen durch die Verwaltungsspitze der geprüften Stellen. Insofern hätte es einer Regelung wie § 105 Abs. 2 GemO NRW oder § 105 Abs. 4 KommVerfG Brandenburg nicht bedurft. Die Vorschrift ist daher so auszulegen, dass sie die Weisungsmöglichkeiten des Ministeriums im Rahmen der Aufsicht z. B. gem. § 12 Abs. 1 GPA-Gesetz i. V. m. § 123 GemO NRW beschränkt.

Soweit die überörtliche Rechnungsprüfung bei den Rechnungshöfen angesiedelt ist, genießen die Mitglieder (des Präsidiums), nicht einzelne Mitarbeiter, richterliche Unabhängigkeit.[29]

---

26 *Baetge,* Rechtsgutachterliche Untersuchung zu Fragen hinsichtlich des Einsatzes von Prüfer*innen der örtlichen Rechnungsprüfung außerhalb der Prüfungstätigkeit unter https://www.idrd.de/fileadmin/user_upload/idr/downloads/Gutachten/2020_08_Gutachten_Prof.Baetge_Rechtsgutachterliche_Untersuchung_RPA.pdf.

27 *Baetge,* Rechtsgutachterliche Untersuchung zu Fragen hinsichtlich des Einsatzes von Prüfer*innen der örtlichen Rechnungsprüfung außerhalb der Prüfungstätigkeit, S. 3.

28 VG Wiesbaden, Beschluss vom 05. 02. 2019 – 3 L 2365/18.WI.

29 Hessen: § 1 ÜPPKG i. V. m. § 5 Abs. 1 G. ü. d. hess. Rechnungshof; RLP: § 101 Abs. 5 S. 1 GemO RLP, § 6 Abs. 1 RHG.

V. Pflicht zur Wirtschaftlichkeit

84 Die in allen Kommunalverfassungsgesetzen formulierte Pflicht zur Wirtschaftlichkeit trifft auch die Rechnungsprüfung.

Um bei unbeschränkten Aufgaben das meiste aus dem Einsatz der beschränkten Ressourcen der Rechnungsprüfung zu machen, muss die Leitung im Rahmen der Jahres- und Mehrjahresplanung der Organisationseinheit regelmäßig sachgerechte Auswahlentscheidungen treffen. Für die Leitung lässt sich daraus die Pflicht zur Fehlerrisikoorientierung bei der Auswahl der konkreten Prüfungsaufträge an die Mitarbeiter ableiten (s. *C.I.5. Auswahl der Prüfungsthemen*).

Aber auch jede Prüferin ist verpflichtet mit dem geringsten Ressourceneinsatz, zumeist Arbeitszeit, zur geforderten Prüfungssicherheit für das Prüfungsurteil zu gelangen, mit dem sie beauftragt wurde. Dies setzt die konsequente Anwendung der Orientierung am Fehlerrisiko (s. *G.IX. Risikoorientierung*) und des Wesentlichkeitskonzepts (s. *G.XI. Wesentlichkeit*) voraus.

VI. Verschwiegenheitspflicht

85 Der Rechnungsprüfer hat in besonderer Weise Zugang zu sensiblen Informationen, darunter Informationen, die dem Personendatenschutz, dem Steuergeheimnis gem. § 30 AO oder dem Sozialdatenschutz gem. § 35 SGB I unterliegen.

Seine Pflicht zur Verschwiegenheit ergibt sich aus seinem Status als Beamter oder Arbeitnehmer im öffentlichen Dienst. Sie wird durch § 37 BeamtenstatusG bzw. die Beamtengesetze der Länder geregelt oder durch § 3 Abs. 1 des Tarifvertrags für den öffentlichen Dienst. Die Beschäftigten werden darüber hinaus bei Dienstantritt gem. § 1 des Gesetzes über die förmliche Verpflichtung nichtbeamteter Personen auf die gewissenhafte Erfüllung ihrer Obliegenheiten, darunter die Verschwiegenheit verpflichtet. Die dienstrechtlichen Pflichten können hier zur Definition der arbeitsvertraglichen Pflichten der Beschäftigten herangezogen werden.

Eine wichtige Ausnahme der Verschwiegenheitspflicht bilden die **Mitteilungen im dienstlichen Verkehr** gem. § 37 Abs. 2 Nr. 1 BeamtenstatusG. Darunter fällt die Informationsweitergabe an Kollegen in der Rechnungsprüfung, an die Leitung der Rechnungsprüfung, andere Stellen in der Kommune z. B. auch ein Rechnungsprüfungsausschuss und andere Behörden. Voraussetzung für die Mitteilung ist, dass sie im dienstlichen Verkehr geboten ist. Das bedeutet, dass entweder der Empfänger die Mitteilung zur Erfüllung eigener dienstlicher Aufgaben benötigt oder die Mitteilung eine eigene dienstliche Aufgabe des Mitteilenden darstellt.[30] Ein Beispiel für eine solche Mitteilungspflicht als dienstliche Aufgabe stellt § 6 SubventionsG des Bundes dar, der auch die Kommunen verpflichtet, Tatsachen, die sie dienstlich erfahren haben und die den Verdacht eines Subventionsbetrugs begründen, den Strafverfolgungsbehörden mitzuteilen. Zweck der Regelung ist es den für die effiziente und unbürokratische Aufgabenerledigung erforderlichen inner- und zwischenbehördlichen Informationsaustausch und die Zusammenarbeit insgesamt zu gewährleisten.[31]

Nicht nur ein Recht, sondern eine **Pflicht zur Mitteilung** relevanter Informationen **an den Vorgesetzten** ergibt sich aus der Beratungs- und Unterstützungspflicht gem. § 35 Abs. 1 S. 1 BeamtenstatusG.[32] In Verbindung mit der Pflicht aus § 36 Abs. 2 S. 1 BeamtenstatusG wird daraus abgeleitet, dass der Beamte seinen Vorgesetzten generell auf nach seiner Ansicht nach rechtswidrige Umstände hinzuweisen hat.[33] Insbesondere wenn der Prüfer bei seiner Arbeit auf Fehler und Unregelmäßigkeiten stößt, muss er diese daher seinem Vorgesetzten mitteilen. In diesem Zusammenhang wird auch die beamtenrechtliche Wahrheitspflicht wirksam. Die Erfüllung der übertragenen Aufgaben darf weder durch unwahre Angaben noch durch Verschweigen wichtiger Umstände gefährdet werden.[34] *86*

Eine weitere Ausnahme von der Verschwiegenheit ist die Anzeige bei **begründetem Verdacht auf eine Korruptionsstraftat** gem. § 37 Abs. 2 Nr. 3 BeamtenstatusG. Mit der Möglichkeit der Anzeige eines begründeten Korruptionsverdachts wird Art. 9 des Zivilrechtsübereinkommens über Korruption des Europarats vom 4. 11. 1999 umgesetzt, wonach Beschäftigte, die den zuständigen Personen oder Behörden in redlicher Absicht einen begründeten Korruptionsverdacht mitteilen, vor ungerechtfertigten Nachteilen geschützt werden müssen. Die Ausnahme gilt zwar auch für den Prüfer, eine Anzeige ohne Rücksprache mit dem Vorgesetzten wäre jedoch aus den oben genannten Gründen pflichtwidrig, wenn nicht eine Beteiligung des Vorgesetzten am Korruptionsdelikt vermutet wird.

Die Anzeige kann gegenüber der zuständigen obersten Dienstbehörde, einer Strafverfolgungsbehörde oder einer durch Landesrecht bestimmten weiteren Behörde oder außerdienstlichen Stelle erfolgen.

---

30 *v. Roetteken/Rothländer*, BeamtStG, § 37 Rn. 69.

31 *Leppek*, in: BeckOK, BeamtenR Bund, 24. Ed. 1. 8. 2021, BeamtStG § 37 Rn. 10–13.

32 *Werres, in:* BeckOK, BeamtenR Bund, 24. Ed. 1. 8. 2021, BeamtStG § 35 Rn. 6.

33 *Werres, in:* BeckOK, BeamtenR Bund, 24. Ed. 1. 8. 2021, BeamtStG § 35 Rn. 4.

34 *Werres, in:* BeckOK, BeamtenR Bund, 24. Ed. 1. 8. 2021, BeamtStG § 35 Rn. 5.

§ 12 Korruptionsbekämpfungsgesetz NRW begründet für die Leitung der kommunalen Rechnungsprüfungsämter und der Gemeindeprüfanstalt eine Pflicht zur Anzeige beim Landeskriminalamt. Voraussetzung ist ein durch Tatsachen begründeter Verdacht einer Korruptionsstraftat nach den §§ 331 bis 337 des Strafgesetzbuches.

Weitergehende Ausnahmen von der Verschwiegenheitspflicht sind durch die Umsetzung der Richtlinie 2019/1937/EU des Europäischen Parlaments und des Rates vom 23.10.2019 zum Schutz von Personen, die Verstöße gegen das Unionsrecht melden **(Whistleblowing-Richtlinie)** zu erwarten.

87 Folgen von Verstößen gegen die Verschwiegenheitspflicht können Disziplinarmaßnahmen und arbeitsrechtliche Konsequenzen sein. Sie sind auch strafbewehrt. In Frage kommt eine Strafbarkeit gem. § 353b StGB wegen Verletzung des Dienstgeheimnisses und eine gem. § 355 StGB wegen Verletzung des Steuergeheimnisses. In dieser Vorschrift ist das Bekanntwerden von Daten in einem Rechnungsprüfungsverfahren ausdrücklich angesprochen.

Wenn die Verschwiegenheitspflicht einer Informationsweitergabe nicht im Wege steht, bedeutet das aber nicht, dass die Informationsweitergabe auch datenschutzrechtlich zulässig ist. Es handelt sich um zwei Regelungskreise, die parallel Geltung beanspruchen. Bei der Offenbarung von Dienstgeheimnissen, die zugleich eine Offenlegung im Sinne des Datenschutzes darstellen, muss daher immer geprüft werden, ob eine Befugnis nach beiden Regelungskreisen vorliegt.[35]

VII. Informationsrecht und Datenschutz

88 In allen Bundesländern hat die Rechnungsprüfung ein umfassendes Informationsrecht bei der Wahrnehmung ihrer Aufgaben.[36] Inhalt und Ausgestaltung kann auch aus den Aufgaben und der Pflicht zur sachgerechten Aufgabenerledigung und der Wirtschaftlichkeit der Verwaltung abgeleitet werden. So auch, dass dieses Informationsrecht grundsätzlich jedem Prüfer im Rahmen seiner Aufgaben zusteht und soweit nicht ausdrücklich anders geregelt[37] jeder Informationsträger unmittelbar Adressat eines Informationsbegehrens sein kann, also kein Umweg über die Vorgesetzte genommen werden muss.

---

35 *Kipker/Voskamp*, Sozialdatenschutz in der Praxis, Kap. 3 Verantwortlichkeit und Zusammenarbeit Rn. 124, Nomos-Verlag 1. Aufl. 2021.

36 § 2 Abs. 2 KomPrV BW, Art. 106 Abs. 6 BayGO; § 102 Abs. 7, § 104 Abs. 5 GemO NRW; § 112 Abs. 4 Nr. 1 GemO RLP; in Hessen dient § 3 HDSInfG als Ermächtigungsgrundlage; § 3 Abs. 3 KPG M-V.

37 § 102 Abs. 7 GemO NRW.

Das Informationsrecht umfasst alle Arten von Informationsbegehren – Prüfungshandlungen –, also die Einholung von mündlichen oder schriftlichen Auskünften, die Einsichtnahme in Akten und andere Datenbestände, die Inaugenscheinnahme als sonstige sinnliche Wahrnehmung von Gegenständen und Zuständen oder die Beobachtung von Verfahren und Geschäftsprozessschritten. Das Informationsrecht umfasst grundsätzlich auch den lesenden Zugriff auf IT-Anwendungen, hier sind aber Einschränkungen durch den Datenschutz *(s. u.)* hinzunehmen. Die Auswahl des „für eine sorgfältige Prüfung" Erforderlichen ist eine Ermessensentscheidung des Prüfers.

Unstrittig umfasst das Informationsrecht der Rechnungsprüfung auch Protokolle von Gremiensitzungen. Fraglich ist, ob sich daraus auch ein Recht auf die Teilnahme an nichtöffentlichen Sitzungen ableiten lässt. Voraussetzung ist jedenfalls ein Zusammenhang mit den Aufgaben der Rechnungsprüfung. Da die Entscheidungen, die in den Gremien getroffen werden zumeist erst in der Zukunft wirken muss die Rechnungsprüfung auch zur begleitenden Prüfung befugt sein. Wo ein Rechnungsprüfungsausschuss gebildet ist, ergibt sich das Teilnahmerecht an dessen Sitzungen aus der Funktion des Rechnungsprüfungsamtes als Hilfsorgan des Ausschusses, da nur so die notwendige Zusammenarbeit gewährleistet ist.[38] Für das Plenum der Volksvertretung gilt: Wo der Ausschluss der Öffentlichkeit nur den Schutz verwaltungsinterner Vorgänge bezweckt, ist die örtliche Rechnungsprüfung, da Teil der Verwaltung und zum Schweigen verpflichtet, nicht ausgeschlossen; wo das Persönlichkeitsrecht Einzelner geschützt werden soll, ist ein Ausschluss auch der Rechnungsprüfung ausnahmsweise möglich,[39] wenn die Information durch das Protokoll ausreicht. *89*

Ist die Verwaltungsspitze ein Kollegialorgan, dann wird ein Recht auf vertrauliche politische Beratungen anerkannt [40], die nachträgliche Einsicht ins Protokoll für die Rechnungsprüfung als ausreichend erachtet.

Das Informationsrecht beinhaltet grundsätzlich nur das Recht, auf bereits vorhandene Informationen zuzugreifen. Der Erhebungsaufwand, z. B. das Anfertigen von Kopien und das Zusammenstellen von Informationen, geht primär zu Lasten der Rechnungsprüfung. Sie ist dabei aber auf die Unterstützung und Kooperation der geprüften Stelle angewiesen, z. B. wenn es um Auskünfte geht, die nicht bereits vorliegen, und sie hat auf diese Un- *90*

38 *Desens/Oebbecke*, Die Rechtsstellung der Leitungen der örtlichen Rechnungsprüfung, 1. Aufl. 2012, S. 42.

39 *Desens/Oebbecke,* Die Rechtsstellung der Leitungen der örtlichen Rechnungsprüfung, 1. Aufl. 2012, S. 42.

40 *Desens/Oebbecke,* Die Rechtsstellung der Leitungen der örtlichen Rechnungsprüfung, 1. Aufl. 2012, S. 42.

terstützung und Kooperation aufgrund der Pflicht aller Beschäftigten zur sachgerechten und wirtschaftlichen Aufgabenerledigung auch Anspruch. Die Rechnungsprüferinnen wiederum sind zur Rücksichtnahme auf die berechtigten Belange der geprüften Stelle verpflichtet.

Ein Konflikt um die Beanspruchung von Arbeitszeit wird durch eine zwischen Prüferin und geprüfter Stelle vereinbarte Zeitplanung für die Prüfung entschärft.

91 In vielen Fällen handelt es sich bei der Ausübung des Informationsrechts um die **Verarbeitung personenbezogener Daten durch öffentliche Stellen** im Sinne der Datenschutzgesetze der Länder und der unmittelbar geltenden Datenschutzgrundverordnung (EU) 2016/679 (DSGVO). Die DSGVO ist zwar gem. Art. 2 Abs. 1 nur auf die ganz oder teilweise automatisierte Verarbeitung personenbezogener Daten sowie für die nichtautomatisierte Verarbeitung personenbezogener Daten, die in einem Dateisystem gespeichert werden, anwendbar. Zumindest eine Speicherung in einem Dateisystem wird in der Praxis aber regelmäßig vorliegen.

Diese Vorschriften konkretisieren auch den Schutz durch das Grundrecht auf informationelle Selbstbestimmung aus Art. 2 Abs. 1 i.V.m. Art. 1 Abs. 1 GG, „die Befugnis des Einzelnen, grundsätzlich selbst über die Preisgabe und Verwendung seiner persönlichen Daten zu bestimmen.“[41]

Dabei sind **personenbezogene Daten** durch Art. 4 DSGVO definiert als alle Informationen, die sich auf eine identifizierte oder identifizierbare natürliche Person beziehen. Als identifizierbar wird eine natürliche Person angesehen, die direkt oder indirekt, insbesondere mittels Zuordnung zu einer Kennung wie einem Namen, zu einer Kennnummer, zu Standortdaten, zu einer Online-Kennung oder zu einem oder mehreren besonderen Merkmalen, die Ausdruck der physischen, physiologischen, genetischen, psychischen, wirtschaftlichen, kulturellen oder sozialen Identität dieser natürlichen Person sind, identifiziert werden kann.

Dieselbe Vorschrift definiert **Verarbeitung** als jeden mit oder ohne Hilfe automatisierter Verfahren ausgeführten Vorgang oder jede solche Vorgangsreihe im Zusammenhang mit personenbezogenen Daten wie das Erheben, das Erfassen, die Organisation, das Ordnen, die Speicherung, die Anpassung oder Veränderung, das Auslesen, das Abfragen, die Verwendung, die Offenlegung durch Übermittlung, Verbreitung oder eine andere Form der Bereitstellung, den Abgleich oder die Verknüpfung, die Einschränkung, das Löschen oder die Vernichtung.

41 BVerfG, NJW 1984, 419 Leitsatz 1.

Die Rechnungsprüfung greift zumeist auf Informationen zu, die von der Verwaltung zu anderen Zwecken erhoben und gespeichert wurden. Die Verarbeitung von Informationen zu anderen Zwecken als zu denen sie erhoben wurden, ist zur Wahrnehmung von Aufsichts- und Kontrollbefugnissen, für die Rechnungsprüfung und zur Durchführung von Organisationsuntersuchungen des Verantwortlichen ausdrücklich zugelassen.[42]

Die Verarbeitung personenbezogener Daten durch öffentliche Stellen ist zulässig, wenn und soweit sie zur Erfüllung der in der Zuständigkeit des Verantwortlichen liegenden Aufgabe erforderlich ist.[43] Nicht nur der Rechnungsprüfer, der die Information begehrt, sondern auch der Mitarbeiter der geprüften Stelle, der sie übermitteln soll, verarbeitet Daten und hat damit grundsätzlich für die Rechtmäßigkeit der Verarbeitung einzustehen. Der Gesetzgeber trifft diese Aufteilung der Pflichten[44] zwischen beiden: Verantwortlich für die Rechtmäßigkeit der Übermittlung und damit für die Erforderlichkeit für die Aufgabenerfüllung ist der Rechnungsprüfer; die übermittelnde Stelle hat lediglich zu prüfen, ob das Übermittlungsersuchen im Rahmen der Aufgaben des Rechnungsprüfers liegt. Der Rechnungsprüfer hat in dem Ersuchen die für diese Prüfung erforderlichen Angaben zu machen.

Die Rechnungsprüferin wird ihre Prüfung unter Nennung des zu treffenden Prüfungsurteils und des Prüfungszeitraums schriftlich unter Bezug auf ihre Aufgaben und deren rechtliche Grundlagen (s. *C. Aufgaben der Rechnungsprüfung)* bei der geprüften Stelle ankündigen. Daraus sollte sich der Zusammenhang zwischen den begehrten personenbezogenen Informationen und der konkreten Prüfung in sachlicher und zeitlicher Hinsicht problemlos ergeben. Dann besteht kein Verweigerungsrecht der geprüften Stelle.

Dies gilt auch für die durch das Grundrecht auf informationelle Selbstbe- *92*
stimmung besonders geschützten **Informationen aus der Privat- und Intimsphäre.** Sie finden sich in der Praxis z. B. in Personal-, Beihilfe- und Jugendhilfeakten. Dass die aktenführende Stelle eine Einsichtnahme nicht verweigern kann, wurde so auch durch das Bundesverwaltungsgericht entschieden.[45]

Im zugrundeliegenden Sachverhalt wollte ein Landesrechnungshof Prüfungsaussagen dazu treffen, ob in einem psychiatrischen Landeskranken-

---

42 Z. B. § 21 Abs. 1 Nr. 6 Hess. Datenschutz- und InformationsfreiheitsG; § 9 Abs. 1 DatenschutzG NRW.

43 Z. B. § 3 Abs. 1 Hess. Datenschutz- und InformationsfreiheitsG, § 3 Abs. 1 DatenschutzG NRW.

44 Z. B. § 22 Abs. 4 Hess. Datenschutz- und InformationsfreiheitsG; § 8 Abs. 1 DatenschutzG NRW.

45 BVerwG, Urteil vom 11. 05. 1989 – 3 C 68/85, NJW 1989, 2961 f.

haus die Einnahmen aus der ambulanten Behandlung rechtzeitig und vollständig erhoben worden waren. Zu diesem Zweck verlangte der Rechnungshof für seine Vertreter Zugang zu den Patientenakten dergestalt, dass die Prüfer nach deren eigenem pflichtgemäßen Ermessen einzelne Akten auswählen, in die ausgewählten Akten Einsicht nehmen und über den Inhalt dieser Akten die zur Erfüllung des Prüfungszwecks erforderlichen Aufzeichnungen machen könnten. Die behandelnden Ärzte behaupteten eine Verletzung der ärztlichen Schweigepflicht.

Das Gericht machte sich zunächst die Rechtsauffassung der Vorinstanz zu eigen, wonach die Prüfung in den Aufgabenbereich des Rechnungshofes fällt. Dann schloss es sich der Vorinstanz darin an, dass der Auskunftsanspruch des Rechnungshofes die ärztliche Schweigepflicht deshalb zurücktreten lässt, weil diese Vorschrift der Wahrung eines Allgemeininteresses dient, das der ärztlichen Schweigepflicht übergeordnet ist, und dem Grundsatz der Verhältnismäßigkeit Rechnung trägt. Es betonte, dass es ein in allen Landesverfassungen und in der Bundesverfassung verankerter überragend wichtiger Belang des Allgemeinwohls ist, dass der Rechnungshof imstande ist, seine durch die Verfassung zugewiesenen Aufgaben zu erfüllen und seiner Kontrollfunktion nachzukommen. Gegenüber diesem überragend wichtigen Belang des Allgemeinwohls muss das Patientengeheimnis auch in der Psychiatrie zurücktreten, wo ihm ein besonders hohes Gewicht beizumessen ist.

Die Einhaltung des Verhältnismäßigkeitsgrundsatzes prüfte das Gericht durch Nachvollzug der Feststellungen der Vorinstanz. Diese hatte ohne Rechtsfehler festgestellt, dass die Vorlage der Patientenakten nicht nur geeignet, sondern aufgrund der Aktenführung auch erforderlich ist, um die Erfüllung des Prüfungsauftrages durch den Landesrechnungshof sicherzustellen. Es stellte dabei darauf ab, dass die für das Prüfungsurteil notwendigen Informationen sich in der Patientenakte befanden. Das Gericht sah die Möglichkeit, dass die Abwägung anders ausgefallen wäre, wenn die Ärzte jeden Besuch eines Patienten nach Zeit, Dauer und Art in den Akten vermerkt hätten und bezüglich des Gesprächsinhalts auf eine von der Akte getrennt aufbewahrte Niederschrift verwiesen hätten.

Das Gericht stufte die Beeinträchtigung, die durch die Einsichtnahme in die Krankenakten eintritt, auch für den sensiblen Bereich der Psychiatrie als nicht unzumutbar ein. Der verfassungsrechtlich fundierten Notwendigkeit einer lückenlosen Rechnungsprüfung steht eine im Umfang nur sehr eingeschränkte Durchbrechung des Geheimnisschutzes gegenüber. Als Faktoren, die den Umfang der Durchbrechung reduzieren, identifizierte das Gericht den Stichprobencharakter der Prüfung, die de facto anonyme Beziehung zwischen Patient und Prüfer und die Verschwiegenheitspflicht der Prüfer des Rechnungshofes.

Bestätigt wurde diese Entscheidung des Bundesverwaltungsgerichts durch den Beschluss des Bundesverfassungsgerichts, die Verfassungsbeschwerde der Ärzte nicht anzunehmen.[46] Das Bundesverfassungsgericht zog im Beschluss eine Parallele zum Umfang des Beweiserhebungsrechts von parlamentarischen Untersuchungsausschüssen. Hier wie dort stehen sich der verfassungsrechtlich verankerte Untersuchungsauftrag und der grundrechtlich verbürgte Datenschutz grundsätzlich gleichrangig gegenüber. Ihr Verhältnis ist je nach den Umständen des Einzelfalls im Wege der Abwägung festzulegen. Dabei darf der Zugriff auf grundsätzlich geheimhaltungsbedürftige Unterlagen regelmäßig nicht verwehrt werden, wenn ansonsten die Wirksamkeit der Kontrolle gefährdet würde und den Belangen des Geheimnisschutzes durch Schutzvorkehrungen gegen eine zweckwidrige Weitergabe der Informationen Rechnung getragen werden kann. Das Verfassungsgericht akzeptierte die Erforderlichkeit einer stichprobenartigen Vollprüfung angesichts der praktizierten Aktenführung und Abrechnungsweise und bejahte die Zumutbarkeit, da die Beziehungen zwischen Prüfern und betroffenen Patienten anonym sind, die Prüfer ihrerseits zur Verschwiegenheit verpflichtet sind und die Prüfberichte nur anonymisierte Daten enthalten.

Diese Entscheidungen zugunsten eines Landesrechnungshofes sind auch auf die kommunale Rechnungsprüfung übertragbar. Zwar fehlt es an einer ausdrücklichen verfassungsrechtlichen Verankerung der kommunalen Rechnungsprüfung, sie ist aber von der Garantie der kommunalen Selbstverwaltung gem. Art. 28 Abs. 2 GG und den jeweiligen Landesverfassungen mitumfasst. In den eigenen und übertragenen Aufgaben werden erhebliche Mittel treuhänderisch für Bürger und Abgabenschuldner verwaltetet, die Verwaltung ist rechenschaftspflichtig. Auch hier ist eine funktionsfähige Rechnungsprüfung ein überragend wichtiger Belang des Allgemeinwohls, es darf keine prüfungsfreien Räume geben.

Die Beamtengesetze der Länder erlauben die Übermittlung von **Personal-** *93*
akten entweder ausdrücklich zu Zwecken der Prüfung[47] oder stehen einer Übermittlung nach den o. g. Grundsätzen nicht entgegen.

Sozialdaten, die von § 35 Abs. 1 SGB I geschützt werden, können gem. § 67c Abs. 3 SGB I ausdrücklich für Zwecke der Rechnungsprüfung genützt werden. Die von § 65 SGB VIII besonders geschützten Sozialdaten, die dem Mitarbeiter eines Trägers der öffentlichen Jugendhilfe zum Zwecke persönlicher und erzieherischer Hilfe anvertraut worden sind, dürfen von diesem gem. § 65 Abs. 1 Nr. 5 SGB VIII übermittelt werden, wenn die Voraussetzungen vorliegen, unter denen eine der in § 203 Abs. 1 StGB

46 BVerfG Beschluss vom 29. 04. 1996 – 1 BvR 1226/89, NJW 1997, 1633 f.
47 Z. B. Art. 108 Abs. 2 Nr. 3 BayBeamtG.

genannten Personen dazu befugt wäre. Durch die Anerkennung der Informationsweitergabe an die Rechnungsprüfung als befugt in den oben genannten Entscheidungen gibt es auch hier kein Verweigerungsrecht.

Eine Weitergabe von Informationen, die dem **Steuergeheimnis** gem. § 30 AO unterliegen, ist gem. § 30 Abs. 4 Nr. 1 i.V.m. Abs. 2a AO für Zwecke eines Rechnungsprüfungsverfahrens ebenfalls ausdrücklich zulässig.

Nach der oben dargestellten Aufteilung der datenschutzrechtlichen Pflichten muss eine Diskussion über die Erforderlichkeit der Daten mit der geprüften Stelle nicht geführt werden. Die Entscheidung über die Erforderlichkeit für die Aufgabenerfüllung ist eine pflichtgemäß auszuübende Ermessensentscheidung des Prüfers, die z. B. in den Arbeitspapieren ausreichend und nachvollziehbar dokumentiert sein sollte. Sie wird durch die Pflicht zur sachgerechten Prüfung und die diese ausfüllenden Standards bestimmt.
Erforderlich bedeutet, dass der Beitrag der angeforderten Informationen zu Prüfungsurteil und Prüfungssicherheit nicht durch einen weniger tiefen Eingriff in die informationelle Selbstbestimmung der Person oder den Eingriff in das Recht von weniger Personen ersetzt werden kann, mit anderen Worten: datensparsamer.

94 In der Praxis bedeutet dies:

- Wird zur Feststellung der Vollständigkeit einer Grundgesamtheit aus Personen, z. B. alle Beschäftigte, eine Liste benötigt, so ist es nicht erforderlich, dass die Liste die Namen der Personen enthält, ausreichend ist eine durch Nummern oder andere Kennungen pseudonymisierte Liste. Hier ist eine Beschränkung des lesenden Zugriffs auf die zur Datenhaltung verwendete IT-Anwendung möglich.
- Werden personenbezogene Daten benötigt, zieht der Prüfer eine Stichprobe aus der pseudonymisierten Grundgesamtheit und fordert die Daten nur für die kleinere Stichprobe an.
- Der Prüfer ist aber nicht auf eine Stichprobenprüfung beschränkt, ein Massendatenabgleich kommt auch in Frage. Dann sind die zu vergleichenden Listen von der geprüften Stelle zu pseudonymisieren und dürfen daneben nur das gegebenenfalls gemeinsame Merkmal enthalten. Gilt es z. B. festzustellen, ob Zahlungen der Kommune für Lieferungen und Leistungen an Gehaltskonten von Beschäftigten geflossen sind, dann wird eine Liste mit Personalnummern und Kontoverbindungen mit einer Liste von Kreditorennummern mit Kontoverbindungen verglichen.
- In den Arbeitspapieren müssen nur die relevanten Informationen dokumentiert werden. Das bedeutet, dass es zumeist ausreichen wird, wenn ein Stichprobenelement in Kopie als Nachweis für das prüferische Vorgehen

in die Arbeitspapiere aufgenommen wird. Ansonsten ist die Einsichtnahme in die Akten vor Ort und das Fertigen eines Prüfungsvermerks ausreichend. Der Prüfer könnte z. B. auf seiner Liste der pseudonymisierten Stichprobenelemente vermerken: eingesehen, mit x verglichen, i. O. Weitere Kopien sind nicht erforderlich.

- Ist eine Kopie zur angemessenen Dokumentation der Prüfung erforderlich, z. B. weil eine Feststellung getroffen wurde oder als Beispiel für das prüferische Vorgehen, dann sollten nicht benötigte personenbezogene Informationen geschwärzt werden. Der Prüfer darf seine Kopien aber immer selber vom Original anfertigen und muss sich nicht auf partiell geschwärzte Kopien verweisen lassen.
- Sensible Prüffelder sollten bei einem Prüfer im Team konzentriert und nicht auf alle Teammitglieder verteilt werden.
- Für Besprechungen mit Kollegen und Vorgesetzten reicht es – abhängig vom Ziel des Gesprächs – zumeist aus, verdichtete und anonymisierte Informationen zu benutzen.
- Prüfungsberichte enthalten nur anonymisierte Daten.
- Auch bei der Aktenführung in der Rechnungsprüfung und beim Speichern der Arbeitspapiere sind die datenschutzrechtlichen Vorgaben zu beachten.

Ein Faktor für die Zumutbarkeit des Eingriffs in das Grundrecht auf informationelle Selbstbestimmung, den beide Entscheidungen nennen, ist die de facto anonyme Beziehung zwischen der Person und dem Prüfer. Sie ist in der Kommunalverwaltung vielleicht nur in geringerem Maße möglich, aber ein weiteres Argument, Befangenheit zu vermeiden. *95*

Die Weitergabe von personenbezogenen Informationen durch die geprüfte Stelle an die Rechnungsprüfung löst keine **Informationspflicht gegenüber dem Betroffenen** gem. Art. 13 und 14 DSGVO aus.[48] Auch das Rechnungsprüfungsorgan muss in der Regel nicht informieren, da es sich in vielen Fällen auf den Ausschluss der Informationspflicht gemäß Art. 14 Abs. 5 a und b DSGVO berufen kann. Für die bei b erforderliche Abwägung darf berücksichtigt werden, dass die betroffene Person allgemein damit rechnen muss, dass ihre personenbezogenen Daten im Rahmen der öffentlichen Finanzkontrolle verarbeitet werden. Dann ist die Rechnungsprüfung aber dazu angehalten, die geforderten Schutzmaßnahmen sowie Dokumentationspflichten *96*

48 Der Bayerische Landesbeauftragte für den Datenschutz Informationspflichten bei der Rechnungsprüfung bayerischer öffentlicher Stellen Arbeitspapier 1. 7. 2020 unter https://www.datenschutz-bayern.de/datenschutzreform2018/AP_Rechnungspruefung.pdf, S. 5 ff.

einzuhalten. Vorgeschlagen werden besondere Datenschutzhinweise auf der Homepage des Rechnungsprüfungsorgans.[49]

VIII. Zugang zur Öffentlichkeit

97 Die Rechnungshöfe beziehen einen Gutteil ihrer Wirkungsmacht aus der Veröffentlichung ihrer Prüfungsberichte, die regelmäßig eine Berichterstattung durch die Medien nach sich ziehen und eine kritische Öffentlichkeit schaffen. Die Gleichstellung der kommunalen Rechnungsprüfung ist eine Forderung, die der Bund der Steuerzahler schon vor über 30 Jahren (von Arnim, Die Öffentlichkeit kommunaler Finanzkontrollberichte als Verfassungsgebot) erhoben hat. Tatsächlich ist hier weniger Transparenz vorgesehen. Einige Kommunalverfassungsgesetze lassen es ausreichen, wenn die Mitglieder der Volksvertretung quasi stellvertretend für die Öffentlichkeit informiert werden.[50]

Das wichtigste Ergebnis der Prüfungstätigkeit der örtlichen Rechnungsprüfung ist der jährliche Bericht über die Prüfung des Jahresabschlusses bzw. der Haushaltsrechnung. In Niedersachsen, Mecklenburg-Vorpommern, Rheinland-Pfalz und im Saarland[51] sind die Prüfungsberichte öffentlich auszulegen. Wie auch bei der Auslegung des Entwurfs der Haushaltssatzung sollte parallel eine Veröffentlichung auf der Internet-Seite der Gebietskörperschaft stattfinden. In Nordrhein-Westfalen wird mit dem Jahresabschluss in Anlehnung an die handelsrechtliche Offenlegung ohne Rechtspflicht auch der Bestätigungsvermerk veröffentlicht. Wegen der starken Verdichtung der Informationen ist er aber für eine Mobilisierung der kritischen Öffentlichkeit nicht geeignet.

In Rheinland-Pfalz sind auch die Prüfungsfeststellungen der überörtlichen Prüfung öffentlich auszulegen.[52]

98 Einen weiteren Zugang zur Öffentlichkeit bietet die Behandlung des Prüfungsberichtes **in öffentlicher Sitzung**. Dafür kommt, wo ein Rechnungsprüfungsausschuss gebildet ist, eine Sitzung des Ausschusses und sonst eine Sitzung des Plenums in Frage.

---

49 Der Bayerische Landesbeauftragte für den Datenschutz Informationspflichten bei der Rechnungsprüfung bayerischer öffentlicher Stellen Arbeitspapier 1.7.2020, S. 7 ff.

50 § 103 Abs. 2 S. 4 KommVerfG Brandenburg; § 104 Abs. 2 S. 2 GemO Sachsen.

51 § 101 Abs. 3 S. 2 KommSVG Saarland; § 156 Abs. 4 Nds KommVerfG; § 3 Abs. 3 KPG M-V; § 114 Abs. 2 S. 2 GemO RLP.

52 § 110 Abs. 6 GemO RLP.

Für Sitzungen von Ausschüssen gilt das die Sitzungen der Volksvertretung prägende Prinzip der Öffentlichkeit nicht. Der Rechnungsprüfungsausschuss kann nichtöffentlich tagen. In Nordrhein-Westfalen handelt das Rechnungsprüfungsamt oder ein mit der Prüfung des Jahresabschlusses beauftragter Dritter im Auftrag des Rechnungsprüfungsausschusses und berichtet nur seinem Auftraggeber. Eine Regelung zur Sitzungsöffentlichkeit besteht nicht, jedenfalls brauchen gem. § 58 Abs. 2 S. 4 GemO NRW Zeit und Ort der Ausschusssitzungen sowie die Tagesordnung nicht öffentlich bekanntgemacht zu werden. In der öffentlichen Sitzung des Plenums wird nur der Bericht des Rechnungsprüfungsausschusses zu dem Ergebnis der Jahresabschlussprüfung behandelt, der sich darauf beschränken kann, ob nach dem abschließenden Ergebnis seiner Prüfung Einwendungen zu erheben sind und ob er Jahresabschluss und Lagebericht billigt. Nach der Auffassung des Kommunalministeriums steht den Bürgern kein eigenständiges Recht auf den Prüfungsbericht ohne eine Beteiligung der Volksvertretung zu.[53]

Im Saarland tagt der Prüfungsausschuss nicht öffentlich.[54]

Nach allen Kommunalverfassungsgesetzen muss der geprüfte Jahresabschluss/Haushaltsrechnung vom Plenum der Volksvertretung in öffentlicher Sitzung festgestellt werden und über die Entlastung der Verwaltungsleitung entschieden werden. Dies bietet die Gelegenheit, den Prüfungsbericht zu erörtern und der Leitung des Rechnungsprüfungsamtes den Bericht zu erläutern. Eine Pflicht, den Bericht über die Wiedergabe der Tatsache hinaus, dass die Prüfung stattgefunden hat, zu diskutieren und einen Anspruch der Leitung, in der Sitzung zu sprechen, gibt es aber nicht.

Berichte in Erfüllung der weiteren Aufgaben der Rechnungsprüfung gehen *99*
an die Volksvertretung bzw. an den Auftraggeber, die über die Veröffentlichung entscheiden.

Grundsätzlich können Prüfungsberichte Gegenstand eines auf das **Informationsfreiheitsgesetz** des Landes gestützten Auskunftsersuchens sein.

Dies zeigt die Entscheidung des Bundesverwaltungsgerichts über die Weigerung des Bundesrechnungshofes, einem Journalisten Einsicht in Prüfungsakten zu gewähren.[55] Das Gericht stellt für das Informationsfreiheitsgesetz (InfFrG) des Bundes fest, dass im Gesetz ein funktioneller Behördenbegriff Verwendung findet, der auch den Rechnungshof umfasst.

Des Weiteren wird festgestellt, dass auch die Prüfungstätigkeit Wahrnehmung von Verwaltungsaufgaben i. S. d. Informationsfreiheitsgesetzes ist.

53 NRW NKF, Handreichung, 7. Aufl., S. 1481.

54 § 101 Abs. 1 S. 3 KommSVG Saarland.

55 BVerwG, Urt. v. 15. 11. 2012 – 7 C 1/12, NVwZ 2013, 431 ff.

Dies ist für die Landesgesetze übertragbar, wonach auch Rechnungshöfe, Gemeindeprüfanstalten und Rechnungsprüfungsämter dem Behördenbegriff unterfallen und ihre Prüfung Verwaltungstätigkeit ist.[56]

Für die Möglichkeit gem. § 3 Nr. 1e InfFrG Bund die Informationen zu verweigern, wenn sich nachteilige Auswirkungen auf die externe Finanzkontrolle ergeben können, verlangt das Gericht die konkrete Möglichkeit solcher nachteiligen Auswirkungen; die Anwendung dürfe allerdings nicht dazu führen, „dass im Wege einer generalisierenden Sichtweise entgegen der gesetzgeberischen Konzeption der Sache nach eine Bereichsausnahme für die gesamte Tätigkeit geschaffen wird“.[57]

Der Landesgesetzgeber kann aber die Organe der Rechnungsprüfung aus dem Adressatenkreis des Gesetzes ausdrücklich herausnehmen. Z. B. besteht in Hessen gem. § 81 Abs. 1 Nr. 3 HDSIG für die Überörtliche Prüfung kommunaler Körperschaften in Hessen eine Ausnahme für Aufgaben, die im Zusammenhang mit ihrer Kontroll- und Prüftätigkeit stehen; nach Nr. 7 muss für öffentliche Stellen der Gemeinden die Anwendbarkeit des Informationsfreiheitsgesetzes durch Satzung ausdrücklich bestimmt worden sein.

Nach allen Informationsfreiheitsgesetzen besteht die Möglichkeit und die Verpflichtung, personenbezogene Informationen und Betriebs- und Geschäftsgeheimnisse durch Anonymisierung und Schwärzung in den Unterlagen zu schützen.[58]

IX. Recht auf angemessene Personalausstattung und Finanzierung der Rechnungsprüfung

100 Aufgaben und Befugnisse der Rechnungsprüfung bilden ihr Potential. Ausgeschöpft werden kann dieses Potential nur im Rahmen der tatsächlichen Leistungsfähigkeit. Diese hängt insbesondere auch von einer angemessenen Ausstattung ab. Dabei sind mindestens drei Aspekte der Ausstattung zu betrachten:

- Die Anzahl der Stellen für eigenes Personal und deren Bewertung,
- Das Budget zur Verstärkung durch Externe und Spezialistinnen und
- Das Budget für die Weiterbildung der Mitarbeiter

Ein Vergleich der Personalstellen und -struktur städtischer Rechnungsprüfungsämter in Deutschland ergibt in der Praxis erhebliche Unterschiede bei

56 OVG NRW, Urt. v. 17. 05. 2006 – 8 A 1642/05.

57 BVerwG, Urt. v. 15. 11. 2012 – 7 C 1/12, NVwZ 2013, 433.

58 Z. B. §§ 5, 6 InfFrG Bund.

der Anzahl der der Rechnungsprüfung gewidmeten Vollzeitäquivalente und der Bewertung der Stellen.[59] Die Studie zeigt aber auch, dass ein Vergleich insbesondere aufgrund der unterschiedlichen Aufgaben und Größenordnungen schwierig ist und keine Auskunft über die optimale Kapazität eines Rechnungsprüfungsamtes gibt.

Die für die Prüfung der Gebietskörperschaft erforderlichen Vollzeitäquivalente müssen daher über eine Prüfungslandkarte und einen risikoorientierten mehrjährigen Prüfungsplan und den dafür benötigten Zeitaufwand hergeleitet werden. Richtwerte für bestimmte Prüfungsaufgaben sollten bundesweit im Vergleich ermittelt werden.

Grundsätzlicher Dissens besteht zwischen einer Bewertung der Stellen nach dem KGSt-Gutachten zu Stellenplan und Stellenbewertung aus dem Jahr 2009[60] und dem Gutachten Richter[61], der auf der Grundlage eines neuen Leitbildes der Rechnungsprüfung und den erheblichen Veränderungen durch die Einführung einer doppischen Haushaltswirtschaft zu höheren Anforderungen an Rechnungsprüfer kommt und eine forschungsnahe (wissenschaftliche) Ausbildung fordert.

Die Beauftragung Externer kann sowohl fehlende Personalkapazitäten abdecken als auch Zugang zu Spezialwissen eröffnen. Benötigt wird das Spezialwissen z. B. bei schwierigen Bewertungsfragen zu Finanzanlagen und Pensionsrückstellungen, wo Versorgung und Zusatzversorgung nicht durch Mitgliedschaft in einem Versorgungsverband oder einer Versorgungskammer organisiert wird. Da die Einbeziehung von IT-Anwendungen und -infrastruktur für beinahe jeden Prüfungsauftrag erforderlich ist, sollten diese Kompetenzen in der Rechnungsprüfung vorhanden sein und nicht die Beauftragung einer Spezialistin erfordern.

Und schließlich erfordert eine gründliche und gewissenhafte Prüfung wie oben dargelegt, die regelmäßige Weiterbildung der Mitarbeiter, dafür sollte die Leitung über ein ausreichendes Budget verfügen. Aus der Praxis werden Versuche berichtet, über die Vorenthaltung von Ressourcen und Genehmigungen für Fortbildungen und Dienstreisen „unbequeme“ Leitungen von Rechnungsprüfungsämtern zu „disziplinieren“.[62]

---

59 *Zahradnik,* Personalstellen und -struktur städtischer Rechnungsprüfungsämter in Deutschland, GemHH 2018, S. 1.

60 KGSt Stellenplan – Stellenbewertung, KGSt-Gutachten Nr. 1/2009, Köln.

61 *Richter,* Leitbild einer modernen kommunalen Rechnungsprüfung – Gutachten zur Bewertung der Beamtenstellen in der kommunalen Rechnungsprüfung, Potsdam 2013 unter https://www.idrd.de/unsere-arbeit/stellenplangutachten/.

62 *Wieden,* Die Unabhängigkeit sicherstellen, Kommunale Rechnungsprüfung als Element öffentlicher Finanzkontrolle, PUBLICUS, Der Online-Spiegel für das Öffentliche Recht, Boorberg-Verlag, 9/2014.

E. Prüfungspsychologie

I. Beziehung zwischen Prüfer und Geprüften

Die Beziehung zwischen Prüferin und Verantwortlichen und Mitarbeitern der geprüften Einheit ist komplex. Hier können nur die wichtigsten Aspekte angesprochen werden. 101

Jede Prüfung ist der Vergleich eines Ist-Zustandes mit dem Soll-Zustand und findet mit dem Ziel statt, Abweichungen zu finden, also Fehler zu suchen und zu finden. Der Mitarbeiter sieht sich daher nicht unbegründet dem Verdacht ausgesetzt, Fehler gemacht zu haben. Tatsächlich werden Fehler immer wieder begangen und der Mitarbeiter ist sich dieser Tatsache und vielleicht auch konkreter eigener noch unentdeckter Fehler bewusst. Sie nachgewiesen zu bekommen und dafür sanktioniert zu werden, gehört zu den sehr unangenehmen Situationen. Schon das Risiko, dass dies eintrifft, kann Angst auslösen. Beides beeinträchtigt beinahe zwangsläufig die Beziehung zur Prüferin.

Auch für die Prüferin birgt die Rolle emotionale Gefahren. So kann sie ihr ein Machtgefühl verleihen, dessen Ausübung oder auch nur Wahrnehmung durch den Mitarbeiter die Beziehung weiter belastet. Fehler nachträglich zu finden verleitet zur irrigen Annahme, sie wären einem selber nicht unterlaufen. Dies kann dann nicht nur das Selbstbild, sondern auch die Bewertung der Fehler verzerren. Die Versuchung besteht, durch die Demonstration des eigenen Fachwissens sozialen Status zu gewinnen, was durchaus als Besserwisserei wahrgenommen werden kann. 102

Dabei benötigt die Prüferin aus mindestens zwei Gründen die Kooperation des Geprüften. Zum einen stellt er eine wichtige, in Einzelfällen auch die einzige Informationsquelle dar. Die Effizienz der Prüfung hängt wesentlich von der Mitwirkung des Geprüften ab. Und schließlich will die Prüferin mit der Prüfung auch eine dauerhafte Verbesserung für die Zukunft erreichen, daran muss die Effektivität der Prüfung gemessen werden. Dazu müssen aber die Verantwortlichen und Mitarbeiter der geprüften Einheit bereit sein zu einer Veränderung. Beides wird durch negative Emotionen gegenüber der Prüferin beeinträchtigt. 103

* Die Autorin dankt Frau Prof. Dr. B. Lämmlein für Literaturhinweise

Die Prüferin muss sich dieser Problematik bewusst sein und professionell mit ihr umgehen, um erfolgreich prüfen zu können.

II. Kritische Grundhaltung und Prüfungsrisiko

104 Die Lösung für den Prüfer kann nicht sein, demonstrativ vertrauensvoll aufzutreten. Ein Prüfer ist vielmehr zur kritischen Grundhaltung verpflichtet.[1]

§ 43 Abs. 4 WPO konkretisiert, was es bedeutet, eine kritische Grundhaltung einzunehmen. Zum einen muss der Prüfer mit dem Vorliegen von Fehlern, Täuschungen, Vermögensschädigungen oder sonstigen Gesetzesverstößen im Prüfungsstoff rechnen.

Weiterhin muss der Prüfer von der Möglichkeit, dass z. B. Auskünfte falsch und Unterlagen manipuliert sind, ausgehen und deshalb Glaubwürdigkeit, Angemessenheit und Verlässlichkeit der erlangten Prüfungsnachweise während der gesamten Prüfung kritisch hinterfragen. Er tut dies, indem er Bedenken zu der von den Verantwortlichen und Mitarbeitern der geprüften Einheit eingenommenen Position äußert, bei unstimmigen Informationen nachfragt und weitere Prüfungsnachweise einholt, um Bedenken entweder auszuräumen oder sie zu untermauern. Auch positive Erfahrungen mit der Richtigkeit, Aufrichtigkeit und Integrität aus der Vergangenheit dispensieren nicht von diesem grundsätzlichen Misstrauen.

105 Dieses Misstrauen, hier besser als Einsicht in die eigene Fehlbarkeit bezeichnet, hegt der Prüfer aber auch gegenüber der eigenen Arbeit. Das Konzept der Risikoorientierten Prüfung beruht auf der Erkenntnis, dass auch Prüfer Fehler machen. Daraus resultiert notwendigerweise ein **Prüfungsrisiko**, nämlich das Risiko ein uneingeschränktes (oder eingeschränktes) Prüfungsurteil abzugeben, obwohl sich im Prüfungsgegenstand ein (anderer als in der Einschränkung genannter) wesentlicher Fehler befindet.[2] Dieses Risiko muss durch eine ordnungsgemäße Prüfungsdurchführung adressiert werden, kann aber nicht vollständig ausgeschlossen werden und verhindert daher eine absolute Prüfungssicherheit. Das Bewusstsein der eigenen Fehlbarkeit sollte den Umgang mit den Fehlern anderer und deren Bewertung bestimmen.

---

1 § 43 Abs. 4 WPO; vergl. DIIR_Revisionsstandard Nr. 3, Tz. 45.
2 IDW, PS 261, Tz. 5.

III. Kommunikation

In dieser grundsätzlich konfliktbehafteten Konstellation sind für den Prüfer Grundkenntnisse der Kommunikationstheorie nützlich, um eine Metaebene einnehmen zu können und die eigene Kommunikation kritisch wahrzunehmen. 106

„Man kann nicht nicht kommunizieren." Dieser Satz wird von Watzlawick als erstes (pragmatisches) Axiom, also als Grundsatz, der keines Beweises bedarf, der Kommunikationstheorie bezeichnet.[3] Jede Interaktion mit einem anderen, auch Wegsehen und Schweigen, ist Kommunikation.

Sein zweites Axiom[4] ist, dass jede Kommunikation einen Inhalts- und einen Beziehungsaspekt hat. Der Inhaltsaspekt soll Informationen vermitteln; der Beziehungsaspekt offenbart, wie die Beziehung aufgefasst wird. So kann eine Nachfrage je nach Beziehung zwischen Frager und Befragten als Misstrauen oder freundliche Anteilnahme empfunden werden. Beide Aspekte lassen sich nicht trennen, es gibt keine rein informative Kommunikation. Watzlawick geht sogar so weit, zu behaupten, dass der Beziehungsaspekt den Informationsaspekt nicht nur beeinflusst, sondern bestimmt.

Schulz von Thun[5] differenziert die Dichotomie Information und Beziehung 107
in die vier Aspekte Sachinhalt, Selbstkundgabe, Beziehung und Appell, die sogenannten „vier Seiten einer Nachricht". Der Empfänger benötigt in diesem Modell „vier Ohren", um diese Aspekte getrennt wahrnehmen zu können. Missverständnisse und damit Kommunikationsstörungen entstehen durch die falsche Einordnung eines oder mehrerer dieser Aspekte der Kommunikation.

Auf der Ebene **Sachinhalt** übermittelt der Sender Daten und Fakten, er hat die Verantwortung für Klarheit und Verständlichkeit. Der Empfänger prüft die Nachricht mit den Kriterien wahr bzw. unwahr, von Belang bzw. belanglos, ausreichend bzw. ergänzungsbedürftig.

Auf der Ebene **Selbstkundgabe** stellt jede Äußerung eine teilweise bewusste und beabsichtigte Selbstdarstellung dar, aber zugleich auch eine unbewusste, unfreiwillige Selbstenthüllung. Sie wird daher vom Empfänger mit dem „Selbstkundgabe-Ohr" darauf geprüft, welche Informationen über den Sender und sein Selbstbild darin enthalten sind.

---

3 *Watzlawick, Beavin, Jackson,* Menschliche Kommunikation. Formen, Störungen, Paradoxien, 13. Aufl., Hogrefe, Bern, 2.2.

4 *Watzlawick, Beavin, Jackson,* Menschliche Kommunikation. Formen, Störungen, Paradoxien, 13. Aufl. Hogrefe, Bern, 2.31.

5 *Schulz von Thun,* Miteinander reden 1, Rowohlt e-book, 1. Aufl. 2013, A I; A II

Auf der **Beziehungsebene** bringt der Sender zum Ausdruck, wie er sich zum Empfänger verhält und diesen einschätzt. Er kann durch Wortwahl, Tonfall und Körpersprache Sympathie, Wertschätzung, Respekt, Gleichgültigkeit, Überlegenheit oder Verachtung zeigen. Der Empfänger wertet die Signale mit seinem „Beziehungs-Ohr" aus und fühlt sich wertgeschätzt, respektiert, bevormundet, herabgesetzt oder abgelehnt.

Auf der Ebene des **Appells** wird die Absicht des Senders wirksam, mit der Nachricht etwas zu bewirken, den Empfänger zu veranlassen etwas zu denken, zu fühlen, zu tun oder zu unterlassen. Dies geschieht offen mittels Bitten und Aufforderungen, verdeckte Appelle versuchen zu manipulieren. Der Empfänger nimmt mit dem „Appell-Ohr" die Aufforderung wahr und positioniert sich dazu.

Gelegenheit für Missverständnisse bietet sich dabei auf jeder Ebene. Irrelevant für das Gelingen der Kommunikation ist, wie es vom Sender gemeint war, es kommt nur darauf an, wie es vom Empfänger verstanden wurde. Dass beides – für den Sender unerkannt – weit voneinander abweichen kann, ist evident.

Die Bemerkung des Prüfers am Montag zur Mitarbeiterin der geprüften Einheit „Sie hatten mir die Aufstellung für Freitag zugesagt" kann neben dem zutreffenden Sachinhalt für das Selbstkundgabe-Ohr der Mitarbeiterin die Wahrnehmung enthalten: Ich als Prüfer mache hier die Ansagen. Mit dem Beziehungs-Ohr nimmt sie möglicherweise wahr: Ich halte Sie für unzuverlässig. Mit dem Appell-Ohr spürt sie die Aufforderung, die Aufstellung jetzt aber schnell fertigzustellen.

108 Das dritte Axiom von Watzlawick[6] lautet: Die Beziehung wird durch die Interaktion bei der Kommunikation bestimmt. Kommunikation ist immer Ursache und Wirkung. Nicht nur die Beziehung hat Auswirkungen auf die Kommunikation, die Kommunikation beeinflusst die Beziehung. Damit gibt jeder Teilnehmer einer Interaktion der Beziehung eine Struktur. Auf jeden Reiz folgt eine Reaktion, so entsteht eine Verhaltenskette. Und jeder Reiz ist zugleich auch Kommunikation, die Kommunikation verläuft kreisförmig, es gibt keinen Anfangspunkt.

Als Ausweg aus verfahrenen Kommunikationssituationen wird Meta-Kommunikation, also Kommunikation über die Art der Kommunikation, vorgeschlagen.[7] Hilfestellung bietet Glasl Konfliktmanagement -Handbuch für Führung, Beratung, Mediation.[8]

---

6 *Watzlawick, Beavin, Jackson,* Menschliche Kommunikation. Formen, Störungen, Paradoxien, 13. Aufl. Hogrefe, Bern, 2.44.

7 *Schulz von Thun,* Miteinander reden 1, Rowohlt e-book, 1. Aufl. 2013, A V.

8 Verlag Haupt ,12.Aufl. 2020.

IV. Fragetechniken

Einen bedeutenden Anteil an der Kommunikation des Prüfers macht das Fragestellen aus. Es dient primär dazu, Informationen zu gewinnen, gestaltet aber auch die Beziehung zum Befragten. Die vielfältige Ratgeberliteratur stützt sich, soweit nicht allgemeine Erfahrungen wiedergegeben werden, auf die Erkenntnisse aus der empirischen Sozialforschung.[9] 109

Fragen können nach ihrer Art und nach ihrer Position in einer Kommunikation differenziert werden.

- Fragen zu Beginn eines Gespräches können den Gefragten aktivieren, ihn zum Reden bringen und eine angenehme Gesprächsatmosphäre schaffen. Dazu sollten sie einfach, offen und ansprechend gestaltet sein.
- Mit Fragen kann ein Gespräch strukturiert werden, sie leiten den Übergang zu einem neuen Abschnitt ein. Mit Fragen können ausufernde oder abschweifende Ausführungen gebremst und in die gewünschte Richtung zurückgelenkt werden.
- Fragen, aus Sicht des Prüfers Gegenfragen, können auch verwendet werden, um Zeit zu gewinnen, dem Gespräch eine andere Richtung zu geben, den Prüfer abzulenken und eine spontane Antwort zu vermeiden.
- Mit Hilfen von Fragen kann eine persönliche Stellungnahme oder verantwortliche Aussage des Gefragten erzwungen werden.
- Fragen können dem Gesprächspartner glaubhaft vermitteln, dass sich der Fragende für die Person und ihren Gesprächsbeitrag interessiert.
- Mit Fragen und Gegenfragen können Bedenken, Gegenargumente und Widerspruch eleganter als durch eine direkte Konfrontation vorgebracht werden.
- Mit einer Frage kann ein gemeinsam erarbeitetes Verständnis oder eine Einigung dokumentiert werden.

Nach ihrer Form werden offene und geschlossene Fragen unterschieden. 110
Bei offenen Fragen werden dem Befragten keine Antwortkategorien vorgegeben. Sie werden verwendet, wenn mögliche Antworten tatsächlich unbekannt sind oder eine sehr große Zahl möglicher Ausprägungen der Antwort erwartet werden oder um die Beeinflussung der Antwort durch eine Antwortvorgabe zu verhindern.[10]

---

9 Z. B. *Atteslander,* Methoden der empirischen Sozialforschung, 13. Aufl. 2010, ESV, 4. Befragung.

10 *Schnell,* Survey Interviews. Methoden standardisierter Befragungen, 2. Aufl., Springer Verlag 2019, S. 69.

Geschlossene Fragen geben eine beschränkte Anzahl von Antwortmöglichkeiten vor. Im einfachsten Fall ist das Ja oder Nein.[11] Mit offenen Fragen erfährt der Prüfer Neues und Unbekanntes, geschlossene Fragen dienen dazu, grundsätzlich schon Bekanntes präzise festzustellen.

Eine Sonderrolle nehmen die **hypothetischen Fragen** ein. Eingeleitet mit „Was wäre, wenn …?"; „Nehmen Sie an, dass …, dann …?" stellen Sie ein Gedankenexperiment dar. Sie laden zu kreativem Denken ein und aktivieren den Möglichkeitssinn. Der Prüfer kann sich der hypothetischen Fragen bedienen, um mit den Mitarbeitern der geprüften Stelle gemeinsam nach Lösungen für erkannte Probleme zu suchen.[12]

V. Kommunikation im Prüfungsprozess

111 Im Prüfungsprozess *(s. H. Prüfung als Prozess)* verändert sich typischerweise der Zweck und damit die Art der gestellten Fragen. Um zu einem grundlegenden **Verständnis der Verhältnisse der geprüften Einheit und ihres Umfeldes zu gelangen**, wird der Prüfer in erster Linie viele offene Fragen stellen, um möglichst viele Informationen einzusammeln und auf dieser Grundlage später eine gezielte Auswahl zu treffen. Eine starke Konzentration bereits in diesem Stadium der Prüfung, vielleicht auf der Grundlage von (vermeintlichem) Vorwissen birgt das Risiko, Veränderungen und Risikofaktoren nicht zu erkennen. In diesem frühen Stadium der Prüfung dient die Befragung aber auch der Gestaltung der Beziehung zu den Ansprechpartnern.

Der zur **Bestimmung des Fehlerrisikos** erforderliche Walk through durch den Geschäftsprozess verlangt nach stärker fokussierten Fragen: Wer? macht wie? was? und hinterlässt dabei welche? Spuren. Nur die Balance zwischen ausreichender Offenheit, um von allen Aspekten zu erfahren, und Genauigkeit ermöglicht das geforderte Verständnis des Geschäftsprozesses und der mit ihm verbundenen Kontrollaktivitäten.

Bei den Prüfungshandlungen zur **Gewinnung der (dann noch) erforderlichen Prüfungssicherheit** wird es zumeist darum gehen, Sachverhalte sehr präzise zu erfassen und belastbare Prüfungsnachweise zu generieren.

Mit der **Schlussbesprechung** mit Mitarbeitenden und Verantwortlichen der geprüften Einheit verfolgt der Prüfer zwei Ziele: Zum einen stellt er seine Feststellungen vor, um den Betroffenen die Gelegenheit zu geben,

---

11 *Schnell,* Survey Interviews. Methoden standardisierter Befragungen, 2. Aufl., Springer Verlag 2019, S. 73.

12 *Patrzek,* Systemisches Fragen, professionelle Fragekompetenz für Führungskräfte, Berater und Coaches, 3. Aufl., Springer Gabler 2021.

ihre - vielleicht abweichende - Sicht der Sach- und Rechtslage darzustellen. Dies ist noch eine Gelegenheit, die eigene Wahrnehmung und Bewertung zu überprüfen und schützt vor dem sog. β-Fehler, der irrtümlichen Annahme eines Fehlers, wo keiner ist. Ein weiteres Ziel ist es, zusammen mit den Geprüften Maßnahmen zu entwickeln und zu vereinbaren, die in der Zukunft zu einer Verbesserung führen werden. Hier ist ein Anwendungsbereich für hypothetische Fragen. Schließlich fungiert hier der Prüfer eher als Geburtshelfer, um neuartige Lösungen jenseits des „Das haben wir immer schon so gemacht" zu generieren. Er muss zwar seine eigenen Kenntnisse insbesondere als Experte für interne Kontrollsysteme einbringen, aber die Fachkenntnisse und die Kenntnisse der konkreten Situation müssen von der geprüften Einheit beigesteuert werden. Das erhöht auch die Akzeptanz und damit die Wahrscheinlichkeit der Umsetzung gegenüber von der Rechnungsprüfung oktroyierten Lösungen.

Nicht unerheblich ist für den Prüfer unter dem Gesichtspunkt der wirt- *112*
schaftlichen Prüfungsdurchführung das Ausmaß an Dokumentation von Befragungen und Auskünften, das erforderlich ist, um als Prüfungsnachweis Verwendung finden zu können. Eine schriftlich beantwortete Frage erspart die Fertigung eines eigenen Vermerks über die mündliche Auskunft. Wegen der stärkeren Beweiskraft und höheren Sorgfalt bei der Abgabe einer schriftlichen Auskunft ist sie auch ein verlässlicherer Prüfungsnachweis. Noch sparsamer ist aus Sicht des Prüfers die Verwendung von standardisierten Fragebögen, aus denen sich der Adressat die passenden Fragen aussuchen muss. Diese Art der Befragung insbesondere als Erstkontakt hat jedoch möglicherweise negative Auswirkungen auf die Beziehung zur Auskunftsperson, die bei der Entscheidung über die Art und den Zeitpunkt der Befragung zu berücksichtigen sind. Ein offenes Auftaktgespräch vor Übersendung eines Fragebogens kann eine sinnvolle Investition in die Beziehung sein und auch zu einer Konkretisierung der verwendeten Fragebögen führen. Es kann aber auch ein weiteres persönliches Gespräch notwendig machen und damit auf beiden Seiten zusätzliche Arbeitszeit binden.

Kommunikation findet auch schriftlich insbesondere im Prüfungsbericht statt. Empfehlungen zur Sprache *s. I. Dokumentation, II. Prüfungsbericht*.

F. Prüfungsgrundsätze und Prüfungsstandards

Rechnungsprüfung ist eine komplexe und fachlich herausfordernde Aufgabe für den Prüfer. Sie vermittelt ihm ein weitgehendes prüferisches Ermessen *(s. G.XIII. Prüferisches Ermessen)*. Gleichzeitig verbleibt auch bei ordnungsgemäßer Prüfung ein **Prüfungsrisiko** *(s. G.IX. Risikoorientierung)*, nämlich das Risiko, ein uneingeschränktes (oder eingeschränktes) Prüfungsurteil abzugeben, obwohl sich im Prüfungsgegenstand ein (anderer als in der Einschränkung genannter) wesentlicher Fehler befindet.[1] Da deshalb nicht jede ordnungsgemäße Prüfung fehlerfrei ist und ein fehlerhaftes Prüfungsurteil nicht notwendigerweise aus einer nicht ordnungsgemäßen Prüfung resultiert, muss der Prüfer im eigenen Interesse eine ordnungsgemäße Prüfung nachweisen können. Auch für jegliche Qualitätskontrolle ist ein objektiver Maßstab dafür, was qualitätvolle Rechnungsprüfung ist, erforderlich. Dabei gibt es kaum Vorgaben des Gesetz- und Verordnungsgebers dafür, „wie" ordnungsgemäße Rechnungsprüfung auszusehen hat und wie der Prüfer dieses Ermessen ausfüllen soll. Es sind diese Gründe, die Verbände aus Angehörigen prüfender Berufe veranlasst haben, solche Anforderungen an eine ordnungsgemäße Prüfung als „lege artis" und gute berufliche Übung in Gestalt von Prüfungsgrundsätzen und Prüfungsstandards zu formulieren. *113*

An dieser Stelle werden lediglich die fachlichen Grundsätze dargestellt. Ausführungen zu den geltenden Berufsgrundsätzen für Rechnungsprüfer wie Objektivität und Verschwiegenheit finden sich in Kapitel D *(s. D. Rechte und Pflichten der Rechnungsprüfung)*.

I. Prüfungsstandards des Instituts der Wirtschaftsprüfer

Die Rechtsnormen zur Durchführung von Abschlussprüfungen sind übersichtlich. § 323 HGB verpflichtet den Abschlussprüfer lediglich zur gewissenhaften Prüfung, § 320 Abs. 2 spricht von einer sorgfältigen Prüfung. Damit liegt die Durchführung der Abschlussprüfung im pflichtgemäßen Ermessen des Abschlussprüfers. Das Prüfungsrisiko kann ihn Schadenersatzansprüchen, aufsichtsrechtlichen Maßnahmen und sogar strafrechtlicher Verfolgung aussetzen. *114*

1 IDW, PS 261 Tz. 5.

Die Unsicherheit versucht daher das Institut der Wirtschaftsprüfer e.V. (IDW) zu vermindern. Es ist eine der ältesten berufsständischen Organisationen, gegründet 1932 mit Sitz in Düsseldorf. Inzwischen sind ca. 83 % der insgesamt ca. 13.000 deutschen Wirtschaftsprüfer und Wirtschaftsprüfungsgesellschaften freiwillig Mitglieder des IDW.[2] Für die berufliche Aufgabe nach § 2 Abs. 1 WPO, nämlich betriebswirtschaftliche Prüfungen durchzuführen, insbesondere solche von Jahresabschlüssen wirtschaftlicher Unternehmen, und Bestätigungsvermerke über die Vornahme und das Ergebnis solcher Prüfungen zu erteilen, formuliert das IDW **Grundsätze ordnungsmäßiger Abschlussprüfung**. Sie bestehen aus allen Prüfungsstandards, die für Abschlussprüfungen (Jahres-, Konzern- und Zwischenabschlüsse) anzuwenden sind. Bei diesen Standards handelt es sich zum einen um übersetzte und mit sog. D-Textziffern ergänzte ISA [DE] also **International Standards on Auditing** *(s. Rn. 116)*, um in IDW Prüfungsstandards **IDW Prüfungsstandards** transformierte ISA und weitere eigenständige IDW Prüfungsstandards, für deutsche Besonderheiten wie z.B. einen Lagebericht. Sie stellen die Berufsauffassung der Wirtschaftsprüfer zu den bei der Durchführung von Abschlussprüfungen zu beachtenden Grundsätzen dar und verdeutlichen zugleich gegenüber der Öffentlichkeit den Inhalt und die Grenzen derartiger Prüfungen.[3] Für die Mitglieder sind die Standards gem. § 4 Abs. 9 S. 2 der Satzung des IDW bindend.

Kriterien für eine gewissenhafte Prüfung ergeben sich auch aus dieser Berufsauffassung.[4] Es bleibt zwar bei der grundsätzlichen Eigenverantwortlichkeit des Prüfers, aber bei Missachtung der IDW Prüfungsstandards ohne gewichtige Gründe muss der Prüfer damit rechnen, dass diese Abweichung von der Berufsauffassung in Regressfällen, in einem Verfahren der Berufsaufsicht oder in einem Strafverfahren zum Nachteil des Abschlussprüfers ausgelegt werden kann.[5] Und tatsächlich werden die Standards von den Gerichten ausdrücklich als Auslegungshilfe für den unbestimmten Rechtsbegriff einer gewissenhaften Prüfung herangezogen[6] oder einfach faktisch angewandt.[7] Die vielfältige Rechtsprechung zur ordnungsgemäßen Abschlussprüfung reflektiert die wirtschaftliche Bedeutung des Vertrauens des Rechtsverkehrs in geprüfte Finanzinformationen. Die rechtlichen Risiken des Abschlussprüfers wiederum haben zu einer relativ engmaschigen Regelung der Abschlussprüfung durch Standards geführt.

---

2 IDW, eigene Angaben unter www.idw.de/idw/ueber-uns/Kurzportrait.

3 ISA [DE], 200 Tz. 3.

4 ISA [DE], 200 Tz. 2.

5 IDW, PS 201 n.F., Tz. 34.

6 OLG Saarbrücken, Urteil v. 18.07.2013 – 4 U 278/11-88.

7 BGH, Urteil v. 10.12.2009 – VII ZR 42/08.

Diese Standards sind selbstverständlich für den Rechnungsprüfer nicht bindend. Sie können aber in Ermangelung von Standards für die Rechnungsprüfung in einer vergleichbaren Situation, also bei der Prüfung des Jahresabschlusses der Kommune oder wenn der Standard allgemeine Fragen zur Prüfungsmethodik beantwortet, herangezogen werden, um gute berufliche Übung auch für den Rechnungsprüfer zu definieren.

Aus dieser Sicht könnten auch für die Rechnungsprüfung relevante Standards sein: *115*

- ISA [DE] 200 Übergeordnete Ziele des Abschlussprüfers und Grundsätze einer Abschlussprüfung
- IDW PS 201 Rechnungslegungs- und Prüfungsgrundsätze
- ISA [DE] 210 Vereinbarung der Auftragsbedingungen
- ISA [DE] 230 Prüfungsdokumentation
- ISA [DE] 240 Verantwortlichkeiten des Abschlussprüfers bei dolosen Handlungen
- ISA [DE] 250 Berücksichtigung von Gesetzen und anderen Rechtsvorschriften
- IDW PS 201 n. F. Rechnungslegungs- und Prüfungsgrundsätze
- ISA [DE] 300 Planung einer Abschlussprüfung
- ISA [DE] 315 Identifizierung und Beurteilung der Risiken wesentlicher falscher Darstellungen
- ISA [DE] 320 Wesentlichkeit bei der Planung und Durchführung einer Abschlussprüfung
- ISA [DE] 330 Reaktionen des Abschlussprüfers auf beurteilte Risiken
- ISA [DE] 402 Abschlussprüfung von Einheiten, die Dienstleister in Anspruch nehmen
- SA [DE] 450 Beurteilung der während der Abschlussprüfung identifizierten falschen Darstellungen
- ISA [DE] 500 Prüfungsnachweise
- ISA [DE] 501 Prüfungsnachweise – Besondere Überlegungen zu ausgewählten Sachverhalten
- ISA [DE] 505 Externe Bestätigungen
- ISA [DE] 510 Eröffnungsbilanzwerte bei Erstprüfungsaufträgen
- ISA [DE] 520 Analytische Prüfungshandlungen

- ISA [DE] 530 Stichprobenprüfungen
- ISA [DE] 540 Prüfung geschätzter Werte in der Rechnungslegung und damit zusammenhängender Abschlussangaben
- ISA [DE] 550 Nahe stehende Personen
- ISA [DE] 560 Nachträgliche Ereignisse
- IDW PS 270 n. F. Die Beurteilung der Fortführung der Unternehmenstätigkeit im Rahmen (10.2021) der Abschlussprüfung
- ISA [DE] 580 Schriftliche Erklärungen
- ISA [DE] 600 Besondere Überlegungen zu Konzernabschlussprüfungen (einschließlich der Tätigkeit von Teilbereichsprüfern)
- ISA [DE] 610 Nutzung der Tätigkeit interner Revisoren
- ISA [DE] 620 Nutzung der Tätigkeit eines Sachverständigen des Abschlussprüfers
- ISA [DE] 710 Vergleichsinformationen – Vergleichsangaben und Vergleichsabschlüsse
- ISA [DE] 720 Verantwortlichkeiten des Abschlussprüfers im Zusammenhang mit sonstigen Informationen
- IDW PS 400 n. F. (10.2021) Bildung eines Prüfungsurteils und Erteilung eines Bestätigungsvermerks
- IDW PS 401 n. F. (10.2021) Mitteilung besonders wichtiger Prüfungssachverhalte im Bestätigungsvermerk
- IDW PS 405 n. F. (10.2021) Modifizierungen des Prüfungsurteils im Bestätigungsvermerk
- IDW PS 406 n. F. (10.2021) Hinweise im Bestätigungsvermerk
- IDW PS 450 n. F. (10.2021) Grundsätze ordnungsmäßiger Erstellung von Prüfungsberichten
- IDW PS 470 n. F. (10.2021) Grundsätze für die Kommunikation mit den für die Überwachung Verantwortlichen
- IDW PS 475 Mitteilung von Mängeln im IKS an die für die Überwachung Verantwortlichen und das Management
- IDW PS 340 n. F. (10.2022) Die Prüfung des Risikofrüherkennungssystems
- IDW PS 345 n. F. (05.2021) Auswirkungen des Deutschen Corporate Governance Kodex auf die Abschlussprüfung

- IDW PS 350 n. F. (10.2021) Prüfung des Lageberichts im Rahmen der Abschlussprüfung
- IDW PS 650: Zum erweiterten Umfang der Jahresabschlussprüfung von Krankenhäusern nach Landeskrankenhausrecht
- IDW PS 700: Prüfung von Beihilfen nach Artikel 107 AEUV insbesondere zugunsten öffentlicher Unternehmen
- IDW PS 710: Prüfung des Rechenschaftsberichts einer politischen Partei
- IDW PS 720: Berichterstattung über die Erweiterung der Abschlussprüfung nach § 53 HGrG
- IDW PS 730: Prüfung des Jahresabschlusses und Lageberichts einer Gebietskörperschaft
- IDW PS 731 Prüfung der Ordnungsmäßigkeit der Haushaltswirtschaft als Erweiterung der Abschlussprüfung bei Gebietskörperschaften
- IDW PS 740: Prüfung von Stiftungen
- IDW PS 850: Projektbegleitende Prüfung bei Einsatz von Informationstechnologie
- IDW PS 880: Die Prüfung von Softwareprodukten
- IDW PS 900: Grundsätze für die prüferische Durchsicht von Abschlüssen
- IDW PS 951 n. F.: Die Prüfung des internen Kontrollsystems bei Dienstleistungsunternehmen
- IDW PS 980: Grundsätze ordnungsmäßiger Prüfung von Compliance Management Systemen
- IDW PS 981: Grundsätze ordnungsmäßiger Prüfung von Risikomanagementsystemen
- IDW PS 982: Grundsätze ordnungsmäßiger Prüfung des internen Kontrollsystems des internen und externen Berichtswesens
- IDW PS 983: Grundsätze ordnungsmäßiger Prüfung von internen Revisionssystemen
- IDW QS 1 Anforderungen an die Qualitätssicherung in der Wirtschaftsprüferpraxis

II. Prüfungsstandards und Hinweise der International Federation of Accountants

116 1977 wurde die International Federation of Accountants (IFAC) gegründet. Sie vereinigt mehr als 3 Mio. Wirtschaftsprüfer aus 135 Ländern, die dort nicht selbst Mitglied sind, sondern durch 180 Mitgliedsorganisationen repräsentiert werden.[8] Der Verwaltungssitz ist in New York, der satzungsmäßige Sitz befindet sich in Genf. Deutsche Mitglieder sind das IDW und die Wirtschaftsprüferkammer. Das International Auditing and Assurance Standards Board (IAASB) als Teil der IFAC veröffentlicht unter anderem die **International Standards on Auditing (ISA)** und International Auditing Practise Statements (IASP).

Art. 26 Abs. 1 der Abschlussprüferrichtlinie vom 17.05.2006 sieht vor, die ISA zu EU-weit rechtsverbindlichen Standards für die Abschlussprüfung zu machen. Die gesetzlichen Voraussetzungen wurden in Deutschland durch § 317 Abs. 5 HGB geschaffen. Allerdings setzt die Anwendung der ISA, die wegen ihrer privatrechtlichen Herkunft keine Rechtsnormqualität haben, ihre Annahme durch die EU-Kommission im Komitologie-Verfahren voraus. Dies ist bisher noch nicht geschehen.

Im Vorgriff auf diese Wirkung und im Zuge einer Anpassung an internationale Entwicklungen hat das IDW seine Prüfungsstandards so fortgeschrieben, dass sie den ISA entsprechen und gleichzeitig den deutschen Besonderheiten wie z.B. dem Lagebericht als Prüfungsgegenstand oder der Pflicht zu einem Prüfungsbericht Rechnung tragen.

An der Erarbeitung der ISA wirken auch Vertreter der internationalen Organisation der Obersten Rechnungskontrollbehörden *(s. F.III. Internationale Standards für Oberste Rechnungskontrollbehörden)* mit. Sie beanspruchen daher auch Geltung bei Prüfungsaufträgen im öffentlichen Bereich, bei denen der Rechnungsprüfer die Funktion des Abschlussprüfers übernimmt *(Rn. 118.)*. Zumeist enthalten die ISA daher auch „spezifische Erwägungen für den öffentlichen Sektor“. Diese Überlegungen wurden bei der Übernahme bzw. Transformation von ISA in IDW PS nicht vollständig übernommen.

III. Internationale Standards für Oberste Rechnungskontrollbehörden

117 Die International Organisation of Supreme Audit Institutions (INTOSAI), die internationale Organisation der Obersten Rechnungskontrollbehörden ist eine Dachorganisation der Obersten Rechnungskontrollbehörden

8 IFAC, eigene Angaben unter www.ifac.org/about-ifac/membership.

(ORKB). Sie hat ihren Sitz in Wien und ist mit dem Wirtschafts- und Sozialrat der Vereinten Nationen verbunden.[9] 1953 gegründet hat sie heute 203 Mitglieder, in Deutschland den Bundesrechnungshof.[10] Das INTOSAI Professional Standards Committee (INTOSAI PSC) entwickelt die **International Standards of Supreme Audit Institutions (ISSAI)** und Leitfäden (Guidances, GUID) zur Unterstützung bei der Anwendung der ISSAI. Diese Standards sind von den Mitgliedern nicht verbindlich anzuwenden, aber entsprechen einem Konsens der Obersten Rechnungskontrollbehörden über bewährte Vorgehensweisen.[11] Sie haben deshalb Empfehlungscharakter für die Mitglieder.

Die INTOSAI hat zahlreiche Standards für spezifische Aufgabenstellungen der Rechnungsprüfung formuliert, die mit Gewinn auch von der kommunalen Rechnungsprüfung herangezogen werden können:

- ISSAI 100 Allgemeine Grundsätze der staatlichen Finanzkontrolle
- ISSAI 130 Pflichten und Verhaltenskodex
- ISSAI 140 Qualitätskontrolle innerhalb der ORKB
- ISSAI 200 Grundsätze der Prüfung der Rechnungsführung
- ISSAI 300 Grundsätze der Wirtschaftlichkeitsprüfung
- ISSAI 400 Grundsätze Recht- und Ordnungsmäßigkeitsprüfung
- ISSAI 2000 Application of the financial audit standards
- ISSAI 400 Grundsätze Recht- und Ordnungsmäßigkeitsprüfung
- ISSAI 3000 Grundsätze für die Durchführung von Wirtschaftlichkeitsprüfungen
- ISSAI 4000 Standard für die Ordnungsmäßigkeitsprüfung
- GUID 1900 Peer-Review-Leitfaden
- GUID 2900 Guidance to the financial auditing standards
- GUID 3910 Grundbegriffe der Wirtschaftlichkeitsprüfung
- GUID 3920 Ablauf von Wirtschaftlichkeitsprüfungen

---

9 INTOSAI, eigene Angaben unter www.intosai.org/de/ueber-uns.html.

10 Bundesrechnungshof unter www.bundesrechnungshof.de/de/veroeffentlichungen/bemerkungen-jahresberichte/jahresberichte/2015/taetigkeit-und-haushalt-des-bundesrechnungshofes.

11 www.intosai.org/de/ueber-uns.html.

- GUID 4900 Leitfaden zu Rechtsgrundlagen und Maßstäben für die Prüfung der Rechtmäßigkeit und Rechtschaffenheit im Rahmen der Ordnungsmäßigkeitsprüfung
- GUID 5100 Leitfaden zur Prüfung von Informationssystemen
- GUID 5250 Leitfaden zur Prüfung der Staatsschuld
- GUID 5260 Good Governance in Bezug auf öffentliches Vermögen
- GUID 5270 Prüfungsrichtlinien für Korruptionsprävention
- GUID 5320 Leitlinien für die Wirtschaftlichkeitsprüfung der Privatisierung
- GUID 5330 Leitfaden für die Prüfung des Katastrophenmanagements
- GUID 9020 Evaluation/ Erfolgskontrolle staatlicher Maßnahmen
- GUID 9030 Gute Praktiken in Bezug auf ORKB-Unabhängigkeit
- GUID 9040 Gute Praktiken in Bezug auf die Transparenz der ORKB

118 Daneben empfiehlt ISSAI 2000 aber die unmittelbare Anwendung der ISA; wenn Oberste Rechnungskontrollbehörden **Prüfungen der Rechnungsführung** durchführen. Die Prüfung der Rechnungsführung ist in diesem Zusammenhang definiert als Prüfung, „ob der Haushalt einer Einrichtung die jeweils geltenden Rechnungslegungsvorschriften erfüllt. Zu diesem Zweck sind angemessene und ausreichende Prüfungsnachweise für ein prüferisches Urteil darüber zusammenzutragen, ob das Zahlenwerk frei von wesentlichen – beabsichtigten oder unbeabsichtigten – falschen Darstellungen ist.“[12]

Die ISA werden in die ISAAI inkorporiert. Dabei entspricht ISSAI 2xxx ISA xxx. Vertreter der INTOSAI wirken deshalb im IAASB, dem Gremium, das die ISA formuliert, mit. Die ISA beanspruchen Geltung auch für den öffentlichen Sektor und enthalten in vielen Fällen spezifische Erwägungen für diesen Bereich.[13] Darüber hinaus wurden von INTOSAI in Guidance 2900 Erläuterungen und Anwendungsbeispiele zu den einzelnen ISA zusammengefasst, die deren Anwendung im öffentlichen Sektor erleichtern sollen.

119 Gerade die Besonderheiten für Prüfungen im öffentlichen Bereich zusammen mit dem vergleichsweise engmaschigen Netz der ISA – wobei für die deutsche Fassung auf die entsprechenden ISA [DE] des IDW zurückgegriffen werden kann – machen die ISSAI zu einer besonders wertvollen Quelle

12 ISSAI, 100 Tz. 22.
13 Z. B. ISA, 240, A.7.

für fachliche Grundsätze auch für die kommunale Rechnungsprüfung, wenn sie ihre wichtigste Pflichtprüfung durchführt, die Prüfung des kommunalen Jahresabschlusses.

IV. Prüfungsleitlinien und Prüfhilfen des Instituts der Rechnungsprüfer

Wegen der bisher noch eher geringen Regelungsbreite und Regelungstiefe *120*
werden die bisher genannten Quellen auch nicht verdrängt von den Prüfungsleitlinien und Prüfhilfen des Instituts der Rechnungsprüfer e.V. (IDR). Das 2006 gegründete Institut mit Sitz in Köln hat ca. 450 Mitglieder, davon drei Viertel öffentlich-rechtliche Körperschaften u.a. ca. 100 Landkreise und ca. 30 Großstädte sind rund 3.500 Rechnungsprüfer im IDR organisiert.[14] Das IDR hat Prüfungsleitlinien und Prüfhilfen erlassen, die kommunale Rechnungsprüfer bei der Arbeit unterstützen sollen. Sie sind nicht verbindlich, können aber für den Prüfer die von den Gemeindeordnungen und kommunalen Prüfungsverordnungen geforderte gründliche, gewissenhafte und sachgerechte Prüfung[15] konkretisieren.

Bisher verabschiedet wurden die folgenden Prüfungsleitlinien und Prüfhilfen:

- IDR L 110 Die Integrierte Durchführung der Rechnungsprüfung
- IDR L 111 Die IKS-Prüfung in der Rechnungsprüfung
- IDR L 112 Der Planungsprozess der Rechnungsprüfung
- IDR L 113 Digitale Prüfungsunterstützung und Dokumentation der Rechnungsprüfung
- IDR L 114 Die Prozessprüfung in der Rechnungsprüfung
- IDR L 120 Methoden und Kommunikation in der Rechnungsprüfung
- IDR L 135 projektbegleitende IT-Prüfung
- IDR L 200 Durchführung von kommunalen Jahresabschlussprüfungen
- IDR L 260 Berichterstattung bei kommunalen Abschlussprüfungen
- IDR L 300 Durchführung von kommunalen Gesamtabschlussprüfungen
- IDR L 720 Prüfung der Ordnungsmäßigkeit der Haushaltswirtschaft
- IDR H 2300 Vollständigkeitserklärung
- IDR H 2400 Strukturierung der Arbeitspapiere

14 IDR, eigene Angaben unter www.idrd.de/mitglied-werden/.
15 Z.B. § 1 Abs. 1 KommPrV Bayern.

- IDR H 2600 Leitfaden zur Erstellung Prüfungscheckliste
- IDR H 2800 Einstieg in die Massendatenanalyse
- IDR H 2810 Big Data in der Rechnungsprüfung

V. Revisionsstandards des Deutschen Instituts für Interne Revision und Internationale Grundlagen für die berufliche Praxis der Internen Revision

121 Die Rechnungsprüfung nimmt neben ihrer Funktion als Abschlussprüfer der Kommune auch Aufgaben der Internen Revision wahr. In der Definition des Instituts für Interne Revision ist die Interne Revision „eine unabhängige und objektive Prüfungs- und Beratungsfunktion, die darauf ausgerichtet ist, Mehrwerte zu schaffen und die Geschäftsprozesse einer Organisation zu verbessern. Sie unterstützt die Organisation bei der Erreichung ihrer Ziele, indem sie mit einem systematischen und zielgerichteten Ansatz die Effektivität des Risikomanagements, der Kontrollen und der Führungs- und Überwachungsprozesse bewertet und diese verbessern hilft.“[16] Die Kriterien für die Prüfungen der Internen Revision sind neben Risiken, Sicherheit und Zukunftssicherung auch Ordnungsmäßigkeit, Wirtschaftlichkeit und Zweckmäßigkeit.[17] Hierin überschneiden sich die Aufgaben der Internen Revision mit denen der Rechnungsprüfung.

Deshalb lohnt sich für die kommunale Rechnungsprüfung auch ein Blick in die fachlichen Standards der Internen Revision.

Die Vertretung des Berufsstandes der Internen Revisoren in Deutschland ist das Deutsche Institut für Interne Revision e.V. mit Sitz in Frankfurt a.M. Gegründet 1958 hat es heute ca. 2.000 persönliche Mitglieder und ca. 880 Unternehmen und Organisationen.[18] Das DIIR hat bisher fünf eigene Revisionsstandards herausgegeben, sie sind nicht bindend, sondern haben Empfehlungscharakter:

- DIIR Revisionsstandard Nr. 1 Zusammenarbeit von Interner Revision und Abschlussprüfer
- DIIR Revisionsstandard Nr. 2 Prüfung des Risikomanagementsystems durch die Interne Revision mit Hinweisen zur Prüfung des Risikomanagementsystems

16 Internationale Grundlagen für die berufliche Praxis (IPPF) Vorwort, Hrsg. Institut für Interne Revision, Frankfurt www.diir.de/fileadmin/fachwissen/standards/downloads/IPPF_2016_Standards__Version_4__20161001.pdf.

17 Revisionsstandard Nr. 1, Tz. 1.

18 DIIR, eigene Angaben aus dem Jahresbericht 2020 unter www.diir.de/geschaefts-berichte/.

- DIIR Revisionsstandard Nr. 3 (Entwurf) Prüfung von Internen Revisionssystemen (Quality Assessments)
- DIIR Revisionsstandard Nr. 4 Prüfung von Projekten
- DIIR Revisionsstandard Nr. 5 Prüfung des Anti-Fraud-Management-Systems mit Hinweisen

Darüber hinaus macht sich das DIIR aber auch das **International Professional Practices Framework**, d. h. die Internationalen Grundlagen für die berufliche Praxis (IPPF) zu eigen und stellt eine deutsche Version zur Verfügung. Das IPPF wird vom Institute of Internal Auditors (IAA) mit Sitz in New York herausgegeben. Es wurde 1941 gegründet und hat heute weltweit mehr als 218.000 Mitglieder.[19] Das IPPF ist das konzeptionelle Rahmenwerk für die Arbeit der Internen Revision und wie folgt gegliedert: *122*

- 1000 Aufgabenstellung, Befugnisse und Verantwortung
- 1010 Berücksichtigung verbindlicher Leitlinien in der Geschäftsordnung der Internen Revision
- 1100 Unabhängigkeit und Objektivität
- 1110 Organisatorische Unabhängigkeit
- 1111 Direkte Zusammenarbeit mit Geschäftsleitung und Überwachungsorgan
- 1112 Rollen des Leiters der Internen Revision über die Interne Revision hinaus
- 1130 Beeinträchtigung von Unabhängigkeit oder Objektivität
- 1200 Fachkompetenz und berufliche Sorgfaltspflicht
- 1210 Fachkompetenz
- 1220 Berufliche Sorgfaltspflicht
- 1230 Regelmäßige fachliche Weiterbildung
- 1300 Programm zur Qualitätssicherung und -verbesserung
- 1310 Anforderungen an das Qualitätssicherungs- und -verbesserungsprogramm
- 1311 Interne Beurteilungen
- 1312 Externe Beurteilungen
- 1320 Berichterstattung zum Qualitätssicherungs- und -verbesserungsprogramm

19 IIA, eigene Angaben unter https://na.theiia.org/about-us/Pages/About-The-Institute-of-Internal-Auditors.aspx.

- 1321 Gebrauch der Formulierung „Übereinstimmend mit den Internationalen Standards für die berufliche Praxis der Internen Revision“
- 1322 Offenlegen von Abweichungen
- 2000 Leitung der Internen Revision
- 2010 Planung
- 2020 Berichterstattung und Genehmigung
- 2030 Ressourcen-Management
- 2040 Richtlinien und Verfahren
- 2050 Koordination und Vertrauen
- 2060 Berichterstattung an leitende Führungskräfte, Geschäftsleitung bzw. Überwachungsorgan
- 2070 Dienstleister und Verantwortung für die ausgelagerte Interne Revision
- 2100 Art der Arbeiten
- 2110 Führung und Überwachung
- 2120 Risikomanagement
- 2130 Kontrollen
- 2200 Planung einzelner Aufträge
- 2201 Planungsüberlegungen
- 2210 Auftragsziele
- 2220 Umfang des Auftrags
- 2230 Ressourcenzuteilung für den Auftrag
- 2240 Arbeitsprogramm
- 2300 Durchführung des Auftrags
- 2310 Identifikation von Informationen
- 2320 Analyse und Bewertung
- 2330 Aufzeichnung von Informationen
- 2340 Beaufsichtigung der Auftragsdurchführung
- 2400 Berichterstattung
- 2410 Berichterstattungskriterien
- 2420 Qualität der Berichterstattung
- 2421 Fehler und Auslassungen

- 2430 Gebrauch der Formulierung „In Übereinstimmung mit den Internationalen Standards für die berufliche Praxis der Internen Revision durchgeführt“
- 2431 Offenlegung der Nichteinhaltung der Standards im Rahmen des Auftrags
- 2440 Verbreitung der Ergebnisse
- 2450 Zusammenfassende Beurteilungen
- 2500 Überwachung des weiteren Vorgehens
- 2600 Kommunikation der Risikoakzeptanz

Beim IIA wurde eine Arbeitsgruppe für den öffentlichen Sektor eingerichtet, mit dem Ziel Revisoren und Nutznießer der Revision in diesem Bereich zu unterstützen. Im Februar 2016 haben IIA und INTOSAI einen Abgleich ihrer Regelwerke herausgegeben.[20]

Trotz der Vielfalt an Quellen, aus der auch die kommunale Rechnungsprüfung Vorgaben für eine gute berufliche Übung schöpfen kann, bleibt noch ein sehr großer Anwendungsbereich für das pflichtgemäße Ermessen des einzelnen Prüfers, der damit allein gelassen wird. Das liegt nicht zuletzt an der notwendig sehr abstrakten und generellen Formulierung der Standards, die auf Unternehmen Anwendung finden müssen, die bezüglich Größe, Geschäftsmodell und Umwelt sehr unterschiedlich sind. Städte, Gemeinden und Landkreise in Deutschland sind im Vergleich dazu homogener und sollten daher präzisere Standards möglich machen. Beispielhaft ist hier der Europäische Rechnungshof, der sich zur Anwendung der INTOSAI bekennt, aber weitere Festlegungen für seine Arbeit auf seiner Online-Plattform AWARE trifft. Hier finden sich Erläuterungen zu Methodik und Orientierungshilfen gebündelt sowohl für die Prüfungen der Rechnungsführung, Compliance-Prüfungen und Wirtschaftlichkeitsprüfungen als auch für andere Analysen und Stellungnahmen.[21] Die INTOSAI-Standards z. B. bezüglich der notwendigen Prüfungssicherheit und dem Stichprobenumfang werden für die Bedürfnisse der Prüfer präzisiert. *123*

Wegen der fehlenden Verbindlichkeit der vorgestellten Standards für die kommunale Rechnungsprüfung wäre eine Aufnahme der Verpflichtung zur Einhaltung ausgewählter Standards in der Revisionsordnung oder in Dienstanweisungen des Rechnungsprüfungsamtes sinnvoll.

---

20 Hrg. IIA, The IIA and INTOSAI: A Comparison of Authoritative Guidance verfügbar unter https://na.theiia.org/standards-guidance/leading-practices/Pages/The-IIA-and-INTOSAI-A-Comparison-of-Authoritative-Guidance.aspx.

21 Unter https://methodology.eca.europa.eu/aware/Pages/Home.aspx.

Allerdings ist auch dann ein großes Maß an verbleibender Eigenverantwortlichkeit unvermeidbar und macht auch einen Vorzug des Prüferberufs aus.

G. Prüfungsmethodik

Zur Veranschaulichung der in diesem Kapitel dargestellten Zusammenhänge mag zunächst einmal die Abbildung 1 dienen: 124

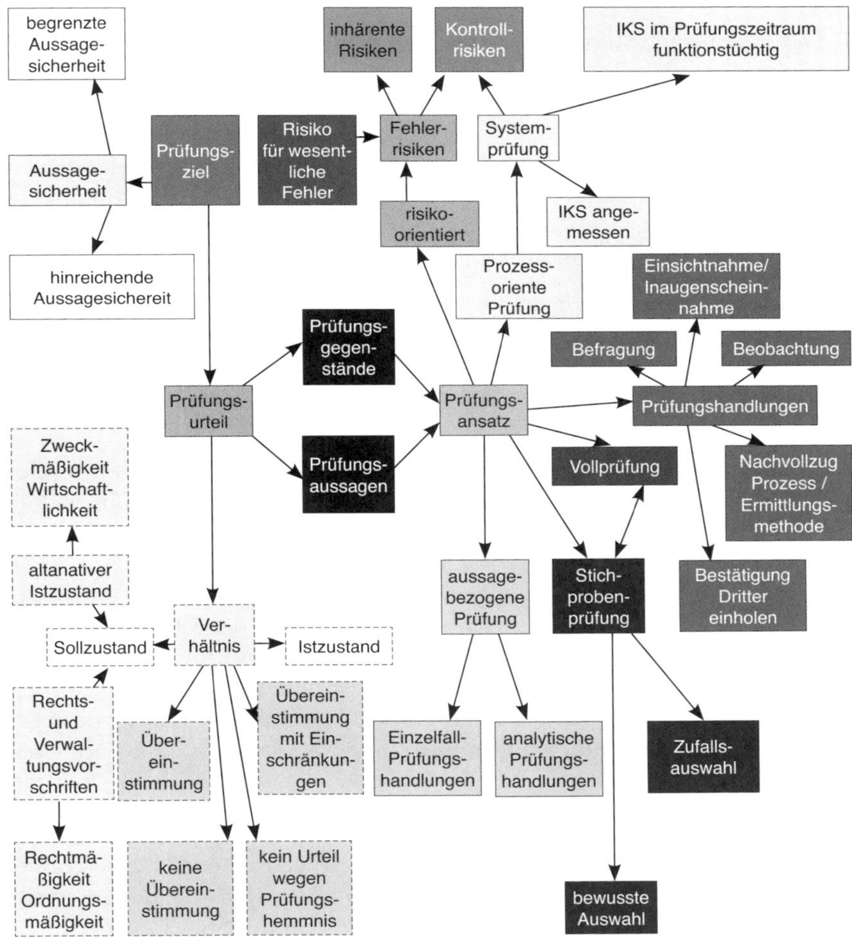

Abbildung 1: Die Prüfung im Überblick
Quelle: eigene Darstellung

I. Prüfungsurteil

Wer prüft, vergleicht den Ist-Zustand eines Prüfungsgegenstandes *(s. IV. Prüfungsgegenstand und Prüfungsaussagen)* mit seinem Soll-Zustand und gibt ein **Prüfungsurteil** ab, also ein Urteil über das Verhältnis von Ist- und Sollzustand. Dabei sind vier Varianten denkbar:

1. Der Ist-Zustand stimmt mit dem Soll-Zustand überein.
2. Der Ist-Zustand stimmt mit Ausnahme der im Folgenden genannten Abweichungen (…) mit dem Soll-Zustand überein.
3. Der Ist-Zustand stimmt nicht mit dem Soll-Zustand überein.
4. Dem Prüfer war es nicht möglich, sich ein Urteil über das Verhältnis von Ist- und Soll-Zustand zu bilden.

Während der Ist-Zustand des Prüfungsgegenstandes grundsätzlich objektiv wahrnehmbar ist, existiert der Soll-Zustand lediglich als Vorstellung. Prüfungen lassen sich vier Kategorien zuordnen, abhängig davon, wie diese Vorstellung zustande kommt. Unterschieden werden:

- Rechtmäßigkeitsprüfungen
- Ordnungsmäßigkeitsprüfungen
- Zweckmäßigkeitsprüfungen und
- Wirtschaftlichkeitsprüfungen

Beispielhafte Fragestellungen für **Rechtmäßigkeits- und Ordnungsmäßigkeitsprüfungen** sind die „Rechtmäßigkeit der Gewährung von Wohngeld im Haushaltsjahr XXXX“ oder die „Ordnungsmäßigkeit der Aufstellung des Jahresabschlusses zum 31.12.XXXX“. Hier wird der Soll-Zustand durch Gesetze, Verordnungen, Satzungen, Verwaltungsvorschriften, vereinbarte Vertrags- bzw. Förderbedingungen[1] und Beschlüsse der Organe gebildet. Zwischen der Rechts- und der Ordnungsmäßigkeitsprüfung verläuft keine scharfe Trennlinie. Bei Ordnungsmäßigkeitsprüfungen sind die Rechtsgrundlagen tendenziell weniger bestimmt, bedürfen daher aus Sicht des Prüfers intensiverer Auslegung und vermitteln ihm im Gegenzug einen größeren Beurteilungsspielraum.

125 Bei **Zweckmäßigkeits- und Wirtschaftlichkeitsprüfungen** wie zum Beispiel: „Ist die Organisation im Bürgerbüro effizient?“ oder „Ist die Entscheidung, für die Kläranlage ein Contracting-Modell zu wählen, vorteilhaft gegenüber einer direkten Finanzierung?“ wird der Soll-Zustand durch einen alternativen Zustand gebildet, der bezüglich mindestens eines vorher definierten Merkmals vorteilhafter ist als der Ist-Zustand des Prüfungsge-

1 ISSAI 400, Tz. 29.

genstandes. Die Wirtschaftlichkeitsprüfung kann als Spezialfall der Zweckmäßigkeitsprüfung angesehen werden. Die Alternative würde denselben Ist-Zustand mit weniger Ressourcen oder einen besseren Ist-Zustand mit denselben Ressourcen erreichen. Während bei Recht- und Ordnungsmäßigkeitsprüfungen der Soll-Zustand vorgegeben ist, erfordert die Zweckmäßigkeits- und Wirtschaftlichkeitsprüfung zusätzlich Kreativität bei der Definition des Sollzustandes und stellt damit deutlich höhere Anforderungen an den Prüfer.

Jede Prüfung läuft in einem Dreischritt ab. Zuerst wird das **Soll-Programm** des Prüfungsgegenstandes als Summe aller Anforderungen des Soll-Zustands definiert. Dann wird der Ist-Zustand des Prüfungsgegenstandes erhoben und schließlich wird das Urteil über das Verhältnis von Ist-Zustand und Soll-Zustand gebildet. Die ersten beiden Schritte erfolgen jedoch nicht nacheinander, sondern überschneiden sich. Merkmale des Ist-Zustandes werden nur erhoben, wenn es für sie einen Soll-Zustand gibt, Ausprägungen des Soll-Zustandes werden nur insoweit definiert, wie es der Ist-Zustand verlangt.

II. Prüfungsauftrag

Der berufsmäßige Prüfer prüft nicht aus eigenem Interesse, sondern erfüllt *126*
einen **Prüfungsauftrag**.

Die Rechnungsprüfung als Organisation erhält ihre Aufträge vor allem aus dem Gesetz, wie die Prüfung der Einhaltung des Haushaltsplanes oder die Prüfung der Wirtschaftlichkeit des gesamten Verwaltungshandelns. Hier hat der Gesetzgeber die wohlverstandenen, wenn auch nicht immer artikulierten Informationsbedürfnisse der „Stakeholder" wie Bürger, Einwohner, Steuerzahler, Volksvertretung oder Rechtsaufsichtsbehörde zum Ausdruck gebracht.

Daneben dürfen die Volksvertretung, die Verwaltungsspitze und eventuell weitere Personen der Rechnungsprüfung zusätzliche Prüfungsaufträge, dauerhaft und im Einzelfall, erteilen *(s. C.I.6. ad-hoc Prüfungsaufträge)*.

Unmittelbarer Auftraggeber einer Rechnungsprüferin ist die Leitung des Rechnungsprüfungsamtes. Die einzelne Rechnungsprüferin wird zumeist vorab jährlich auf Grundlage der Jahresarbeitsplanung mit einer Anzahl von Prüfungen beauftragt. Auch die Zuordnung von ad-hoc Prüfungsaufträgen zur Prüferin ist wegen der Weisungsfreiheit der Leitung des Prüfungsamtes vorbehalten.

Prüfungsauftrag und Prüfungsurteil verhalten sich komplementär. Der Prüfungsauftrag bestimmt das Prüfungsurteil. Die Regelungstechnik des Gesetzgebers variiert. Mal gibt er das Prüfungsurteil vor, z. B. wenn er in

§ 102 Abs. 8 GemO NRW die entsprechende Anwendung des § 322 HGB und damit einen Bestätigungsvermerk fordert. Ähnlich wirkt es, wenn er in § 128 Abs. 1 Nr. 1 HGO quasi fordert, dass das Rechnungsprüfungsamt eine Aussage dazu trifft, ob der Haushaltsplan eingehalten wurde. In vielen Fällen spricht der Gesetzgeber aber nur von einer Prüfungsaufgabe, z. B. der Aufgabe der Prüfung der Betätigung oder der Vergaben wie in § 106 Abs. 2 GemO Sachsen. Dann obliegt es der Rechnungsprüfung, daraus das Prüfungsurteil abzuleiten.

Bei ad-hoc Prüfungsaufträgen liegt es in der Verantwortung der Leitung, im Verhältnis Rechnungsprüferin zur Leitung des Rechnungsprüfungsamtes liegt es im Interesse der Prüferin, auf einen ausreichend konkretisierten Prüfungsauftrag hinzuwirken, den sie mit einem präzisen Prüfungsurteil erfüllen kann.

Der Auftraggeber hat bei der Auftragserteilung an die Organisation oder den einzelnen Rechnungsprüfer zwei Interessen:

Zum einen erwartet er ein abschließendes Prüfungsurteil über den Prüfungsgegenstand und nicht viele Einzelinformationen. Das ist Ausdruck der Aufgabenteilung zwischen Auftraggeber und Prüfer. Das Prüfungsurteil liegt im Verantwortungsbereich des Prüfers. Selbstverständlich muss der Prüfer das Prüfungsurteil nachvollziehbar aus Einzelinformationen ableiten. Und im Prüfungsbericht sollten die Grundlagen der Urteilsbildung für den Auftraggeber und Interessierte nachvollziehbar dargestellt werden. Die Urteilsbildung aber obliegt dem Prüfer. Zustandsbeschreibungen und Ansammlungen von einzelnen Feststellungen erfüllen diese Erwartung nicht.

Eine Ausnahme bildet die vergleichende Prüfung, die teilweise von der überörtlichen Prüfung durchgeführt wird. Hier werden die geprüften Kommunen bezüglich eines Merkmals in eine Rangfolge eingeordnet, wodurch sich für die schlechteren Rangplätze auch implizit das Prüfungsurteil eines Verbesserungsbedarfs ergibt.

Zum anderen will sich der Auftraggeber auf dieses Prüfungsurteil verlassen können, um darauf seine eigenen Entscheidungen zu stützen, z. B. die Verwaltungsspitze zu entlasten oder eben nicht.

III. Prüfungssicherheit

127 Das Vertrauen des Auftraggebers in das Prüfungsurteil setzt voraus, dass der Prüfer dieses Urteil mit einer gewissen Sicherheit ausspricht. Dabei kann es keine absolute, 100-prozentige Prüfungssicherheit geben. Auch bei einer mit äußerster Sorgfalt durchgeführten Prüfung können Fehler nicht ausgeschlossen werden. Zudem besteht für den Prüfer das Risiko, Opfer von Manipulation und von für ihn nicht aufdeckbaren Fälschungen zu werden, und schließlich wird aus Wirtschaftlichkeitsgründen zumeist keine lückenlose Prüfung durchgeführt.

Unterschieden wird die hohe Sicherheit, **hinreichende Sicherheit** genannt, und die niedrigere, begrenzte Sicherheit.[2] Die hinreichende Sicherheit hat ihren Namen daher, dass sie als hinreichend beurteilt wird, um ein **positives Prüfungsurteil** auszusprechen. Ein positives Prüfungsurteil hat nichts mit einem uneingeschränkten Prüfungsurteil zu tun. Es bedeutet lediglich, dass das Urteil für den gesamten Prüfungsgegenstand Geltung beansprucht. Also wenn der Prüfer ein uneingeschränktes Prüfungsurteil ausspricht, z. B. „der Prüfungsgegenstand entspricht den rechtlichen Vorgaben", dann übernimmt er die Verantwortung dafür, dass im gesamten Prüfungsgegenstand keine (wesentlichen *s. XI. Wesentlichkeit*) Fehler bestehen. Bei einem eingeschränkten Prüfungsurteil, z. B. „der Prüfungsgegenstand entspricht den rechtlichen Vorgaben mit Ausnahme von X und Y" erstreckt sich seine Verantwortung darauf, dass sich außer den im Prüfungsurteil ausdrücklich genannten Fehlern keine weiteren wesentlichen Fehler im Prüfungsgegenstand befinden.

Bei **begrenzter Prüfungssicherheit** kann und muss der Prüfer diese Verantwortung nicht übernehmen. Dem Auftraggeber muss das auch durch die Formulierung des Prüfungsurteils klargemacht werden: z. B. „im Verlauf der Prüfung wurden keine Sachverhalte bekannt, die zu der Annahme veranlassen, dass der Prüfungsgegenstand nicht den rechtlichen Vorgaben entspricht". Oder im Falle eines eingeschränkten Prüfungsurteils durch eine Formulierung wie „im Verlauf der Prüfung wurden X und Y festgestellt, sonst wurden keine Sachverhalte bekannt, die zu der Annahme veranlassen, dass der Prüfungsgegenstand nicht den rechtlichen Vorgaben entspricht". Der Prüfer gibt lediglich ein **negatives Prüfungsurteil** ab.[3] Die Aussagekraft des negativen Prüfungsurteils ist deutlich geringer und kann nicht für sich alleine stehen. Damit der Auftraggeber die Tragweite beurteilen kann, braucht er zusätzlich zum Prüfungsurteil noch zahlreiche weitere Informationen darüber, was, wie und in welchem Umfang geprüft wurde. Diese Informationen muss der Prüfer zusammen mit dem Prüfungsurteil in seiner Berichterstattung liefern. Im Gegensatz dazu darf der Auftraggeber sich bei einem positiven Prüfungsurteil darauf verlassen, dass der Prüfer alles Erforderliche unternommen hat, um zu einer hinreichenden Prüfungssicherheit zu kommen. Ein positives Prüfungsurteil erfordert (deutlich) mehr Ressourcen in der Prüfungsdurchführung, ein negatives Prüfungsurteil mehr Aufwand bei der Berichterstattung.

---

2 ISSAI 100, Tz. 33.
3 ISSAI 4000, Tz. 39.

128 Für die Rechnungsprüfung besteht zurzeit zumeist noch keine rechtlich bindende Vorgabe, welche Prüfungssicherheit gefordert ist. In den meisten Fällen, wo der Prüfungsauftrag aus dem Gesetz abgeleitet wird, gibt es auch keine Regelung, ob ein positives Prüfungsurteil gefordert ist oder ein negatives Prüfungsurteil ausreicht. Eine Ausnahme bildet das positive Prüfungsurteil über den Jahresabschluss durch den Verweis auf das Testat nach § 322 HGB. Bei Prüfungsurteilen, wie sie in Art. 106 Abs. 1 Nr. 3 BayGO formuliert sind, [ob in der Kommunalverwaltung] wirtschaftlich und sparsam verfahren wird, ist es auf der Hand liegend, dass kein positives Urteil über die gesamte Verwaltungstätigkeit des Haushaltsjahres gefordert sein kann. In den Zweifelsfällen obliegt es der Rechnungsprüfung, Art des Prüfungsurteils und geforderte Prüfungssicherheit vor Beginn der Prüfung mit dem Auftraggeber oder dem Adressaten zu präzisieren. In vielen Fällen und zumindest im wichtigen Fall der Beurteilung der Ordnungsmäßigkeit des Jahresabschlusses muss davon ausgegangen werden, dass der Auftraggeber ein positives Prüfungsurteil will und dafür eine hinreichende Sicherheit erforderlich ist. Erteilen Wirtschaftsprüfer im Rahmen von Jahresabschlussprüfungen Bestätigungsvermerke, fordert ISA [DE] 200 Rn. 11 eine hinreichende Prüfungssicherheit. Die Rechnungsprüfung sollte für ihre Auftraggeber dieselbe Prüfungssicherheit gewährleisten. Sie nimmt zumindest bei ihrer Hauptaufgabe, der Prüfung des Jahresabschlusses, dieselbe Funktion wahr wie Wirtschaftsprüfer und steht, da Wirtschaftsprüfer auch kommunale Jahresabschlüsse prüfen, in einem Konkurrenzverhältnis mit diesen. Das Institut der Rechnungsprüfer fordert daher auch bei dieser Prüfung eine hinreichende Prüfungssicherheit.[4] Die ISSAI lassen für allgemeine Rechts- und Ordnungsmäßigkeitsprüfungen offen, welches Maß an Prüfungssicherheit gefordert ist (ISSAI 400 Tz. 41), verlangen aber bei Prüfungen der Rechnungsführung durch die Einbeziehung der IAS eine hinreichende Prüfungssicherheit.

129 In der Prüfungspraxis der Wirtschaftsprüfer und des Europäischen Rechnungshofs wird die hinreichende Prüfungssicherheit sogar quantifiziert und zwar mit 95 %.[5] Die Quantifizierung der Prüfungssicherheit mit nahe an, aber aus den oben genannten Gründen unter 100 %, also mit 95 %, erscheint willkürlich, ist aber notwendig, um mit Hilfe von mathematisch-statistischen Methoden ohne Vollprüfung durch Prüfung einer Teilmenge

---

4 IDR Prüfungsleitlinie 200 „Leitlinien zur Durchführung kommunaler Jahresabschlussprüfungen" Tz. 27.

5 Bzw. ein verbleibendes Prüfungsrisiko von 5 %, s. *Marten/Quick/Ruhnke*, Wirtschaftsprüfung, Schäffer-Pöschel-Verlag, 5. Aufl. 2015, S. 234; Stichwort „level of assurance" unter https://methodology.eca.europa.eu/aware/GAP/Pages/CA-FA/Planning/Designing-audit-procedures.aspx.

valide Aussagen über die Gesamtmenge treffen zu können *(s. XII. Prüfung in Stichproben)*.

Es erschließt sich auch nicht unmittelbar, wie eine subjektive Empfindung des Prüfers, die Sicherheit, mit der er sein Prüfungsurteil abgibt, prozentual quantifiziert werden kann. Vielleicht hilft die folgende Vorstellung: Wer von der Richtigkeit einer Aussage überzeugt ist, ist zumeist auch gerne bereit, darauf zu wetten. Was wäre eine faire Quote für den Gegner der Wette, wenn sich der Wetter zu 95 % sicher ist? Die Antwort lautet: 19 Euro bei Einsatz von einem Euro. Würde die Wette 100 mal durchgeführt, würde der Wetter 95 mal je einen Euro gewinnen, in den übrigen fünf Fällen gewönne der Gegner je 19 Euro, beide besäßen am Ende 95 Euro. Der Prüfer hat also eine 95 %-ige Prüfungssicherheit erreicht, wenn er bereit wäre, auf sein Prüfungsurteil mit einer Quote von mindestens 19 : 1 zu wetten.

Ziel einer jeden **Prüfung** ist es, das Prüfungsurteil mit der erforderlichen Prüfungssicherheit abgeben zu können.

IV. Prüfungsgegenstand und Prüfungsaussagen

Der **Prüfungsgegenstand** ist das Objekt, auf das sich die Prüfung, also der *130*
Soll-/Ist-Abgleich, bezieht. Es kann sich dabei um einen Sachverhalt, eine Gesamtheit von Informationen oder Sachverhalten oder um einen Vorgang handeln. So kann Prüfungsgegenstand der Zuschlag im Rahmen einer bestimmten Vergabe, der Jahresabschluss mit Rechenschaftsbericht oder die Gebührenerhebung im Bereich Wasserversorgung sein. Der Prüfungsgegenstand Gebührenerhebung oder auch Leistungsgewährung kann sowohl als Vorgang/Prozess *(s. X. Prozessorientierte Prüfung)* aufgefasst werden oder als Gesamtheit von einzelnen Elementen, den Gebühren- oder Leistungsbescheiden mit den jeweiligen Ein- und Auszahlungen.

Umfangreiche und komplexe Prüfungsgegenstände können und müssen durch zeitliche Einordung „Investitionen des Haushaltsjahres XX“, sachliche Qualifizierungen „über eine Mio. Euro“ oder durch Differenzierung „Jahresabschluss“ in „Vermögensrechnung, Ergebnisrechnung, Finanzrechnung“ handhabbarer gemacht werden. Auch der Prüfungsgegenstand wird vom Prüfungsauftrag bestimmt.

Jedes Prüfungsurteil fasst eine Summe von einzelnen **Prüfungsaussagen** *131*
zusammen. Das Urteil „ist rechtmäßig“ kann nur erteilt werden, wenn der Prüfungsgegenstand alle rechtlichen Anforderungen, die für ihn gelten, erfüllt. Ein Urteil über die Zweckmäßigkeit einer Vorgehensweise erfordert Aussagen über die Zweckmäßigkeit jedes einzelnen Prozessschrittes. Jeder Anforderung im Katalog des Soll-Programmes eines Prüfungsgegenstandes

entspricht eine Prüfungsaussage. Die Summe aller zu treffenden Prüfungsaussagen bildet das **Prüfungsprogramm**. Es ist aus dem Soll-Zustand abzuleiten. In einem mehrstufigen Konkretisierungs- und Präzisierungsprozess werden zumeist aus einer Prüfungsaussage mehrere weitere Prüfungsaussagen gewonnen. Hilfreich ist das Bild einer Kaskade, bei der sich ein Wasserlauf von Stufe zu Stufe in immer weitere Rinnsale aufteilt und verbreitert.

So erfordert das Prüfungsurteil über die Rechtmäßigkeit der Vergaben von Bauleistungen oberhalb der EU-Schwellenwerte im Haushaltsjahr XX (Prüfungsgegenstand) u. a. eine Aussage darüber, ob das Verfahren ordnungsgemäß dokumentiert wurde. Eine ordnungsgemäße Dokumentation verlangt wiederum z. B. die Anfertigung eines Vergabevermerkes, die Aufbewahrung der relevanten Unterlagen und die Dokumentation des Vier-Augen-Prinzips bei der Angebotsöffnung. Zu allen diesen Anforderungen sind Prüfungsaussagen zu treffen. Um aber eine Aussage treffen zu können, ob ein Vergabevermerk gefertigt wurde, müssen die Anforderungen definiert werden, die an ein solches Dokument zu stellen sind. Dazu gehört neben vielen weiteren das Erfordernis einer Begründung des gewählten Vergabeverfahrens ebenso wie die Aufnahme des Absendedatums der Vergabeunterlagen. Auch daraus ergeben sich notwendige Prüfungsaussagen.

Eine besonders komplexe Prüfung ist die Prüfung der Ordnungsmäßigkeit des Jahresabschlusses. Ein entsprechendes Prüfungsurteil setzt z. B. voraus, dass die in der Vermögensrechnung ausgewiesenen Forderungen zutreffend angesetzt, ausgewiesen und bewertet sind. Dazu sind Prüfungsaussagen zu treffen. Eine positive Aussage zum zutreffenden Ansatz von Forderungen verlangt wiederum, dass diese am Stichtag realisiert waren und der Kommune zustehen und nicht etwa ihrem Eigenbetrieb. Um aber eine Prüfungsaussage zur Realisation der Forderungen treffen zu können, müssen diese zuvor nach ihrer Art differenziert werden und z. B. bei Forderungen aus Gewerbesteuern festgestellt werden, ob ein eingegangener Steuermessbescheid zeitnah veranlagt wurde.

132 Die bei der Entwicklung des Prüfungsprogrammes erforderliche Konkretisierung und Präzisierung der Prüfungsaussagen findet immer auch mit Blick auf den Ist-Zustand statt, so sind die Anforderungen z. B. an den Vergabevermerk andere, wenn von der geprüften Stelle für die Abwicklung und Dokumentation eines Vergabeverfahrens eine IT-Anwendung eingesetzt wird, als wenn die Papierform gewählt wird.

Der Auftrag an die Prüferin lautet, die Rechtmäßigkeit der Erhebung der Gebühren des Abfallwirtschaftsbetriebs im Haushaltsjahr X zu prüfen. Das Prüfungsurteil „Die Erhebung war rechtmäßig“ ist in einem ersten Schritt in die Prüfungsaussagen: „Alle Nutzer haben einen Gebührenbescheid erhalten“ und „Alle Gebührenbescheide waren rechtmäßig“ zu differenzieren. Die zweite Aussage ist weiter aufzuteilen in die Aussagen: „Der Bescheid stützt sich auf eine rechtswirksame Satzung" und „Die der Gebühr zugrundeliegenden Parameter wie Haushaltsgröße, Tonnengröße, -art und -anzahl und Anschlussdauer entsprechen der Wirklichkeit". Hier muss die erste Aussage weiter differenziert werden, jede Anforderung des allgemeinen Verwaltungs-, des Kommunal- und des Abgabenrechts, die sich auf die Rechtswirksamkeit einer Satzung auswirken kann, bildet eine weitere Prüfungsaussage.

Der Prozess zur Gewinnung von Prüfungsaussagen ist abgeschlossen, wenn die Prüfungsaussagen vollständig sind und so konkret formuliert wurden, dass dafür Prüfungshandlungen *(s. VI. Prüfungshandlungen)* konzipiert werden können. Die Entwicklung des Prüfungsprogrammes im Rahmen der Prüfungsplanung *(s. H.I. Prüfungsplanung)* bindet bei einer Erstprüfung erhebliche fachliche und zeitliche Ressourcen.

Ein Etappenziel der Prüfung ist es, die einzelnen Prüfungsaussagen mit der für das Prüfungsurteil erforderlichen Sicherheit treffen zu können. Die Prüfungssicherheit basiert auf der **Aussagesicherheit** bezüglich aller Prüfungsaussagen.

Ist die Prüfung durchgeführt, d. h. können alle erforderlichen Prüfungsaussagen mit der erforderlichen Aussagesicherheit getroffen werden, müssen diese vielen einzelnen Prüfungsaussagen zum Prüfungsurteil zusammengefasst werden, wie es der berechtigten Erwartung des Auftraggebers oder der Adressatin entspricht.

V. Prüfungsfeststellungen

Prüfungsaussagen können auch lauten: Eine Anforderung des Soll-Programms wird nicht erfüllt oder aber der Prüfer kann z. B. mangels geeigneter Nachweise *(s. G.VII. Prüfungsnachweise)* keine Aussage treffen. In diesen Fällen liegen sogenannte **Prüfungsfeststellungen** vor. 133

Abweichungen vom Sollprogramm sind **Fehler**. Fehler werden nach der Intention des Fehlerverursachers unterschieden in Fehler aufgrund von Irrtümern, sog. Unrichtigkeiten und Fehlern aufgrund von dolosen Handlungen, als Verstöße bezeichnet.[6] **Unrichtigkeiten** entstehen unbeabsichtigt. Es handelt sich z. B. um Schreib- oder Rechenfehler, unerkannte Fehler in einer IT-Anwendung oder die unbewusst falsche Anwendung der Rechtsgrundlagen. **Verstöße** sind vorsätzliche Fehler.

Für durch die Prüfung aufgedeckte Verstöße gelten insbesondere zwei Besonderheiten: Wegen des Rechtmäßigkeits- und Wirtschaftlichkeitsgebotes für das gesamte Verwaltungshandeln, das jeden Mitarbeiter trifft, handelt es sich bei Verstößen immer um pflichtwidriges Handeln. Darüber muss der Dienstherr/Arbeitgeber informiert werden. Es besteht für die Rechnungsprüfung eine Pflicht zur qualifizierten Berichterstattung. Bei Unrich-

6 Vgl. ISA [DE]315, Rz. 6, dort nur bezogen auf Fehler in der Rechnungslegung.

tigkeiten liegt die Entscheidung, ob und in welchem Umfang Bericht erstattet wird, im pflichtgemäßen Ermessen der Rechnungsprüfung *(s. H.III. Berichterstattung).* Darüber hinaus sind aufgedeckte Verstöße Indizien für weitere Verstöße und strafbare Handlungen wie Untreue, Unterschlagung oder Korruption. Sie verpflichten die Rechnungsprüfung, ihre Prüfung auszudehnen und bilden den Ausgangspunkt für forensische Prüfungen.

134 Bei erkannten Fehlern stellt sich die Frage, wie sich diese Fehler auf das Prüfungsurteil auswirken. Die Fehler sind daraufhin zu beurteilen, ob trotz des Fehlers/der Fehler die Übereinstimmung des Prüfungsgegenstandes mit dem Sollprogramm festgestellt wird, also ein sogenanntes **uneingeschränktes Prüfungsurteil** erteilt werden kann, oder ein **eingeschränktes Prüfungsurteil** ausgesprochen werden muss, nämlich die Übereinstimmung einzuschränken ist und die Fehler genannt werden, oder ob das Urteil der Nicht-Übereinstimmung, ein **versagendes Prüfungsurteil**, zu fällen ist. Zu diesem Zweck sind ist die Bedeutung aller Fehler einzeln und kumulativ für das Prüfungsurteil zu würdigen. Unwesentliche Fehler *(s. XI. Wesentlichkeit)* gestatten nicht nur ein uneingeschränktes Prüfungsurteil, sondern verlangen es, ähnlich wie auch eine Prüfung mit „nur“ 95 %iger Sicherheit eine ordnungsgemäße Prüfung darstellt. So hindert z. B. die Aufdeckung von vier fehlerhaften unter fünfhundert rechtmäßigen Wohngeldbescheiden nicht, die Wohngeldgewährung im Haushaltsjahr als rechtmäßig zu beurteilen, wenn die Fehler auf einen Rechtsirrtum eines Sachbearbeiters zurückzuführen sind.

Schwieriger stellt sich bei wesentlichen Fehlern die Abgrenzung zwischen Einschränkung und Versagung dar. Mindestvoraussetzung für eine Einschränkung ist die Abgrenzbarkeit des Fehlers, der ja im Prüfungsurteil beschrieben werden muss. Kann der Fehler nicht abschließend beschrieben werden bleibt nur die Versagung. Aber auch abgrenzbare, jedoch häufige, systematische und grundlegende Fehler müssen zu einer Versagung führen. Besteht der Fehler darin, dass alle Sachbearbeiter in Unkenntnis der aktuellen Rechtslage in einer bestimmten Fallkonstellation falsch entschieden haben, wird es darauf ankommen, wie häufig diese Fallkonstellation ist und ob grundsätzlich gewährleistet ist, dass die Sachbearbeiter von Rechtsänderungen zeitnah erfahren oder eben nicht. Sind die Fehler selten und nicht im System angelegt, wäre ein Prüfungsurteil gerechtfertigt, wonach die Wohngeldgewährung im Haushaltsjahr rechtmäßig war, unter Einschränkung der konkret beschriebenen Fallkonstellation. Besonders komplex ist die abschließende Würdigung der Bedeutung von Fehlern für das Gesamturteil bei der Jahresabschlussprüfung *(s. M.IX. Gesamturteilsbildung).*

Dieselben Überlegungen sind anzustellen, wenn Prüfungshemmnisse nur für einzelne Prüfungsaussagen vorliegen.

VI. Prüfungshandlungen

Für die Erhebung des Ist- und Soll-Zustandes des Prüfungsgegenstandes hat der Prüfer eine überschaubare Anzahl von Instrumenten. Ihm stehen sieben Typen von Einzelfall-Prüfungshandlungen und analytische Prüfungshandlungen zu Gebote.[7] Durch Prüfungshandlungen werden Prüfungsnachweise generiert *(s. VII. Prüfungsnachweise)*. 135

1. Einzelfall-Prüfungshandlungen

Einzelfall-Prüfungshandlungen richten sich in Abgrenzung zu den analytischen Prüfungshandlungen auf eine einzelne Information, einen Aspekt des Sachverhalts oder Vorgangs, der den Prüfungsgegenstand bildet. 136

a) Einsichtnahme/Inaugenscheinnahme

Diesen Prüfungshandlungen ist die optische Wahrnehmung bereits bestehender, verkörperter Informationen gemeinsam. Sie können von der geprüften Stelle oder von Dritten stammen. Gegenstand der **Einsichtnahme** sind Bücher, Aufzeichnungen, Akten, Verträge, Bescheide, aber auch Datenbestände und Auswertungen.[8] Sie adressiert z. B. die Frage, ob ein vollständig ausgefüllter, unterzeichneter Antrag vorliegt oder ein Kunstgegenstand inventarisiert wurde. Die **Inaugenscheinnahme** richtet sich auf sonstige körperliche Gegenstände[9] und beantwortet die Frage, ob ein inventarisierter Kunstgegenstand tatsächlich vorhanden ist oder in welchem Zustand ein Brückenbauwerk ist.

b) Beobachtung

Die **Beobachtung** hat die Umsetzung eines Prozesses bzw. Verfahrens zum Gegenstand,[10] beobachtet werden kann z. B. die Eingabe von Daten in ein IT-System, die Öffnung der Angebote in einem Vergabeverfahren oder eine Inventur. 137

---

7 ISA [DE] 500, A.14–21.
8 ISA [DE] 500, A.14.
9 ISA [DE] 500, A.16.
10 ISA [DE] 500, A.17.

c) Befragung/Einholen einer Bestätigung

138 Die am häufigsten angewandte Prüfungshandlung ist die **Befragung**. Befragt werden kann jeder, von dem eine Information erwartet werden kann. Das können an der Entstehung des Prüfungsgegenstandes unmittelbar beteiligte Mitarbeiter und deren Vorgesetzte sein, externe Dritte aber auch Sachverständige mit besonderen Kenntnissen.[11] Die Intensität der Befragung kann von einer sehr niedrigschwelligen einfachen Bitte um eine mündliche Auskunft über eine strukturierte mündliche Befragung mittels eines Interviewleitfadens, bei dem das Gespräch vom Prüfer dokumentiert wird, bis zur **Einholung einer schriftlichen Bestätigung** oder eines Gutachtens gesteigert werden. Fragen können offen gestellt werden, dann soll der Befragte die Informationen in seinen eigenen Worten wiedergeben, bei einer geschlossenen Frage soll eine vom Prüfer beschriebene Information als zutreffend bestätigt oder abgelehnt werden. Die Eignung der Prüfungshandlung Befragung dafür, verlässliche Informationen zu generieren, ist vor allem abhängig von der Intensität der Befragung und der Stellung des Befragten zum Prüfungsgegenstand. Eine mündliche Auskunft auf Zuruf ist für die Befragte weniger verbindlich und fehleranfälliger als eine schriftlich ausgearbeitete Stellungnahme. Auskünfte eines neutralen, vom Ausgang der Prüfung nicht berührten Dritten oder das Gutachten einer Sachverständigen, deren berufliche Reputation von der Qualität ihrer Arbeit abhängt, sind vertrauenswürdiger als Auskünfte von Betroffenen und für den Prüfungsgegenstand Verantwortlichen. Auskünfte von Betroffenen und Verantwortlichen sind unverzichtbar für die Gewinnung eines grundlegenden Verständnisses des Prüfungsgegenstandes beim Einstieg in eine Prüfung, vermitteln aber aufgrund der erforderlichen kritischen Grundhaltung des Prüfers allein grundsätzlich keine hinreichende Aussagesicherheit.[12] In einigen Fällen gibt es allerdings keine Alternative, so wenn es auf einen subjektiven Tatbestand ankommt wie die Halteabsicht bei der Einstufung als Anlage- oder Umlaufvermögen, die politische Bewertung eines Sachverhalts in einem Rechenschaftsbericht oder bei der Frage, ob dem Prüfer alle für seine Prüfung erforderlichen Informationen zur Verfügung gestanden haben.

Bei Prüfungen der Rechnungslegung *(s. M.VIII.1. Vollständigkeitserklärung)* ist es üblich, eine Erklärung der Verantwortlichen, dass dem Prüfer alle für seine Prüfung erforderlichen Informationen zur Verfügung gestellt wurden, die sogenannte **Vollständigkeitserklärung,** einzuholen. Das ist auch bei anderen Ordnungsmäßigkeitsprüfungen sinnvoll. Sie entbindet den Prüfer zwar nicht von der Verpflichtung, mit anderen Prüfungshand-

11 ISA [DE] 500, A.22.
12 ISA [DE] 500, A.2.

lungen nach allen Informationen zu forschen, die nach seinem Verständnis vom Prüfungsgegenstand zu erwarten sind, sie ergänzt diese Prüfungshandlungen jedoch.

d) Nachvollzug/eigene Bewertung und Berechnung

Beim **Nachvollzug** wird ein Verfahren oder ein Prozess vom Prüfer unab- *139*
hängig nachvollzogen.[13] Er legt z. B. selber einen Stammdatensatz im Personalwirtschaftsprogramm an, um festzustellen, ob Zugriffsbeschränkungen greifen, Plausibilisierungen automatisch stattfinden und falsche Eingaben vom System unterbunden werden. Auch eine Berechnung, z. B. der Finanzausgleichsrückstellung, kann bezüglich der eingeflossenen Grunddaten, der angewandten Formel und der rechnerischen Richtigkeit nachvollzogen werden. Alternativ kann der Prüfer eine **eigene Bewertung** dadurch durchführen, dass er eine Rechtsentscheidung z. B. die Gewährung einer Hilfe auf Grundlage der Akten und der Rechtslage selber trifft und anschließend mit der des Sachbearbeiters abgleicht. Oder der Prüfer stellt **eigene Berechnungen** an,[14] z. B. in dem er für Varianten der tatsächlich getroffenen Investitionsentscheidung Kapitalwerte ermittelt. Kann der Prüfer mangels spezieller Fachkenntnisse Berechnungen und Bewertungen nicht nachvollziehen, kann er Auskünfte von Sachverständigen einholen.

2. Analytische Prüfungshandlungen

Analytische Prüfungshandlungen richten sich statt auf Einzelinformatio- *140*
nen auf gruppierte und damit verdichtete Informationen über den Prüfungsgegenstand.[15] Voraussetzung ist, dass die Informationen quantifizierbar sind *(s. L.III. Kennzahlen und analytische Prüfungshandlungen).* Ein Beispiel wäre die Prüfungsaussage, dass im Haushaltsjahr Beamtenbezüge in zutreffender Höhe geleistet wurden. Alternativ zur Einzelprüfung der Bezüge aller Elemente in einer repräsentativen Stichprobe *(s. XII. Prüfung in Stichproben)* kann auch der gesamte Personalaufwand des Dienstherrn für die Beamten mittels analytischer Prüfungshandlungen in den Fokus genommen werden. Für die Gruppe quantifizierter Informationen wird ein Wert prognostiziert, der sogenannte **Erwartungswert** und mit dem Ist-Wert verglichen. Die Prognose beruht auf der Erwartung, dass Zusammen-

13 ISA [DE] 500, A.20.

14 ISA [DE] 500, A.19.

15 *Marten/Quick/Ruhnke*, Wirtschaftsprüfung, Schäffer-Pöschel-Verlag, 5. Aufl. 2015, S. 330.

hänge zwischen bestimmten Informationen und Daten vorhanden sind und fortbestehen.[16] Das einfachste Beispiel für eine analytische Prüfungshandlung ist der Vergleich mit dem Vorjahr. Bei gleichbleibenden Verhältnissen besteht die Erwartung, dass sich z. B. der Personalaufwand gegenüber dem Vorjahr nicht verändert. Eine Veränderung sollte auf die Faktoren Besoldungserhöhung, Zu- und Abgänge bei den Beamten, Statusänderungen, Zulagen und Änderungen in den persönlichen Verhältnissen der einzelnen Beamten zurückzuführen sein. Nicht alle Faktoren haben einen quantitativ bedeutsamen Einfluss auf den Betrag der Veränderung. Um analytische Prüfungshandlungen überhaupt anwenden zu können, muss zumeist die Anzahl der bei der Prognose berücksichtigten Einflussfaktoren reduziert werden. Im Beispiel könnten das die Zulagen und die Änderungen in den persönlichen Verhältnissen der einzelnen Beamten sein, deren Ermittlung ja auch wieder zu Einzelfall-Prüfungshandlungen zwingen würde. Unter Berücksichtigung lediglich der bedeutsamen Faktoren kann ein Erwartungswert für den Personalaufwand im geprüften Jahr gebildet werden, der mit dem tatsächlich geleisteten Betrag verglichen wird. Durch die Weglassung von nicht bedeutsamen Einflussfaktoren verbleibt notwendig eine Differenz zwischen Ist-Wert und Erwartungswert. Diese Differenz ist daraufhin zu beurteilen, ob sie toleriert werden kann oder Zweifel an der Plausibilität des Ist-Werts weckt.

141 Als Erwartungswerte eignen sich nicht nur absolute Zahlen, sondern auch Verhältniszahlen, z. B. Betrag oder Bearbeitungsdauer pro Fall, Fallzahlen pro Vollzeitstelle oder Kosten eines Produkts. Neben der Trendanalyse, einem Vorjahres- oder Mehrjahresvergleich kommt insbesondere auch ein Vergleich mit externen Informationen in Betracht. Beispielhaft seien hier das Benchmarking von Produktkosten im Rahmen von KGSt-Vergleichsringen oder die Berechnung des Wasserverlusts je km Leitung und Stunde nach DGVW-Arbeitsblatt erwähnt. Ein besonders großer Anwendungsbereich eröffnet sich naturgemäß bei der überörtlichen Rechnungsprüfung und bei der Prüfung der Jahresabschlüsse kreisangehöriger Gemeinden ohne eigenes Rechnungsprüfungsamt durch die Rechnungsprüfungsämter der Landkreise.

In der Wirtschaftsprüferpraxis werden Grenzwerte für noch zu tolerierende Differenzen in Abhängigkeit von der Einschätzung des Fehlerrisikos *(s. G.IX. Risikoorientierung)* und der Entscheidung, ob die aussagenbezogene Prüfung durch eine Kontrollprüfung unterstützt wird oder nicht *(s. G.X. Prozessorientierte Prüfung)* als Prozentsätze vom absolut geprüften Betrag und von der

16 ISA [DE] 520, A.15.

Wesentlichkeit *(s. G.XI. Wesentlichkeit)* festgelegt. Ein hohes angenommenes Fehlerrisiko und fehlende Prüfungssicherheit aus einer Kontrollprüfung führen zu einer niedrigeren Toleranzschwelle, bei niedrigem Fehlerrisiko und zusätzlicher Prüfungssicherheit liegt die Schwelle höher. Diese Vorgehensweise lässt sich nicht auf alle Aufgabenstellungen in der Rechnungsprüfung übertragen, die Festlegung der noch tolerierbaren Differenzen ist damit noch stärker dem pflichtgemäßen Ermessen des Prüfers überlassen.

Da einzelne Fehler in größeren Gruppen nicht auffallen müssen oder ge- *142*
genläufige Fehler sich aufheben können, vermitteln analytische Prüfungshandlungen allein dem Prüfer zumeist keine hinreichende Aussagesicherheit für einzelne oder alle in der Gruppe enthaltenen Informationen, sondern lediglich bei tolerierbaren Differenzen die Überzeugung von ihrer Plausibilität oder Zweifel an der Plausibilität und damit einen Hinweis auf mögliche Fehler im Prüfungsgegenstand. Analytische Prüfungshandlungen haben deshalb ihren festen Platz bei der Risikoanalyse des Prüfungsgegenstandes *(s. IX. Risikoorientierung)* während der Prüfungsplanung, im Verlauf der Prüfungsdurchführung kann der Prüfer aber mit seiner Überzeugung von der Plausibilität ein Maß an Aussagesicherheit gewinnen, das ihm eine deutliche Reduzierung anderer Prüfungshandlungen erlaubt.

In vielen Fällen lassen sich mit unterschiedlichen Prüfungshandlungen und Gestaltungen dieser Prüfungshandlungen dieselben Informationen gewinnen. Die Prüferin trifft ihre Wahl nach pflichtgemäßem Ermessen. Bedingung ist die Gewinnung von angemessenen, insbesondere zuverlässigen Prüfungsnachweisen *(s. VII. Prüfungsnachweise)* aber auch Wirtschaftlichkeitsüberlegungen dürfen einfließen. Dabei ist der **Erhebungsaufwand** bei der Prüferin, aber auch bei der geprüften Stelle und der **Dokumentationsaufwand** zu betrachten. Das Erarbeiten eines Fragebogens, der vom Mitarbeiter der geprüften Stelle auszufüllen ist, ist sehr aufwendig für die Prüferin und aufwendig für den Mitarbeiter, erfordert aber keinen weiteren Aufwand bei der Dokumentation. Die Befragung im Rahmen eines Gesprächs macht bei der Erhebung für die Prüferin und den Mitarbeiter der geprüften Stelle wenig Mühe, allerdings muss die Prüferin das Gespräch mittels eines Gesprächsvermerks aufwendig dokumentieren.

VII. Prüfungsnachweise

Mittels der Prüfungshandlungen holt der Prüfer Prüfungsnachweise ein. *143*

Das sind bei der Einsichtnahme die eingesehenen Schriftstücke, Ausdrucke von Daten oder auch Datenbestände in elektronischer Form. Alternativ kann, wenn eine Kopie nicht möglich oder sinnvoll erscheint, auch ein schriftlicher Vermerk als Nachweis dienen, dass und mit welchem Ergebnis Einsicht genommen wurde. Für das Einholen von schriftlichen Bestätigungen und Gutachten dient die schriftliche Bestätigung bzw. das Gutachten als Nachweis. Für die Inaugenscheinnahme, Befragung oder Beobachtung muss der Prüfer durch Vermerke und Protokolle selber Prüfungsnachweise erstellen. Bei der Inaugenscheinnahme kommen auch Fotos, bei der Beobachtung oder dem Nachvollzug von Eingaben in eine IT-gestützte Anwendung Bildschirmausdrucke als Prüfungsnachweise in Frage. Der Nachvollzug einer Berechnung oder Bewertung wird durch Anmerkungen in Bezug auf die zu prüfende Berechnung oder Bewertung nachgewiesen und eigene Berechnungen und Bewertungen erfolgen in Schrift- oder Dateiform und werden dadurch zu Prüfungsnachweisen. Bei analytischen Prüfungshandlungen sind die Annahmen und Berechnung des Erwartungswertes, der Vergleich mit dem Ist-Wert und die Beurteilung der Differenz schriftlich oder als Datei zu dokumentieren, diese Dokumentation stellt den Prüfungsnachweis dar.

144 Der Prüfungsnachweis dient als Beweis für die Durchführung der Prüfungshandlung zur Erhebung des Ist-Zustandes und für die Durchführung des Soll-Ist-Abgleichs *(s. I. Dokumentation der Prüfung).*

Der Prüfer stützt seine Prüfungsaussagen und damit sein Prüfungsurteil auf die Prüfungsnachweise. Er trägt damit die Verantwortung dafür, dass sie **ausreichend** und **geeignet** sind, um jede einzelne Prüfungsaussage und damit das Prüfungsurteil zu tragen.[17]

Prüfungsnachweise reichen dann aus, wenn sowohl für alle Prüfungsaussagen Prüfungsnachweise vorliegen als auch in ausreichender Anzahl, um die Prüfungsaussage auf alle Elemente, die den Prüfungsgegenstand bilden, erstrecken zu können. Ausreichende Prüfungsnachweise z. B. für das Prüfungsurteil „Rechtmäßigkeit der Nebenkostenabrechnung für kommunale Liegenschaften im Haushaltsjahr XXXX“ bedeutet, dass Prüfungsnachweise grundsätzlich für alle rechtlichen Anforderungen an eine Nebenkostenabrechnung eingeholt wurden und für eine so große Anzahl von Nebenkostenabrechnungen, dass die Prüfungsaussagen für alle Abrechnungen im Haushaltsjahr Gültigkeit haben.

145 Die Forderung nach der Geeignetheit von Prüfungsnachweisen fasst die Aspekte ihrer **Relevanz** und Verlässlichkeit zusammen.[18] Ein Prüfungsnachweis ist relevant, wenn er die Prüfungsaussage tatsächlich trägt. So kann eine Zahlung des Schuldners als Nachweis dienen, dass eine Forderung zumindest in dieser Höhe bestand, sie lässt aber keinen Schluss darauf

17 ISA [DE] 500, Tz. 6.
18 ISA [DE] 500, Tz. 7.

zu, dass die Forderung nicht zu niedrig angesetzt war.[19] Analytische Prüfungshandlungen sind nur dann relevant, wenn der Grad der Korrelation der unterstellten Zusammenhänge hoch ist und eine gute Schätzung des Erwartungswertes erlaubt.[20]

Die **Verlässlichkeit** von Prüfungsnachweisen hängt von der Art des Prüfungsnachweises und seiner Quelle ab.[21] Aus den bereits dargestellten Gründen sind schriftliche Bestätigungen verlässlicher als mündliche Auskünfte. Dokumente im Original entfalten mehr Beweiskraft als Kopien. Der Prüfer sollte daher für seine Zwecke Kopien von Originalen immer selber anfertigen. Selbst angefertigte Kopien sind verlässlicher als selbst angefertigte Vermerke über eine Einsichtnahme. Eigene Informationen durch Inaugenscheinnahme oder Beobachtung sind als Nachweise wertvoller als Auskünfte und Bestätigungen. Auskünfte und Bestätigungen Dritter sind wiederum wertvoller als solche von Betroffenen und Verantwortlichen für den Prüfungsgegenstand. Die kritische Grundhaltung der Prüferin verlangt von ihr, dass sie bei ihrer Prüfung ein Risiko von Verstößen durch Verantwortliche annimmt *(s. IX. Risikoorientierung).* Dies bedeutet, dass auch für alle Informationen, die er von der geprüften Stelle erhält, ein Risiko von Manipulationen und Fälschungen besteht. Die Prüferin muss daher diese Informationen auf ihre Verlässlichkeit hin prüfen. Das gilt insbesondere auch für analytische Prüfungshandlungen, wenn Informationen ins Verhältnis gesetzt und miteinander verglichen werden, die von der geprüften Stelle produziert werden. Sie sind daher grundsätzlich zuverlässiger, wenn ein Vergleich mit externen Daten erfolgt.[22] Sind der Prüferin nur Prüfungsnachweise von schlechter Qualität zugänglich, können mehrere Prüfungsnachweise für dieselbe Prüfungsaussage die Qualität verbessern, so z. B. bei gleichlautenden Auskünften mehrerer Mitarbeiter der geprüften Stelle.

Außer bei forensischen Prüfungen sind für ein Prüfungsurteil keine Nachweise von prozessualer Beweiskraft erforderlich, der Prüfer besorgt sich – unter Beachtung der Wirtschaftlichkeit der Prüfung – die besten verfügbaren Prüfungsnachweise. Sind aufgrund der Arbeitsweise der geprüften Stelle allerdings nur schwache Prüfungsnachweise vorhanden, kann das ein Anlass sein, für künftige Prüfungen auf eine verbesserte Dokumentation hinzuwirken. Kann der Prüfer keine ausreichenden und geeigneten Prüfungsnachweise beschaffen, liegt ein Prüfungshemmnis vor. *146*

19 ISA [DE] 500, Tz. A27.
20 ISA [DE] 520, Tz. A6-A11.
21 ISA [DE] 500, Tz. A31.
22 ISA [DE] 520, Tz. A12–A14.

VIII. Wirtschaftlichkeit der Prüfung

147 Die bis hierher beschriebene Prüfungsmethodik: Aufgliederung des Prüfungsurteils in Prüfungsaussagen und Adressierung der Prüfungsaussage mit einer Einzelfall- oder analytischen Prüfungshandlung wird als **aussagebezogene Prüfung** bezeichnet[23]. Für die Wirtschaftlichkeits- und Zweckmäßigkeitsprüfung gelten andere Regeln *(s. T. Wirtschaftlichkeitsuntersuchungen* und *U. Zweckmäßigkeitsprüfungen).* Aber Prüfungsaufträge der Kategorie Rechtmäßigkeit und Ordnungsmäßigkeit könnte ein Prüfer mit dieser Methode, alle Prüfungsaussagen bezüglich jedes Elementes im Prüfungsgegenstand sozusagen „flächendeckend“ zu prüfen, erfüllen. Eine solche **Vollprüfung** bedeutet jedoch auch, dass die in den Prüfungsgegenstand geflossene Arbeit bei der Prüfung reproduziert wird und sich der Ressourceneinsatz verdoppelt. Damit ist das Vertrauen der Auftraggeber in das Prüfungsurteil in den allermeisten Fällen zu teuer erkauft. Insbesondere auch, weil es sowieso keine 100 %ige Prüfungssicherheit geben kann und damit ein gewisses Restrisiko für ein unzutreffendes Prüfungsurteil bleibt. Auch die Rechnungsprüfung muss aus beschränkten Ressourcen das Beste machen. Das Wirtschaftlichkeitsgebot gilt für alle Tätigkeiten der Kommunalverwaltung und damit auch für die Rechnungsprüfung. Als Prüfer dieses Wirtschaftlichkeitsgebots bei anderen sollte die Rechnungsprüfung natürlich geradezu ein Vorbild für alle sein. Bei der Prüfungsmethodik bedeutet Wirtschaftlichkeit, dass der Prüfer nicht irgendwie, sondern mit den geringsten Ressourcen – zumeist Zeit – also auf schnellstem Weg zur geforderten Prüfungssicherheit für das in Auftrag gegebene Prüfungsurteil gelangt. Die Prüfungstheorie bietet mit den Konzepten der **Risikoorientierung**, der **prozessorientierten Prüfung**, der **Wesentlichkeit** und der **Stichprobenprüfung** Instrumente an, mit denen die Einsatz-Ergebnis-Relation, also die Effizienz einer Prüfung gegenüber einer aussagebezogenen Vollprüfung deutlich gesteigert werden kann.

IX. Risikoorientierung

148 Vereinzelt verlangen die Rechtsgrundlagen jedenfalls bei der Prüfung des Jahres- und Gesamtabschlusses die Risikoorientierung ausdrücklich.[24]

Das Konzept der risikoorientierten Prüfung erkennt an, dass es für den Prüfer immer ein Prüfungsrisiko gibt, nämlich das Risiko, ein uneingeschränktes (oder eingeschränktes) Prüfungsurteil abzugeben, obwohl sich

23 *Wiese*, Aussagebezogene Abschlussprüfung, IDW-Verlag 2013, S. 28.

24 § 6 Abs. 3 Sächsische Kommunalprüfungsverordnung; §§ 1 Abs. 2 S. 2, 3 Abs. 1 Gemeindeprüfungsordnung Baden-Württemberg.

im Prüfungsgegenstand ein (anderer als in der Einschränkung genannter) wesentlicher Fehler befindet.[25]

Das Prüfungsrisiko setzt sich aus zwei Faktoren zusammen, dem Fehlerrisiko und dem Entdeckungsrisiko.[26] Das **Fehlerrisiko** ist das Risiko, dass im Prüfungsgegenstand wesentliche Fehler vorliegen während das **Entdeckungsrisiko** das Risiko bezeichnet, dass diese Fehler trotz Prüfung unentdeckt bleiben.[27] Offensichtlich ist lediglich das Entdeckungsrisiko – einprägsamer wäre es wohl als Nichtentdeckungsrisiko bezeichnet – vom Prüfer durch die Gestaltung der Prüfung beeinflussbar. Je „gründlicher“ die Prüfung, desto geringer ist das Entdeckungsrisiko. Gründliche Prüfung bedeutet Einbeziehung von mehr Prüfungsaussagen, mehr Elementen, die den Prüfungsgegenstand ausmachen und verlässlichere Prüfungsnachweise bis hin zur aussagenbezogenen Vollprüfung. Sie bedeutet jedoch auch einen entsprechend höheren Ressourceneinsatz.

Das Entdeckungsrisiko hängt vom Fehlerrisiko ab. Genauer gesagt, es gilt das Multiplikationsgesetz der Wahrscheinlichkeitsrechnung. Die Wahrscheinlichkeit, dass ein zweites Ereignis (Nichtentdeckung eines Fehlers) eintritt, das nur eintreten kann, wenn ein erstes Ereignis (Entstehen des Fehlers) eingetreten ist, ist so hoch wie das Produkt aus beiden Wahrscheinlichkeiten.[28] Je geringer das Risiko ist, dass ein Fehler vorliegt, desto geringer ist auch das Risiko, dass ein Fehler vom Prüfer nicht entdeckt wird. Es liegt in der Verantwortung des Prüfers, das Prüfungsrisiko durch die Gestaltung seiner Prüfung und damit des Entdeckungsrisikos auf ein für sich und die Adressaten seines Prüfungsurteils akzeptables Maß zu senken und dabei gleichzeitig das Wirtschaftlichkeitsgebot zu beachten. Der Prüfer muss daher den Ressourceneinsatz bei der Prüfung mit dem Fehlerrisiko im Prüfungsgegenstand rechtfertigen.

Die risikoorientierte Prüfung schaltet deshalb der aussagebezogenen Prüfung eine Risikoeinschätzung vor und moduliert die Prüfungsintensität entsprechend dem Fehlerrisiko. Von 0, also keine aussagebezogenen Prüfungshandlungen, da kein Fehlerrisiko vorliegt, bis zu in Anzahl und Intensität fokussierten Prüfungshandlungen, weil ein hohes Fehlerrisiko mit wesentlichen Auswirkungen angenommen wird.

25 WP-Handbuch, L Rz. 409, 17. Aufl. 2021, IDW-Verlag.

26 ISA [DE] 200, Tz. A34.

27 Vergl. ISA [DE] 200, Tz. A36, A44.

28 *Luderer/Nollau/Vetters*, Mathematische Formeln für Wirtschaftswissenschaftler, 8. Aufl. 2015, Springer-Verlag.

Fehlerrisiken werden nach der **Wahrscheinlichkeit ihres Eintritts** und nach dem **Umfang** des bei der Realisation des Risikos eintretenden Fehlers bewertet. Die IAS/ISSAI definieren (für die Prüfung der Rechnungslegung) die Kategorie **bedeutsames Risiko**, als Risiko mit hoher Wahrscheinlichkeit des Auftretens eines Fehlers bei gleichzeitig großem Ausmaß des Fehlers.[29] Für diese Kategorie ist das Ermessen der Prüferin durch die Standards eingeschränkt und es besteht die Pflicht zu vorgeschriebenen und generell besonders intensiven Prüfungshandlungen.

149 Das Risiko für Fehler im Prüfungsgegenstand wird von zwei Einflussgrößen bestimmt, dem inhärenten Risiko und dem Kontrollrisiko.[30] Das **inhärente Risiko** ist das Risiko, dass im Prüfungsgegenstand gewollt oder ungewollt Fehler auftreten können.[31] Verschiedene Faktoren beeinflussen das inhärente Risiko:

- Veränderung
- Subjektivität
- Unsicherheit
- Komplexität
- Anfälligkeit für dolose Handlungen

Das inhärente Risiko ist also größer, wenn der Prüfungsgegenstand z. B. Beurteilungen bei unsicherer Rechts- und Tatsachenlage umfasst oder das Ergebnis komplexer Abläufe und Verfahren ist, wenn in jüngster Zeit gravierende Veränderungen stattgefunden haben, insgesamt hohe fachliche Anforderungen an den Verantwortlichen gestellt werden oder er einen starken politischen Druck ausgesetzt war und schließlich, wenn die Tätigkeit anfällig für Korruption, Untreue oder Unterschlagung ist. Entsprechend ist das inhärente Risiko niedriger, wenn es sich um Routinetransaktionen oder Entscheidungen mit wenig Beurteilungsspielraum handelt und erfahrene, regelmäßig weitergebildete Sachbearbeiter am Werk waren.

Die Verantwortung, dafür zu sorgen, dass sich diese vielfältigen inhärenten Risiken für Fehler nicht realisieren, liegt bei der (oder ggf. den) Verantwortlichen für den Prüfungsgegenstand. Sie ist deshalb verpflichtet, ein sogenanntes **Internes Kontrollsystem** *(s. J.I. Internes Kontrollsystem)* einzurichten, das Fehler verhindert oder zeitnah aufdeckt, damit sie rückgängig gemacht werden können.

---

29 ISA [DE] 315, Tz. A10

30 ISA [DE] 200, Tz. A39.

31 WP-Handbuch, L Rz. 411, 17. Aufl. 2021, IDW-Verlag.

Das **Kontrollrisiko** ist daher das Risiko, dass Fehler durch das Interne Kontrollsystem nicht verhindert oder aufgedeckt werden.[32] Das Vier-Augen-Prinzip und die Funktionstrennung sind ebenso wie die Existenz der Rechnungsprüfung bereits seit Jahrzehnten Bestandteile dieses Internen Kontrollsystems in Kommunalverwaltungen. Dazu gehört aber z. B. auch die Datenerfassung mittels einer IT-Anwendung, die keine lückenhaften Informationen zulässt, weil ein Vorgang technisch nur angelegt werden kann, wenn alle Felder befüllt sind. *150*

Zur Fehlerrisikoeinschätzung gelangt der Prüfer durch geeignete **Prüfungshandlungen zur Bestimmung des Fehlerrisikos**. Da durch diese Prüfungshandlungen nicht die Prüfung selber vorweggenommen werden, sondern lediglich die Ressourcen der Prüfung optimal eingesetzt werden sollen, handelt es sich dabei zumeist um niedrigschwellige Prüfungshandlungen, wie Befragungen, Einsichtnahmen, Beobachtungen und analytische Prüfungshandlungen. Analytische Prüfungshandlungen liefern bei nicht tolerierbaren Abweichungen des Erwartungswerts vom zu prüfenden Wert Hinweise auf Fehlerrisiken. Der Prüfer stützt sich bei der Bestimmung der inhärenten Risiken auf seine Sachkenntnis und sein Verständnis bzgl. des Prüfungsgegenstandes und bei der Ermittlung des Kontrollrisikos auf sein Verständnis des Geschäftsprozesses, unbedingt auch einer ggf. eingesetzten IT-Anwendung und des internen Kontrollsystems *(s. X. Prozessorientierte Prüfung)*. *151*

Auf der Grundlage dieser Prüfungshandlungen sollte der Prüfer dann in der Lage sein, sachgerecht einzuschätzen, bei welchen Prüfungsaussagen ein hohes bzw. niedriges Fehlerrisiko zu erwarten ist und seine Prüfung entsprechend planen *(s. H.I. Planung der Prüfung)*. Diese Risikoeinschätzung ist aber nicht statisch, sondern kann/muss im Verlauf der Prüfung mit dem Vorliegen weiterer Erkenntnisse aus der Durchführung immer wieder korrigiert werden.

Ein für die Wirtschaftsprüferin bei Jahresabschlussprüfungen gesetztes Risiko ist das **Risiko von Verstößen** durch das Management, also dass Verantwortliche vorsätzlich Fehler machen z. B. durch bewusst falsche Angaben in der Rechnungslegung, Manipulationen der Buchhaltung oder Vermögensschädigungen beim Unternehmen. Dazu gehört auch das Risiko, dass zu diesem Zweck Kontrollmaßnahmen durch das Management außer Kraft gesetzt werden, die das verhindern sollten.[33] Die Einschätzung des Risikos von Verstößen verlangt von der Abschlussprüferin die Beurteilung, ob besondere **Risikofaktoren für Verstöße** vorhanden sind.[34] Erkannte Risikofaktoren *152*

32 ISA [DE] 200, Tz. A40.
33 ISA [DE] 240, Tz. 13.
34 ISA [DE] 240, Tz. 25.

müssen Auswirkungen auf die Gestaltung von Prüfungshandlungen haben, da die für die Aufdeckung von Unrichtigkeiten geeigneten Prüfungshandlungen, für die Aufdeckung von Verstößen nicht notwendigerweise ausreichen.[35] Von der Abschlussprüferin wird jedoch nicht verlangt, dass sie ihre Prüfung so anlegt, dass sie Vermögensschädigungen gezielt aufdeckt.[36] Grundlage für eine solche forensische Prüfung ist ein „über die kritische Grundhaltung des Abschlussprüfers hinausgehende[s], besondere[s] Misstrauen des ... Prüfers und ... in vielen Fällen eine vollständige Prüfung der zu dem Prüfungsgebiet gehörenden Geschäftsvorfälle und Bestände und eine detektivische Beurteilung der vorgelegten Prüfungsunterlagen.“[37] Stattdessen wird anerkannt, dass insbesondere Täuschungen, wegen der kriminellen Energie, die zur Verschleierung aufgewendet wird, ein unvermeidbarer, von der Abschlussprüferin nicht zu vertretender Bestandteil des Prüfungsrisikos sind,[38] und es wird der Abschlussprüferin gestattet, grundsätzlich von der Echtheit von Dokumenten und von der Korrektheit der übergebenen Informationen auszugehen, falls die nach berufsüblichen Grundsätzen durchgeführte Prüfung, die eine kritische Grundhaltung voraussetzt, keine gegenteiligen Anhaltspunkte erbracht hat.[39]

153 Damit stellt sich die Frage, ob auch der Rechnungsprüfer verpflichtet ist, bei jeder Prüfung das Risiko von Verstößen durch Verantwortliche zu adressieren.[40] Dies ist jedenfalls dann der Fall, wenn die drei üblicherweise unterschiedenen Risikofaktoren: **Motivation**, **Gelegenheit zur Durchführung** und **innere Rechtfertigung** für die Handlung,[41] in der Kommunalverwaltung im selben Maß vorliegen, wie bei Unternehmen der Privatwirtschaft. Während wohl grundsätzlich keine besseren Menschen im öffentlichen Dienst tätig sind, lässt sich diskutieren, ob der äußere Druck der Märkte stärker ist als der, der vom Zwang zur Einhaltung des Haushaltsplanes oder der Rechtsaufsicht im Zuge der Haushaltskonsolidierung ausgeht oder ganz generell politischer Druck oder ob Beförderungsaussichten schwächer motivieren als eine Beteiligung am Unternehmensergebnis. Unklar ist auch, ob das Interne Kontrollsystem in der Kommunalverwaltung wirksamer ist, also weniger Gelegenheiten bietet als das eines durchschnittlichen Unternehmens oder ob die im Vergleich etwas schlechtere Bezahlung als innere Rechtfertigung dient.

---

35 ISA [DE] 240, Tz. 31.
36 ISA [DE] 240, Tz. 6.
37 IDW Fachgutachten 1/1937 i. d. F. 1990: Pflichtprüfung und Unterschlagungsprüfung, FN-IDW 1990, S. 66.
38 ISA [DE] 240, Tz. 5.
39 ISA [DE] 240, Tz. 6.
40 Für eine Pflicht: ISSAI 100, Tz. 47.
41 ISA [DE] 240, Tz. A26.

Die besondere gesellschaftliche Bedeutung einer „sauberen“ Kommunalverwaltung und der Vermeidung/Aufdeckung von Vermögensschädigungen beim treuhänderisch für die Bürger verwalteten kommunalen Vermögen insbesondere auch durch die Rechnungsprüfung fordert jedenfalls, dass sich auch der Rechnungsprüfer bei jeder Prüfung mit dem Risiko von Verstößen auseinandersetzt. Diese Auseinandersetzung besteht in einer Analyse der genannten Risikofaktoren. Da die inneren Faktoren Motivation und Rechtfertigung einer Prüfung schwerer zugänglich sind[42], ist deshalb ein besonderes Augenmerk auf die Gelegenheit, also die Ausgestaltung des Internen Kontrollsystems zu richten.

X. Prozessorientierte Prüfung

Die Prozessorientierte Prüfung lenkt den Blick darauf, dass der Prüfungsgegenstand oder die Elemente des Prüfungsgegenstandes in vielen Fällen das Ergebnis eines Geschäftsprozesses sind *(s. J.II. Geschäftsprozess).* Dabei soll ein Geschäftsprozess definiert sein als „zielgerichtete, zeitlich-logische Abfolge von Aufgaben, die arbeitsteilig von mehreren Organisationseinheiten zumeist unter Nutzung von Informations- und Kommunikationstechnologien ausgeführt werden. Er dient der Erstellung von Leistungen entsprechend den vorgegebenen Prozesszielen [und] … wird in Abgrenzung zum Projekt regelmäßig durchlaufen.“[43] So ist der Gebührenbescheid für die Abwasserentsorgung, die Auszahlung einer Sozialleistung, die Buchung von Zinsaufwand und die Vergabe eines Bauauftrags jeweils das Ergebnis eines mehr oder weniger komplexen Geschäftsprozesses. *154*

Die Prozessorientierte Prüfung arbeitet mit der Annahme, dass ein besserer, also ein Prozess mit weniger Fehlerrisiken, auch bessere, also weniger fehlerhafte Ergebnisse hervorbringt.

In einem ersten Schritt muss der Prüfer ein **Verständnis vom Geschäftsprozess** erwerben, das seinen Prüfungsgegenstand hervorbringt.[44] Im zweiten Schritt, der sogenannten **Aufbauprüfung,** beurteilt er die im Prozess angelegten inhärenten Risiken und das Interne Kontrollsystem, das mit dem Geschäftsprozess und der am Geschäftsprozess beteiligten Organisationseinheit verbunden ist, auf das Kontrollrisiko hin.[45] Und schließlich kann er durch die **Funktionsprüfung** des Internen Kontrollsystems

42 Zu Indikatoren für diese Risikofaktoren *Fiebig/Juncker*, Korruption im öffentlichen Dienst, ESV, 2. Aufl. 2004, Tz. 112 ff.

43 *Gehring*, zitiert nach *Gadatsch*, Grundkurs Geschäftsprozessmanagement, S. 8, 8. Aufl. 2017, Springer-Verlag.

44 ISA [DE] 315, Rz. 21.

45 WP-Handbuch, L Rz. 710 ff., 17. Aufl. 2021, IDW-Verlag.

Prüfungssicherheit unmittelbar für den Geschäftsprozess und mittelbar für seinen Prüfungsgegenstand erlangen und im Gegenzug aussagebezogene Prüfungshandlungen für den Prüfungsgegenstand signifikant reduzieren.[46]

1. Verständnis des Geschäftsprozesses

155 Geeignete Prüfungshandlungen zum Verständnis des Geschäftsprozesses sind die Einsichtnahme in Organigramme, Dienstanweisungen, Stellenbeschreibungen, Zeichnungsrechte, IT-Handbücher und Prozessbeschreibungen und die Befragung von Ausführenden und Verantwortlichen. Abläufe und Verarbeitungsschritte von IT-Anwendungen können beobachtet werden. Das Mittel der Wahl wird aber zumeist die Beobachtung eines typischen Geschäftsvorfalls von der erstmaligen Befassung bis zum Abschluss sein, ggf. kombiniert mit dem Nachvollzug anhand der Akte und anderer Aufzeichnungen auch in IT-Anwendungen, der sog. **walk through**. Der Prüfer dokumentiert das Ergebnis dieser Prüfungshandlungen als aussagekräftige **Prozessbeschreibung**. Die Beschreibung kann sowohl verbal als auch graphisch erfolgen. Sie muss in Anlehnung an die Definition des Geschäftsprozesses die folgenden Informationen vermitteln: Welche Aufgaben – also Handlungen, Entscheidungen oder Vorgänge in der IT – werden in welcher zeitlich-logischen Abfolge von welchen Organisationseinheiten wahrgenommen und welche Dokumente und Informationen, auch als Datensatz oder -bestand, werden dabei verwendet und produziert.

Für das **Beispiel-Prüfungsurteil** „Rechtmäßigkeit der Gebührenbescheide des Abfallwirtschaftsbetriebs“ lässt sich ein ebenso beispielhafter, allerdings vereinfachter Geschäftsprozess Gebührenerhebung definieren. Der vorgelagerte Prozess der Kalkulation der Gebühren für die Gebührensatzung und der nachgelagerte Prozess der Einhebung der Gebühren sollen außer Betracht bleiben.

> Die zum Anschluss bzw. zur Benutzung Verpflichtete meldet ihren Haushalt mit den relevanten Daten auf einem schriftlichen Antrag, der im Kundenbüro eingeht. Dort werden die Daten auf Vollständigkeit und Richtigkeit geprüft und es wird in der Veranlagungs-Software ein Stammdatensatz z. B. mit der Adresse für den Gebührenbescheid angelegt. Der Gebührensachbearbeiter verbindet diesen Datensatz mit den für ihn geltenden Gebührenparametern (Vier-Personen-Haushalt, Papier-, Bio- und Restmülltonne bei zweiwöchentlicher Leerung). Bereits einige Zeit zuvor hat die Leitung des Abfallwirtschaftsbetriebes den Beschluss einer Gebührensatzung veranlasst und der Gebührensachbearbeiter hat die Veranlagungssoftware entsprechend der gebührenverursachenden Sachverhalte Haushaltsgröße, Tonnenarten und Leerungsrhythmus parametriert und die aktuellen Gebührensätze im System hinterlegt. Vierteljährlich zum Stichtag veranlasst der Gebührensachbearbeiter einen Lauf der Veranlagungssoftware, die die Gebührenbescheide erzeugt. Die Bescheide werden von Kundenbüro versandt. Geht ein Widerspruch

46 WP-Handbuch, L Rz. 822 ff., 17. Aufl. 2021, IDW-Verlag.

der Kundin ein, wird er vom Gebührensachbearbeiter geprüft, er verfasst einen Widerspruchsbescheid, der ebenfalls vom Kundenbüro versandt wird.

Eine graphische Darstellung könnte so aussehen:

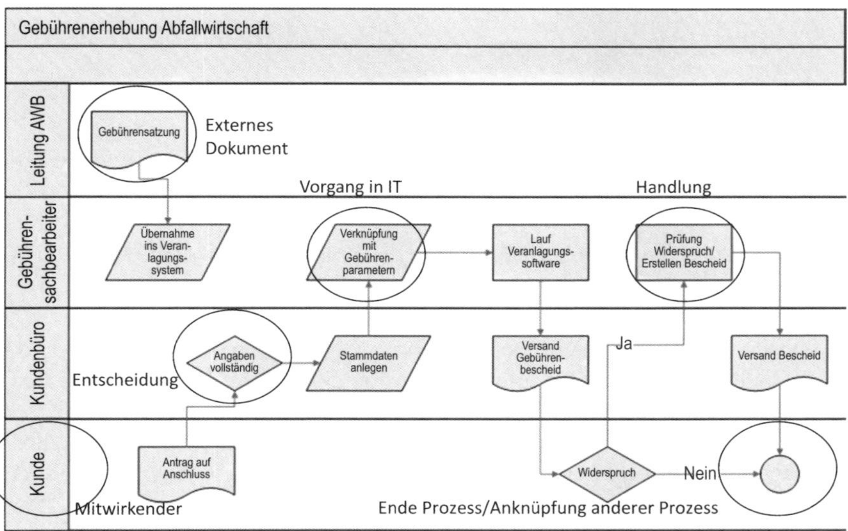

Abbildung 2: Prozessdarstellung Gebührenerhebung Abfallwirtschaft
Quelle: eigene Darstellung

2. Aufbauprüfung

a) Beurteilung der inhärenten Risiken

Auf der Grundlage des so erworbenen Verständnisses vom Geschäftsprozess werden die inhärenten Risiken identifiziert.

Für die beispielhaften Prüfungsaussagen „Alle Benutzer erhalten einen Gebührenbescheid" und „Jeder Gebührenbescheid ist rechtmäßig" werden z. B. die folgenden Fehlerrisiken und Risikofaktoren für ein erhöhtes inhärentes Risiko identifiziert: *156*

- Wegen der komplexen Rechtslage könnte die Satzung rechtswidrig/nichtig sein.
- Da es sich nicht um eine Routinetransaktion handelt wurden die aktuellen Gebührenparameter und -sätze nicht oder nicht zutreffend aus der aktuellen Satzung ins Veranlagungssystem übernommen.
- Gleichförmige, massenhafte, aber nicht automatisierte Transaktionen erhöhen das Risiko für Flüchtigkeitsfehler: die Kundeninformationen wie Adresse, Haushaltsgröße oder Leerungsrythmus sind unvollständig oder falsch im Veranlagungssystem erfasst.
- Es sind nicht alle Benutzer erfasst.

- Beim Lauf der Veranlagungssoftware zur Erzeugung der Gebührenbescheide werden nicht alle Kundendatensätze erfasst und damit nicht für alle Bescheide erstellt.
- Nicht alle Bescheide werden versandt.
- Im Widerspruchsverfahren wird – wegen der Komplexität der Rechtslage– das geltende Recht falsch angewandt.

Ein Risiko für Verstöße läge darin, dass:

- Nutzer von der Veranlagung ausgenommen werden, um sich oder Dritten Vorteile zu verschaffen.

Dieses Risiko wird wegen der geringen Beträge und damit der geringen Motivation als sehr niedrig eingeschätzt.

b) Beurteilung des internen Kontrollsystems bezogen auf das Kontrollrisiko

aa) Verständnis des internen Kontrollsystems

157 Mit Hilfe des internen Kontrollsystems (IKS) versuchen die Verantwortlichen für eine Organisationeinheit sicherzustellen, dass sich inhärente Fehlerrisiken nicht realisieren, dass in der Organisation alle Rechts- und Verwaltungsvorschriften eingehalten werden, die Organisationseinheit ihren Beitrag zur ordnungsgemäßen Rechnungslegung liefert, das zugeordnete Vermögen geschützt wird und sie dabei ihre Aufgaben erfüllt und ihre Ziele erreicht.[47]

Das IKS im engeren Sinne wird gebildet zum einen aus **Regelungen** z. B. zur Aufbau- und Ablauforganisation, Zeichnungs-, Anordnungs-, Freigabe- und Vertretungsrechte und zum anderen aus **Kontrollaktivitäten** für diese Regelungen.[48] Die Kontrollaktivitäten umfassen **Sicherungsmaßnahmen** und Kontrollen. Sicherungsmaßnahmen sind laufende, automatische Einrichtungen, die in die Aufbau- oder Ablauforganisation eingebaut sind und verhindern sollen, dass die Regelungen missachtet werden.[49] Beispiele sind die Funktionstrennung zwischen dem Anordnungsberechtigten und dem Buchungsberechtigten, die Zugriffsbeschränkungen auf IT-Anwendungen entsprechend dem Berechtigungskonzept oder Musterbescheide für häufig vorkommende Sachverhalte.

158 **Kontrollen** sollen dafür sorgen, dass Regelverstöße zeitnah aufgedeckt und korrigiert werden. Die Kontrollen können sowohl in den Geschäftsprozess integriert sein, wenn z. B. der Vorgesetzte eine bestimmte Anzahl von Bescheiden vor dem Versand kontrolliert, als auch durch Prozessfremde, wie

47 WP-Handbuch, L Rz. 233, 17. Aufl. 2021, IDW-Verlag.
48 WP-Handbuch, L Rz. 236, 17. Aufl. 2021, IDW-Verlag.
49 WP-Handbuch, L Rz. 237, 17. Aufl. 2021, IDW-Verlag..

die Innenrevision oder die Rechnungsprüfung im Auftrag des Verantwortlichen vorgenommen werden.[50]

Die getroffenen Regelungen und eingerichteten Sicherungsmaßnahmen und Kontrollen sind das Ergebnis der eigenen **Risikobeurteilung** des Verantwortlichen. Sie bilden die Grundlage für die Risikobeurteilung des Prüfers, beschränken diese jedoch nicht.

Das IKS ist eingebettet in das **Kontrollumfeld** der Organisation, das insbesondere durch die Grundeinstellung der Verantwortlichen zum IKS geprägt wird, und erfordert einen ungehinderten Fluss der erforderlichen **Informationen** auch zur Risikobeurteilung zu den Entscheidern und die **Kommunikation** der Aufgaben und Verantwortlichkeiten an die Beteiligten.[51] Eine detaillierte Darstellung findet sich unter *(s. J.I. Internes Kontrollsystem).*

bb) Beurteilung des IKS durch den Prüfer im Rahmen der Aufbauprüfung

Der Prüfer gewinnt ein Verständnis vom IKS durch Einsichtnahme in die Regelungen und schriftliche Informationen und Kommunikation zum IKS. Das Kontrollumfeld lässt sich zumeist nur auf der Grundlage von Erfahrungen aus Vorprüfungen oder aus der Durchführung der aktuellen Prüfung beurteilen. Einen Einstieg ermöglicht die Befragung des Verantwortlichen zu seiner Einschätzung der Risiken, zu den von ihm oder seinen Vorgesetzten getroffenen Maßnahmen zur Eindämmung dieser Risiken und zu Überwachungsmaßnahmen. Fanden Prüfungen von Dritten statt: Innenrevision, Steuerbehörde oder Sozialversicherung, können die Prüfungsberichte Hinweise auf Fehlerrisiken geben. Sicherungsmaßnahmen und Kontrollen werden bei der Beobachtung eines typischen Geschäftsvorfalls von der erstmaligen Befassung bis zum Ende des Geschäftsprozesses, dem walk through identifiziert. Tatsächlich sind die Prozessaufnahme und die Identifikation von Sicherungsmaßnahmen und Kontrollen im Geschäftsprozess untrennbar miteinander verbunden. *159*

Für dem Prüfer sind nicht alle Kontrollaktivitäten von Interesse sondern nur diejenigen, die für seine Prüfung **relevant** sind, also Fehlerrisiken für seine Prüfungsaussagen adressieren.[52] Wie oben dargestellt, sollte er aber immer ein Risiko von Verstößen in Betracht ziehen und sich deshalb mit den Elementen des IKS auseinandersetzen, die sich mit diesen Risiken beschäftigen,[53] oder ggf. Lücken im IKS feststellen.

50 WP-Handbuch, L Rz. 236, 17. Aufl. 2021, IDW-Verlag.
51 WP-Handbuch, L Rz. 237, 17. Aufl. 2021, IDW-Verlag.
52 ISA [DE] 315, Tz. A68.
53 ISA [DE] 240, Tz. 17.

Im Rahmen der Aufbauprüfung wird jede relevante Kontrolle oder Sicherungsmaßnahme bzgl. ihrer Angemessenheit beurteilt und festgestellt, ob sie tatsächlich implementiert ist.[54]

160 Eine Sicherungsmaßnahme/Kontrolle ist **angemessen**, wenn sie geeignet ist, wesentliche Fehler zu verhindern bzw. zu entdecken und zu berichtigen.[55] Beurteilt wird zunächst lediglich das Design der Sicherungsmaßnahme/Kontrolle, d. h. der Prüfer kann mit der Annahme arbeiten, dass die Sicherungsmaßnahme/Kontrolle so funktioniert, wie sie vom Verantwortlichen konzipiert wurde.[56] Erst im nächsten Schritt wird – und aus Gründen der Prüfungseffizienz – für Sicherungsmaßnahme/Kontrollen, die der Prüfer für angemessen hält, festgestellt, ob sie auch tatsächlich **implementiert** ist und angewendet wird.[57] Dafür ist es ausreichend, wenn für einen einzelnen Fall ein, zumeist nahe am Prüfungszeitpunkt liegender Prüfungsnachweis eingeholt wird, dass die Sicherungsmaßnahme/Kontrolle zu diesem Zeitpunkt funktioniert hat. Der Prüfer greift dabei im Falle von Kontrollen auf die Dokumentation des IKS durch die Organisationseinheit zurück oder beobachtet während der Prüfung die Wirkung einer Sicherungsmaßnahme.

Die Prüfung der Implementierung ist notwendig und ausreichend als Prüfungshandlung für die Beurteilung des Kontrollrisikos,[58] aber sie generiert keine Prüfungsnachweise für die Fehlerfreiheit des Prozesses. Dazu ist erforderlich, dass sich der Prüfer Sicherheit darüber verschafft, dass die – angemessene – Sicherungsmaßnahme/Kontrolle nicht nur während eines Zeitpunktes implementiert war, sondern dass sie auch während des gesamten relevanten Zeitraums funktioniert hat.[59] Das ist Gegenstand der Funktionsprüfung.

161 Im **Beispiel** des Prüfungsurteils „Rechtmäßigkeit der Gebührenbescheide des Abfallwirtschaftsbetriebs“ soll gelten, dass keine Hinweise auf ein ungünstiges Kontrollumfeld vorliegen. Für die inhärenten Risiken für die Prüfungsaussagen „Alle Benutzer erhalten einen Gebührenbescheid“ und „Jeder Gebührenbescheid ist rechtmäßig“ wurden die folgenden relevanten Sicherungsmaßnahmen und Kontrollen identifiziert und für angemessen erachtet:

Um Rechtsfehler in der Satzung zu vermeiden, legt der Leiter des Abfallwirtschaftsamtes jede Änderung im Entwurf dem Rechtsamt zur Prüfung vor. Nach der Anpassung der Gebührenparameter und -Sätze in der Veranlagungssoftware erzeugt der Gebührensachbearbeiter vor dem ersten regulären Lauf Probebescheide für jede Kategorie und legt sie dem Leiter zum Abgleich mit der aktualisierten Satzung vor, erst nach Erhalt der abgezeichneten Probebescheide wird der reguläre Lauf angestoßen. Um zu verhindern, dass unvollständige Kundendatensätze an-

54 WP-Handbuch, L Rz. 328, 17. Aufl. 2021, IDW-Verlag.

55 WP-Handbuch, L Rz. 328, 17. Aufl. 2021, IDW-Verlag.

56 WP-Handbuch, L Rz. 328, 17. Aufl. 2021, IDW-Verlag.

57 WP-Handbuch, L Rz. 328, 17. Aufl. 2021, IDW-Verlag..

58 ISA [DE] 300, Tz. 15, 16.

59 WP-Handbuch, L Rz. 331, 17. Aufl. 2021, IDW-Verlag.

gelegt werden, enthält die Eingabemaske Zwangsfelder, die erst ausgefüllt sein müssen, bevor der Vorgang abgeschlossen werden kann. Zur Vermeidung falscher Kundendaten werden Name, Adresse und Haushaltsgröße automatisiert mit dem Datenbestand des Einwohnermeldeamtes abgeglichen, Fehlermeldungen verhindern ein Schließen des Kundendatensatzes. Rückmeldungen der Poststelle, dass Bescheide unzustellbar waren, führen zur sofortigen Überprüfung des Kundendatensatzes. Um sicherzustellen, dass für jede aufstellte Tonne ein Kundendatensatz besteht, findet vor jedem Lauf der Veranlagungssoftware ein Abgleich mit dem Datenbestand des Behältermanagementsystems statt, mit dessen Hilfe die Abholtouren organisiert werden. Zu diesem Zweck hat sich der Gebührensachbearbeiter eine Datenbank-Anwendung programmiert, die Auswertung druckt er aus. Diese Vorgehensweise schließt das Risiko von Verstößen durch die Unterdrückung von Datensätzen bei der Veranlagung für jeden anderen am Geschäftsprozess Beteiligten aus und minimiert dieses Risiko weiter. Um zu kontrollieren, ob für jeden Kundendatensatz auch ein Bescheid erstellt wird, vergleicht der Gebührensachbearbeiter das Druckerprotokoll und Veränderungen beim Freistempler mit der vom Veranlagungssystem gemeldeten Anzahl von Datensätzen. Dazu verfertigt er einen Vermerk. Eingehende Widersprüche werden im Entwurf vom Gebührensachbearbeiter bearbeitet und vom Leiter geprüft.

Durch Einsichtnahme in die abgezeichneten Probebescheide aufgrund der letzten Satzungsänderung, in den Ausdruck der Datenbank-Anwendung und den Vermerk aus Anlass des jüngsten Laufs der Veranlagungssoftware und in den abgezeichneten Entwurf eines Widerspruchsbescheides hat sich der Prüfer vergewissert, dass diese Kontrollen auch implementiert sind. Die Implementierung der Sicherungsmaßnahmen bei der Anlage eines Kundendatensatzes, stellte er durch die Beobachtung der Neuanlage einschließlich des Versuchs, fehlerhafte Informationen einzugeben, fest.

Er kommt daher abschließend zum Ergebnis, dass aufgrund der Gestaltung des IKS für seine Prüfungsaussagen nur ein geringes Kontrollrisiko und damit Fehlerrisiko besteht.

3. Funktionsprüfung

Die bisher durchgeführte Aufbauprüfung diente lediglich der Beurteilung *162*
von Fehlerrisiken und ist daher für den Prüfer immer Pflicht, wenn sein Prüfungsgegenstand Ergebnis eines Geschäftsprozesses im o. g. Sinne ist.

Will der Prüfer die Prozessorientierte Prüfung einsetzen, um mittelbare Prüfungssicherheit für seinen Prüfungsgegenstand zu erreichen – und nicht lediglich zur Einschätzung des Fehlerrisikos, dann muss er feststellen, dass die relevanten Kontrollen und Sicherungsmaßnahmen **wirksam** waren.

Wirksamkeit setzt voraus, dass die Kontrollen und Sicherungsmaßnahmen **angemessen** sind und während des gesamten geprüften Zeitraums **kontinuierlich funktioniert** haben. Da der Prüfer bereits bei der Aufbauprüfung die Angemessenheit an einem einzelnen Beispiel beurteilt hat, verbleibt für die Prüfung dieses Aspekts nur noch die Frage, ob die Kontrolle/Sicherungsmaßnahme auch in den anderen Fällen auf die gleiche Weise ablief.[60] Bei den manuellen Kontrollen stellt sich die Frage, ob sie auch jedes Mal durchgeführt wurden und ob durch sie aufgedeckte Fehler tatsächlich korrigiert

60 WP-Handbuch, L Rz. 337, 17. Aufl. 2021, IDW-Verlag.

wurden. Der Prüfer muss sich dazu ausreichend Prüfungsnachweise verschaffen. Selbstverständlich können Prüfungsnachweisen aus der Aufbauprüfung auch für die Funktionsprüfung verwandt werden, zur erforderlichen Anzahl von Stichproben bei der Prüfung der kontinuierlichen Funktion bei manuellen Kontrollen *(s. XII. Prüfung in Stichproben)*. Bei den automatischen Kontrollen und Sicherungsmaßnahmen darf sich der Prüfer auf die „Zwangsläufigkeit" von Verarbeitungsregeln in IT-Anwendungen stützen, wenn die Maßnahme zum Zeitpunkt der Prüfung implementiert ist und die letzte Veränderung vor Beginn des geprüften Zeitraums liegt. Mit diesem Ziel sind die Zugriffe und das Zugriffsberechtigungskonzept für die eingesetzte IT-Anwendung zu prüfen[61] *(s. K. IT in der Rechnungsprüfung)*.

163 Mit dem Risiko von Verstößen verbunden ist auch das Risiko, dass Verantwortliche Sicherungsmaßnahmen und Kontrollen außer Kraft setzen. Die kritische Grundhaltung des Prüfers muss mit diesem Risiko immer rechnen, je größer das Risiko von Verstößen desto höher ist auch das Risiko eines vorsätzlichen Unterlaufens des IKS.

Eine **System-Prüfung** -bestehend aus einer Prüfung von Aufbau und Funktion des zum Prüfungsgegenstand und seinem Geschäftsprozess gehörenden IKS- vermittelt nur mittelbare Prüfungssicherheit für den Prüfungsgegenstand. Auch aus anderen Gründen *(s. J.III.2. Systemprüfung des IKS als Mittel zur Gewinnung von Aussagesicherheit)* darf sich der Prüfer nicht allein auf die aus der System-Prüfung erlangte Prüfungssicherheit verlassen, sondern muss die System-Prüfung mit aussagebezogenen Prüfungshandlungen kombinieren.[62] Darunter sind zumeist auch Einzelfall-Prüfungshandlungen. Der Vorteil der System-Prüfung liegt darin, dass diese aussagebezogenen Einzelfall-Prüfungen signifikant reduziert werden können gegenüber einer Prüfungsstrategie, die die gesamte Prüfungssicherheit aus diesen Einzelfall-Prüfungshandlungen gewinnen will.

164 Bei Vorliegen eines angemessenen IKS ist es grundsätzlich eine Strategieentscheidung des Prüfers, ob er nur aussagebezogen prüfen will oder eine aussagenbezogene Prüfung mit einer Systemprüfung kombiniert. Ausnahmen sind Prüfungsaussagen, die mit aussagebezogenen Prüfungshandlungen nicht prüfbar sind. So verlangt die Feststellung der Vollständigkeit einer Anzahl von Elementen in vielen Fällen, dass sich der Prüfer auf die Fehlerfreiheit des Prozesses verlassen kann, der diese Elemente hervorbringt. Dasselbe gilt für Routinetransaktionen, die IT-gestützt erfasst und verarbeitet werden,[63] da außerhalb des Prozesses für diese Transaktionen keine Nachweise entstehen, die durch aussagebezogene Prüfungshandlungen eingeholt werden könnten.

---

61 WP-Handbuch, L Rz. 337, 17. Aufl. 2021, IDW-Verlag.

62 ISA [DE] 330, Tz. A4.

63 ISA [DE] 315, Tz. 30.

Im Beispiel könnte der Prüfer, statt eine Funktionsprüfung für den Prozess der Gebührenerhebung im geprüften Zeitraum durchzuführen, alternativ auch eine ausreichend große Stichprobe *(s. XII. Prüfung in Stichproben)* aus allen Gebührenbescheiden im Prüfungszeitraum ziehen und diese dann aussagenbezogen auf ihre Rechtmäßigkeit prüfen. Zuerst müsste er aber sicherstellen, dass ihm eine Aufstellung vorliegt, die alle im Prüfungszeitraum erlassenen Gebührenbescheide umfasst. In den meisten Fällen ist es eine Frage der Wirtschaftlichkeit, mit welchem Prüfungsansatz – Systemprüfung oder nur aussagebezogene Prüfung – kommt der Prüfer schneller zur geforderten Prüfungssicherheit. Enthält der Prüfungsgegenstand viele, gleichartige Elemente, ist eine Systemprüfung zumeist wirtschaftlicher. Es gibt aber noch weitere Vorteile einer Systemprüfung. Während die aussagebezogene Prüfung lediglich Aussagen über die Vergangenheit trifft, erlaubt die Systemprüfung eine Prognose der künftigen Qualität der Ergebnisse des Geschäftsprozesses, da ein angemessenes und funktionierendes IKS auch künftig Fehler minimieren wird und ein lückenhaftes IKS anfällig für bestimmte Fehler ist. Durch die Fokussierung auf den Prozess kann der Prüfer bereits konkrete Verbesserungsvorschläge für das IKS unterbreiten, was die Wahrscheinlichkeit einer Umsetzung und der Akzeptanz durch die geprüfte Stelle erhöht. Das tiefgreifende Verständnis von Geschäftsprozess und IKS dient auch als Grundlage für Wirtschaftlichkeits-/Zweckmäßigkeitsprüfungen und kann von der Rechnungsprüfung daher wirtschaftlich „mehrfach verwendet" werden. Und schließlich können mittels einer Systemprüfung viele Fragestellungen, die im Rahmen der Jahresabschlussprüfung relevant werden aus dem kurzen Zeitraum, der für die Prüfung des Jahresabschlusses nach seiner Aufstellung zur Verfügung steht herausgenommen werden. Während für eine Prüfung der Rechtmäßigkeit der Leistungsgewährung im Haushaltsjahr – aussagebezogen über die Bescheide – die Grundgesamtheit vollständig vorliegen muss, und daher erst nach Abschluss des Haushaltsjahres stattfinden kann, kann der überwiegende Teil einer Systemprüfung auch unterjährig durchgeführt werden, wodurch die zeitlichen Ressourcen der Rechnungsprüfung gleichmäßiger beansprucht werden.

Gerade die Prüfung des Jahresabschlusses ist ein Hauptanwendungsbereich *165*
der prozessorientierten Prüfung, da der Jahresabschluss einerseits das Ergebnis des Prozesses Erstellung des Jahresabschlusses ist, dessen Prüfung allein Feststellungen über die die Vollständigkeit der darin enthaltenen Informationen geben kann und diese Informationen ihrerseits wieder Ergebnisse von vielfältigen Geschäftsprozessen sind.

Das IKS kann aber nicht nur geprüft werden, um mittelbar Prüfungssicherheit für anderslautende Prüfungsaufträge zu gewinnen, sondern es kann auch selber Prüfungsgegenstand sein *(s. J.III.1 IKS als Prüfungsgegenstand).*

XI. Wesentlichkeit

166 Das Konzept der Wesentlichkeit dient ebenfalls dazu, eine Prüfung wirtschaftlicher zu gestalten. Es unterstellt, dass es den Nutznießern der Prüfung gar nicht darauf ankommt, dass die Prüferin alle Fehler im Prüfungsgegenstand aufspürt, sondern dass es ihnen genügt, dass die Prüferin die wesentlichen Fehler findet oder bestätigt, dass keine wesentlichen Fehler bestehen. Nutznießer der Prüfung sind diejenigen, in deren Auftrag oder in deren vom Gesetzgeber vermuteten Interesse die Prüfung durchgeführt wird. Wesentliche Fehler sind dabei die Teilmenge aller Fehler, denen die Nutznießer Bedeutung zumessen.

Fehlerrisiko und Wesentlichkeit werden miteinander verbunden, da bei dieser Prämisse das Fehlerrisiko als Risiko definiert wird, dass ein wesentlicher Fehler im Prüfungsgegenstand vorliegt. Liegt die Schwelle der Wesentlichkeit hoch, heißt das, dass die Nutznießer nur an besonders „groben" Fehlern interessiert sind. Damit ist das Fehlerrisiko niedriger und nach dem oben dargestellten Zusammenhang des Fehlerrisikos mit dem Entdeckungsrisiko kann der Prüfer bei konstantem Prüfungsrisiko ein höheres Entdeckungsrisiko in Kauf nehmen. Ein höheres Entdeckungsrisiko bedeutet eine weniger intensive Prüfung und damit eine Prüfung, die weniger Ressourcen benötigt. Ressourcen, die die Nutznießer der Rechnungsprüfung direkt oder indirekt zur Verfügung stellen müssen.

167 Die Wesentlichkeitsschwelle hat dabei zwei Funktionen. Zum einen wird der Prüfer bei der Planung der Prüfungshandlungen diese nur so konzipieren, dass Fehler gefunden werden, die für sich genommen oder gemeinsam mit anderen Fehlern wesentlich sind (und in Kauf nehmen, dass unwesentliche Fehler nicht aufgedeckt werden). Zum anderen beeinflusst die Wesentlichkeit die abschließende Würdigung der aufgedeckten Fehler für das Prüfungsurteil. Fehler, die für sich genommen und gemeinsam mit anderen nicht wesentlich sind, hindern ein uneingeschränktes Urteil nicht nur nicht, sondern verlangen es sogar.

Bleibt lediglich das Problem die Wesentlichkeit für den Prüfungsauftrag zu definieren. Wo wie bei gesetzlichen Prüfungsaufträgen viele Nutznießer mit unterschiedlicher Interessenlage beteiligt sind, scheidet eine einfache Nachfrage zur Präzisierung des Prüfungsauftrags aus. Die Prüferin muss daher die Wesentlichkeit vermuten. Das Kriterium ist dabei, ob das Wissen um eine Feststellung entscheidungserheblich für die Nutznießer der Prüfung sein kann.[64] Dies kann durchaus zu verschiedenen Wesentlichkeitsschwellen führen. Die Öffentlichkeit, die Verwaltungsleitung, der Verantwortliche für die geprüfte Stelle und ggf. die Ausführenden haben

64 Für die Rechtmäßigkeitsprüfung ISSAI 4000, Tz. 125 ff.

unterschiedliche und jeweils niedrigere Wesentlichkeitsschwellen. Die Prüferin kann dies berücksichtigen, indem sie die Prüfung mit der niedrigsten Schwelle plant und durchführt und die Berichterstattung entsprechend differenziert *(s. H.III. Berichterstattung).*

Für die Prüfung des Jahresabschlusses wird die Wesentlichkeit **quantifiziert** und zwar als **Wertbetrag** *(s. M.IV. Wesentlichkeit).* Die Hauptaufgabe des Jahresabschlusses ist es, die Vermögens-, Finanz- und Ertragslage der Kommune darzustellen und ob der Wert des Anlagevermögens mit 1,234 oder 1,233 Mrd. Euro angegeben wird, ist für die Beurteilung der Vermögenslage durch die Adressaten der Rechnungslegung nicht wesentlich. *168*

Eine solche Quantifizierung ist für viele andere Prüfungsaufträge der Rechnungsprüfung nicht durchführbar. Für das Prüfungsurteil Rechtmäßigkeit der Gewährung von Sozialleistungen kann sich die Wesentlichkeit nicht an der Höhe der entweder ohne Rechtsanspruch gewährten oder der trotz Rechtsanspruch nicht gewährten Leistungen orientieren. Viele Fehler in der Rechtsanwendung haben gar keine wertmäßigen Auswirkungen. Für einige Rechts- und Ordnungsmäßigkeitsprüfungen könnte sich der Prüfer an einer **Anzahl,**[65] z. B. einer Relation fehlerhafter Bescheide an allen derartigen Bescheiden orientieren, die noch toleriert werden können. Erst ein Überschreiten dieser Fehlerquote macht die Fehler wesentlich. Die Annahme einer Null-Fehler-Toleranz wäre sicher nicht sachgerecht. Da der Auftraggeber im Prüfungsrisikomodell ein verbleibendes Prüfungsrisiko akzeptiert, muss konsequenterweise auch von der Toleranz eines Rest-Fehlerrisikos ausgegangen werden. Die Richtigkeit steht in einem Spannungsverhältnis zur Geschwindigkeit der Erledigung und einem begrenzten Ressourceneinsatz. Die Verwaltung ist zwar auf die Gesetzmäßigkeit verpflichtet, muss aber auch aus verfassungsrechtlichen Gründen nicht fehlerfrei arbeiten, da dem Betroffenen auch die Möglichkeit einer gerichtlichen Überprüfung garantiert ist. Die Vorgabe, wieviele Fehler noch toleriert werden können, sollte sich für typische Prüfungsaufträge aufgrund vielfältiger Prüfungserfahrungen herausbilden und als gute berufliche Übung in Standards kommuniziert werden.

Neben dem quantitativen Aspekt muss Wesentlichkeit aber auch **qualitativ** verstanden werden.[66] Fehler können wesentlich sein, weil die **Rechtsvorschrift**, die missachtet wurde, **von besonderer Bedeutung** ist, so z. B. bei haushaltsrechtlichen Vorschriften, die das Budgetrecht der Volksvertretung ausgestalten und schützen. Auch bei **Verstößen**, also vorsätzlichen Fehlern, muss der Dienstherr/Arbeitgeber reagieren, es handelt sich dabei da- *169*

65 ISSAI 4000, Tz. 127.

66 ISSAI 400, Tz. 47.

her immer um wesentliche Fehler.[67] Und schließlich müssen **systematische Fehler** als wesentliche Fehler angesehen werden. Hier produziert der Geschäftsprozess bei Vorliegen derselben Umstände denselben Fehler immer wieder. Dies dürfen die Verantwortlichen der Kommune wegen des Grundsatzes der Gesetzmäßigkeit der Verwaltung nicht dulden und müssen durch eine Verbesserung des IKS reagieren. Damit bleiben als nicht qualitativ wesentliche Fehler lediglich fahrlässig verursachte Zufallsfehler, die nicht in der Missachtung bedeutsamer Rechtsvorschriften bestehen.

XII. Prüfung in Stichproben

170 Das Wirtschaftlichkeitsgebot für die Rechnungsprüfung erlaubt im Normalfall keine lückenlose Prüfung. Der Prüfer muss seine Prüfungssicherheit aus Stichproben gewinnen. Sein Ziel ist es, trotz einer Prüfung in Stichproben Aussagen über alle Elemente, die Gegenstand der Prüfung sind, die sogenannte **Grundgesamtheit** treffen zu können.[68] Die **Stichprobe** ist definiert als Teilmenge einer Grundgesamtheit, die unter bestimmten Gesichtspunkten ausgewählt wurde,[69] der **Stichprobenumfang** stellt die Anzahl der Elemente in der Teilmenge dar. Bei **repräsentativen Stichproben** weist die Teilmenge dieselben Eigenschaften wie die Grundgesamtheit auf.

Beispielsweise wählt der Prüfer aus der Grundgesamtheit aller neu angelegten Fallakten Jugendhilfe im Haushaltsjahr eine Stichprobe mit dem Umfang von 50 Akten aus oder aus der Grundgesamtheit Buchungen auf einem bestimmten Konto eine Stichprobe bestehend aus allen Buchungen mit einem Betrag von mehr als 50.000 Euro. Eine Prüfung in Stichproben kommt nicht nur für aussagebezogene Prüfungshandlungen sondern auch für Funktionsprüfungen von Kontrollen in Frage, wenn der Prüfer z. B. von den monatlich durchgeführten manuellen Kontrollen die prüft, die in die Urlaubszeit der Zuständigen fallen.

---

67 ISSAI 400, Tz. 47.

68 ISSAI 4000, Tz. 172.

69 ISSAI 4000, Tz. 173; in ISA [DE] 530 ist eine Stichprobe als repräsentative Teilmengen definiert.

1. Auswahlverfahren

Bei der Auswahl der Stichproben werden zwei Gruppen von Auswahlverfahren unterschieden: die bewusste Auswahl[70] und die Zufallsauswahl.[71] 171

Bei der **bewussten Auswahl** wählt der Prüfer die Stichprobenelemente aufgrund sachlicher Überlegungen zum Prüfungsziel aus.[72] Er nutzt seine Informationen über den Prüfungsgegenstand und seine berufliche Erfahrungen für die Definition der Auswahlkriterien. Ein häufig verwendetes Kriterium ist die **Bedeutung des einzelnen Elements** für den gesamten Prüfungsgegenstand sowohl in absoluter als auch in relativer Hinsicht. Wenn z. B. zehn von insgesamt 215 Rechnungen 80 % des zu prüfenden Betrages ausmachen.

Durch die Auswahl von **typischen Fällen**, die in der Grundgesamtheit enthalten sind, kann diese analysiert werden. Sollen z. B. die Nebenkostenabrechnungen geprüft werden, bietet es sich an, sowohl solche mit der eigenen Wohnungsbaugesellschaft, als auch solche mit fremden Mietern zu untersuchen.

Das wichtigste Kriterium der bewussten Auswahl ist jedoch das erwartete 172 **Fehlerrisiko**, also die Wahrscheinlichkeit, mit der bei bestimmten Elementen Fehler zu erwarten sind. Das können inhärente Risiken sein, wie Vorgänge nach einer Rechtsänderung oder während einer Personalknappheit bzw. in einer Vertretungssituation oder Vorgänge nach EDV-Umstellung, ganz generell Nicht-Routine-Vorgänge oder Vorgänge, die dem Bearbeiter einen großen Schätzungs- oder Ermessensspielraum vermitteln. Und das können Kontrollrisiken sein, die sich aus einem unwirksamen IKS ergeben. Und schließlich ist auch die Auswahl anhand von in Vorprüfungen aufgedeckten Fehlerrisiken sinnvoll.

Eine Analyse der Grundgesamtheit durch Stichproben kann dann zu einer Untergliederung dieser Grundgesamtheit, einer sog. **Schichtung** führen,[73] aus denen wiederum Stichproben mittels Auswahlverfahren gezogen werden. In diesem mindestens zweistufigen Prozess, der aber natürlich weitere Stufen, also Untergliederungen der Schichten zulässt, verbessern die Erkenntnisse der ersten Stichprobe die bewusste Auswahl der nachgeschalteten oder ermöglichen dann eine Zufallsauswahl. Voraussetzung für eine Zufallsauswahl ist eine ausreichend homogene Grundgesamtheit.

---

70 ISSAI 4000, Tz. 176.

71 WP-Handbuch, L Rz. 354, 17. Aufl. 2021, IDW-Verlag; ISA [DE] 530, Tz. 5.

72 WP-Handbuch, L Rz. 356, 17. Aufl. 2021, IDW-Verlag.

73 Vgl. IDW PS 310, Anlage 1, Nr. 1.

Im Gegensatz zur bewussten Auswahl nach sachlichen Kriterien hat bei der **Zufallsauswahl** jedes Element der Grundgesamtheit eine von 0 verschiedene Wahrscheinlichkeit, in die Stichprobe zu gelangen.[74] Nur bei Zufallsauswahl kann die Stichprobe repräsentativ für die Grundgesamtheit sein.

173 Mit jeweils derselben Wahrscheinlichkeit gelangen die Elemente in die Stichprobe, wenn für die Ermittlung die Methoden der zufallsgesteuerten Auswahl oder der systematischen Auswahl angewendet werden. Bei der **zufallsgesteuerten Auswahl** werden die Elemente durch Zufallszahlengeneratoren, z. B. Zufallszahlentabellen ermittelt.[75]

Für die **systematische Auswahl** wird die Anzahl der Stichprobenelemente, die die Grundgesamtheit bilden (bspw. 2.000), durch den Stichprobenumfang (bspw. 40) geteilt, sodass sich eine Stichprobenschrittweite (hier 50) ergibt. Innerhalb des ersten Schrittes, hier der ersten 50 Stichprobenelemente, wird ein Ausgangspunkt mittels des Zufallszahlengenerators festgelegt und ausgehend von diesem Ausgangspunkt die Grundgesamtheit durchschritten und jedes 50. Element ausgewählt.[76] Bei dieser Vorgehensweise muss der Prüfer sicherstellen, dass die Grundgesamtheit kein „Muster" aufweist, das die so ausgewählten Elemente ähnlich sein lässt.

174 Das **Stichprobenauswahlverfahren anhand von Geldeinheiten**, das sog. Monetary Unit Sampling ist nur für Elemente geeignet, die einen Wertbetrag aufweisen. Dieses Verfahren führt zu einer wertproportionalen Auswahl,[77] d. h. Elemente, die einen höheren Wertbetrag aufweisen, haben auch eine höhere Wahrscheinlichkeit, für die Stichprobe ausgewählt zu werden. Die bisher genannten Methoden der Zufallsauswahl erfordern eine IT-Unterstützung. Manuelle Auswahlverfahren, bei denen der Prüfer die Stichprobenelemente auswählt, ohne dabei ein strukturiertes Verfahren zu befolgen und wo er jede bewusste systematische Verzerrung oder Vorhersehbarkeit vermeidet (z. B. durch blindes Antippen) werden als **zufallsimitierende Auswahl** bezeichnet. Sie sind für die Anwendung statistischer Methoden ungeeignet.[78]

74 ISA [DE] 530, Tz. 5.
75 ISA [DE] 530, Tz. A13 und Anlage 4.
76 ISA [DE] 530, Tz. A13 und Anlage 4.
77 ISA [DE] 530, Tz. A13 und Anlage 4.
78 ISA [DE] 530, Tz. A13 und Anlage 4.

2. Ermittlung des Stichprobenumfangs bei Zufallsauswahl

Der Stichprobenumfang muss so festgelegt werden, dass das Stichprobenrisiko – also bei Prüfung der Stichprobe zu einer anderen Prüfungsaussage zu kommen als bei Vollprüfung – als vertretbar niedrig eingeschätzt wird.[79] 175

Bei aussagebezogenen Einzelfall-Prüfungshandlungen muss die erforderliche Anzahl der Elemente in der Stichprobe bei Zufallsauswahl mittels einer Formel ermittelt werden, der ein konsistentes mathematisch-statistisches Modell zugrunde liegt. Als Parameter gehen mindestens die absolut zu erreichende Aussagesicherheit (z. B. 95 %), die Aussagesicherheit aus anderen Prüfungshandlungen – Systemprüfung oder analytische Prüfungshandlungen –, das erwartete Risiko für einen Fehler und ggf. die Wesentlichkeitsschwelle ein.[80] Die zugrundeliegende Verteilungsfunktion ist hypergeometrisch. Die Normalverteilung ist für kleine Grundgesamtheiten und kleine Fehlerrisiken nicht anwendbar.[81]

XIII. Prüferisches Ermessen

Die Prüfungstheorie räumt der Prüferin an vielen Stellen ein prüferisches Ermessen ein: In vielen Fällen muss sie selber den Grad an erforderlicher Prüfungssicherheit bestimmen und ggf. den Prüfungsauftrag auslegen; ihr obliegt die Festlegung der Kriterien, anhand derer sie die Wesentlichkeit bestimmt und die Festlegung der Höhe der Wesentlichkeitsschwelle; sie schätzt ein, wo Risiken im Prüfungsgegenstand sind und wie hoch sie sind; sie wählt die Prüfungsstrategie, die Prüfungshandlungen und die Methoden zur Stichprobenziehung aus; sie beurteilt, ob die Prüfungsnachweise das Prüfungsurteil zu tragen vermögen und quantifiziert die erreichte Prüfungssicherheit; sie bildet das Gesamturteil. 176

Wie jedes Ermessen ist auch das prüferische Ermessen pflichtgemäß auszuüben, also entsprechend dem Zweck und unter Beachtung der Grenzen des Ermessens. Zweck des Ermessens ist das Erreichen des Prüfungsziels, also das Aussprechen des Prüfungsurteils mit der erforderlichen Prüfungssicherheit unter Beachtung des Wirtschaftlichkeitsgebotes, also der Vorgabe, dieses Prüfungsziel mit minimalem Ressourceneinsatz zu erreichen. Die Grenzen des Ermessens werden durch die „leges artis", die Grundsätze guter beruflicher Übung gebildet. Diese Grundsätze haben sich als Standards *(s. F. Prüfungsgrundsätze und Prüfungsstandards)* niedergeschlagen,

79 ISA [DE] 350, Tz. 7; ISSAI 4000 Tz. 172.

80 ISA [DE] 530, Tz. A11 und Anlage 3.

81 Zu den mathematisch-statistischen Grundlagen *Brösel/Freichel* u. a., Wirtschaftliches Prüfungswesen, Kapitel 15, 3. Aufl. 2015, Verlag Vahlen.

zeichnen aber mangels Verbindlichkeit für die kommunale Rechnungsprüfung die Grenzen nicht, sondern skizzieren sie nur.

Die Prüfungstheorie verwendet mathematische Erkenntnisse aus Wahrscheinlichkeitsrechnung und Statistik, das prüferische Ermessen kann aber niemals vollständig durch einen Algorithmus ersetzt werden. Am Ende verbleiben der Prüferin subjektive Wertungen.

177 Das prüferische Ermessen ermöglicht es, dass jede Prüfung anders und je für sich bestmöglich sein kann. Prüfungsurteil, Prüfungsgegenstand und das Ermessen des Prüfers bestimmen die individuelle Prüfungsstrategie.

Das sollen die beiden folgenden Beispiele zeigen, die graphisch unterschiedliche Prüfungsstrategien, als Kombination von Prüfungshandlungen zur Risikobeurteilung, Systemprüfungen und aussagebezogene Prüfungshandlungen als analytische oder Einzelfall-Prüfungshandlungen abbilden, die mit unterschiedlicher Intensität durchgeführt werden. Die Intensität soll einerseits das Maß an Prüfungssicherheit darstellen, die der Prüfer aus den jeweiligen Prüfungshandlungen gewinnt und andererseits den Einsatz der Ressource Prüfungszeit.

Strategie A (Abb. 3) könnte die Reaktion des Prüfers für das Prüfungsurteil: „zutreffende Bewertung der Anlagenzugänge“ sein, wenn er weiß, dass eine anlagennummernscharfe Haushaltsplanung einen guten Erwartungswert für analytische Prüfungshandlungen liefert, dass ein „narrensicherer“ IT-gestützter Prozess die richtige Zugangsbewertung und zutreffende vorbelegte Nutzungsdauern garantiert und dass das System richtig rechnet.

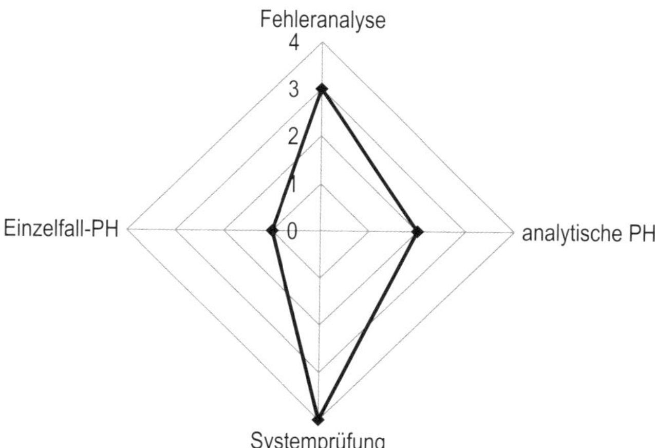

Abbildung 3: Prüfungsstrategie A
Quelle: eigene Darstellung

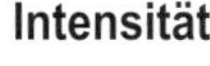

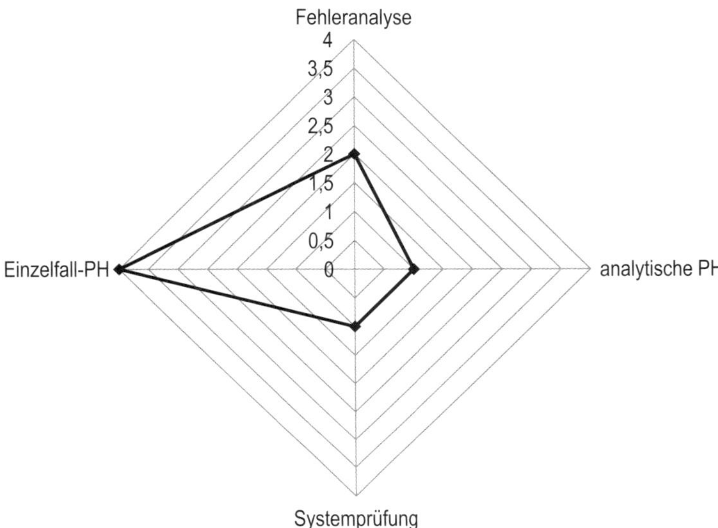

Abbildung 4: Prüfungsstrategie B
Quelle: eigene Darstellung

Strategie B (Abb. 4) könnte der Prüfer für das Prüfungsurteil: „Rechtmäßigkeit der Gewährung von Aufenthaltstiteln" wählen, bei der das Risiko der falschen Rechtsanwendung oder der Anwendung von nicht aktuellem Recht besteht, die Fallzahlen des Vorjahres mit denen des geprüften Jahres wegen vollständig anderer Umstände nicht vergleichbar sind, jeder Fall eine komplexe Einzelfallentscheidung des Sachbearbeiters ist und zwar das Vieraugenprinzip mit dem Vorgesetzten praktiziert wird, aber wegen der hohen Arbeitsbelastung von einer nur geringen tatsächlichen Kontrolltiefe auszugehen ist.

Das persönliche Element des prüferischen Ermessens führt aber auch dazu, dass selbst wenn zwei Prüfer denselben Prüfungsauftrag und -gegenstand hätten, sie (wahrscheinlich) zum selben Ergebnis kämen, aber auf unterschiedlichen Wegen. Tatsächlich offenbarte eine Studie über 101 Wirtschaftsprüfer, die dasselbe Prüfungsurteil fällen sollten, ein erhebliches Maß an Inkonsistenz.[82] Für ein Mindestmaß an intersubjektiver Vergleichbarkeit ist es deshalb erforderlich, dass der Prüfer bei Ausübung des Ermessens jede Entscheidung bewusst trifft, sachlich begründet und nachvollziehbar dokumentiert *(s. I. Dokumentation der Prüfung)*.

82 Brown Independent Auditor Judgement in the Evaluation of Internal Audit Functions Journal of Accounting Research 21 (1983) S. 44–455.

Der kreative, gleichzeitig regelgestützte Prozess, den jede Prüfung aufgrund des prüferischen Ermessens darstellt, rechtfertigt durchaus die Beschreibung als „*Kunsthandwerk auf höchstem Niveau*"[83].

83 Zur Abschlussprüfung *Ebke*, in: MüKo HGB, § 323 Rn. 26, 4. Aufl. 2020.

H. Prüfung als Prozess

Prüfung lässt sich als Prozess auffassen und in die Elemente **Prüfungsplanung**, **Prüfungsdurchführung** und **Berichterstattung**, ggf. noch **Nachverfolgung** der Umsetzung von Abhilfemaßnahmen zerlegen[1]. Prüfungsplanung und -durchführung sind jedoch nicht linear hintereinander gestaffelt, sondern als rückkoppelndes System ineinander verzahnt.[2] In der Prüfungsplanung werden die Entscheidungen über Art und Umfang der Prüfungshandlungen im Verlauf der Prüfungsdurchführung getroffen. Für diese Entscheidungen aber werden Informationen zum Prüfungsgegenstand, seinem Sollzustand, zur geprüften Einheit und ihrem Umfeld und zu den Fehlerrisiken benötigt. Diese Informationen werden mittels Prüfungshandlungen erhoben, die bereits Teil der Prüfungsdurchführung sind. Das bedeutet, dass nicht nur die Prüfungsplanung die Durchführung bestimmt, sondern dass Erkenntnisse aus einem frühen Stadium der Prüfungsdurchführung erst einen (vorläufigen) Abschluss der Planung ermöglichen und weitere Erkenntnisse die ursprüngliche Planung regelmäßig modifizieren. Die Planung ist erst mit Abschluss der Durchführung beendet. Diese Veränderung der Planung im Verlauf der Prüfung und als Reaktion auf die Ergebnisse der Prüfung stellt besondere Anforderungen an eine nachvollziehbare Dokumentation *(s. I. Dokumentation der Prüfung)*. 178

I. Prüfungsplanung

Die Prüfungsplanung adressiert drei Aspekte: 179

- die sachlichen Planung, also was ist zu tun,
- die Planung der Ressourcen, also wer soll es tun, bzw. welche Kompetenzen und Hilfsmittel benötigt werden und
- die zeitlichen Planung, also wann die einzelnen Arbeitsschritte durchgeführt werden sollen.

Die Prüfungsplanung muss in einem **Prüfungsplanungsvermerk** schriftlich dokumentiert werden.[3]

1 Vgl. ISSAI 100, Tz. 44 ff.

2 ISSAI 100, Tz. 48.

3 ISSAI 4000, Tz. 137.

1. Sachliche Planung

180 Grundsätzlich sollte sich das erwartete Prüfungsurteil und die erforderliche Prüfungssicherheit aus dem vorgegebenen Prüfungsauftrag ableiten lassen. Dasselbe gilt für die Abgrenzung des Prüfungsgegenstandes. Bestehen Zweifel, sollte, wenn möglich eine Präzisierung durch den Auftraggeber herbeigeführt werden; bei gesetzlichen Prüfungsaufträgen liegt die Auslegung im Ermessen des Prüfers. Der Planungsvermerk beginnt daher mit dem Prüfungsurteil, dem Prüfungsgegenstand und der erforderlichen Prüfungssicherheit.

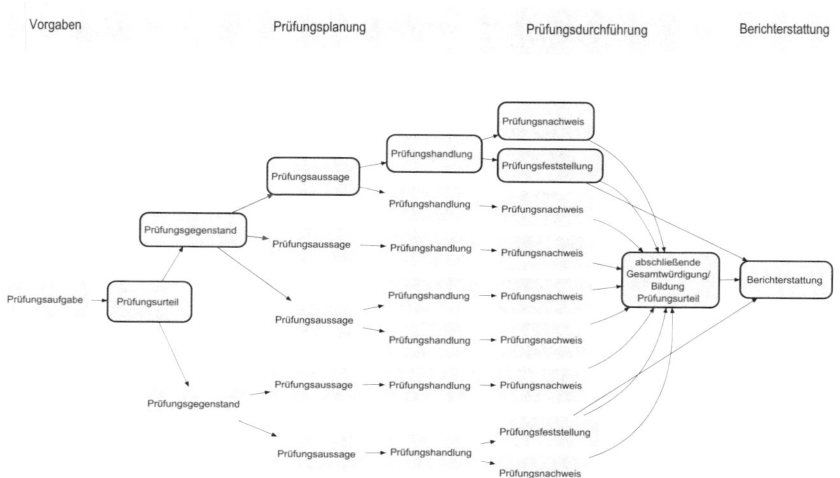

Abbildung 5: Prüfung als Prozess
Quelle: eigene Darstellung

Anschließend werden die erforderlichen **Prüfungshandlungen zum Erwerb eines grundlegenden Verständnisses der geprüften Einheit und ihres Umfeldes**[4] festgelegt.

Auf der Grundlage der aus diesen Prüfungshandlungen gewonnenen Informationen wird das Soll-Programm bestimmt, also die Summe der Anforderungen, denen der Prüfungsgegenstand gerecht werden muss, um ein uneingeschränktes Prüfungsurteil zu ermöglichen *(s. G.V. Prüfungsfeststellungen)*. Im Prüfungsplanungsvermerk schlägt sich das als Liste von Prüfungsaussagen nieder, die der Prüfer treffen muss. Werden die Aussagen – vor Durchführung der Prüfung konsequent – als Fragen formuliert, ergibt dies die sog. **Checkliste**. Wichtig ist, dass im Verlauf der Prüfungsplanung

4 ISA [DE] 315, Tz. 19.

die Prüfungsaussagen so präzise aufgliedert werden, dass dazu auch Prüfungshandlungen konzipiert werden können *(s. G.IV. Prüfungsgegenstand und Prüfungsaussagen).* Ist der Prüfungsgegenstand ein Geschäftsprozess oder sind die einzelnen Elemente das Ergebnis eines oder mehrerer Geschäftsprozesse, dokumentiert der Prüfer im Planungsvermerk seine Entscheidung, auch ein Verständnis vom Ablauf dieser Geschäftsprozesse zu erwerben *(s. G.X.1. Verständnis des Geschäftsprozesses).*

Daran schließen sich Überlegungen und schließlich die Bestimmung einer einzigen oder mehrerer Wesentlichkeitsschwellen quantitativer oder qualitativer Natur *(s. G.XI. Wesentlichkeit)* für verschiedene Prüfungsaussagen an.

Der nächste Schritt ist dann die Festlegung der **Prüfungshandlungen zur** *181*
Bestimmung des Fehlerrisikos einschließlich des Risikos für Verstöße. Dazu gehört insbesondere die Aufbauprüfung für relevante IKS-Elemente zur Bestimmung des Kontrollrisikos.

Gestützt auf das Ergebnis dieser Prüfungshandlungen kann dann jeder Prüfungsaussage ihr Fehlerrisiko zugeordnet werden. Das Fehlerrisiko ergibt sich zwar rechnerisch als Produkt aus der Wahrscheinlichkeit des Eintritts des Fehlers und der Bedeutung der Fehlerfolgen.[5] Es ist aber nicht erforderlich, die Fehlerrisiken präzise zu quantifizieren. Völlig ausreichend ist es, die Risiken in Kategorien, z. B.: **nicht vorhanden**, **niedrig** und **hoch** und ggf. bedeutsam einzuordnen.

Durch den Ausschluss von Prüfungsaussagen ohne wesentliches Fehlerrisiko kann dann das Prüfungsprogramm, die Summe der zu treffenden Prüfungsaussagen reduziert werden.

Danach muss die Prüferin entscheiden, ob und wenn ja für welche Prüfungsaussagen Aussagesicherheit auch aus einer Systemprüfung, also der Prüfung der Wirksamkeit der relevanten IKS-Elemente gewonnen werden soll oder wo lediglich eine aussagebezogene Prüfung durchgeführt werden soll. Die Entscheidung wird von drei Aspekten bestimmt:

- Für bestimmte Prüfungsaussagen, insbesondere die Vollständigkeit oder bei Vorgängen, die vollständig in einer IT-Anwendung ablaufen, gibt es keine Alternative zur Systemprüfung, da aussagebezogene Prüfungshandlungen die erforderliche Aussagesicherheit nicht generieren können.
- Hat die Aufbauprüfung ergeben, dass die Kontrollaktivitäten nicht angemessen konzipiert oder nicht implementiert waren, scheidet eine Systemprüfung aus.

5 Vergl. ISA [DE] 315, Tz. 12.

– In den übrigen Fällen handelt es sich um eine Entscheidung welche Prüfungsstrategie schneller und damit wirtschaftlicher ist, dabei ist auch eine „Zweitverwertung“ z. B. für eine Wirtschaftlichkeitsprüfung zu berücksichtigen.

Zusammenfassend sind – bei der vorgeschlagenen Risikoeinstufung – je Prüfungsaussage grundsätzlich fünf verschiedene Prüfungsstrategien möglich, zwischen denen der Prüfer im Prüfungsplanungsvermerk eine begründete Auswahl treffen muss:

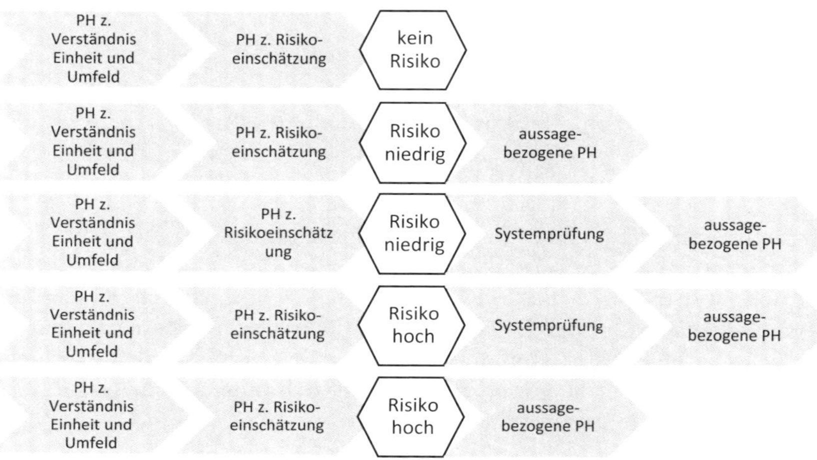

Abbildung 6: Prüfungsstrategien
Quelle: eigene Darstellung

Und schließlich ist im Prüfungsplanungsvermerk je Prüfungsaussage die Entscheidung zu treffen, ob als aussagenbezogene Prüfungshandlungen analytische Prüfungshandlungen oder (auch) Einzelfall-Prüfungen durchgeführt werden sollen.

182 Am Schluss der sachlichen Planung steht die Festlegung der Methode zur Auswahl der Elemente für Einzelfall-Prüfungshandlungen, das Auswahlverfahren und insbesondere die Stichprobengröße *(s. G.XII. Prüfung in Stichproben).*

Dabei berücksichtigt der Prüfer sowohl das Fehlerrisiko als auch das Maß an Aussagesicherheit, das er bereits durch die vorgeschalteten Prüfungshandlungen erreicht hat. Daher ergibt sich aus einem niedrigen Fehlerrisiko und einer Prüfungsstrategie unter Einschluss einer Systemprüfung und analytischer Prüfungshandlungen der geringste Stichprobenumfang.

Bei hohem Fehlerrisiko und einer Strategie ohne Systemprüfung und analytischen Prüfungshandlungen ermittelt sich entsprechend der größte Stichprobenumfang.

Da dieselbe Prüfungshandlung zumeist mehrere Prüfungsaussagen abdeckt – die Einsichtnahme in einen Antrag weist z. B. nach, dass er vorhanden, vollständig ausgefüllt und unterschrieben wurde –, ist es für die Prüfungsdurchführung nützlich, neben der Zuordnung Prüfungshandlung je Prüfungsaussage auch eine Zuordnung Prüfungsaussagen je Prüfungshandlung im Planungsvermerk erzeugen zu können.

2. Ressourcenplanung

Die erste Überlegung der Ressourcenplanung ist die Frage nach den erfor- 183
derlichen fachlichen Kompetenzen. Verfügt der Prüfer selber über alle Kompetenzen oder wird für den Prüfungsauftrag ein Prüfungsteam unter Einschluss von Spezialistinnen z. B. für IT, Gebührenkalkulation oder Tiefbau benötigt? Die Entscheidung, wer dem Prüfungsteam angehört, muss aber auch berücksichtigen, dass jedes Teammitglied in Bezug auf Prüfungsgegenstand und geprüfter Einheit die Gewähr für Unbefangenheit und kritische Grundhaltung bietet. Die Notwendigkeit der Rotation von Prüferinnen oder der Einarbeitung von neuen Mitarbeitern kann zu einer Änderung der Zusammensetzung des Prüfungsteams führen. Und schließlich muss sichergestellt sein, dass eine Qualitätskontrolle für den Prüfungsauftrag z. B. durch eine Berichtskritik gesichert ist. Bei Prüfungsteams ist die Gesamtverantwortung und die Aufgabenverteilung im Team festzulegen. Die Fragestellung, ob alle Mitglieder des Prüfungsteams und die Qualitätskontrolle über ausreichend Zeit im Prüfungszeitraum verfügen, ist im Zusammenhang mit der Zeitplanung des Prüfungsauftrags zu klären.

Neben der Zusammenstellung des Prüfungsteams muss die Ressourcenplanung auch sicherstellen, dass bei der geprüften Stelle Räume und Ansprechpartner zur Verfügung stehen, für die Prüfer Zugriffsrechte auf die IT eingerichtet wurden und Datenabzüge zur Verfügung gestellt werden. Für die Überlassung von Anforderungen und Prüfungsnachweisen müssen Sharepoints, Geräte mit offenem USB-Anschluss, körperliche und elektronische Postfächer organisiert werden. Vom Prüfer mitzubringende Hard- und Software muss ebenfalls in ausreichender Anzahl bereitgestellt werden.

3. Zeitliche Planung

184 Bei der zeitlichen Planung gilt es zum einen die Prüfung in Arbeitspakete aufzuteilen und den Zeitaufwand für diese Arbeitspakete zu schätzen.

Um den Ablauf der Prüfungsdurchführung zu optimieren, werden Prüffelder gebildet. In Prüffeldern werden mehrere Prüfungsaussagen ggf. auch zu unterschiedlichen Prüfungsgegenständen so zu einem **Prüffeld** zusammengelegt, dass bei der Durchführung der Prüfung möglichst keine Redundanzen entstehen. Redundanzen entstehen z. B. dadurch, dass mehrere Prüfer dieselben Informationen und Prüfungsnachweise benötigen oder denselben Ansprechpartner bei der geprüften Einheit mit den gleichen Fragen in Anspruch nehmen. So bilden bei der Jahresabschlussprüfung das Anlagevermögen, die Abschreibungen, die Sonderposten für Investitionen und ihre Auflösung und die in diesem Zusammenhang stehenden Angaben in Anhang und Lage-/Rechenschaftsbericht ein Prüffeld, das ggf. noch um die Einhaltung der Vorgaben des Zuwendungsgebers für erhaltene Zuwendungen und die Einhaltung der Vergabevorschriften für Anlagenzugänge ergänzt werden kann. Im Planungsvermerk ist die Bildung von Prüffeldern und die Zuordnung zum jeweiligen Mitglied des Prüfungsteams zu dokumentieren.

Für jedes Prüffeld und die anderen Tätigkeiten, z. B. Bericht erstellen oder Berichtskritik, muss der Zeitbedarf geschätzt werden. Die Schätzung wird ebenfalls im Planungsvermerk festgehalten.

Ausgehend vom Zeitbedarf ist dann die Prüfung in Abstimmung mit allen Mitgliedern des Prüfungsteams und den Ansprechpartnern in der geprüften Einheit zu terminieren. Wichtige Termine sind: Beginn und Ende der Prüfung, Zeiten der Präsenz vor Ort in der geprüften Einheit, Zeitpunkte für die Erfüllung wichtiger Mitwirkungspflichten durch die geprüfte Einheit; für die Berichterstattung gegenüber der geprüften Einheit und an den Auftraggeber und ggf. für die Nachverfolgung. Auch dieser Terminplan ist Teil des Planungsvermerks.

Zumeist ist eine detaillierte Zeitplanung für einzelne Prüffelder erforderlich. Hier wird in Absprache mit den Mitarbeitern der geprüften Einheit festgelegt, bis wann Unterlagen zur Verfügung gestellt und Auskünfte erteilt werden oder Termine für Befragungen und Beobachtungen vereinbart. Diese zeitliche Feinplanung sollte vom den für das jeweilige Prüffeld zuständigen Prüfern vorgenommen werden.

Bei der Planung ist grundsätzlich mit der Möglichkeit von systematischen Fehlern oder Verstößen zu rechnen, die eine Ausweitung der Prüfung erforderlich machen. Der dafür erforderliche Zeitbedarf sollte ebenfalls berücksichtigt werden.

Mit einer realistischen, einvernehmlich bestimmten und klar kommunizierten Zeitplanung wird der Prüfungsablauf optimiert. Günstig ist für den einzelnen Prüfer die Parallelführung mehrerer Prüfungsaufträge. So können unvermeidbare Wartezeiten genützt werden und für die Mitarbeiter der geprüften Einheit bleibt neben der Unterstützung der Prüfung Zeit für die „eigentliche" Arbeit.

II. Prüfungsdurchführung

Die Prüfungsdurchführung besteht aus den Prozessschritten Durchführung der Prüfungshandlungen, Beurteilung der Prüfungsnachweise und Bildung des Gesamturteils. *185*

1. Prüfungshandlungen

Die Prüfungshandlungen können nicht nur nach ihrer Art *(s. G.VI. Prüfungshandlungen)*, sondern auch nach ihrer Position im Prüfungsablauf und ihrem Zweck geordnet werden.

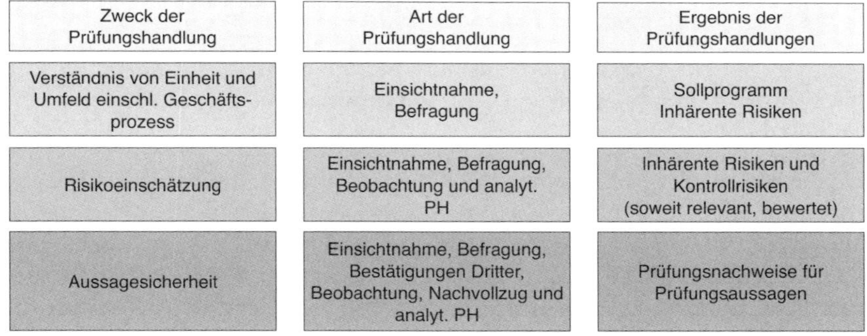

Abbildung 7: Prüfungshandlungen nach Zweck, Art und Ergebnis
Quelle: eigene Darstellung

a) Prüfungshandlungen zur Erlangung eines Verständnisses der geprüften Einheit und ihres Umfeldes

Diese Prüfungshandlungen bilden den Auftakt der Prüfung und adressieren typischerweise vier Aspekte: die rechtlichen Verhältnisse der geprüften Einheit, ihre Organisation, ihre Tätigkeit und deren wirtschaftliche Auswirkungen. Es handelt sich zumeist um Einsichtnahmen in Dokumente und die Befragung von Verantwortlichen. Sie sind mit geringem Aufwand durchführbar. Dass Befragungen weniger zuverlässige Prüfungsnachweise generieren, ist unproblematisch, da weitere Prüfungshandlungen folgen. *186*

So wird die Verantwortliche befragt z. B. zu den rechtlichen Rahmenbedingungen, den bei der Tätigkeit zu beachtenden Rechts- und Verwaltungsvorschriften, zur Organisation und dem Einsatz von IT.

In die Rechts- und Verwaltungsvorschriften und Unterlagen wie Organigramme, Mitarbeiter- und Telefonlisten, Zielvereinbarungen, Controlling-Berichte und Statistiken, Haushaltsplan, Jahresabschluss, Kostenrechnung Gesellschaftsverträge, Betriebssatzungen und Gebührenkalkulation nimmt der Prüfer Einsicht.

Die Prüfungshandlungen, um den Geschäftsprozess kennenzulernen, werden als walk through bezeichnet. Es handelt sich um die Kombination von Befragungen von Prozessbeteiligten zu ihren Aufgaben, Beobachtung der Prozessbeteiligten bei ihrer Aufgabenerledigung und Einsichtnahme in Aufzeichnungen, Akten und Datenbestände, in denen sich (Zwischen-)Ergebnisse des Geschäftsprozesses niedergeschlagen haben. Mit Hilfe dieser Prüfungshandlungen wird der Weg eines typischen Geschäftsvorfalls, zumeist ein einzelnes Element des Prüfungsgegenstandes, von Beginn bis zum Ende durch den Geschäftsprozess verfolgt.

b) Prüfungshandlungen zur Risikoeinschätzung

187 Durch geeignete analytische Prüfungshandlungen *(s. G.VI.2. Analytische Prüfungshandlungen)* erhält der Prüfer Hinweise auf möglicherweise vorhandene Fehler.

Um das Kontrollrisiko, also das Risiko, dass Fehler nicht durch das Interne Kontrollsystem verhindert oder aufgedeckt werden, bestimmen zu können, führt der Prüfer Befragungen durch, nimmt Einsicht in Unterlagen und verbindet den walk through, die Nachverfolgung eines typischen Geschäftsvorfalls durch den gesamten Geschäftsprozess mit einer Aufbauprüfung des IKS.

Der Prüfer befragt die Verantwortlichen zu ihren Risikoeinschätzungen, den getroffenen Regelungen und durchgeführten Überwachungsmaßnahmen. Er erhält so einen Eindruck vom IKS-Kontrollumfeld und zudem können sich Hinweise auf subjektive Risikofaktoren für Verstöße – also vorsätzliche Fehler –, Motivation und innere Rechtfertigung ergeben.

In die Regelungen und Berichte von Überwachungsmaßnahmen, dazu gehören auch Berichte von Vorprüfungen, nimmt der Prüfer Einsicht. Während des walk through werden auch die Kontrollaktivitäten im Geschäftsprozess, also Sicherungsmaßnahmen und Kontrollen identifiziert. Für die Kontrollaktivitäten, die relevante Fehlerrisiken für die Prüfungsaussagen adressieren, muss der Prüfer eine Aufbauprüfung durchführen. Er stellt fest – durch Beobachtung und Nachvollzug der Kontrollen und Sicherungsmaßnahmen oder Einsichtnahme in die Aufzeichnungen von Kontrollen –, ob die Kontrollaktivitäten angemessen konzipiert sind und implementiert wurden *(s. G.X.2. Aufbauprüfung).* Gestützt darauf kann der Prüfer die inhärenten Risiken aus dem Geschäftsprozess und die Kontrollrisiken für seine Prüfungsaussagen einschätzen. Der objektive Risikofaktor für Verstöße, die Gelegenheit, lässt sich ebenfalls nur auf dieser Grundlage beurteilen.

c) *Prüfungshandlungen zur Gewinnung der (dann noch) erforderlichen Prüfungssicherheit*

Für Prüfungsaussagen, für die in der Prüfungsplanung die Entscheidung *188*
getroffen wurde, sie mittels einer Systemprüfung zu prüfen, werden die relevanten Elemente des IKS einer Funktionsprüfung *(s. G.X.3. Funktionsprüfung)* unterzogen.

Ihr Ziel besteht darin festzustellen, dass die Kontrollaktivitäten während des gesamten Prüfungszeitraums wirksam waren. Dazu nimmt der Prüfer für jede manuelle Kontrolle Einsicht in eine ausreichend große Stichprobe aus allen Aufzeichnungen dieser Kontrolle im Prüfungszeitraum. Für die automatischen Kontrollen und Sicherungsmaßnahmen kann durch Einsichtnahme in das Veränderungsprotokoll der IT-Anwendung festgestellt werden, dass die letzte Änderung vor Beginn des Prüfungszeitraums lag und damit von einer Implementierung während des gesamten Prüfungszeitraums ausgegangen werden kann.

Im Rahmen der Aufbauprüfung durchgeführte Prüfungshandlungen können auf die Funktionsprüfungen angerechnet werden. Da eine Kontrollprüfung wegen ihres mittelbaren Ansatzes allein keine hinreichende Prüfungssicherheit generieren kann, schließen sich daran aussagebezogene Prüfungshandlungen im reduzierten Umfang an.

Für die übrigen Prüfungsaussagen werden nur aussagebezogene Prüfungshandlungen durchgeführt, ggf. fokussiert, wenn ein hohes Fehlerrisiko festgestellt wurde. Zu den aussagebezogenen Prüfungshandlungen gehören auch die analytischen Prüfungshandlungen. Die bereits als Prüfungshandlung zur Risikoeinschätzung durchgeführten analytischen Prüfungshandlungen können so einem doppelten Zweck dienen. Da diese dem Prüfer aber nicht Aussagesicherheit, sondern lediglich Plausibilität oder Zweifel an der Plausibilität vermitteln, kann sich der Prüfer zumeist nicht allein auf sie verlassen, sondern muss sie mit Einzelfall-Prüfungshandlungen kombinieren. Sie gestatten es dem Prüfer jedoch, diese Einzelfall-Prüfungshandlungen deutlich zu reduzieren.

Der Zeitraum der **Prüfungshandlungen** reicht **bis zum Stichtag der Berichterstattung**, deshalb muss der Prüfer auch Prüfungshandlungen vornehmen, um festzustellen, ob zwischen Abschluss der Prüfung vor Ort und dem Stichtag der Berichterstattung wesentliche Ereignisse eingetreten sind, die Einfluss auf das Prüfungsurteil oder sonstige Berichterstattung haben. Dazu gehört insbesondere eine Vollständigkeitserklärung der Verantwortlichen der geprüften Stelle, die auf einen Zeitpunkt nahe des Stichtages der Berichterstattung datiert ist und abhängig vom Prüfungsurteil die Durchsicht von Schriftverkehr, Sitzungsprotokollen, veröffentlichten Berichten oder Finanzdaten für nachfolgende Perioden.

2. Beurteilung Prüfungsnachweise

189 Die Prüferin muss die mittels der Prüfungshandlungen eingeholten Prüfungsnachweise *(s. G.VII. Prüfungsnachweise)* daraufhin beurteilen, ob sie die erforderliche Qualität und Quantität erreichen, um jede einzelne Prüfungsaussage und damit das Prüfungsurteil zu tragen.[6]

Es gibt mehrere Gründe dafür, dass die **Quantität** der Prüfungsnachweise nicht ausreicht. Dies ist immer dann der Fall, wenn die Prüfungsnachweise nicht die Annahmen in der Planung stützen. Beruhte die Prüfungsstrategie und damit die Planung der Stichprobenumfänge auf der Annahme eines niedrigen Fehlerrisikos und ergeben die (wenigen) Prüfungsnachweise mehr Fehler als dem niedrigen Fehlerrisiko entsprechen würde, dann reichen die Prüfungsnachweise nicht aus, um die Anzahl oder die Höhe der Fehler abschließend beurteilen zu können. Nach dem Prüfungsrisikomodell *(s. G.IX. Risikoorientierung)* muss das Entdeckungsrisiko dem Fehlerrisiko angepasst werden. Das führt nachträglich zu höheren Stichprobenumfängen. Die ursprüngliche Planung muss den Erkenntnissen angepasst werden und jetzt müssen mehr Prüfungshandlungen durchgeführt werden, um mehr Prüfungsnachweise zu erlangen.[7]

Ein weiterer Grund ist, dass mit den geplanten Prüfungshandlungen keine Prüfungsnachweise erlangt wurden, z. B. wenn Bestätigungen Dritter nicht oder nicht in der angeforderten Anzahl eingegangen sind. Dann muss der Prüfer soweit möglich alternative Prüfungshandlungen konzipieren, um dennoch zur geplanten Aussagesicherheit zu gelangen. Besteht diese Möglichkeit nicht, dann liegt ein Prüfungshemmnis vor.

Und schließlich könnte die Beurteilung ergeben, dass die Qualität der Prüfungsnachweise schlechter als geplant ist und die mangelhafte Qualität

---

6 ISSAI 4000, Tz. 144 ff.

7 ISSAI 4000, Tz. 150.

durch eine höhere Quantität ausgeglichen werden kann.[8] Ansonsten liegt auch hier ein Prüfungshemmnis vor.

Der Maßstab für die **Qualität** von Prüfungsnachweisen ist ihre Relevanz und Zuverlässigkeit. Die je Prüfungshandlung unterschiedliche Verlässlichkeit der Prüfungsnachweise war bereits bei der Planung zu berücksichtigen. So, dass Befragungen allein zumeist keine verlässlichen Prüfungsnachweise hervorbringen können, Einsichtnahme in Originale Kopien, schriftliche Bestätigungen mündlichen und Auskünfte Unbeteiligter denen von Betroffenen vorzuziehen sind oder eine Inaugenscheinnahme einen gegenüber einer Bestätigung belastbareren Prüfungsnachweis liefert.

Bei der Beurteilung der Prüfungsnachweise stellt sich daher insbesondere die Frage, ob sich Zweifel an der Zuverlässigkeit ergeben, z. B. weil Prüfungsnachweise einander widersprechen.[9] Und die kritische Grundhaltung des Prüfers verlangt, dass er ein Risiko von Manipulationen und Täuschungen in Betracht zieht. Das macht keine quasi-kriminaltechnische Untersuchung der Prüfungsnachweise erforderlich, es reicht aus, wenn der Prüfungsnachweis auf Konsistenz der in ihm enthaltenen Informationen geprüft wird. Es sei denn, es lägen Hinweise auf besondere Risikofaktoren für Verstöße vor.[10]

Die Beurteilung der Prüfungsnachweise liegt im pflichtgemäßen Ermessen des Prüfers. Der Prüfer muss dann auf der Grundlage dieser Prüfungsnachweise die Prüfungsaussagen treffen. D. h. er stellt fest, ob jede einzelne Prüfungsaussage zutrifft, nicht zutrifft oder nur mit (genau beschriebenen) Einschränkungen zutrifft.

3. Bildung des Gesamturteils

Der Auftraggeber hat jedoch ein berechtigtes Interesse an einem abschlie- *190*
ßenden Prüfungsurteil für seinen Prüfungsauftrag statt lediglich einer Vielzahl von Prüfungsaussagen. In einer Umkehrung der Aufgliederung des Prüfungsurteils in Prüfungsaussagen im Verlauf der Prüfungsplanung gilt es jetzt die diversen Prüfungsaussagen zu einem Prüfungsurteil zusammenzufassen, das die uneingeschränkte Übereinstimmung des Prüfungsgegenstandes mit dem Soll-Zustand (uneingeschränktes Prüfungsurteil), die Übereinstimmung mit Einschränkungen (eingeschränktes Prüfungsurteil), die Nicht-Übereinstimmung (versagendes Prüfungsurteil) oder ein Prüfungshemmnis feststellt.

---

8 Kritisch ISSAI 4000, Tz. 151, 152.

9 ISA [DE] 500, Tz. 11.

10 ISSAI 4000, Tz. 153 für den Fall einer Haftungsbegründung eines für einen Ordnungs- bzw. Rechtsverstoß verantwortlichen Bediensteten.

Bei der Bewertung von bei der Prüfung festgestellten Fehlern *(s. G.V. Prüfungsfeststellungen)* ist zu unterscheiden: Wurden Fehler in einzelnen Elementen des Prüfungsgegenstandes festgestellt, die nicht aus Verstößen resultieren; und werden Anzahl, Höhe und Auswirkung der Fehler einzeln und kumulativ als nicht wesentlich eingestuft *(s. G.XI. Wesentlichkeit)*, dann erteilt der Prüfer ein uneingeschränktes Prüfungsurteil. Führen wesentliche Fehler dazu, dass einzelne Prüfungsaussagen nicht zutreffen, kommt entweder ein eingeschränktes oder ein versagendes Prüfungsurteil in Frage. Voraussetzung für ein nur eingeschränktes Prüfungsurteil ist, dass der oder die Fehler präzise und abschließend im Prüfungsurteil formuliert werden können. Sind eine größere Anzahl von Prüfungsaussagen betroffen oder handelt es sich um systematische Fehler oder gar Verstöße, muss der Prüfer ein versagendes Prüfungsurteil aussprechen.

Beim Vorliegen von Prüfungshemmnissen nur für einzelne Prüfungsaussagen ist abzuwägen, ob das Prüfungsurteil insofern eingeschränkt werden kann, dass für die dann zu nennenden Prüfungsaussagen ein Prüfungshemmnis vorlag, oder ob die Prüfungsaussagen so wesentlich für das Gesamturteil sind, das ein Prüfungsurteil wegen des Prüfungshemmnisses nicht erteilt werden kann.

III. Berichterstattung

191 Der Prüfer gibt nicht nur ein Prüfungsurteil ab. Vielmehr übermittelt er den Verantwortlichen und Mitarbeitern der geprüften Einheit und der Leitung der Rechnungsprüfung das Ergebnis seiner Prüfung, während diese das Prüfungsergebnis dem Auftraggeber und verschiedenen Nutznießern der Prüfung kommunizieren. Art, Umfang und Zeitpunkt der Berichterstattung wird dabei aus dem wohlverstandenen Interesse der Adressaten abgeleitet. Sie müssen insbesondere rechtzeitige und ausreichende Informationen erhalten, damit diese ihre Aufsichtsfunktion wahrnehmen können.[11] So werden die Mitarbeiter/Verantwortlichen der geprüften Einheit detailreicher und früher unterrichtet als die Verwaltungsspitze, die Volksvertretung oder die Öffentlichkeit. Die Berichterstattung erfolgt mündlich und schriftlich.

Vor Abschluss der Prüfungsdurchführung führt der Prüfer mit Mitarbeitern und Verantwortlichen der geprüften Einheit eine **Schlussbesprechung** durch. Hier diskutiert er seine Feststellungen aus der Prüfung und gibt den Betroffenen die Gelegenheit, ihre Sicht der Sach- und Rechtslage vorzubringen sowie sich selbst die Möglichkeit, seine Auffassung zu revidieren. Dadurch schützt er sich vor dem sog. **β-Fehler**, der irrtümlichen Annahme eines Fehlers, wo keiner ist.[12] Verbleiben Differenzen zwischen der geprüf-

11 IDW PS 470 n. F., Tz. 8; ISSAI 4000, Tz. 99.

ten Einheit und dem Prüfer, sind sie Gegenstand des Ausräumungsverfahrens.

Auf dieser Grundlage fertigt der Prüfer den Berichtsentwurf *(s. I.II. Prüfungsbericht)*. Mit Hilfe des Prüfungsberichts können die Adressaten das Zustandekommen des Prüfungsurteils nachvollziehen. Hier sind alle Feststellungen aufzunehmen, die das Prüfungsurteil tragen.

Bevor dieser Entwurf die Organisation Rechnungsprüfung verlässt, verlangt auch ein nur rudimentäres Qualitätsmanagement das Vorschalten einer Kontrollinstanz, der **Berichtskritik**. Die Aufgabe der Berichtskritik ist es, die Abwicklung des Prüfungsauftrages durch einen objektiven, erfahrenen zweiten Prüfer zu kontrollieren. Dazu vollzieht dieser die Durchführung des Prüfungsauftrages entweder unter Heranziehung der Arbeitspapiere oder nur gestützt auf die Informationen im Prüfungsbericht nach. Sachliche Richtigkeit der Angaben im Prüfungsbericht und Nachvollziehbarkeit und Verständlichkeit der Ausführungen stehen ebenfalls im Fokus der Berichtskritik. Eine Durchsicht der Arbeitspapiere sollte insbesondere bei Prüfungen stattfinden, die von einem einzelnen Prüfer durchgeführt werden, während sich in einem Prüfungsteam bereits während der Prüfungsdurchführung eine Revision der Arbeitspapiere durch ein anderes Teammitglied organisieren lässt. Maßstab für die Berichtskritik und die Revision der Arbeitspapiere sind die rechtlichen Anforderungen und Grundsätze einer ordnungsgemäßen Rechnungsprüfung. Da die rechtlichen Regelungen dünn und die vorhandenen Standards unmittelbar keine Geltung beanspruchen können *(s. F. Prüfungsgrundsätze und Prüfungsstandards)*, sollte ihre Anwendung in Revisionsordnungen und Dienstanweisungen für die Rechnungsprüfung geregelt werden.

Die endgültige Fassung des Prüfungsberichtes ist als sog. **kontradiktorisches Verfahren**, auch Ausräumungsverfahren genannt, zu gestalten.[13] D. h., die geprüfte Einheit ist zu den Darstellungen im Prüfungsbericht zu hören und ihre Stellungnahme ist im Prüfungsbericht angemessen zu berücksichtigen. Der Entwurf wird daher der geprüften Einheit unter Setzung einer angemessenen Frist zur Stellungnahme zugeleitet. Ausführungen der geprüften Einheit mit einer abweichenden Auffassung der Sach- und Rechtslage sind bei der jeweiligen Feststellung im Prüfungsbericht aufzunehmen, deutlich als Auffassung der geprüften Einheit gekennzeichnet. *192*

Feststellungen, die als nicht wesentlich betrachtet werden und deshalb nicht in den Prüfungsbericht aufgenommen werden, sollten nur den Mitarbeitern und Verantwortlichen der geprüften Einheit und auch bereits

12 Gabler Wirtschaftslexikon online 8/22.

13 ISSAI 400, Tz. 59.

vor Abschluss der Prüfung z. B. in der Schlussbesprechung mitgeteilt werden.[14] Festgestellte Mängel im IKS, die nicht zu Fehlern im Prüfungsgegenstand geführt haben und Verbesserungsvorschläge aus der Prüferpraxis werden jedoch eindrücklicher schriftlich in einem **Schreiben an die Verantwortlichen der geprüften Einheit** geäußert[15] und sind dann auch in Folgeprüfungen besser nachzuverfolgen.

Besonderheiten für die Berichterstattung ergeben sich, wenn die Prüfung einen **Verdacht auf Verstöße/strafbare Handlungen** ergibt. Der Prüfer informiert unverzüglich seine Vorgesetzten und in Absprache mit diesen die unmittelbar Verantwortlichen der geprüften Einheit, soweit nicht zu befürchten ist, dass diese selber verwickelt sind sowie die Verantwortlichen für die Überwachung der geprüften Einheit.[16] Da die Aufdeckung von Verstößen eine andere Methodik erfordert, wird er diese Aufgabe aus der aktuellen Prüfung ausklammern, ohne den Verdächtigen zu warnen. Die Leitung der Rechnungsprüfung entscheidet zusammen mit den Verantwortlichen für die Überwachung, ob und wann die Aufsichtsbehörde oder die Staatsanwaltschaft eingeschaltet werden.

IV. Umsetzung der Prüfungsfeststellungen/Kontrolle der Umsetzung

193 Eine wirksame Rechnungsprüfung beschränkt sich nicht darauf, Fehler aufzuzeigen, sondern bemüht sich zusammen mit der geprüften Einheit darum, in der Berichterstattung bereits Lösungen aufzuzeigen, wie künftig Fehler vermieden werden können. Bei diesen **Abhilfemaßnahmen** wird es sich also zumeist um Verbesserungen des IKS handeln.

Die Prüferin sollte Schlussbesprechung und kontradiktorisches Verfahren der Berichterstellung nutzen, um von der geprüften Einheit Vorschläge für Reaktionen auf Prüfungsfeststellungen zu erhalten. Die Prüferin ist zwar aufgrund ihrer Erfahrungen bei vielen verschiedenen Organisationseinheiten Fachfrau für das IKS, die geprüfte Einheit kennt aber ihre Geschäftstätigkeit und deren Rahmenbedingungen am besten und eigene Vorschläge erhöhen erfahrungsgemäß die Akzeptanz und damit die Wahrscheinlichkeit einer Umsetzung.

Ist die Geschäftstätigkeit der geprüften Einheit Gegenstand einer turnusmäßigen Prüfung, z.B. im Rahmen der Jahresabschlussprüfung, dann werden die Prüfungshandlungen zur Einschätzung des Fehlerrisikos bei der

14 ISSAI 4000, Tz. 217.
15 ISSAI 4000, Tz. 217.
16 ISSAI 4000, Tz 225.

nächsten Prüfung selbstverständlich Feststellungen aus Vorprüfungen und die Wirksamkeit der Abhilfemaßnahmen adressieren.[17]

Ist länger keine Prüfung des gleichen Prüfungsgegenstandes geplant, könnte – in etwas zeitlichem Abstand – eine gezielte Prüfung der Wirksamkeit der Abhilfemaßnahmen sinnvoll sein und bei der geprüften Einheit für die nötige Verbindlichkeit bei der Umsetzung von vereinbarten oder vorgeschlagenen Abhilfemaßnahmen sorgen.[18]

17 ISSAI 400, Tz. 60.
18 ISSAI 400, Tz. 60.

I. Dokumentation der Prüfung

Der Prüfer dokumentiert Planung, Durchführung und Ergebnis seiner Prüfung in seinen Arbeitspapieren und im Prüfungsbericht. Eine doppelte Erfassung ist nicht erforderlich. 194

I. Arbeitspapiere

1. Funktion

Arbeitspapiere erfüllen grundsätzlich zwei Funktionen. Sie sollen zum einen die **Arbeit des Prüfers unterstützen.** Hier sammelt er alle Informationen, die im Verlauf der Prüfung verwendet werden. Bei der Planung und Durchführung der Prüfung, bei der Beurteilung der erlangten Prüfungsnachweise, der Erstellung des Prüfungsberichtes, bei Rückfragen und bei der Vorbereitung einer Folgeprüfung stützt sich der Prüfer auf die Arbeitspapiere.[1] Im Rahmen der Ermessensausübung *(s. G.XIII. Prüferisches Ermessen)* dienen sie der Selbstvergewisserung bei den zu treffenden Entscheidungen. 195

Ihre zweite Funktion ist es jedoch, als **Nachweis für eine ordnungsgemäße Prüfung** zu dienen.[2] Arbeitspapiere und Prüfungsbericht bilden die Grundlage jeder auftragsbezogenen Qualitätssicherung in der Rechnungsprüfung. Nur eine überprüfbare Prüfung kann eine qualitätvolle Prüfung sein. Da die Prüfungssicherheit eine innere Überzeugung des Prüfers ist, muss die Dokumentation der Prüfung andere die Bildung dieser Überzeugung nachvollziehen lassen. Auch das weite Ermessen des einzelnen Prüfers, das pflichtgemäß ausgeübt werden muss, verlangt, dass die im Verlauf der Prüfung getroffenen Entscheidungen von Dritten nachvollzogen werden können. Dazu müssen sie vom Prüfer so dokumentiert werden, dass ein anderer, in Prüfungsfragen Sachkundiger, der nicht mit der Prüfung befasst war, sich aus Arbeitspapieren und Prüfungsbericht in angemessener Zeit ein Bild über Planung, Durchführung und Ergebnis der Prüfung machen kann und alle erforderlichen Prüfungsnachweise vorfindet.[3] Die getroffenen Entscheidungen müssen nur in Ausnahmefällen begründet werden, wenn z. B. von Standards oder üblichen Vorgehensweisen

1 ISA [DE] 230, Tz. 3.
2 ISA [DE] 230, Tz. 2.
3 ISA [DE] 230, Tz. 8.

abgewichen werden soll oder kontroverse Beurteilungen und Einschätzungen getroffen wurden.[4] In der Wirtschaftsprüferpraxis ist es nicht nötig, dass die Arbeitspapiere selbsterklärend sind, es reicht aus, wenn ein Verständnis für Detailaspekte erst nach einem Gespräch mit dem Ersteller erlangt wird.[5]

2. Umgang

196 Die genannten Funktionen verpflichten auch zur **Fertigstellung** der Arbeitspapiere innerhalb einer angemessenen Zeitspanne.[6] Alle Prüfungshandlungen, die Würdigung der Prüfungsnachweise und die Urteilbildung müssen zum Zeitpunkt der Berichterstattung, also zumeist zum Zeitpunkt der Unterschrift der Verantwortlichen unter die finale Fassung des Prüfungsberichts, nachweisbar durchgeführt, also dokumentiert sein. Nach diesem Zeitpunkt können nur noch dokumentationstechnische Maßnahmen erfolgen, wie das Sortieren und Ordnen der Arbeitspapiere, das Einfügen von Querverweisen und das Entfernen überholter Dokumentation.[7] Darüber hinaus ist das schriftliche Ausformulieren von Prüfungsnachweisen gestattet, die rechtzeitig vor dem Berichtsdatum eingeholt und beurteilt wurden.[8] Als angemessene Frist für den Abschluss der Prüfungsdokumentation werden international 60 Tage angesehen.[9] In der Vergangenheit wurden für den öffentlichen Sektor längere Fristen gebilligt, wenn diese auf langwierige formelle Konsultationsverfahren mit der geprüften Einheit oder andere Beteiligte zurückzuführen sind.[10] Wird die Frist jedoch vom Zeitpunkt der Unterschrift unter die finale Fassung an bemessen, sollte das kontradiktorische Verfahren *(s. H.III. Berichterstattung)* bereits abgeschlossen sein.

Ab dem Zeitpunkt der Fertigstellung muss auch sichergestellt sein, dass die Arbeitspapiere grundsätzlich nicht mehr verändert werden können.[11] Erst diese **Veränderungssperre** sichert die Nachprüfbarkeit der Prüfungsplanung und -durchführung durch Dritte im Rahmen einer nachgelagerten Qualitätskontrolle. Diese ist vorstellbar z. B. durch die überörtliche Rechnungsprüfung, die sich auf diesem Weg eine Vorstellung über die Qualität der örtlichen Rechnungsprüfung verschafft. Ausnahmsweise ist die Verän-

4 ISA [DE] 230, Tz. A6, A15.
5 ISA [DE] 230, Tz. A5.
6 ISA [DE] 230, Tz. 7.
7 ISA [DE] 230, Tz. A4.
8 ISA [DE] 230, Tz. A 22.
9 ISA [DE] 230, Tz. A21.
10 Vergl. ISSAI 1230, Tz. P4 (inzwischen aufgehoben).
11 ISA [DE] 230, Tz. 15

derung der Arbeitspapiere nach dem Fertigstellungsdatum möglich, wenn neue oder zusätzliche Prüfungshandlungen vorgenommen werden (müssen), z. B. weil nach dem Zeitpunkt der Erteilung eines Bestätigungsvermerks über den Jahresabschluss Informationen erlangt wurden, die den Widerruf erforderlich machen könnten. Dann sind die Veränderungen in den Arbeitspapieren und der Grund dafür zu dokumentieren.[12] Die Veränderungssperre wird durch eine Verpflichtung zur fristgerechten Übergabe der schriftlichen Akten und zur Ablage der elektronischen Akten auf einem Server mit beschränkten Zugriffsrechten organisiert. Diese Zentralisierung der Aktenführung hat auch Vorteile bei Prüferwechsel aufgrund von Krankheit oder Ausscheiden eines Prüfers.

Die zentrale Aktenführung erleichtert es auch, die erforderliche **Archivierung** der Arbeitspapiere sicherzustellen. Gesetzliche Pflichten zur Archivierung von Arbeitspapieren der Rechnungsprüfung bestehen nicht. Die berufsübliche Archivierungsfrist für Abschlussprüfer in Deutschland beträgt zehn Jahre (als Prüfungsakte gem. § 51b Abs. 5 WPO), der Prüfer bewahrt sie aber im eigenen Interesse mindestens so lange auf, wie im Zusammenhang mit der Prüfung Ansprüche gegen ihn geltend gemacht werden können oder er bei der Geltendmachung von Ansprüchen gegenüber Dritten als Auskunftsperson herangezogen werden könnte.[13] Internationale Prüfungsstandards gehen von einer Aufbewahrungsfrist von fünf Jahren aus[14], die für den öffentlichen Bereich grundsätzlich kürzer und länger ausfallen kann. Die Haftungsproblematik steht bei der Rechnungsprüfung nicht im Zentrum, daher sollten die Arbeitspapiere mindestens so lange aufbewahrt werden, dass sie für die Planung einer Folgeprüfung zur Verfügung stehen. 197

3. Inhalt und Erscheinungsbild

Die Arbeitspapiere umfassen den Prüfungsplanungsvermerk und die Dokumentation der Durchführung der Prüfungshandlungen einschließlich der Prüfungsnachweise *(s. G.VII. Prüfungsnachweise)* und der Ergebnisse und Schlussfolgerungen aus den Prüfungshandlungen. 198

Die Prüfungsdokumentation soll das „kausale Prüfungsvorgehen“ im Sinne eines „roten Fadens“ aufzeigen.[15] Der „rote Faden“ verbindet einerseits die Durchführung der Prüfung mit der Planung und andererseits die bei der

12 ISA [DE] 230, Tz. 13,16.

13 WP Handbuch, 17. Aufl. 2021, IDW-Verlag, L., Tz. 558.

14 ISA 230, Tz. A23.

15 *Brösel/Freichel* u. a., Wirtschaftliches Prüfungswesen, S. 408, 3. Aufl. 2015, Verlag Vahlen.

Durchführung gewonnenen Informationen und Schlussfolgerungen mit den Entscheidungen in der Planung. Insbesondere zeigt sie den Zusammenhang zwischen Fehlerrisikoeinschätzungen und Prüfungshandlungen auf und dokumentiert die Ergebnisse der Prüfungshandlungen einerseits als Prüfungsnachweise und andererseits als Schlussfolgerungen für Planungsentscheidungen, Prüfungsaussagen und das Prüfungsurteil.

199 Am Anfang der Arbeitspapiere steht der Prüfungsplanungsvermerk *(s. H.I. Prüfungsplanung).* Hier hält die Prüferin zunächst Prüfungsurteil, Prüfungsgegenstand und geforderte Prüfungssicherheit fest. Daran schließen sich die geplanten Prüfungshandlungen zum Erwerb eines grundlegenden Verständnisses der geprüften Einheit und ihres Umfeldes an.

Daraufhin führt die Prüferin diese geplanten Prüfungshandlungen durch und dokumentiert die Durchführung durch Aufnahme der Prüfungsnachweise in Gestalt von Dokumenten, selbst gefertigten Gesprächsprotokollen oder Prozessbeschreibungen in die Arbeitspapiere. Die daraus gewonnenen Informationen finden Eingang in den Prüfungsplanungsvermerk. Dort werden sie entweder sinnvoll zusammengefasst oder um eine doppelte Erfassung zu vermeiden, wird ein Querverweis angebracht.[16] Zum grundlegenden Verständnis gehört auch das Soll-Programm, also die Anforderungen, denen der Prüfungsgegenstand entsprechen muss. Dieses Soll-Programm stellt zugleich die Summe der zu treffenden Prüfungsaussagen dar, die in Form einer Checkliste in den Planungsvermerk aufgenommen werden. Ebenfalls im Prüfungsplanungsvermerk ist die Festlegung einer oder mehrere Wesentlichkeitsschwellen zu dokumentieren. Lassen die Prüfungsnachweise Schlüsse auf Inhärente Risiken für die Prüfungsaussagen zu, sind diese ebenfalls in den Prüfungsplanungsvermerk aufzunehmen.

Im Anschluss daran werden im Prüfungsplanungsvermerk die geplanten Prüfungshandlungen zur Risikoeinschätzung dokumentiert und nach Durchführung die so erlangten Prüfungsnachweise, Dokumente, Gesprächsprotokolle, Auskünfte, Niederschriften von Beobachtungen und Nachweise für analytische Prüfungshandlungen in die Arbeitspapiere aufgenommen. Im Prüfungsplanungsvermerk sind die Schlussfolgerungen, nämlich ob dass das IKS – bezogen auf die Prüfungsaussage – angemessen ist und die Risikoeinschätzung je Prüfungsaussage, zu ziehen.

200 Aus der Risikoeinschätzung ist im Prüfungsplanungsvermerk die Prüfungsstrategie je Prüfungsaussage abzuleiten.

Entscheidet sich die Prüferin für eine Funktionsprüfung des IKS, sind die Prüfungsnachweise aus dieser Prüfung, z. B. Protokolle von Kontrollakti-

16 Europäischer Rechnungshof aware Stichwort „Reference audit documentation".

vitäten, Handbücher für IT-Anwendungen und Log-Dateien ebenfalls Teil der Arbeitspapiere.

Die Schlussfolgerung, ob das IKS bezüglich der Prüfungsaussage funktionsfähig war, ist ebenso im Prüfungsplanungsvermerk festzuhalten, wie die Entscheidungen über die aussagenbezogenen Prüfungshandlungen, nämlich ob analytische Prüfungshandlungen zum Einsatz kommen und mit welchen Methoden und in welchem Umfang Einzelfall-Prüfungshandlungen durchgeführt werden sollen. Die daraus gewonnenen Prüfungsnachweise werden ebenfalls in die Arbeitspapiere aufgenommen.

Teil des Prüfungsplanungsvermerks sind neben der zuvor beschriebenen sachlichen Planung auch die zeitliche Planung und Terminierung und die Ressourcenplanung, insbesondere die Planung des Personaleinsatzes *(s. H.I.2. Ressourcenplanung* und *H.I.3. Zeitliche Planung).*

Der Prüfungsplanungsvermerk muss kein einzelnes Dokument sein, sondern kann durchaus aus einer Ansammlung von verschiedenen Dokumenten, Vermerken und Tabellen bestehen, deren Zusammengehörigkeit und logische Abfolge jedoch durch eine entsprechende Anordnung und Referenzierung darzustellen ist.

Die abschließende Beurteilung der Prüfungsnachweise daraufhin, ob sie ausreichend und angemessen sind, um die Prüfungsaussagen zu tragen, ist ebenfalls in den Arbeitspapieren zu dokumentieren. Das Treffen von Prüfungsaussagen und Feststellungen und schließlich die Bildung des Gesamturteils kann wahlweise in den Arbeitspapieren oder im Prüfungsbericht dokumentiert werden.

Diese Zusammenhänge soll Abbildung 8 auf Seite 176 darstellen. *201*

Im einzelnen Arbeitspapier muss dokumentiert werden, wer wann was mit *202*
welchem Ergebnis geprüft hat.[17]

1. **Wer**
   Das Arbeitspapier muss seinen Ersteller erkennen lassen. Das wird zumeist derjenige sein, der die dokumentierten Prüfungshandlungen auch durchgeführt hat. Ist dies nicht der Fall, ist der Prüfer zu benennen. Soweit eine Qualitätskontrolle der Arbeitspapiere stattfindet,[18] muss auch derjenige, der die Durchsicht vorgenommen hat, identifizierbar sein.[19]

   Werden Aufstellungen und Auswertungen zu den Arbeitspapieren genommen, die nicht vom Prüfer erstellt sind, sind diese ebenfalls zu kennzeichnen, z. B. mit dem Kürzel edK (erstellt durch die Kommune).[20]

17 ISA [DE] 230, Tz. 8, 9.
18 Vgl. IDR L 100, Tz. 72.
19 ISA [DE] 230, Tz. 9.

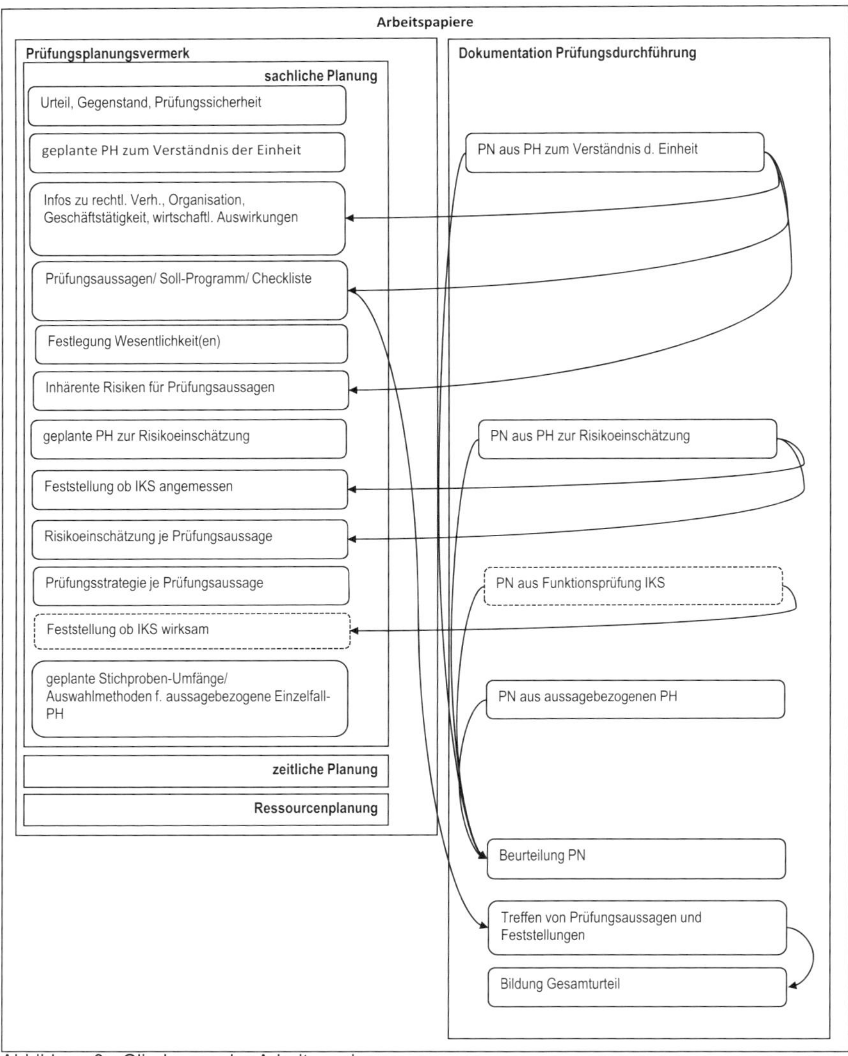

Abbildung 8: Gliederung der Arbeitspapiere
Quelle: eigene Darstellung

2. Wann

Das Arbeitspapier enthält die Information, zu welchem Datum es angelegt, zu welchem Datum es abgeschlossen und von einem anderen durchgesehen wurde und wann die Prüfungshandlungen durchgeführt wurden.[21]

20 IDR H 2400, Tz. 23.

21 ISA [DE] 230, Tz. 8.

3. **Was**
   Aus dem Arbeitspapier muss hervorgehen, welche Prüfungshandlung in Bezug auf welchen Aspekt des Ist-Zustands des Prüfungsgegenstandes vorgenommen wurde.[22]

   Wird im Zuge einer Stichprobenprüfung eine Auswahl von Elementen des Prüfungsgegenstandes getroffen, enthält das Arbeitspapier einen Verweis auf die Grundgesamtheit, die gewählte Stichprobe und zeigt, mit welcher Methode die Auswahl durchgeführt wurde.

   Prüfungsnachweise im engeren Sinn, z. B. Dokumente, in die Einsicht genommen wurde, eingeholte schriftliche Bestätigungen oder Vermerke des Prüfers über Beobachtungen oder mündliche Auskünfte müssen dem Arbeitspapier durch Referenzierung zugeordnet werden.[23]

4. Mit welchem **Ergebnis**
   Im Arbeitspapier oder im referenzierten Prüfungsnachweis ist die Durchführung des Soll-Ist-Abgleichs und sein Ergebnis zu dokumentieren. Dies kann durch textliche Anmerkungen oder Symbole wie Haken erfolgen.[24] Mittels Farben und Symbolen können Prüfzeichen mit gleichbleibender Bedeutung definiert werden.

   Schlussfolgerungen für das weitere Vorgehen oder Prüfungsaussagen gehören in das Arbeitspapier. Findet die Schlussfolgerung Eingang in den Prüfungsplanungsvermerk, sollte zur Vermeidung einer Doppelerfassung ein Querverweis eingefügt werden.

Wird bei aussagebezogenen Einzelfall-Prüfungshandlungen z. B. Einsicht 203
in eine größere Anzahl von gleichartigen Dokumenten genommen, ist es nicht erforderlich, Kopien aller geprüften Dokumente als Prüfungsnachweise in die Arbeitspapiere aufzunehmen. Es reicht grundsätzlich aus, wenn ein „Musterdokument" aufgenommen und referenziert wird, anhand dessen sich die vorgenommene Prüfungshandlung nachvollziehen lässt. Bei den übrigen Dokumenten hält der Prüfer z. B. anhand der Auswahlliste das Ergebnis dieser Prüfungshandlung je Dokument als Vermerk fest. Ergeben sich bei einzelnen Dokumenten allerdings Feststellungen, sind diese Dokumente zu Beweiszwecken in Kopie in die Arbeitspapiere aufzunehmen.

Die Arbeitspapiere müssen sinnvoll geordnet sein. Dies wird durch eine systematische Nummerierung erreicht. Die Vergabe einer eindeutigen Kennnummer für jedes Arbeitspapier und jeden Prüfungsnachweis ermöglicht auch **Querverweise** oder Referenzierungen. Ein Dokument verweist

22 ISA [DE] 230, Tz. 8.
23 IDR H 2400, Tz. 25.
24 IDR H 2400, Tz. 29.

durch Bezugnahme auf diese Kennnummer auf ein anderes Dokument. Technisch kann der Querverweis auch durch Anbringen eines Hyperlinks realisiert werden. Ein wichtiger Anwendungsbereich des Querverweises ist die Verbindung zwischen Arbeitspapier und Prüfungsnachweis. Der Querverweis dient als „roter Faden" der die Dokumentation der Prüfungshandlung und die dadurch gewonnenen Prüfungsnachweise verbindet. Ein (Rück-)Verweis vom Prüfungsnachweis auf das zugehörige Arbeitspapier ist nur dann erforderlich, wenn die Ablagestruktur diese Zuordnung nicht kenntlich macht.

Handelt es sich um eine Prüfung, die regelmäßig stattfindet, hat sich eine Aufteilung der Arbeitspapiere in eine fortlaufend zu aktualisierende **Dauerakte** mit denjenigen Unterlagen, die über einen längeren Zeitraum Bedeutung haben und in die laufenden Arbeitspapiere der aktuellen Prüfung bewährt.[25]

Die Ablage kann in Papierform in einem Aktenordner mit Trennblättern oder – was bereits aktuell Stand der Technik ist – papierlos in einer speziellen Prüfungssoftware oder als Produkte von Textverarbeitungs- und Tabellenkalkulationsprogrammen und als Scan in einer elektronischen Ordnerstruktur erfolgen. Wird keine Prüfungssoftware verwendet, die eine einheitliche Dokumentation innerhalb der Organisation Rechnungsprüfung gewährleistet, empfehlen sich Vorgaben zur Standardisierung,[26] um z. B. eine nachträgliche Durchsicht, die Übernahme eines Prüfungsauftrages durch einen anderen Prüfer oder die Verwendung der Erkenntnisse im Rahmen einer anderen Prüfung zu erleichtern.

204 Im Verlauf der Prüfung ergeben sich in vielen Fällen Änderungen, so wenn die Annahmen bei der Planung durch die Prüfungsnachweise nicht bestätigt werden. Die Planung wird dann angepasst. Dadurch überholte Arbeitspapiere müssen nicht aufbewahrt werden. Ergibt sich die Veränderung aber durch Veränderungen des Ist-Zustands, z. B. dadurch dass die geprüfte Einheit Nachbuchungen vornimmt, ist diese Veränderung nachzuhalten. Auch für den Fall, dass der Prüfer widersprüchliche Informationen zu einem Sachverhalt erhält, darf er die Informationen, die er seiner Beurteilung des Sachverhalts nicht zugrunde legt, nicht unterdrücken, sondern er muss dokumentieren, wie er diese Informationen bei seiner abschließenden Beurteilung berücksichtigt hat.[27]

25 IDR H 2400, Tz. 5.
26 Vorschläge für Arbeitspapiere einer Abschlussprüfung in IDR, H 2400, Anhang.
27 ISA [DE] 230, Tz. 11.

II. Prüfungsbericht

Im Prüfungsbericht fasst der Prüfer Gegenstand, Art und Umfang, Feststellungen und Ergebnisse der Prüfung für dessen Adressaten zusammen.[28] 205

Dazu bietet sich in Anlehnung an ISSAI 400[29] die folgende Gliederung – nicht notwendigerweise in der hier angegebenen Reihenfolge – an:

1. **Berichtsempfänger**
   Da der Prüfungsbericht auf die Bedürfnisse des Adressaten zugeschnitten sein sollte, ist dieser zu Beginn zu nennen oder der Bericht wird entsprechend adressiert. Bei Prüfungsaufträgen der Verwaltungsspitze oder der Volksvertretung ist der Empfänger gleichzeitig der Auftraggeber und die Nennung kann mit den Informationen zur Auftragserteilung verbunden werden. Bei gesetzlichen Prüfungen entscheidet die Rechnungsprüfung selber, wer Empfänger des Berichts ist, soweit nicht wie für den Bericht über die Prüfung des Jahresabschlusses im Gesetz oder in Revisions- bzw. Rechnungsprüfungsordnungen und Dienstanweisungen Regelungen zum Empfänger getroffen wurden.

2. **Prüfungsauftrag**
   Anschließend ist der Prüfungsauftrag wiederzugeben. Dieser besteht aus dem abzugebenden Prüfungsurteil, dem Prüfungsgegenstand und der geforderten Prüfungssicherheit.[30] Bei ausdrücklich erteilten Prüfungsaufträgen sollte der Prüfer auf eine geeignete und explizite Formulierung des Prüfungsauftrags durch den Auftraggeber hinwirken, bei gesetzlichen Prüfungsaufträgen nimmt er selber die erforderliche Auslegung vor.

   Um bei Berichten, die an die Volksvertretung und mittelbar an die Bürgerschaft gerichtet sind, Erwartungen vorzubeugen, die die Rechnungsprüfung nicht erfüllen kann, sollte bei hinreichender Prüfungssicherheit auf das notwendig verbleibende Prüfungsrisiko und die Beschränkung auf wesentliche Fehler hingewiesen werden.

   Ausführungen zu zugrunde gelegten Wesentlichkeitsschwellen sind in der Praxis nicht anzutreffen, vielmehr handelt es sich um ein wohlgehütetes Geheimnis des Prüfers. Sie würden dem Berichtsadressaten jedoch ein besseres Verständnis der Prüfung vermitteln und werden deshalb empfohlen.

3. **Rechtsgrundlagen**
   Im Zusammenhang mit dem Prüfungsauftrag sind die Rechtsgrundlagen für die Prüfung zu nennen.

28 Vergl. IDW PS 450, Tz. 1.
29 ISSAI 400, Tz. 59.
30 Vgl. ISSAI 400, Tz. 59.

4. **Zeitraum der Prüfung und beteiligte Prüfer**
Ebenso sollte der Zeitraum genannt werden, in dem die Prüfung durchgeführt wurde und die Prüfer, die die Prüfung durchgeführt haben. Da es auch durch das kontradiktorische Berichtsverfahren zu längeren Prüfungszeiträumen kommen kann, würde die empfohlene Nennung der auf die Prüfung verwandten Mann-Tage ebenfalls dem besseren Verständnis des Auftragsgebers dienen.

5. **Art und Umfang der Prüfungshandlungen**
Die Leserin des Prüfungsberichts muss das Zustandekommen des Prüfungsurteils nachvollziehen können. Deshalb muss der Prüfer berichten, welche Prüfungshandlungen er durchgeführt hat und in welchem Umfang er geprüft hat. Prüfungshandlungen lassen sich nach ihrer Funktion in Prüfungshandlungen zur Erlangung eines grundlegenden Verständnisses der geprüften Einheit, zur Risikoeinschätzung und zur Gewinnung der (noch) erforderlichen Aussagesicherheit einteilen. Eine zweite Differenzierung ist die nach der Art der Prüfungshandlungen, also ob eine Systemprüfung stattgefunden hat oder nur aussagebezogene Prüfungshandlungen und ob und wo sich darunter auch analytische Prüfungshandlungen befanden. Die gewählten Arten von Einzelfallprüfungen, z. B. Einsichtnahme oder Nachvollzug, sollten grundsätzlich genannt werden, insbesondere jedoch wenn der Prüfer Aussagesicherheit durch Prüfungsnachweise von Dritten gewinnt, z. B. durch Bestätigungen Dritter oder durch Gutachten.[31] Hat er von den Verantwortlichen der geprüften Einheit eine sog. Vollständigkeitserklärung eingeholt, ist darauf ebenfalls hinzuweisen.[32]

Wurden Auskünfte nicht, nicht ausreichend oder nicht rechtzeitig erteilt oder Unterlagen nicht vorgelegt, ist dies mit den Auswirkungen dieser Unterlassungen oder Verzögerungen auf das Prüfungsergebnis darzustellen. Verbleiben ernsthafte Zweifel des Prüfers an der Richtigkeit der Auskünfte und Prüfungsnachweise, so ist auch hierauf hinzuweisen.[33] Kann der Prüfer aus diesem Grund oder aufgrund anderer besonderer Umstände geplante Prüfungshandlungen nicht durchführen und muss sich die Nachweise zur Erreichung der notwendigen Urteilssicherheit durch alternative Prüfungshandlungen verschaffen, dann ist auch das darzustellen.[34]

Die Darstellung des Umfangs der aussagebezogenen Einzelfallhandlungen ist abhängig von der geforderten Prüfungssicherheit. Bei hinreichender Prüfungssicherheit reicht der Hinweis, dass diese in ausreichender

31 IDW PS 450, Tz. 57.
32 IDW PS 450, Tz. 59.
33 IDW PS 450, Tz. 59.
34 IDW PS 450, Tz. 58.

Anzahl durchgeführt wurden. Bei begrenzter Prüfungssicherheit sollte der Prüfer die Gesamtanzahl der Elemente, die den Prüfungsgegenstand bilden, ebenso nennen wie die Anzahl der Stichproben, damit sich der Auftraggeber selber ein Urteil bilden kann, wie aussagekräftig das Prüfungsurteil ist. Der Hinweis mit welchen Methoden die Stichproben ausgewählt wurden ist nützlich.

Ebenso ist darzustellen, wenn aufgrund festgestellter Anhaltspunkte für Täuschungen und Vermögensschädigungen zusätzliche Prüfungshandlungen erforderlich waren.[35]

6. **Feststellungen und vorgeschlagene oder vereinbarte Abhilfemaßnahmen**

In den Prüfungsbericht sind die für den Adressaten relevanten Feststellungen *(s. G.V. Feststellungen)* aufzunehmen. Der Prüfungsbericht dient der Überwachung der geprüften Einheit[36] und muss deshalb die dafür benötigten Informationen (und nur diese) zeitnah liefern.

Bei einem „Überfrachten" des Berichts besteht die Gefahr, dass bedeutsame Feststellungen untergehen. Insbesondere sollte die Rechnungsprüfung der Versuchung widerstehen, den Prüfungsaufwand mit unwesentlichen Feststellungen zu rechtfertigen; der Nutzen der Prüfung liegt gerade auch in der Information, dass keine wesentlichen Feststellungen zu treffen waren. Prüfung ist nicht erst dann erfolgreich, wenn Fehler gefunden werden. Um die auf detailliertere Informationen gerichteten Bedürfnisse der Mitarbeiter und unmittelbar Verantwortlichen der geprüften Einheit zu befriedigen, sollten andere Berichterstattungsinstrumente wie die Schlussbesprechung oder ein Schreiben an die unmittelbar Verantwortlichen genutzt werden. Deshalb kann bei der Berichterstattung im Prüfungsbericht eine andere, höhere Wesentlichkeitsschwelle *(s. G.XI. Wesentlichkeit)* zugrunde gelegt werden als bei der Durchführung der Prüfung.

Prüfungshemmnisse gehören ebenfalls zu den Prüfungsfeststellungen und sind hier darzustellen.[37]

Wird das kontradiktorische Verfahren *(s. H.III. Berichterstattung)* praktiziert, gibt das der geprüften Einheit das Recht, im Bericht der Rechnungsprüfung eine abweichende Auffassung zur Sach- oder Rechtslage zum Ausdruck zu bringen. Diese Anmerkungen sollten durch die Gestaltung deutlich als solche gekennzeichnet werden, damit für den Adressaten erkennbar bleibt, welches die Auffassung der Rechnungsprüfung ist. In der Praxis der kommunalen Rechnungsprüfung wird eine solche Darstellung bisher nur vereinzelt beobachtet, sie könnte jedoch dazu dienen, das

35 IDW PS 450, Tz. 57.
36 IDW PS 450, Tz. 1.
37 IDW PS 450,l Tz. 58.

langwierige Ringen um die endgültige Formulierung im Bericht zu entschärfen und zu verkürzen.

Soweit möglich sollte der Prüfer jeder Feststellung eine oder mehrere Abhilfemaßnahmen gegenüberstellen. Sie können entweder ein Vorschlag des Prüfers sein oder mit der geprüften Einheit vereinbart worden sein. Eine Kennzeichnung ist sinnvoll. Wurde eine Abhilfemaßnahme vereinbart, sollte möglichst auch über vereinbarte Fristen zur Umsetzung berichtet werden.

7. **Prüfungsurteil**
   Das Herzstück des Prüfungsberichts ist das Prüfungsurteil. Es wird aus dem Prüfungsauftrag abgeleitet und kann die Rechtmäßigkeit, Ordnungsmäßigkeit, Wirtschaftlichkeit oder Zweckmäßigkeit des Prüfungsgegenstandes – in allen wesentlichen Belangen- entweder uneingeschränkt oder eingeschränkt feststellen, eine solche Feststellung versagen oder aber ausführen, dass wegen Prüfungshemmnissen kein Prüfungsurteil ausgesprochen werden kann *(s. G.I. Prüfungsurteil).*

   Das Prüfungsurteil könnte beispielsweise[38] wie folgt lauten:
   Uneingeschränktes Prüfungsurteil

   > *„Die Erstattung von Reisekosten im Haushaltsjahr XXXX war ordnungsmäßig."*

   Einschränkendes Prüfungsurteil

   > *„Die Prüfung hat mit Ausnahme der folgenden Einschränkung zu keinen Einwendungen geführt. Bei der Verbindung von Dienstreisen mit privaten Reisen wurde die Günstiger-Prüfung des § 14 Abs. 1 S. 2 HRGK[39] nicht durchgeführt, was in drei Fällen zu einer Überzahlung führte. Mit dieser Einschränkung war die Erstattung von Reisekosten im Haushaltsjahr XXXX ordnungsmäßig."*

   Einschränkungen müssen so formuliert sein, dass der Grund der Beanstandung, seine Bedeutung und seine Tragweite, soweit möglich quantifiziert erkennbar sind.[40]

   Werden im Verlauf der Prüfung Verstöße *(s. G.V. Prüfungsfeststellungen)* aufgedeckt, führt dies regelmäßig zu einem mindestens eingeschränkten Prüfungsurteil.[41]

---

38 Formulierungsvorschläge in ISSAI 4000, Tz. 193 ff.

39 § 14 Abs. 1 S. 1 und 2 Hess. ReisekostenG: Werden Dienstreisen mit privaten Reisen verbunden, wird die Reisekostenerstattung so bemessen, als wäre nur die Dienstreise durchgeführt worden. Die Reisekostenerstattung nach Satz 1 darf die sich nach dem tatsächlichen Reiseverlauf ergebende nicht übersteigen.

40 IDW PS 405, A21.

41 Europäischer Rechnungshof aware Stichwort: „fraud".

Einschränkendes Prüfungsurteil wegen Prüfungshemmnis

„Die Prüfung hat mit Ausnahme der folgenden Einschränkung zu keinen Einwendungen geführt. Die Unterlagen für die Günstiger-Prüfung des § 14 Abs. 1 S. 2 HRGK wurden nicht in die Akte aufgenommen und nicht aufbewahrt, daher liegt in den vierzehn Fällen, in denen eine Dienstreise mit einer privaten Reise verbunden wurde, ein Prüfungshemmnis vor. Mit dieser Einschränkung war die Erstattung von Reisekosten im Haushaltsjahr XXXX ordnungsmäßig."

Kein Prüfungsurteil wegen Prüfungshemmnis

„Da der größte Teil der Unterlagen zur Reisekostenerstattung beim Brand im Rathaus vernichtet wurden, liegt ein Prüfungshemmnis vor, das kein Prüfungsurteil über die Ordnungsmäßigkeit der Erstattung von Reisekosten im Haushaltsjahr XXXX erlaubt."

Versagendes Prüfungsurteil

„Die Erstattung von Reisekosten im Haushaltsjahr XXXX war nicht ordnungsmäßig."

Zu diskutieren wäre, ob die Angabe der Gründe für die Versagung im Prüfungsurteil erforderlich ist, obwohl sie so umfassend sind, dass eine Einschränkung nicht in Frage kam oder ob ihre Darstellung im Abschnitt Feststellungen ausreicht.

8. **Berichtsdatum**
   Das Berichtsdatum markiert das Datum, zu dem das Prüfungsurteil Geltung beansprucht, deshalb muss nach Abschluss der Prüfungshandlungen vor Ort und während des Zeitraums der Berichterstellung durch Prüfungshandlungen sichergestellt werden, dass der Prüfer von neuen Ereignissen und Informationen erfährt, die das Prüfungsurteil in Frage stellen.
9. **Unterschrift**
   Der Prüfungsbericht ist von der Leiterin der Rechnungsprüfung, deren Stellvertreter oder einem Bevollmächtigten zu unterzeichnen.

Zum Stil und Ton des Prüfungsberichts fordert ISSAI 400 vom Prüfungsbericht, dass er vollständig, zutreffend, objektiv, überzeugend, klar und so kurz und knapp ist wie möglich.[42] Der Europäische Rechnungshof hat diese Anforderungen für seine Arbeit konkretisiert:[43] *206*

Die Berichterstattung ist vollständig, wenn alle relevanten Aspekte der Themen, die Gegenstand des Berichts sind, zur Sprache kommen. Relevante Berichtsinhalte sind für die Nutzer wichtig und aktuell.

42 ISSAI 400, Tz. 59.
43 Europäischer Rechnungshof aware Stichwort: „Drafting a report"

Objektivität verlangt eine Beurteilung der tatsächlichen Leistung anhand objektiver Kriterien und eine ausgewogene Darstellung.

Der Bericht wirkt überzeugend, wenn argumentiert wird und Beispiele zur Veranschaulichung gegeben werden.

Klare Berichte sollten in einer unverblümten Sprache verfasst und sinnvoll gegliedert sein. Prägnanz wird durch kurze und einfache Sätze und Randziffern erreicht. Feststellungen sind exakt darzustellen, um Glaubwürdigkeit zu gewährleisten.

Bei der Nennung von personenbezogenen Informationen im Prüfungsbericht ist das Recht auf informationelle Selbstbestimmung zu beachten.

J. Das interne Kontrollsystem und der Geschäftsprozess in der Rechnungsprüfung

I. Internes Kontrollsystem

Der Verfassungsgrundsatz, wonach alle Staatsgewalt vom Volk ausgeht, verlangt auch bei der Kommunalverwaltung zweierlei: Zum einen eine organisatorisch-personelle Legitimationskette von den unmittelbar vom Volk gewählten Amtsträgern zu jedem einzelnen Bediensteten und zum anderen eine sachlich-inhaltliche Legitimation mittels der Steuerungsinstrumente, die den kommunalen Organen zur Verfügung stehen, insbesondere durch Rechts- und Verwaltungsvorschriften, den Haushalt, aber auch die Kontrolle der hauptamtlichen Verwaltung.[1] Um die politisch-demokratische Verantwortung der Volksvertretung und der Verwaltungsspitze für das gesamte Verwaltungshandeln der Kommune trotz notwendiger Arbeitsteilung und Delegation sicher zu stellen, bedarf es eines Systems, das gewährleistet, dass Rechtsvorschriften und Vorgaben der Leitung von allen Bediensteten zuverlässig umgesetzt werden. 207

Dieses System wird als Internes Kontrollsystem (IKS) bezeichnet, was eine etwas unglückliche Übersetzung des Begriffs „control" darstellt, der zutreffender als Herrschaft oder Führung wiedergegeben wäre. Begriff und Diskussion stammen aus dem Umfeld von Unternehmen und aus den USA. Auch wenn einige Elemente eines IKS, wie die Verpflichtung zur Einrichtung einer Rechnungsprüfung, die Trennung von Feststellungs- und Anordnungsbefugnis, die Pflicht zum Erlass von Dienstanweisungen oder Inkompatibilitäten beim Amt des Kassenverwalters zu diesem Zeitpunkt bereits seit Jahrzehnten in deutschen Verwaltungen etabliert waren.

Weltweit bildet der Report des Committee of Sponsoring Organizations of the Treadway Commission (COSO) von 1992, überarbeitet 2013, den zentralen Standard für die Aufbau und die Funktionsweise eines IKS in einem Unternehmen.[2] Er stellt auch die Grundlage für die im IDW PS 982 dargelegte Auffassung der Wirtschaftsprüfer eines internen Kontrollsystems dar.[3]

1 *Jarrass*, in: Jarass/Pieroth, 17. Aufl. 2022, GG Art. 20 Rn. 7–12.

2 *Bungartz*, Handbuch interne Kontrollsystem, S. 53, Erich Schmidt Verlag, 6. Aufl. 2020.

3 Hier bezogen auf das IKS des internen und externen Berichtswesen.

Das COSO-Modell eines IKS wird als Würfel mit drei Dimensionen dargestellt, die durch die **Ziele des IKS**, seine Komponenten und die Struktur der Organisationseinheit gebildet werden.[4]

208 Mit Hilfe des IKS versuchen die Verantwortlichen für eine Organisationseinheit sicherzustellen, dass in der Organisation alle Rechts- und Verwaltungsvorschriften eingehalten werden, die Organisationseinheit ihren Beitrag zur ordnungsgemäßen Rechnungslegung liefert, das zugeordnete Vermögen geschützt wird und sie dabei ihre Aufgaben erfüllt und ihre Ziele erreicht.[5]

Die **Struktur der Organisationseinheit** bildet den Anknüpfungspunkt für das IKS; das können die Kommune mitsamt ihren rechtlich-selbständigen Aufgabenträgern, der Konzern Kommune, die Kommune als ganze, einzelne Ämter und Betriebe, Sachgebiete und Organisationseinheiten innerhalb dieser Sachgebiete, aber auch Funktionen wie eine zentrale Vergabestelle oder Geschäftsprozesse sein.

Komponenten des IKS sind[6]

- das Kontrollumfeld,
- die Risikobeurteilungen,
- die Kontrollaktivitäten,
- Informationsfluss und Kommunikation,
- die Überwachung des IKS.

Das IKS ist untrennbar mit dem **Kontrollumfeld** der Organisation verbunden, darunter wird insbesondere die Grundeinstellung der Verantwortlichen zum IKS, ihr Problembewusstsein, ethisches Verhalten und Integrität verstanden. Das Kontrollumfeld prägt das Kontrollbewusstsein aller Beteiligten. Ein positives Kontrollumfeld ist Voraussetzung für die Wirksamkeit des IKS.[7]

Die konkrete Ausgestaltung des IKS ist das Ergebnis der **Risikobeurteilung** des Verantwortlichen oder, soweit Elemente vorgeschrieben sind, des Gesetz- und Verordnungsgebers. Inhärente Risiken für die Erreichung der genannten Ziele müssen erkannt und auf ihre Tragweite und Eintrittswahrscheinlichkeit untersucht werden.[8]

---

4 COSO, Internal Control Integrated Framework, Stand: Mai 2013, S. 5, https://www.coso.org/Pages/default.aspx.

5 COSO, Internal Control Integrated Framework, Stand: Mai 2013, S. 7.

6 COSO, Internal Control Integrated Framework, Stand: Mai 2013, S. 12–14,

7 ISSAI 400, Tz. 53.

8 IDW PS 340, Tz. 18.

Faktoren für ein erhöhtes inhärentes Risiko sind:[9]

- Komplexität,
- Subjektivität,
- Veränderung,
- Unsicherheit und
- Anfälligkeit für Verstöße.

Komplexität kann aus einer schwierigen Rechtslage resultieren, aber z. B. auch durch Ausgliederung von Aufgaben, die Einschaltung von Dienstleistern oder bei interkommunaler Kooperation.

Subjektivität liegt vor, wenn unbestimmte Rechtsbegriffe und Ermessen nicht ausreichend durch Verwaltungsvorschriften determiniert sind. Bei Investitionsplanungen oder in der Rechnungslegung liegt sie vor, wo Schätzungen und Prognosen vorzunehmen sind. Hier besteht auch ein hohes Maß von Unsicherheit.

Veränderungen erhöhen das inhärente Risiko, das kann eine geänderte insbesondere sich regelmäßig schnell ändernde Rechtslage sein; außergewöhnliche externe Entwicklungen wie Flüchtlingsströme, Pandemien und Knappheiten verändern die Rahmenbedingungen und verlangen veränderte Geschäftsprozesse. Aber auch die „normale“ Fluktuation beim Personal mit dem Verlust von Erfahrung und Wissen oder die notwendige Weiterentwicklung der IT erhöhen das Risiko.

Anlass für Verstöße bieten z. B. Geschäfte mit Nahestehenden, enge Haushaltsvorgaben, die Bindung der Kreditaufnahme an die Investitionen aber auch bewegliche, wertvolle Vermögensgegenstände.

Für den Umgang mit den erkannten Risiken gibt es drei Strategien, sie können durch die Gestaltung des IKS minimiert werden, bei geringer Tragweite und/oder Eintrittswahrscheinlichkeit bewusst in Kauf genommen werden oder in Ausnahmefällen versichert werden,[10] z. B. durch eine D & O-Versicherung gegen Vermögensschäden aus pflichtwidrigem, schuldhaftem Verhalten von Organen oder in Gestalt eines Swaps bei Zinsänderungsrisiken.

Das IKS ist daher auch untrennbar mit dem Risikomanagement verbunden.

Das IKS im engeren Sinne wird durch **Regelungen** z. B. zur Aufbau- und Ablauforganisation, zu Zeichnungs-, Anordnungs-, Freigabe- und Vertre-

9 ISA [DE] 315, Anlage 2.
10 IDW PS 340, Tz. 19.

tungsrechten, zum Umgang mit Barkassen oder zur Annahme von Geschenken und durch **Kontrollaktivitäten** für diese Regelungen gebildet.[11]

209 Die Kontrollaktivitäten werden u. a. danach unterschieden, ob sie Fehler verhindern oder entstandene Fehler aufdecken sollen. Sie können automatisch, z.B. durch Integration in die IT, oder auch manuell sein. Sie können auf unterschiedlichen Aggregationsstufen auf Ebene der Organisation ansetzen, z. B. wenn aggregierte Informationen über die Tätigkeit im Zeitablauf miteinander verglichen werden, um Hinweise auf Abweichungen von einem als normal definierten Muster zu erhalten, oder in den einzelnen Geschäftsprozess direkt und präzise integriert sein. Sie können bei Routine- und Nicht-Routineprozessen eingesetzt werden.[12]

210 **Sicherungsmaßnahmen** sollen verhindern, dass die Regelungen missachtet werden. Es handelt sich um laufende, automatische Einrichtungen, die in die Aufbau- oder Ablauforganisation eingebaut sind.[13] Beispiele sind die Funktionstrennung zwischen dem Anordnungsberechtigten und dem Buchungsberechtigten, die Zugriffsbeschränkungen auf IT-Anwendungen entsprechend dem Berechtigungskonzept oder Musterbescheide für häufig vorkommende Sachverhalte.

Kontrollen sollen dafür sorgen, dass Regelverstöße zeitnah aufgedeckt und korrigiert werden. Die Kontrollen können sowohl in den Geschäftsprozess integriert sein, wenn z. B. der Vorgesetzte eine bestimmte Anzahl von Bescheiden vor dem Versand kontrolliert, als auch durch Prozessfremde, wie die Innenrevision oder die Rechnungsprüfung im Auftrag des Verantwortlichen vorgenommen werden.[14] Kontrollen können auch automatisiert und programmiert sein, z. B. wenn die IT-Anwendung die Vollständigkeit und Richtigkeit von an einer Schnittstelle übergebenen Daten oder die Plausibilität von Dateneingaben überprüft.

Die Gestaltung der Kontrollaktivität hat Auswirkung auf ihre Verlässlichkeit, so sind fehlerverhindernde grundsätzlich verlässlicher als fehleraufdeckende, automatische verlässlicher als manuelle, direkte und präzise verlässlicher als aggregierte.

---

11 *Bungartz*, Handbuch interne Kontrollsystem, S. 69, Erich Schmidt Verlag, 6. Aufl. 2020; IDW PS 982, Tz. 4.

12 *Bungartz*, Handbuch interne Kontrollsystem, S. 70, Erich Schmidt Verlag, 6. Aufl. 2020; IDW PS 982, Tz. 4.

13 *Bungartz*, Handbuch interne Kontrollsystem, S. 25, Erich Schmidt Verlag, 6. Aufl. 2020; IDW PS 982, Tz. 4.

14 *Bungartz*, Handbuch interne Kontrollsystem, S. 25, Erich Schmidt Verlag, 6. Aufl. 2020.

Gängige Typen von Kontrollaktivitäten sind:[15]

- Abstimmung/Nachvollzug
- Analytische Prüfung
- Verifizierung (Augenschein/Einsichtnahme)
- Genehmigung
- Funktionstrennung von Rollen und Verantwortlichkeiten
- Bestätigungen
- Checklisten
- Durchsicht (Ergebnisse/Kennzahlen durch den Verantwortlichen)
- Physische Kontrollen (Zugangsbeschränkungen, räumliche Abgrenzungen)

Aufgrund der weitgehenden Unterstützung und Verflechtung von Geschäftsprozessen und IT-Anwendungen spielen die IT-Kontrollen eine besondere Bedeutung, sie werden später noch dargestellt *(s. K. IT in der Rechnungsprüfung)*.

Eine weitere Komponente des IKS ist der ungehinderte Fluss der erforderlichen **Informationen** auch zur Risikobeurteilung zu den Entscheidern und die **Kommunikation** der Aufgaben und Verantwortlichkeiten an die Beteiligten.[16] *211*

Und schließlich ist eine adäquate **Überwachung** Voraussetzung für das Fortbestehen eines einmal eingerichteten IKS.[17] Sie dient als Anstoß für die Aufrechterhaltung von manuellen Kontrollen, die sonst leicht von der „eigentlichen Arbeit" verdrängt werden, und deckt Schwächen im bestehenden System auf, die beseitigt werden müssen. Änderungen im Umfeld, z. B. durch neue Mitarbeiter, oder Änderungen am Geschäftsprozess, z. B. durch Modifikationen an der Software, erfordern sowieso eine ständige Anpassung. Die Überwachung des IKS ist eine der Kernaufgaben der Innenrevision im Unternehmen. *212*

Die Notwendigkeit der Überwachung zieht die Notwendigkeit einer ausreichenden Dokumentation des IKS nach sich. Für einen Soll-Ist-Vergleich im Rahmen der Überwachung ist ein ausreichend konkretes Sollkonzept erforderlich. Und für die Frage, ob das IKS wie konzipiert funktioniert

15 *Bungartz*, Handbuch interne Kontrollsystem, S. 72, Erich Schmidt Verlag, 6. Aufl. 2020.

16 COSO, Internal Control Integrated Framework, Stand: Mai 2013, S. 105. ISA [DE] 315, Anlage 3

17 COSO, Internal Control Integrated Framework, Stand: Mai 2013, S. 123.

hat, muss es im Ist-Zustand Spuren hinterlassen haben. So muss es nachweisbar eine Regelung geben, wonach die neu eingestellte Mitarbeiterin durch den Fachvorgesetzten über die Verwaltungsvorschrift zur Annahme von Geschenken zu informieren ist. Dass die Information im konkreten Fall erfolgt ist, muss ebenfalls nachprüfbar dokumentiert sein, z. B. durch eine Unterschrift der Mitarbeiterin unter eine Erklärung, die aufbewahrt wird. Um prüfen zu können, ob vorgesehene manuelle Kontrollen in der Vergangenheit durchgeführt wurden, sind z. B. die durchgesehenen Bescheidentwürfe abzuzeichnen oder Listen mit Prüfkennzeichen zu versehen. Deswegen sollten die Regelungen auch auf die Dokumentations- und Aufbewahrungserfordernisse zu Überwachungszwecken eingehen.[18]

II. Geschäftsprozess

213 Nur der kleinere Teil der Entscheidungen und Leistungen der Kommune sind ad hoc oder Einzelentscheidungen und einmalige Leistungen. In der Regel handelt es sich um regelmäßig wiederkehrende, standardisierte Entscheidungen und Leistungen, die wegen der notwendigen Arbeitsteiligkeit eine Betrachtung des Prozesses, in dem die Entscheidung getroffen oder die Leistung erbracht wird, verlangen.

Die Risikobeurteilung im Rahmen des IKS kann nur auf der Grundlage eines Verständnisses der Geschäftsprozesse erfolgen und besonders verlässliche Kontrollaktivitäten sind in den Prozess der Leistungserbringung, den Geschäftsprozess integriert.

Die hier verwandte Definition des Geschäftsprozesses beschreibt ihn als „zielgerichtete, zeitlich-logische Abfolge von Aufgaben, die arbeitsteilig von mehreren Organisationseinheiten zumeist unter Nutzung von Informations- und Kommunikationstechnologien ausgeführt werden. Er dient der Erstellung von Leistungen entsprechend den vorgegebenen Prozesszielen [und] … wird in Abgrenzung zum Projekt regelmäßig durchlaufen."[19]

214 Das notwendige **Verständnis vom Geschäftsprozess** wird auf zwei Wegen erworben. Zum einen durch die Einsichtnahme in Organigramme, Dienstanweisungen, Stellenbeschreibungen, Zeichnungsrechte, IT-Handbücher und – soweit bereits vorhanden – Prozessbeschreibungen. Weitere Informationen liefern die Befragung von Ausführenden und Verantwortlichen und die Beobachtung von Abläufen und Verarbeitungsschritten in IT-Anwendungen.

18 COSO, Internal Control Integrated Framework, Stand: Mai 2013, S. 29.

19 *Gehring*, zitiert nach *Gadatsch*, Grundkurs Geschäftsprozessmanagement, S. 8, 8. Aufl. 2017, Springer-Verlag.

Systematisch erfasst werden kann ein Geschäftsprozess aber am besten durch die Beobachtung eines typischen Geschäftsvorfalls von der erstmaligen Befassung bis zum Abschluss[20] oder durch den Nachvollzug anhand der Akte und anderer Aufzeichnungen auch in IT-Anwendungen vom Abschluss rückwärts bis zum ersten Kontakt. Handelt es sich um einen langwierigen Geschäftsprozess, kommt eine Kombination von Beobachtung und Nachvollzug in Frage. Diese Vorgehensweise wird selten als Durchlaufbeobachtung und zumeist als **walk through** bezeichnet.[21] Das Ergebnis eines walk through ist eine aussagekräftige **Prozessbeschreibung**. Die Beschreibung kann sowohl verbal als auch graphisch erfolgen. Sie muss in Anlehnung an die Definition des Geschäftsprozesses die folgenden Informationen vermitteln:

- **Wer:** also welche Organisationseinheit,
- **Was:** übernimmt welche Aufgaben (Handlungen, Entscheidungen oder Vorgänge in der IT),
- **Wann:** in welcher zeitlich-logischen Reihenfolge,
- **Wie:** und verwendet und produziert dabei welche Dokumente und Informationen, auch als Datensatz oder -bestand.

Die KGSt hat einen einheitlichen Standard für die Beschreibung von Prozessen definiert und stellt ihren Mitgliedern auch bereits beschriebene Musterprozesse zur Verfügung,[22] die mit weniger Aufwand auf die örtlichen Verhältnisse angepasst werden können, als eine eigene Beschreibung erfordern würde.

Sinnvoll ist eine Verknüpfung der Aufnahme des Geschäftsprozesses mit der Aufnahme der in den Geschäftsprozess integrierten Elemente des IKS.

Neue technische Möglichkeiten im Rahmen des walk through-Prozesses sind Process bzw. Data Mining. Spezielle Software visualisiert Geschäftsprozesse automatisiert auf der Grundlage der Rohdaten, Prozessinstanzen und Zeitstempel.[23] Die Verwendung dieser Software ist bei hoher Integration der Prozesse in IT-Anwendungen, wie bei ERP-Systemen sinnvoll.

---

20 IDW F & A zu ISA 315 bzw. IDW PS 261 n. F., 4.12.

21 *Bungartz*, Handbuch interne Kontrollsysteme, S. 488, Erich Schmidt Verlag, 6. Auflage 2020.

22 KGSt-Prozessbibliothek unter https://www.kgst.de/.

23 WP Handbuch L, Tz. 58, 17. Aufl. 2021, IDW-Verlag.

III. Bedeutung von Geschäftsprozess und IKS in der Rechnungsprüfung

215 Der Geschäftsprozess und das IKS sind für die Arbeit der Rechnungsprüfung in mehrfacher Weise relevant: Das IKS oder Ausschnitte daraus können zum einen unmittelbar Gegenstand der Prüfung der Rechnungsprüfung sein; die Prüfung des IKS kann aber auch ein Mittel zur Erfüllung anderer Prüfungsaufgaben der Rechnungsprüfung sein; die örtliche Rechnungsprüfung übernimmt als Überwachungsorgan selber im IKS eine wichtige Funktion und schließlich kann der Geschäftsprozess und sein IKS auch Anknüpfungspunkt für eine Beratung zum Zweck der Optimierung der Verwaltungstätigkeit sein.

1. IKS als Prüfungsgegenstand

216 § 104 Abs. 1 Nr. 6 GemO NRW zählt zu den Aufgaben der örtlichen Rechnungsprüfung ausdrücklich die Prüfung der Wirksamkeit interner Kontrollen im Rahmen des internen Kontrollsystems. § 10 GemPrO Baden-Württemberg verlangt, dass Gegenstand der Prüfung des Jahresabschlusses auch das interne Kontrollsystem und die Verwaltungsprozesse sein sollen.

Aber auch wo der Gesetzgeber die Rechnungsprüfung damit beauftragt, das Kassenwesen (z. B. § 131 Abs. 1 Nr. 3 HGO) oder die Zahlungsabwicklung (z. B.§ 104 Abs. 1 Nr. 2 GO NRW) zu überwachen, verlangt er die Prüfung einer Organisationseinheit oder eines Geschäftsprozesses, daraufhin, ob sie die Gewähr dafür bieten, ihre Aufgaben (wirtschaftlich) zu erfüllen, dabei die Rechts- und Verwaltungsvorschriften einzuhalten und kommunales Vermögen zu schützen, also materiell eine Prüfung des internen Kontrollsystems der Organisationseinheit bzw. des Geschäftsprozesses.

Dabei ist die Durchführung der regelmäßigen und unvermuteten Kassenprüfungen, die ebenfalls zu den Aufgaben der Rechnungsprüfung gehören kann, als Überwachungsmaßnahme selber Bestandteil dieses IKS.

Auch Prüfungen mit dem Auftrag, die Ordnungsmäßigkeit, Wirtschaftlichkeit, Zweckmäßigkeit der Erfüllung einer Aufgabe, die regelmäßig wiederkehrt und arbeitsteilig organisiert ist, der also ein Geschäftsprozess zugrunde liegt, zu prüfen, beinhalten eine Prüfung des IKS.[24] Der Prüfer muss ein Urteil über die Effektivität des IKS im Prüfungszeitraum treffen. Das IKS war im Prüfungszeitraum effektiv bzw. **wirksam**, wenn das IKS **angemessen** gestaltet war und **kontinuierlich funktioniert** hat.[25]

---

24 ISSAI 400, Tz. 53.

25 IDW PS 982, Tz. 21.

a) Prüfung der Wirksamkeit des IKS

Eine Prüfung in Anlehnung an IDW PS 982 (Prüfung des internen Kontrollsystems des externen und internen Berichtswesen) setzt das Vorhandensein einer **IKS-Beschreibung**, also Aussagen der Verantwortlichen zu den Regelungen des internen Kontrollsystems für alle o. g. Komponenten des internen Kontrollsystems voraus.[26] 217

Nach diesem Standard kann die Prüferin in der IKS-Beschreibung die folgenden Mindestinhalte erwarten:

- Beschreibung des Kontrollumfelds einschließlich der Grundeinstellung der Verantwortlichen und der Rolle der Aufsichtsberechtigten in Bezug auf das interne Kontrollsystem,
- der vorgegebenen Verhaltensgrundsätze in der Organisation,
- der Aufbau- und Ablauforganisation, darunter fällt die Prozessbeschreibung, die Rollen und Verantwortlichkeiten auch zur Nutzung interner und externer Dienstleistungsstrukturen.
- Die relevanten IT-Systeme und deren Einordnung in den Prozessablauf
- Beschreibung der mit dem IKS-verfolgten Ziele.
- Beschreibung des Prozesses der Risikobeurteilungen,
- Beschreibung der Kontrollaktivitäten unter Verweis auf sog. Risiko-Kontroll-Matrizen, die folgende Bestandteile enthalten:
  - Das konkrete Risiko, alternativ das Kontrollziel,
  - Kontrollbeschreibung (Kontrolldurchführender, Kontrollaktivität, Automatisierungsgrad, Kontrollanlass oder Kontrollfrequenz und Kontrollnachweis
  - Umgang mit aufgedeckten Fehlern, deren Korrekturen und die erneute Kontrolle.
- Beschreibung der Information und Kommunikation,
- Beschreibung der Verantwortlichkeiten, Prozesse und Maßnahmen zur Überwachung und Verbesserung des internen Kontrollsystems, insb. Aussagen zur Ausgestaltung der Internen Revision.

In der Praxis der kommunalen Rechnungsprüfung sind solche IKS-Beschreibungen kaum je anzutreffen. Die erste Herausforderung für die Prüferin ist es daher, den Sollzustand für das zu prüfende IKS aus den einzelnen vorhandenen Bausteinen – dokumentiert und undokumentiert – zusammenzustellen. Langfristig sollte sie darauf hinwirken, dass der Ver-

26 IDW PS 982, Tz. 31.

antwortliche seine Überlegungen zum IKS besser strukturiert und dokumentiert. Eine solche IKS-Beschreibung kann als Grundlage dienen.

218 Die Prüfung des IKS muss alle seine Komponenten adressieren. Der Rechnungshof der EU verpflichtet seine Prüfer, bei der Durchführung von Rechts- und Ordnungsmäßigkeitsprüfungen daher zu bestimmten Prüfungshandlungen je Komponente.[27]

Beim **Kontrollumfeld** muss er feststellen, ob die Verantwortlichen sich in Worten und Taten zu Integrität, ethischen Werten und Kompetenz bekennen. Gewählte Organisationsstruktur und die Zuweisung von Befugnissen und Verantwortung sollten dies widerspiegeln. Ausstattungsdefizite, unrealistische Zielvorgaben oder geringe Bereitschaft für Fortbildungsmaßnahmen bei Mitarbeitern sind Hinweise auf Defizite beim Kontrollumfeld. Auch die Zusammenarbeit der Verantwortlichen mit der Rechnungsprüfung, als für die Überwachung des IKS Zuständigen gibt solche Hinweise, an einer freiwilligen, ggf. initiativen Einschaltung, der Akzeptanz von Feststellungen und dem Willen zur Verbesserung lässt sich ein positives Kontrollumfeld festmachen.

Die **Risikobeurteilungen** der Verantwortlichen untersucht der Prüfer daraufhin, wie Risiken für die Ziele des IKS identifiziert werden, ihre Bedeutung abgeschätzt und ihre Eintrittswahrscheinlichkeit bewertet wird und wie über Maßnahmen zur Risikobeherrschung entschieden wird. Hier dürften sich in der Praxis die größten Probleme auftun, da die Notwendigkeit eines Risikomanagements mit zugehöriger Dokumentation in deutschen Kommunen zwar grundsätzlich akzeptiert ist,[28] aber zumeist nur einzelne Elemente und diese nicht flächendeckend implementiert sind und sich die Risikobeurteilungen daher oft nur in den eingerichteten oder eben nicht eingerichteten Kontrollaktivitäten widerspiegeln. Der Prüfer muss zu einer eigenen Risikobeurteilung gelangen und mögliche Lücken, nicht erkannte Risiken oder falsch bewertete Risiken identifizieren.

Kontrollaktivitäten werden konzipiert, um einzeln oder in Kombination ein oder mehrere Risiken zu vermindern und daher in erster Linie danach beurteilt, ob ihnen das gelingt. Der Prüfer sollte aber auch feststellen, ob überflüssige und damit unwirtschaftliche Kontrollaktivitäten implementiert sind.

219 Aus Gründen der Prüfungseffizienz erfolgt die Prüfung der Kontrollaktivitäten in zwei Schritten, der sog. Aufbauprüfung, an die sich die Funktionsprüfung anschließt.

---

27 Europ. Rechnungshof aware Stichwort: „Understandig of internal control components“.

28 KGSt, Das kommunale Risikofrühwarnsystem, KGSt-Bericht 5/2011 1.1.

In der **Aufbauprüfung** wird die Kontrollaktivität auf ihre Angemessenheit hin beurteilt und festgestellt, ob sie tatsächlich implementiert ist.[29]

Eine Kontrollaktivität ist **angemessen**, wenn sie grundsätzlich in der Lage ist, wesentliche Fehler zu verhindern bzw. zu entdecken und zu berichtigen.[30] Beurteilt wird zunächst lediglich das Design der Kontrollaktivität, d. h. der Prüfer kann mit der Annahme arbeiten, dass die Kontrollaktivität so funktioniert, wie sie vom Verantwortlichen konzipiert wurde. Er kann sich in dieser Phase auf Befragungen von Beteiligten und Verantwortlichen und Einsichtnahme in Unterlagen beschränken.

Das Design der Kontrollaktivität wird anhand verschiedener Faktoren beurteilt[31], die nicht in jedem Fall eine Rolle spielen müssen: *220*

- Angemessenheit ihres Zwecks und Verbindung zum Risiko,
- Angemessenheit in Bezug auf Natur und Bedeutung des Risikos,
- Kompetenz und Autorität desjenigen, der eine Kontrolle durchführt,
- Häufigkeit und Regelmäßigkeit der Durchführung,
- Aggregationsniveau und Vorhersagbarkeit des Ergebnisses,
- Kriterien, die eine weitere Aufklärung oder einen Korrekturprozess einleiten.

Die Kontrollaktivität muss das identifizierte Risiko tatsächlich adressieren und imstande sein, es zu minimieren; aufgrund ihrer Auswirkungen für die Organisation bedeutsame Risiken müssen möglichst präzise, umfassend und sicher adressiert werden. Für schwierige Kontrollen mit Beurteilungsspielraum oder Ermessen ist mehr Autorität und Kompetenz erforderlich als für einfache Routinekontrollen. Die Häufigkeit der Kontrollaktivität sollte mit der Häufigkeit, mit der das Risiko sich realisieren kann, korrespondieren, sie sollten sich über den gesamten Zeitraum der Geschäftstätigkeit erstrecken, in einigen Fällen ist ein Überraschungselement sinnvoll. Aggregierte Informationen sind weniger verlässlich, wenn Abweichungen entdeckt werden sollen, und für die Präzision einer Abweichungskontrolle ist entscheidend, wie gut ein „richtiges" Ergebnis prognostiziert werden kann und welche Abweichungen toleriert werden.

Werden für Kontrollaktivitäten Auswertungen und Berichte verwandt, muss auch die Qualität dieser Informationen, ihre Vollständigkeit und Richtigkeit in die Beurteilung einbezogen werden.

29 WP Handbuch R, Tz. 718, 17. Aufl. 2021, IDW-Verlag.
30 ISA [DE], A175; WP Handbuch R, Tz. 714, 17. Aufl. 2021, IDW-Verlag.
31 F & A zu ISA 315 bzw. IDW PS 261 n. F., 4.11.

221 Nur für eine Kontrollaktivität, die der Prüfer für angemessen hält, stellt er fest, ob sie auch tatsächlich **implementiert** ist, also nicht nur auf dem Papier steht und angewendet wird.[32] Dafür ist es ausreichend, wenn für einen einzelnen Fall ein zumeist nahe am Prüfungszeitpunkt liegender Prüfungsnachweis eingeholt wird, dass die Kontrollaktivität zu diesem Zeitpunkt funktioniert hat. Die Prüferin greift dabei im Falle von manuellen Kontrollen auf die Dokumentation der Durchführung dieser Kontrolle durch den Kontrollierenden zurück oder beobachtet während der Prüfung die Wirkung einer automatisierten Kontrollaktivität.

222 Zur Prüfungsaussage über das kontinuierliche Funktionieren der Kontrollaktivität über den gesamten Prüfungszeitraum gelangt der Prüfer im Verlauf der **Funktionsprüfung.**[33]

Dazu prüft er die Kontrollaktivität im Prüfungszeitraum in Stichproben. Die Auswahl kann bewusst oder zufällig erfolgen *(s. G.XII.1. Auswahlverfahren).*

Der Umfang der Stichprobe ist bei manuellen Kontrolltätigkeiten abhängig von ihrer Häufigkeit.

Vorgeschlagen wird:[34]

- bei einer mehrmals täglich oder pro Transaktion durchgeführten Kontrolle eine Stichprobe von 30–45 Elementen;
- bei einer täglichen Kontrolle eine Stichprobe von 20–30 Elementen;
- bei wöchentlicher Durchführung eine Stichprobe von 10–15 Elementen;
- Monatlich: Stichprobe von 3–5 Elementen,
- Quartalsweise: Stichprobe von 2–3 Elementen,
- Jährlich: Stichprobe von 1 Element.

Dieser Stichprobenumfang bezieht sich auf den Prüfungszeitraum von einem Jahr und muss bei längeren Prüfungszeiträumen ausgeweitet werden. Soll eine Aussage über die Wirksamkeit des IKS bis zum Zeitpunkt der Berichterstattung über die Prüfung getroffen werden, ist auch der Zeitraum zwischen Abschluss der Prüfung vor Ort und Datum der Berichterstattung mit einzubeziehen.

223 Ergeben sich aus der Stichprobe keine **Abweichungen** zum Design der Kontrolle, dann kann der Prüfer davon ausgehen, dass die Kontrollaktivität

32 ISA [DE] 315, A176.

33 WP Handbuch L, Tz. 822 ff., 17. Aufl. 2022, IDW-Verlag.

34 *Bungartz*, Handbuch interne Kontrollsysteme, S. 149 f., Erich Schmidt Verlag, 6. Auflage 2020.

wirksam war, aber auch eine Abweichung führt nicht sofort dazu, dass von einer Unwirksamkeit der Kontrolle ausgegangen werden muss. Der Prüfer muss die Ursache der Abweichung aufklären, bei systematischen Fehlern oder bei absichtlichen Fehlern liegt Unwirksamkeit vor, bei „Versehen" darf er die Stichprobe ausweiten und, wenn darunter keine weiteren Abweichungen sind, von der Wirksamkeit ausgehen.[35] Vorgeschlagen wird, bei einem ersten Stichprobenumfang von mindestens 20 Elementen maximal eine Abweichung zuzulassen, dann bei einem ursprünglichen Stichprobenumfang von mindestens 30 Elementen 5 bzw. bei einem ursprünglichen Stichprobenumfang von mindestens 20 Elementen 3 Stichprobenelemente nachzuziehen, unter denen sich in beiden Fällen keine Abweichung mehr befinden darf.[36]

Bei automatischen Kontrollen und Sicherungsmaßnahmen darf sich der Prüfer auf die „Zwangsläufigkeit" von Verarbeitungsregeln in IT-Anwendungen stützen, wenn die Kontrollaktivität zum Zeitpunkt der Prüfung implementiert ist und die letzte Veränderung vor Beginn des geprüften Zeitraums liegt. Mit diesem Ziel sind die Zugriffe und das Zugriffsberechtigungskonzept für die eingesetzte IT-Anwendung zu prüfen[37] *(s. K. IT in der Rechnungsprüfung).* 224

Zum Thema **Information/Kommunikation** muss sich der Prüfer einen Überblick über die internen Informationssysteme und Datenflüsse von der Entstehung bis zur Archivierung, aber auch über die externe Kommunikation verschaffen und feststellen, ob die für die Risikobeurteilung erforderlichen Informationen systematisch erfasst und gesammelt werden, der Datenfluss sowohl von oben nach unten als auch von unten nach oben gewährleistet ist, die Mitarbeiter über ihre Pflichten informiert werden, die erforderlichen Informationen für alle Beteiligten vollständig und aktuell verfügbar sind, Dokumentationspflichten begründet und die notwendige Aufbewahrung für Zwecke der Überwachung und Prüfung sichergestellt wurde. 225

Auch die Gewährleistungen einer adäquaten **Überwachung** ist Aufgabe der Leiter der Organisationseinheiten und Prozessverantwortlichen. Der Prüfer muss nicht nur feststellen, ob eine Überwachung stattgefunden hat, durch die Führungskraft selber, eigens eingerichtete Stellen, durch Auftrag an die Rechnungsprüfung und ob sie ausreichend intensiv und engmaschig ausgefallen ist, sondern auch, ob aus den Ergebnissen der Überwachung 226

35 *Bungartz*, Handbuch interne Kontrollsysteme, S. 151, Erich Schmidt Verlag, 6. Auflage 2020.

36 *Bungartz*, Handbuch interne Kontrollsysteme, S. 151, Erich Schmidt Verlag, 6. Auflage 2020.

37 ISA [DE] 315, A5.

Konsequenzen auch für das IKS gezogen wurden und Veränderungen erfolgt sind. Auch externe Quellen wie Evaluationen oder Beschwerden müssen herangezogen werden.

Erkennt der Prüfer Schwächen im IKS, muss er diese, wegen ihrer persönlichen Verantwortung für ein wirksames IKS, der Leitungskraft mitteilen, auch wenn sie im Bericht an den Auftraggeber keine Rolle spielen.

Der Prüfungsauftrag definiert das Prüfungsurteil und die Prüfungsaussagen. Ist im Rahmen der Prüfung einer Aufgabenerfüllung das IKS zu prüfen, wird zumeist nur ein Ausschnitt, in Bezug auf einen oder mehrere Organisationseinheiten und Geschäftsprozesse geprüft. Die Prüfungsaussage lautet: das IKS für die Erfüllung der Aufgabe war im Prüfungszeitraum wirksam oder eben nicht.

b) Beurteilung der Qualität des IKS

227 Ist das Prüfungsurteil nicht vorgegeben, könnte im Rahmen einer Ordnungsmäßigkeits- oder Zweckmäßigkeitsprüfung auch ein Prüfungsurteil über die Qualität des IKS einer Organisationseinheit abgegeben werden.

Dies könnte sinnvoll sein, um bei den Verantwortlichen Anreize zu setzen, durch kontinuierliche Überwachung und Pflege das IKS zu optimieren, um die Kontrollkosten zu minimieren und den höchstmöglichen Nutzen bei definierter Qualität zu erreichen.

Eine Möglichkeit besteht darin, dem IKS nach dem Capability Maturity Model Integration (CMMI) einem **Reifegrad** zuzuordnen.[38] Die fünf Stufen bauen aufeinander auf, die nächste Stufe umfasst auch die Anforderungen der vorhergehenden Stufen. Aufgrund der vielfältigen Verpflichtungen zur Implementierung einzelner Kontrollaktivitäten durch den Gesetz- und Verordnungsgeber sollte regelmäßig mindestens die Stufe 2 erreicht werden.

Die Schwellenmerkmale der Stufen lauten:[39]

- Stufe 1 **Initial:** Unstrukturiertes Kontrollumfeld;
  interne Kontrollaktivitäten sind kaum oder nicht vorhanden;
  werden fallweise ausgeführt und sind nicht verlässlich;
- Stufe 2 **Wiederholbar:** Interne Kontrollaktivitäten sind vorhanden, aber nicht standardisiert; Kontrollen sind nicht nachvollziehbar;

---

38 *Bungartz*, Handbuch interne Kontrollsysteme, S. 501 f., Erich Schmidt Verlag, 6. Auflage 2020.

39 *Bungartz*, Handbuch interne Kontrollsysteme, S. 502, Erich Schmidt Verlag, 6. Auflage 2020.

Kontrollen sind personenabhängig und nicht dokumentiert;
Information, Kommunikation und Schulung fehlen;

- Stufe 3 **Definiert:** IKS-Grundsätze und Richtlinien sind dokumentiert; Kontrollaktivitäten sind in den Prozessen integriert und dokumentiert, Kontrollen sind nachvollziehbar;
  Information, Kommunikation und Schulung existieren;
- Stufe 4 **Überwacht:** IKS-Grundsätze und Richtlinien sind detailliert dokumentiert; Kontrollaktivitäten werden regelmäßig überwacht und laufend aktualisiert;
  regelmäßige IKS-Berichterstattung;
- Stufe 5 **Optimiert:** ausgeprägtes Kontrollbewusstsein in der ganzen Organisationseinheit; weitgehende Automatisierung der Kontrollaktivitäten;
  Hohe Reaktionsfähigkeit auf Veränderungen;
  Integriertes IKS, Revisions- und Risikomanagement.

Alternativ wird vorgeschlagen, die Qualität eines IKS mittels eines Basiswertes zu quantifizieren.[40]

Dazu sind zu jedem Element des IKS fundamentale Prinzipien definiert, die vorab von der Prüferin als im angemessenen Umfang vorhanden und effektiv beurteilt werden müssen, um dann eine Einschätzung des Erfüllungsgrades je Prinzip zu treffen.

Dabei werden die Anforderungen bei einem Erfüllungsgrad >= 90 % voll erfüllt, zwischen 75 % bis < 90 % gibt es leichte Verbesserungspotenziale und zwischen 50 % bis < 75 % deutliche Verbesserungspotenziale. Bei einem Erfüllungsgrad unter 50 % sind die Prinzipien nicht im angemessenen Umfang vorhanden und effektiv, das IKS ist unzureichend.

Jedes einzelne Prinzip muss existent, angemessen und funktionsfähig sein, damit das auch für das jeweilige Element des IKS zutrifft; das IKS als Ganzes ist nur existent, angemessen und funktionsfähig, wenn dies für alle Elemente des IKS gilt. Dann wird der Erfüllungsgrad aller Prinzipien je Element gemittelt und ein Durchschnitt der Erfüllungsgrade aller Elemente gebildet, der die Qualität des IKS quantifiziert.[41]

---

40 *Bungartz*, Handbuch interne Kontrollsysteme, S. 495 ff., Erich Schmidt Verlag, 6. Auflage 2020.

41 In Anlehnung an Deutsches Institut für Interne Revision e.V. (DIIR): Leitfaden zur Durchführung eines Quality Assessment (QA). Ergänzung zum DIIR-Standard Nr. 3 („Qualitätsmanagement"). 3. Aufl., Frankfurt am Main 2012

Die Prinzipien je Element, abgeleitet aus dem COSO-Rahmenwerk, hier nur leicht modifiziert für die Kommune, lauten:[42]

Kontrollumfeld	I. Verpflichtung zu Integrität und ethischen Werten – Die Organisation bekennt sich zu Integrität und ethischen Werten.
	II. Ausübung der Aufsichtspflichten – Vorgesetzte und Überwachungsorgane überwachen die Entwicklung und Funktionsfähigkeit der internen Kontrollen.
	III. Etablierung von Strukturen, Befugnissen und Verantwortlichkeiten Die Verwaltungsleitung etabliert – unter der Aufsicht des Überwachungsorgans – Strukturen, Berichtslinien sowie angemessene Befugnisse und Verantwortlichkeiten zur Verfolgung der Ziele.
	IV. Bekenntnis zur Kompetenz – Die Organisation demonstriert ein Bekenntnis zur Einstellung, Entwicklung und Bindung von kompetenten Personen in Übereinstimmung mit den Zielen.
	V. Durchsetzung der Rechenschaft – Die Organisation überträgt Individuen die Rechenschaftspflicht für ihre internen Kontrollen zur Verfolgung der Ziele
Risikobeurteilung	VI. Spezifizierung von angemessenen Zielen – Die Organisation beschreibt zur Identifikation und Beurteilung damit verbundener Risiken die Organisationsziele mit der notwendigen Klarheit.
	VII. Identifizierung und Analyse von Risiken – Die Organisation identifiziert mit der Erreichung von Unternehmenszielen verbundene Risiken auf Organisationsebene und führt eine Risikoanalyse als Basis für die Risikosteuerung durch.
	VIII. Beurteilung von Fraud-Risiken – Die Organisation berücksichtigt die Möglichkeit für dolose Handlungen bei der Beurteilung der mit der Erreichung der Ziele verbundenen Risiken.

42 *Bungartz*, Handbuch interne Kontrollsysteme, S. 497 ff., Erich Schmidt Verlag, 6. Auflage 2020.

	IX. Identifizierung und Analyse wesentlicher Veränderungen – Die Organisation identifiziert und beurteilt Veränderungen, die einen wesentlichen Einfluss auf das IKS haben könnten
Kontrollaktivitäten	X. Auswahl und Entwicklung von Kontrollaktivitäten – Die Organisation selektiert und entwickelt Kontrollaktivitäten, die zur Risikoverminderung beitragen und die Erreichung der Organisationsziele auf ein akzeptables Niveau bringen.
	XI. Auswahl und Entwicklung genereller IT-Kontrollen – Die Organisation selektiert und entwickelt generelle IT-Kontrollen zur Unterstützung der Erreichung von Unternehmenszielen.
	XII. Implementierung von Regelungen und Verfahren – Die Organisation implementiert Kontrollaktivitäten mit Hilfe von Regelungen zur Dokumentation von Erwartungen und Verfahren zur Umsetzung der Regelungen.
Information und Kommunikation	XIII. Nutzung relevanter Informationen – Die Organisation beschafft oder generiert und nutzt relevante undqualifizierte Informationen zur Unterstützung der Funktionsfähigkeit von internen Kontrollen.
	XIV. Interne Kommunikation – Die Organisation kommuniziert intern die notwendigen Informationen (inklusive der Ziele und Verantwortlichkeiten für interne Kontrollen) zur Unterstützung der Funktionsfähigkeit von internen Kontrollen.
	XV. Externe Kommunikation – Die Organisation kommuniziert mit externen Gruppen notwendige Informationen zur Unterstützung der Funktionsfähigkeit interner Kontrollen.

Überwachung	XVI. Durchführung laufender/gesonderter Beurteilungen – Die Organisation selektiert, entwickelt und führt laufende und / oder gesonderte Beurteilungen durch zur Sicherstellung der Existenz und Funktionsfähigkeit aller Komponenten eines IKS.
	XVII. Evaluierung und Kommunikation von Kontrollschwächen – Die Organisation evaluiert und kommuniziert interne Kontrollschwächen zeitnah an die für Korrekturmaßnahmen verantwortlichen Stellen und – soweit angemessen – die Verwaltungsleitung und das Überwachungsorgan

Gemessen an diesen Prinzipien werden in der kommunalen Praxis wenige auch nur zufriedenstellende interne Kontrollsystem bestehen, auch wenn die Anforderungen entsprechend der Größe der Kommune skaliert werden.

2. Systemprüfung des IKS als Mittel zur Gewinnung von Aussagesicherheit

228 Wenn keine Aussage über das IKS getroffen werden soll, sondern die Prüfung des IKS nur mittelbar Prüfungssicherheit für eine andere Prüfungsaussage verschaffen soll, dann sind für den Prüfer nicht alle Kontrollaktivitäten von Interesse, sondern nur diejenigen, die für seine Prüfung **relevant** sind, also Fehlerrisiken für seine Prüfungsaussagen adressieren.[43] So können Kontrollaktivitäten, die Risiken für die Rechtmäßigkeit des Verwaltungshandelns minimieren, bei einer Prüfungsaussage über einen Ausschnitt der Rechnungslegung irrelevant sein, hier kann der Prüfer auf Kontrollaktivitäten für die ordnungsmäßige Rechnungslegung fokussieren. Wenn mehrere Kontrollaktivitäten – jede für sich – vollständig das Risiko für eine Prüfungsaussage abdecken, dann wählt der Prüfer die relevante Kontrollaktivität nach Gesichtspunkten der Prüfungseffizienz aus, z. B. für welche Kontrollaktivität die Funktionsprüfung den geringsten Aufwand einschließlich Dokumentationsaufwand verursacht. Besonders nützlich sind Kontrollaktivitäten, die mehrere Prüfungsaussagen gleichzeitig abdecken, sogenannte **Schlüsselkontrollen**. Bei diesen ist aber zu beachten, dass sie zumeist auf einem aggregierten Level ansetzen und damit ihre Verlässlichkeit nachlässt. Der Prüfer muss beurteilen, ob ihre Verlässlichkeit für die Zwecke seiner Prüfung noch ausreicht.

---

43 WP Handbuch L, Tz. 55, 17. Aufl. 2022, IDW-Verlag.

Auch ein für die Prüfungsaussage als wirksam eingestuftes IKS kann dem Prüfer allein keine hinreichende Sicherheit vermitteln. Kaum ein IKS wird auch nur theoretisch alle Fehlerrisiken angemessen bekämpfen, oder aus Wirtschaftlichkeitsgründen bekämpfen sollen. Bei der Aufrechterhaltung der Funktionsfähigkeit ist mit menschlichen Fehlleistungen und Verstößen zu rechnen, insbesondere wenn sich Umweltbedingungen und die Zusammensetzung der Organisationseinheit ständig verändern.[44] Aus diesen Gründen darf sich der Prüfer nicht allein auf die aus der System-Prüfung erlangte Prüfungssicherheit verlassen, sondern muss die System-Prüfung mit aussagebezogenen Prüfungshandlungen, also grundsätzlich analytischen Prüfungshandlungen und Einzelfall-Prüfungshandlungen, kombinieren. Der Prüfer muss sich die Frage stellen, ob darunter auch Einzelfall-Prüfungshandlungen sein müssen. Der Vorteil der System-Prüfung liegt dann darin, dass diese aussagebezogenen Einzelfall-Prüfungen – bei guter Qualität der analytischen Prüfungshandlungen – vollständig entfallen können oder zumindest signifikant reduziert werden können gegenüber einer Prüfungsstrategie, die die gesamte Prüfungssicherheit aus diesen Einzelfall-Prüfungshandlungen gewinnen will. Weitere Vorteile einer Systemprüfung insbesondere für die weite Aufgabenstellung der Rechnungsprüfung sind unter *(s. G.X.3. Funktionsprüfung)* dargestellt. 229

3. Überwachung des IKS durch die örtliche Rechnungsprüfung

Die Rechnungsprüfung begegnet dem IKS in unterschiedlichen Funktionen. Im Rahmen der Erfüllung der gesetzlichen Pflichtaufgaben, insbesondere als Prüfer des Jahresabschlusses als unabhängiger, quasi-externer Prüfer. Die Verwaltungsleitung kann aber auch von ihrem Recht Gebrauch machen, Prüfungsaufträge an die örtliche Rechnungsprüfung zu vergeben und sie mit der Überwachung – ggf. eines Ausschnitts – des IKS beauftragen; dann ist sie selber Teil des IKS und damit Führungsunterstützung. Der Einsatz von Mitarbeitern der Rechnungsprüfung liegt offensichtlich im Interesse der verantwortlichen Leitungskraft, da dies eigene Personalressourcen schont und man gleichzeitig kompetente Außenstehende für die notwendige Überwachung gewinnt. Es gibt aber auch ein Interesse der örtlichen Rechnungsprüfung, verstärkt als Führungsunterstützung wahrgenommen und akzeptiert zu werden, das zumindest der IDR e.V. bekundet.[45] Allerdings liegt in der Zusammenfassung beider Funktionen in der örtlichen Rechnungsprüfung auch ein Konflikt. Beide Funktionen konkur- 230

44 Europ. Rechnungshof aware Stichwort „Inherent limitations of internal control".

45 IDR, das moderne Leitbild der kommunalen Revision, http://www.idrd.de/idr/idr-leitbild/.

rieren um Ressourcen. Dieser Konflikt ist in den Kommunalverfassungsgesetzen angelegt, die der örtlichen Rechnungsprüfung keine vollständige Unabhängigkeit zusprechen, wie sie die Rechnungshöfe genießen. Örtliche kommunale Rechnungsprüfung ist Selbstprüfung der Verwaltung und nicht Prüfung durch einen unabhängigen Dritten. Als Ausgleich ist neben der örtlichen Prüfung auch noch eine überörtliche Rechnungsprüfung eingerichtet.

Damit übernimmt die örtliche Rechnungsprüfung eine Aufgabe der Internen Revision im Unternehmen. Das Selbstverständnis der Internen Revision bringt die Definition des Instituts für Interne Revision zum Ausdruck. Sie ist „eine unabhängige und objektive Prüfungs- und Beratungsfunktion, die darauf ausgerichtet ist, Mehrwerte zu schaffen und die Geschäftsprozesse einer Organisation zu verbessern. Sie unterstützt die Organisation bei der Erreichung ihrer Ziele, indem sie mit einem systematischen und zielgerichteten Ansatz die Effektivität des Risikomanagements, der Kontrollen und der Führungs- und Überwachungsprozesse bewertet und diese verbessern hilft.“[46] Die Kriterien für die Prüfungen der Internen Revision sind neben Risiken, Sicherheit und Zukunftssicherung auch Ordnungsmäßigkeit, Wirtschaftlichkeit und Zweckmäßigkeit.[47] Diese Kriterien teilt die Interne Revision mit der Rechnungsprüfung.

4. Beratung durch die örtliche Rechnungsprüfung

231 Über die Prüfungsaufgaben hinaus berät die Interne Revision die Unternehmensführung. Auch die örtliche Rechnungsprüfung, wieder vertreten durch den IDR e. V., reklamiert für sich die Aufgabe der Beratung von Vertretungskörperschaft und Verwaltungsleitung.[48] Anders als z. B. beim Bundesrechnungshof, wo die Beratung anders als die Prüfungsaufgabe zwar nicht Verfassungsrang genießt, aber gesetzlich geregelt ist, erwähnen die Kommunalverfassungsgesetze die Beratung nicht. In einzelnen Bundesländern ist eine gutachterliche Stellungnahme auf Wunsch der Verantwortlichen zu einer Planung oder (geplanten) Maßnahme vorgesehen.[49]

Der Wunsch ist nachvollziehbar. Die Gefahr einer nachträglichen Feststellung von Fehlern kombiniert mit Sanktionsmöglichkeiten für die Verant-

---

46 Internationale Grundlagen für die berufliche Praxis (IPPF), Vorwort, Hrsg. Institut für Interne Revision, Frankfurt, www.diir.de/fileadmin/fachwissen/standards/downloads/IPPF_2016_Standards__Version_4__20161001.pdf.

47 Institut für Interne Revision, Revisionsstandard, Nr. 1 Tz. 1.

48 IDR, Vorschlag für einheitliche Normen der Rechnungsprüfung, http://www.idrd.de/fileadmin/user_upload/idr/downloads/Einheitliche_Normen/Begruendung_Einheitliche_Normen.pdf.

49 § 116 Abs. 4 GemO S-H, § 3 Abs. 5 KPG M-V.

wortlichen entwickelt zwar auch eine nicht zu vernachlässigende präventive Wirkung. Sowohl die Rechnungsprüfung als auch ihre Auftraggeber erfahren die Wirksamkeit der Prüfung aber sehr viel eindrücklicher, wenn sie Veränderungen zum Besseren schafft und Fehler vermeidet. Der Übergang zur Beratung ist dabei fließend. Auch die Verwaltung hat ein Interesse, die Rechnungsprüfung bereits in die Entscheidungsprozesse mit einzubinden, um später Feststellungen zu vermeiden.

Eine Beratungstätigkeit birgt für die Rechnungsprüfung die Gefahr der *232*
Selbstprüfung, die grundsätzlich geeignet ist, die erforderliche **Unbefangenheit** zu beeinträchtigen (s. *D. Rechte und Pflichten*), sie ist dem Wirtschaftsprüfer gem. § 49 Abs. 2 WPO untersagt. In Anlehnung an die Argumentation beim Bundesrechnungshof erscheint die Beratung für die kommunale Rechnungsprüfung jedoch nicht inkompatibel.[50] Eine Beratung in Einzelfällen, bei denen „erfahrungsgemäß das Absicherungsbedürfnis einzelner Ressorts im Vordergrund steht", wollte der Gesetzgeber beim Bundesrechnungshof aber ausschließen.[51] Aber auch hier stehen Beratung und Prüfung in einem Konkurrenzverhältnis um Ressourcen und der gesetzliche Prüfungsauftrag muss Vorrang haben.

Aus diesen Gründen ist bei der Beratung durch die örtliche Rechnungsprüfung Zurückhaltung geboten. Ein optimaler Anknüpfungspunkt für eine Beratung, die die oben genannten Bedenken vermeidet, ist das aus der Prüfung gewonnene Verständnis der Geschäftsprozesse, seiner Risiken und des IKS. Wenn Defizite beim IKS aufgedeckt wurden und diese daraufhin durch den Verantwortlichen beseitigt werden oder ein Geschäftsprozess von der geprüften Stelle effizienter gestaltet werden kann, dann ergeben sich daraus dauerhafte Verbesserungen für die Zukunft.

Die Aufgabe der Rechnungsprüfung ist es dabei, nicht nur den Verbesserungsbedarf aufzudecken, sondern auch als Experte für Prozesse und Kontrollaktivitäten den Verantwortlichen praxiserprobte Vorschläge zu unterbreiten.

Die **Methode der prozessorientierten Beratung** besteht in der Gegen- *233*
überstellung des Ist-Prozesses mit einem Sollprozess. Der Sollprozess sollte das Optimierungspotential ausschöpfen und könnte z. B. auch durch Benchmarking gewonnen werden.

Auf der Grundlage der bereits für die Prüfung benötigten Prozesserhebung und -dokumentation werden Schwachstellen und Verbesserungspotentiale im ersten Schritt identifiziert. Das Organisationshandbuch des Bundes de-

50 *Kube*, in: Dürig/Herzog/Scholz, Art. 114 Rn. 121, Kommentar zum Grundgesetz, 97. EL, Januar 2022.

51 BT-Drucks. 5/3040, S. 56.

finiert dazu einen Katalog von Prüfungsfragen.[52] Häufig anzutreffende Schwachstellen sind[53]:

- lange Bearbeitungs-, Liege- und Transportzeiten;
- Schnittstellen;
- Medienbrüche,
- redundante Datenerfassung;
- uneindeutige Regelungen der Zuständigkeiten, Kommunikations- und Entscheidungswege.

Als methodische Ansätze für die Geschäftsprozessoptimierung werden vorgeschlagen:[54]

- Verzicht auf überflüssige Prozessschritte oder Teilprozesse;
- Verändern der Reihenfolge von Prozessschritten;
- Aufnehmen zusätzlich erforderlicher Prozessschritte;
- Bündeln von zusammengehörenden Prozessschritten;
- Parallelisieren von Prozessschritten oder Teilprozessen;
- Verkürzen einzelner Prozessschritte;
- Steigern der Wertschöpfung einzelner Prozessschritte;
- Automatisieren von Prozessschritten;
- Herbeiführen von Standardisierungen;
- Reduzieren von Schnittstellen;
- Reduzieren von Medienbrüchen;
- Anpassen der Organisationsstruktur
- Klärung und Veränderung der Rollen der Beteiligten.

Zusätzlich vermittelt die Kenntnis des Ist-Prozess und des Soll-Prozesses Erkenntnisse über Stellenbedarfe und Stellenbewertung. Die Beratung zur

---

52 Bundesministerium des Innern Handbuch für Organisationsuntersuchungen und Personalbedarfsermittlung Stand 2021 unter https://www.orghandbuch.de/OHB/DE/Organisationshandbuch/node.html 2.3.6.

53 *Götz/Gattinger* u. a., Erkenntnisse aus Geschäftsprozessen als Basis für Entscheidungen kommunaler Organe und Verwaltungen, BKPV-Geschäftsbericht 2015, 2.6.

54 Bundesministerium des Innern Handbuch für Organisationsuntersuchungen und Personalbedarfsermittlung Stand 2021 unter https://www.orghandbuch.de/OHB/DE/Organisationshandbuch/node.html 2.3.6; *Götz/Gattinger* u. a., Erkenntnisse aus Geschäftsprozessen als Basis für Entscheidungen kommunaler Organe und Verwaltungen, BKPV-Geschäftsbericht 2015, 2.6.

Geschäftsprozessoptimierung kann daher mit einer Personalbedarfsermittlung verbunden werden.

Darüber hinaus kann sie Erkenntnisse und Kennzahlen zur Steuerung des Leistungserstellungsprozesses *(s. L.I.1. Kennzahlen zur Haushaltssteuerung)* liefern.[55]

Durch eine prozessorientierte Systemprüfung bei den verschiedensten kommunalen Aufgaben erhält die Rechnungsprüfung reiches Anschauungsmaterial und wird zum Experten.

55 *Götz/Gattinger*, u. a., Erkenntnisse aus Geschäftsprozessen als Basis für Entscheidungen kommunaler Organe und Verwaltungen, BKPV-Geschäftsbericht 2015, 2.6.

K. IT in der Rechnungsprüfung

Die Mehrheit der Geschäftsprozesse einer Kommune und insbesondere auch die rechnungslegungsrelevanten Prozesse werden durch IT-Anwendungen unterstützt oder sogar vollständig darin abgewickelt. In einem kommunalen Rechenzentrum wurden bereits 2007 ca. 200 unterschiedliche IT-Anwendungen zur Verfügung gestellt.[1] Damit wird die IT, definiert als Gesamtheit der in der Verwaltung zur elektronischen Datenverarbeitung eingesetzten Hard- und Software[2], zum Prüfungsgegenstand der Rechnungsprüfung. Dabei steht nicht nur die Frage nach der Ordnungsmäßigkeit des Vorhandenen an, sondern auch das Potential der IT für eine Verbesserung der Wirtschaftlichkeit der Aufgabenerfüllung. Es ist kein Zufall, dass die KGSt z. B. für die Sollprozesse bei den häufig anfallenden Prozessen im Personalmanagement, wie Dienstreise oder Fortbildung genehmigen und abrechnen, davon ausgeht, dass sie ohne Medienbrüche vollständig über ein Mitarbeiterportal mit hinterlegtem Workflow und automatischer Datenübertragung zur Personalbuchhaltung abgewickelt werden[3], obwohl dies zur Zeit wohl noch eher die Ausnahme als die Regel in den Kommunalverwaltungen darstellt. *234*

Und die Bedeutung von IT nimmt noch weiter zu. Seit dem 27. 11. 2018 beansprucht der § 4a E-Government-Gesetz Gültigkeit, wonach öffentliche Auftraggeber wie Kommunen verpflichtet sind, **elektronische Rechnungen**, die nach Erfüllung von öffentlichen Aufträgen ausgestellt wurden, zu empfangen und zu verarbeiten. Das Gesetz definiert eine Rechnung als elektronisch, wenn sie in einem strukturierten elektronischen Format ausgestellt, übermittelt und empfangen wird und das Format die automatische und elektronische Verarbeitung der Rechnung ermöglicht.

Weitere Treiber sind die E-Government-Gesetze der Länder. Sie verpflichten auch die Kommunen, ihre Akten elektronisch zu führen (**E-Akte**); und das Online-Zugangsgesetz, das auch die Kommunen verpflichtet, bis Ende 2022 ihre **Verwaltungsleistungen** über Verwaltungsportale auch **digital** anzubieten. Damit wurden Erwartungen der Bürger auf elektronischen Zu-

---

1 Informationsbüro d-NRW: Shared Service Center am Beispiel kommunaler IT-Dienstleistungen in NRW 2007 unter https://www.d-nrw.de/fileadmin/user_upload/d-NRW_Dateien/Informationsbuero/Klinger_SSC.pdf.

2 IDW RS FAIT 1, Tz. 2.

3 KGSt, Prozesse im Personalmanagement, 3/2015, 3.1.–3.3.

gang zur Verwaltung, elektronische Verwaltungsverfahren und elektronische Bezahlmöglichkeiten begründet. Das Konzept „Digitale Verwaltung 2020 verwaltunginnovativ.de“[4] wird auch von der aktuellen Bundesregierung verfolgt und soll Fahrt aufnehmen. Neben der elektronischen Schriftgutverwaltung einschließlich der elektronischen Langzeitspeicherung und Aussonderung sieht es auch bereits vielfältig in der Kommunalverwaltung implementierte Elemente wie die elektronische Prozessunterstützung durch elektronische Vorgangsbearbeitung, elektronische Zusammenarbeit und Fachverfahren vor.

Zugleich ist die Durchführung der Aufgaben der Rechnungsprüfung ohne Einsatz von IT von der Planung bis zur Dokumentation nicht mehr denkbar. Insbesondere bietet die Massendatenanalyse wertvolle Erkenntnisse.

I. IT als Prüfungsgegenstand

1. Prüfung von Anwendungen im Finanzwesen

235 Wegen der Bedeutung und dem potentiellen Schaden bei Fehlerhaftigkeit von Buchführungsprogrammen verpflichten die Kommunalverfassungsgesetze, z. B. § 131 Abs. 1 Nr. 4 HGO oder § 104 Abs. 1 Nr. 3 GO NRW, die örtliche Rechnungsprüfung zur Prüfung dieser Verfahren vor ihrem Einsatz. Teilweise liegt die Zuständigkeit für eine Prüfung auch bei der überörtlichen Prüfung, z. B. § 114a GemO BW. In NRW gibt es eine doppelte Zuständigkeit, da die Gemeindeprüfanstalt gem. § 94 Abs. 2 GemO NRW seit 2021 Fachprogramme zur automatisierten Ausführung der Geschäfte der kommunalen Haushaltswirtschaft zulassen muss.

§ 114a Abs. 2 GemO BW verlangt von im Rechnungswesen sowie zur Feststellung und Abwicklung von Zahlungsverpflichtungen und Ansprüchen eingesetzten Programmen von erheblicher finanzwirtschaftlicher Bedeutung, dass sie „bei Beachtung der Einsatzbedingungen eine ordnungsgemäße und ausreichend sichere Abwicklung der zentralen Finanzvorgänge gewährleisten.“ § 21 KomPrV BW formuliert dazu Prüfungsaussagen:

- die Programme gewährleisten eine sachlich, rechnerisch und förmlich richtige Abwicklung der Finanzvorgänge,
- sie sind gegen unbefugte Eingriffe gesichert,
- sie unterstützen unter Berücksichtigung ihrer Einsatzbedingungen das Interne Kontrollsystem beim Anwender hinreichend,

4 Bundesregierung, „Digitale Verwaltung 2020 verwaltung-innovativ.de“ http://www.verwaltung-innovativ.de/DE/E_Government/orgkonzept_everwaltung/orgkonzept_everwaltung_artikel.html.

- sie erfüllen hinsichtlich der Programmdokumentation, der Erfassung, Eingabe, Verarbeitung, Speicherung und Ausgabe der Daten sowie der Sicherung der Programme und der gespeicherten Daten die Anforderungen der Grundsätze ordnungsmäßiger DV-gestützter Buchführungssysteme mit § 6 GemKVO,
- sie stellen bei automatisierten Anordnungs- und Feststellungsverfahren die Trennung der Verantwortungsbereiche sicher.

In NRW fasst eine Verwaltungsvorschrift die aus dort geltenden „Gesetzen und Verordnungen ableitbaren, allgemein anerkannten technischen Regeln an Programme und Anforderungen des doppischen Finanzwesens“ zusammen und formuliert daraus einen Prüfungskatalog für die Zulassung.[5]

Die Gemeindehaushaltsverordungen in Anlehnung an die Muster-GemHVO für ein doppisches Haushalts- und Rechnungswesen der Innenministerkonferenz formulieren nicht unmittelbar Anforderungen für diese Verfahren, sondern solche an ein ordnungsmäßiges **DV-gestütztes Buchführungssystem.**[6] Die verwendeten IT-Anwendungen sind nur ein Element dieses Systems.

Das DV-gestützte Buchführungssystem ist ein Teilsystem des IT-Systems *(s. Abbildung 9)* und besteht wie dieses aus drei Elementen, den IT-gestützten Geschäftsprozessen, den zugehörigen IT-Anwendungen und der IT-Infrastruktur.[7]

Im Falle des DV-gestützten Buchführungssystems also z. B. aus den Prozessen der Erfassung, Prüfung und Zahlbarmachung der Eingangsrechnungen, der Bescheidung und dem Einzug kommunaler Steuern oder der Ermittlung und Buchung von Anlagenzugängen, -abgängen und Abschreibungen; den dabei verwendeten IT-Verfahren wie Finanzbuchhaltungssoftware und Software für den Geldverkehr und den dabei in Anspruch genommenen baulichen und technischen Einrichtungen wie Rechner, Server und Rechenzentren, Betriebssystemsoftware und Netzwerke.

Bei der Prüfung des Verfahrens wird ein Element isoliert betrachtet. Geschäftsprozess und Infrastruktur sind anwenderspezifisch, während es sich beim Verfahren zumeist um käuflich erworbene Standardsoftware handelt. Das Produkt muss aber bei jedem Kunden durch den Anwender und aufgrund seiner spezifischen Bedürfnisse angepasst und eingestellt werden, mit anderen Worten in das IT-System des Anwenders integriert werden. 236

5 MBl. NRW, Ausgabe 2020 Nr. 25 vom 24. 9. 2020.

6 § 35 Abs. 5 Muster-GemHVO, Beschluss der ständigen Konferenz der Innenminister und -senatoren der Länder, 21. 11. 2003, http://www.innenministerkonferenz.de/IMK/DE/termine/to-beschluesse/20031121.html?nn=4812206.

7 Vgl. IDW RS FAIT 1, Tz. 7.

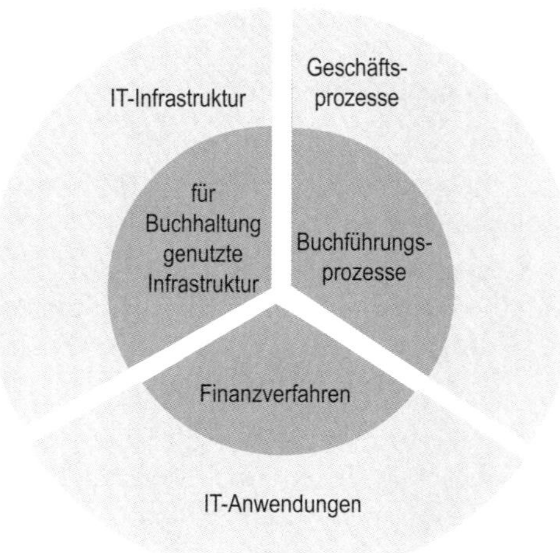

Abbildung 9: Prüfungsgegenstand bei IT-Prüfungen
Quelle: eigene Darstellung

Dies wird als Customizing bezeichnet.[8] Die Prüfung des Verfahrens umfasst nicht die Prüfung des Customizing. Das Verfahren wird in einer definierten Testumgebung geprüft.

Möglicherweise hat der Hersteller für die aktuelle Version seines Produkts bereits ein Zertifikat, eine TÜV-Bescheinigung oder ein Wirtschaftsprüfertestat, dann kann die Rechnungsprüfung sich dieses Prüfungsurteil unter Umständen zu Eigen machen. Dabei gelten dieselben Voraussetzungen wie unter *(s. M.VIII.2.a) Sachverständiger des Aufstellungsverantwortlichen)* beschrieben.[9] D. h. die Rechnungsprüfung muss sich durch Prüfungshandlungen insbesondere der Kompetenz des Dritten versichern und feststellen, ob der Sachverständige auch die Beurteilungskriterien verwendet hat, die die Rechnungsprüfung bei einer eigenen Prüfung anlegen müsste. Dazu muss der vollständige Prüfungsbericht vorliegen. Liegt ein Testat der zuständigen Gemeindeprüfanstalt vor, entfällt diese Prüfung. Fehlt es an einer aktuellen Prüfungsbescheinigung, muss sich die Rechnungsprüfung selber ein Prüfungsurteil über das Verfahren bilden.

Für eine solche Prüfung nur des Verfahrens hat das IDW den Prüfungsstandard 880 „Prüfung von Softwareprodukten" erlassen. Eine Prüfung verlangt ein Urteil mit hinreichender Sicherheit, ob das Verfahren es bei

8 IDW RS FAIT 1, Tz. 100.
9 IDW PS 880, Tz. 103.

sachgerechter Anwendung ermöglicht, den Kriterien zu entsprechen, die den Maßstab für die Beurteilung der Programmfunktionen bilden.[10]

Beurteilt werden die **Programmfunktionen** des Verfahrens. Sie werden gebildet aus den **Verarbeitungsfunktionen** und dem programminternen Kontrollsystem. Zum **programminternen Kontrollsystem** zählen der programmierte Ablauf bzw. die programmierten Regeln zur Workflowsteuerung, die programmierten Kontrollaktivitäten und das programminterne Zugriffsschutzsystem.[11] Gängige Bestandteile sind:[12] *237*

- Logischer Zugriffsschutz, erfolgt mittels einer Benutzer-ID; Kennworte schützen gegen Einsicht und Missbrauch von Daten.
- Eingabekontrollen/Plausibilitätskontrollen garantieren bereits zum Zeitpunkt der Erfassung von Daten deren Richtigkeit, Vollständigkeit und Plausibilität durch definierte Formulare mit Pflichtfeldern und vorbelegten Auswahlfeldern.
- Verarbeitungskontrollen gewährleisten, dass die Daten die Verarbeitungsprozesse vollständig und richtig durchlaufen und die Beleg-, Journal- und Kontenfunktion erfüllen.
- Ausgabekontrollen stellen sicher, dass die Verarbeitungsergebnisse richtig erstellt und verteilt werden, z. B. durch definierte Berichte.
- Protokollierungen/Schnittstellenprotokolle werden automatisch generiert, müssen aber noch ggf. manuell ausgewertet und analysiert werden, sie sollen eine vollständige und richtige Datenübertragung sicherstellen.

Programmierte Abläufe und programminternes Kontrollsystem in einem Buchführungsprogramm müssen diesen **Kriterien** entsprechen:[13]

- Anforderungen der Grundsätze ordnungsmäßiger Buchführung *s. Rn. 245*
- Anforderungen an die Sicherheit rechnungslegungsrelevanter Systeme und Daten *s. Rn. 249* und
- weiteren rechtlichen Anforderungen, wie der Schutz der Personen-, Steuer- und Sozialdaten.

Die Muster-GemHVO definiert in § 35 Abs. 5 zwar einige Anforderungen, aber ohne Anspruch auf Vollständigkeit. Sie werden stattdessen als exemplarisch für die Anforderungen der **Grundsätze ordnungsmäßiger** *238*

---

10 IDW PS 880, Tz. 17.

11 IDW PS 880, Tz. 10.

12 *Bungartz*, Interne Kontrollsysteme, Basiswissen für den Aufsichtsrat, Erich Schmidt Verlag 2017, S. 54.

13 IDW PS 880, Tz. 25.

DV-gestützter Buchführungssysteme (GoBD) bezeichnet, die übergreifend gelten. Die GoBD wurden z. B. von der Finanzverwaltung zuletzt im BMF-Schreiben vom 28. November 2019 (BStBl. I S. 1269) oder vom IDW im RS FAIT 1 formuliert. IDW RS FAIT 1 wird von IDW RS FAIT 3 (Grundsätze ordnungsmäßiger Buchführung beim Einsatz elektronischer Archivierungsverfahren) und IDW RS FAIT 5 (Grundsätze ordnungsmäßiger Buchführung bei Auslagerung von rechnungslegungsrelevanten Prozessen und Funktionen einschließlich Cloud Computing) ergänzt.

Die Anforderungen gelten für ein DV-gestütztes Buchführungssystem und können daher auch immer nur vollständig im Zusammenwirken von Geschäftsprozessen, Anwendungen und Infrastruktur erfüllt werden. Sie werden daher im folgenden Abschnitt erläutert.

2. Prüfung des IT-Systems, insbesondere des DV-gestützten Buchführungssystems

239 Auch soweit nur vorab geprüfte IT-Anwendungen zum Einsatz kommen muss das IT-System der Kommune, bzw. Ausschnitte daraus jährlich im Rahmen der Jahresabschlussprüfung geprüft werden.

Die Ordnungsmäßigkeit der Buchführung ist Voraussetzung für die Freiheit des Jahresabschlusses von wesentlichen Fehlern. Im Rahmen der Abschlussprüfung muss der Prüfer daher auch die Risiken identifizieren, die aus der Verwendung eines DV-gestützte Buchführungssystem resultieren und sie beurteilen.[14]

Geprüft wird der rechnungsrelevante Ausschnitt aus dem IT-System. Rechnungslegungsrelevant sind die Elemente, die dazu dienen, Daten über Geschäftsvorfälle oder Aktivitäten zu verarbeiten, die entweder direkt in die DV-gestützte Buchführung einfließen oder als Grundlage für Buchungen im Buchführungssystem in elektronischer Form zur Verfügung gestellt werden und in der Rechnungslegung der Kommune, also im Jahresabschluss, Rechenschaftsbericht, Gesamtabschluss, Konsolidierungsbericht oder Beteiligungsbericht erscheinen.

240 Aber auch im Zusammenhang mit anderen Prüfungsaufträgen stellt sich die Frage nach der Ordnungsmäßigkeit des IT-Systems.

Die IT-Systemprüfung ist eine **Prüfung des IT-Kontrollsystems** und stellt einen Ausschnitt aus der Prüfung des internen Kontrollsystems dar.[15] Sie wird nach den allgemeinen Grundsätzen der Prüfung des IKS *(s. J.III.1. IKS als Prüfungsgegenstand)* durchgeführt. Für Zwecke der Abschluss-

14 ISA [DE] 315, Tz. 25a.
15 ISA [DE] 315, A140 ff.

prüfung kann der Prüfer sich darauf beschränken, nur die für Rechnungslegung wesentlichen Elemente des IT-Systems zu betrachten.[16]

Die **Struktur** des IT-Kontrollsystems wird durch die drei Elemente Geschäftsprozesse, Verfahren und Infrastruktur gebildet. Nützlich für ein Verständnis ist der Rückgriff auf das Bausteinkonzept des Bundesamts für Informationssicherheit (BSI) in dessen IT-Grundschutzkompendium.[17] Das BSI klammert die Geschäftsprozesse aus und differenziert die IT-Infrastruktur weiter in IT-Systeme (z. B. Server, Desktop-Systeme und mobile Geräte); Netze und (sonstige) Infrastruktur (z. B. bauliche Anlagen und Verkabelung).

Das IT-Kontrollsystem bestimmt das Zusammenwirken der drei Elemente.[18] *241*

Seine **Komponenten** sind:

- das IT-Umfeld,
- die Risikobeurteilungen,
- die Regelungen zur IT-Organisation und die Kontrollaktivitäten,
- Informationsfluss und Kommunikation zur IT und
- die Überwachung des IT-Kontrollsystems.

Das IT-Umfeld wird geprägt durch die Grundeinstellung, das Problembewusstsein und das Verhalten der Verantwortlichen und der Beschäftigten in Bezug auf den Einsatz von IT.[19]

Beurteilt werden die Risiken aus der Nutzung von IT; auch aber nicht nur, unter Berücksichtigung der Anforderungen der GoBD und der Sicherheitsanforderungen an rechnungslegungsrelevante IT.[20] Die Risikobeurteilungen schlagen sich in einem Sicherheitskonzept der Verantwortlichen nieder, das den erforderlichen Grad an Informationssicherheit gewährleisten soll.[21] Eine gerne genutzte Unterstützung bei der Erarbeitung eines Sicherheitskonzepts bietet das BSI-Grundschutzkompendium. Dort werden nicht nur für alle Bausteine Bedrohungen und Schwachstellen ermittelt und mit Eintrittswahrscheinlichkeiten bewertet, sondern auch geeignete

16 ISA [DE] 315, A140 ff.
17 Edition 2022 unter https://www.bsi.bund.de/SharedDocs/Downloads/DE/BSI/Grundschutz/Kompendium/IT_Grundschutz_Kompendium_Edition2022.pdf?__blob=publicationFile&v=3#download=1.
18 IDW FAIT 1, Tz. 7.
19 IDW FAIT 1, Tz. 10.
20 IDW FAIT 1, Tz. 76.
21 IDW FAIT 1, Tz. 21.

Sicherheitsmaßnahmen vorgeschlagen.[22] Aufgrund der E-Government-Gesetze besteht für die Kommunen die Verpflichtung zur Erstellung eines solchen Sicherheitskonzepts.

242 Die Regelungen zur IT-Organisation umfassen die zur Aufbauorganisation, die die Einordnung des IT-Bereichs in die Gesamtorganisation, den Aufbau des IT-Bereichs selbst und die Verantwortlichkeiten und Kompetenzen im Zusammenhang mit dem IT-Einsatz bestimmt und zur Ablauforganisation, die Prozesse der Einführung, Änderung und des Betriebs von IT-Anwendungen festlegt.

243 Bei den Kontrollaktivitäten werden unterschieden:[23]

- die in den IT-Anwendungen enthaltenen insbesondere Eingabe-, Verarbeitungs- und Ausgabekontrollen,
- die im IT-System vorgesehenen prozessintegrierten Kontrollen und organisatorischen Sicherungsmaßnahmen wie z. B. Zugriffskontrollen oder Netzwerkkontrollen auf der Ebene der IT-Infrastruktur,
- sogenannte generelle IT-Kontrollen, das sind Maßnahmen, die sich unabhängig von der jeweiligen IT-Anwendung als generelle Kontrollen auf das gesamte IT-System auswirken (z. B. Kontrollen der Auswahl, Entwicklung, Einführung und Änderung von IT-Anwendungen).

Detailliert beschrieben werden die für ein Standardsicherheitsniveau erforderlichen Regelungen und Kontrollaktivitäten im IT-Grundschutzkompendium des BSI.[24]

Die Überwachung des IT-Kontrollsystems kann durch Verantwortliche, die nicht unmittelbar in die Aufgabenerfüllung eingebunden sind, erfolgen oder bei entsprechendem Auftrag durch die Rechnungsprüfung. Auch dazu formuliert das IT-Grundschutzkompendium des BSI bereits geeignete Prüfungsfragen.

244 Die **Ziele** teilt das IT-Kontrollsystem mit dem umfassenden IKS, nämlich dass das IT-System alle Rechts- und Verwaltungsvorschriften einhält, seinen Beitrag zur ordnungsgemäßen Rechnungslegung liefert, das zugeordnete Vermögen geschützt wird und es dabei seine Aufgaben erfüllt und seine Ziele erreicht. Sie werden aber beim rechnungslegungsrelevanten IT-Kontrollsystem konkretisiert durch die GoBD und Sicherheitsanforderungen an Systeme und Daten.

---

22 Edition 2022 unter https://www.bsi.bund.de.

23 IDW FAIT 1, Tz. 8.

24 Edition 2022 unter https://www.bsi.bund.de.

a) Sollprogramm

Die GoBD werden differenziert in: 245

- die allgemeinen Ordnungsmäßigkeitskriterien: Vollständigkeit, Richtigkeit, Zeitgerechtigkeit, Ordnung, Nachvollziehbarkeit und Unveränderlichkeit,
- das Erfüllen der Beleg-, Journal- und Kontenfunktion und
- das Einhalten der Dokumentations- und Aufbewahrungspflichten.[25]

Gegenüber einem vollständig papiergestützten Buchführungssystem ergeben sich – ohne Anspruch auf Vollständigkeit – die folgenden Besonderheiten.

Werden in einem **Vorsystem** Daten erfasst und/oder Buchungen vorgenommen und findet lediglich ein Übertrag von Summen in das Hauptbuch statt, dann gelten die Ordnungsmäßigkeitsanforderungen auch für diese vorgelagerten IT-Anwendungen. Das Vollständigkeitsgebot verlangt, dass die zusammengefassten Buchungen nachvollziehbar in ihre Einzelpositionen aufgegliedert werden können und die Aufgliederung für die Dauer der Aufbewahrungsfrist nachweisbar erhalten bleibt.[26] Darüber hinaus müssen IT-Anwendungen, die Nebenbücher enthalten, zur Erfüllung der Kontenfunktion Funktionen zur ordnungsgemäßen Kontenpflege beinhalten, wie die Kennzeichnung von offenen und ausgeglichenen Forderungen und Verbindlichkeiten und ihre Auswertung als Offene Posten-Liste.[27] Die Journalfunktion verlangt ein Kontroll- und Abstimmungsverfahren, mit dem die Identität der in der vorgelagerten IT-Anwendung gespeicherten Buchungen mit den in Haupt- und Nebenbüchern vorhandenen Buchungen gewährleistet und nachgewiesen werden kann.[28] Werden im Vorsystem lediglich Daten erfasst, sind diese Erfassungsprotokolle nicht Teil des Journals, der Grundsatz der Unveränderlichkeit gilt nicht, da die abschließende Autorisierung des Geschäftsvorfalls noch aussteht.[29] Der Zeitpunkt der Buchung ist aufgrund der Belegfunktion von den Verantwortlichen festzulegen, Geschäftsvorfälle können auch bereits dann als gebucht gelten, wenn sie mit allen erforderlichen Angaben erfasst und gespeichert wurden. Wenn im Vorsystem Buchungen vorgenommen werden, gilt der Grundsatz der Unveränderlichkeit.[30]

25 IDW RS FAIT 1, 3.2 ab Tz. 24.
26 IDW RS FAIT, Tz. 25.
27 IDW RS FAIT, Tz. 49.
28 IDW RS FAIT, Tz. 42.
29 IDW RS FAIT, Tz. 43.
30 IDW RS FAIT, Tz. 48.

246 Bei automatischen, also vom **Programm generierten** oder **-gesteuerten Buchungen** verlangt der Grundsatz der Unveränderlichkeit, dass auch Änderungen an den der Buchung zugrunde liegenden Generierungs- und Steuerungsdaten aufgezeichnet werden, z. B. also Veränderungen an den Parametern der Software oder Änderungen bei den Stammdaten.[31] Bei automatischen Buchungen werden regelmäßig keine konventionellen Belege verwandt, der Grundsatz der Belegbarkeit verlangt dann, dass die Belegfunktion über den verfahrensmäßigen Nachweis des Zusammenhangs zwischen dem einzelnen Geschäftsvorfall und seiner Buchung erfüllt wird. Der verfahrensmäßige Nachweis wird durch die Dokumentation der programminternen Vorschriften zur Generierung der Buchungen, den Nachweis, dass die in der Dokumentation enthaltenen Vorschriften einem autorisierten Änderungsverfahren unterlegen haben (u. a. Zugriffsschutz, Versionsführung, Test- und Freigabeverfahren), den Nachweis der Anwendung des genehmigten Verfahrens sowie den Nachweis der tatsächlichen Durchführung der einzelnen Buchungen geführt.[32] Damit wird gleichzeitig auch die Autorisierung der automatischen Buchungen, die durch die IT-Anwendung erfolgt, nachgewiesen.[33] Die Verwendung von Schlüsseln für Buchungstexte oder Vorgangsbezeichnungen ist möglich, wenn anhand eines Schlüsselverzeichnisses in angemessener Zeit eine Übersetzung möglich ist.[34]

247 Die Buchführungspflicht und Pflicht zur **Aufbewahrung** kann durch Speicherung der Buchungen auf maschinell lesbaren Datenträgern erfüllt werden, wenn sie jederzeit in zeitlicher und sachlicher Ordnung optisch lesbar gemacht[35] und ausgedruckt werden können.[36] Die Lesbarkeit und Ausdrucksbereitschaft muss während der gesamten Aufbewahrungsfrist gewährleistet sein[37], auch wenn der Nutzer das Verfahren wechselt und die Speichermedien in ein neues Verfahren übernommen werden müssen.[38] Die Pflicht zur Aufbewahrung erstreckt sich auch auf die Verfahrensdokumentation.[39]

248 Wegen der höheren Komplexität des DV-gestützten Buchführungssystems werden auch deutlich höhere Anforderungen an die Dokumentation gestellt, um die Nachvollziehbarkeit durch einen sachverständigen Dritten zu

---

31 IDW RS FAIT, Tz. 32.
32 IDW RS FAIT, Tz. 35.
33 IDW RS FAIT, Tz. 40.
34 IDW RS FAIT, Tz. 39.
35 IDW RS FAIT, Tz. 30.
36 IDW RS FAIT, Tz. 29.
37 IDW RS FAIT, Tz. 45.
38 IDW RS FAIT, Tz. 75.
39 IDW RS FAIT, Tz. 53.

gewährleisten. Erforderlich ist neben den Eingabedaten und Verarbeitungsergebnissen auch eine jeweils aktuelle **Verfahrensdokumentation**.[40] Sie besteht aus einer Anwenderdokumentation, einer technischen Systemdokumentation sowie einer Betriebsdokumentation.

Die **Anwenderdokumentation** enthält alle Informationen, die für eine sachgerechte Bedienung der IT-Anwendung erforderlich sind. Die Beschreibung der Aufgaben der IT-Anwendung und ggf. eine Erläuterung der Beziehungen zwischen einzelnen Anwendungsmodulen; Art und Bedeutung der verwendeten Eingabefelder, die Programmabläufe und maschinelle Verarbeitungsregeln und die Vorschriften zur Erstellung von Auswertungen[41] werden beim Einsatz von Standardsoftware vom Produkthersteller geliefert. Sie sind um die Beschreibung der anwendungsspezifischen Anpassungen, z. B. Parametrisierungen, Verwendung der Eingabefelder und Schlüssel zu ergänzen.[42]

Die **technische Systemdokumentation** wird ebenfalls vom Hersteller zur Verfügung gestellt und enthält eine technische Darstellung der IT-Anwendung, die auch ohne Kenntnis der Programmiersprache verständlich sein muss.[43] Sie informiert insbesondere über die Datenorganisation und Datenstrukturen, den Aufbau von Datensätzen und den Aufbau der Tabellen in Datenbanken; veränderbare Tabelleninhalte, die bei der Erzeugung einer Buchung herangezogen werden; programmierte Verarbeitungsregeln einschließlich der implementierten Eingabe-, Verarbeitungs- und Ausgabekontrollen; programminterne Fehlerbehandlungsverfahren, Schlüsselverzeichnisse und Schnittstellen zu anderen Systemen.[44]

Die **Betriebsdokumentation** dient der Dokumentation der ordnungsgemäßen Anwendung des Verfahrens und ist daher vom Nutzer zu erstellen. Sie umfasst u. a. die Regelungen und Nachweise zur Durchführung von Datensicherungsverfahren, zu Art und Inhalt des Freigabeverfahrens für neue und geänderte Programme und Verarbeitungsnachweise in Form von Verarbeitungs- und Abstimmprotokollen[45] z. B. für Kontroll- und Abstimmungsverfahren zwischen Haupt- und Nebenbuch.[46]

---

40 IDW RS FAIT, Tz. 53.
41 IDW RS FAIT, Tz. 55.
42 IDW RS FAIT, Tz. 56.
43 IDW RS FAIT, Tz. 57.
44 IDW RS FAIT, Tz. 58.
45 IDW RS FAIT, Tz. 59.
46 IDW RS FAIT, Tz. 42.

249 Die Sicherheitsanforderungen, die erfüllt werden müssen, sind:[47]

- Vertraulichkeit, sie verbietet, von Dritten erlangte Daten unberechtigt weiterzugeben oder zu veröffentlichen;
- Integrität, sie verlangt, dass Daten und Funktionen vollständig und richtig zur Verfügung stehen und vor Manipulation und ungewollten oder fehlerhaften Änderungen geschützt sind;
- Verfügbarkeit, sie verpflichtet zur Gewährleistung der ständigen Nutzbarkeit der IT-Infrastruktur, der IT-Anwendungen sowie der Daten, auch nach Eintritt eines Notfalls;
- Autorisierung, sie gebietet, dass nur im Voraus festgelegte Personen und diese nur im Rahmen ihrer Befugnisse auf Daten zugreifen können; unterschieden werden Rechte zum Lesen, Anlegen, Ändern und Löschen von Daten und zur Administration eines IT-Systems;
- Authentizität, sie verlangt, dass ein Geschäftsvorfall einem Verursacher eindeutig zuzuordnen werden kann und
- Verbindlichkeit, dass mittels der Anwendung gewollte Rechtsfolgen bindend herbeigeführt werden und nicht nachträglich wieder abgestritten werden können.

Die Grundsätze des Datenschutzes beschränken die Zulässigkeit der Erhebung, Verarbeitung und Nutzung von Daten, für die ein Verbot mit Erlaubnisvorbehalt besteht. Es gilt das Gebot der Datenvermeidung und Datensparsamkeit und des Datengeheimnisses und es müssen dem Betroffenen Auskunftsrechte und Rechte auf Berichtigung, Löschung und Sperrung eingeräumt werden. Die datenführenden Stellen sind insbesondere verpflichtet, die Einhaltung dieser Anforderungen durch geeignete technische und organisatorische Maßnahmen zu gewährleisten.[48]

b) Prüfungsvorgehen

250 Ziel der Prüfung des IT-Kontrollsystems ist die Feststellung, ob es im Prüfungszeitraum wirksam war. Die Prüfung vollzieht sich in drei Stufen, zuerst muss der Prüfer sich die für ein Verständnis des IT-Kontrollsystems notwendigen Informationen verschaffen und dessen Relevanz für seinen Prüfungsauftrag beurteilen. Dann führt er für die relevanten Bestandteile des IT-Kontrollsystems eine Prüfung des Aufbaus durch, um seine Ange-

---

47 IDW RS FAIT, Tz. 25.

48 Bei personenbezogenen Daten im Bereich der Eingriffs- und Leistungsverwaltung gilt Art. 32 der Datenschutz-Grundverordnung [VO (EU) 2016/679], die Vorschrift hat aber Vorbildcharakter für alle Daten im öffentlichen Bereich.

messenheit zu beurteilen. Und schließlich prüft er für die als angemessen eingeschätzten Bestandteile die Funktion im Prüfungszeitraum.[49]

Das IDW hat als Unterstützung für die Prüfung eines IT-Kontrollsystems 251
im Rahmen einer Abschlussprüfung eine Checkliste herausgegeben. Die enthaltenen Prüfungshandlungen werden jeweils den drei Stufen der Systemprüfung zugeordnet und adressieren das IT-Umfeld, die IT-Organisation, IT-Infrastruktur, IT-Anwendungen und IT-gestützte Geschäftsprozesse.[50]

Die Prüferin lernt das rechnungslegungsrelevante IT-System ausgehend von den Geschäftsprozessen kennen, die zuvor von ihr als wesentlich beurteilte Informationen für die Rechnungslegung generieren. Die Prüferin verfolgt den Daten- und Belegfluss durch Geschäftsprozess und Verfahren. Bei diesem walk through identifiziert sie die IT-Anwendungen, die mit diesen Geschäftsprozessen verbunden sind und Schnittstellen zwischen den Anwendungen. Der Geschäftsprozess wird durch eine Prozessbeschreibung dokumentiert, die auch die identifizierten Kontrollaktivitäten enthält. Zum Verständnis der Anwendungen sind zumindest die folgenden Angaben erforderlich und zu dokumentieren: Bezeichnung, Kurzbeschreibung des Aufgabengebietes, ob es sich um eine Dialog- und/oder Batchanwendung bzw. ob es eine selbsterstellte Software, eine Standard-Software oder modifizierte Standard-Software handelt, dann auch den Hersteller und die Version, welche Programmiersprache verwendet wurde und wie die Datenverwaltung organisiert ist. Diese Angaben können bei erworbenen Anwendungen der Anwender- und technischen Betriebsdokumentation entnommen werden.

Für diese Verfahren stellt die Prüferin fest, welche Infrastruktur genutzt wird. Also welche Hardware in Gestalt von Großrechner, Client-Server-Systemen, PC und PC-Netzwerke; welche Betriebssysteme und Middleware (z. B. Archivierungs- oder Bibliothekssysteme) und welche Netzwerke (Local Area Network (LAN), Wide Area Network (WAN), Internet/Intranet/Extranet) zum Einsatz kommen. Dazu kommt auch das Sicherheitskonzept auf dieser Ebene, also Zugriffskontrollsysteme, Firewalls und die Datensicherung.

Daneben tritt die Aufnahme des IT-Umfeldes und der IT-Organisation, insbesondere durch Befragungen der Verantwortlichen und Einsichtnahme in das IT-Sicherheitskonzept, Organigramme und Ablaufpläne, Verantwortlichkeiten und Kompetenzen und Regelungen für die Entwicklung, Auswahl, die Einführung, den Betrieb und Änderungen von IT-Anwen-

49 IDW PS 330, Tz. 29.
50 IDW PH 330.1.

dungen[51] und Betriebssystemen einschließlich des Notfall- und Katastrophenplans.

252 In der Aufbauprüfung gilt es, die Angemessenheit der getroffenen Regelungen und Kontrollaktivitäten auf der Grundlage der Risikobeurteilung der Verantwortlichen und der eigenen Risikobeurteilung des Prüfers zu beurteilen. Die Risikobeurteilung der Verantwortlichen ergibt sich in erster Linie aus dem Sicherheitskonzept. Für die Prüferin liefert das Grundschutzkompendium des BSI eine systematische Zusammenfassung von typischen IT-Risiken,[52] die jedoch im Rahmen der Abschlussprüfung auf IT-Risiken in rechnungslegungsrelevanten Ausschnitten des IT-Systems mit potentiell wesentlichen Fehlerauswirkungen begrenzt werden müssen. Eine gröbere Struktur bietet die Einteilung in IT-Infrastrukturrisiken, IT-Anwendungsrisiken und IT-Geschäftsprozessrisiken.[53] IT-Infrastrukturrisiken bestehen darin, dass die für die Informationsverarbeitung notwendige IT-Infrastruktur z. B. wegen technischer Störungen nicht bzw. nicht in dem erforderlichen Maße zur Verfügung steht.[54] IT-Anwendungsrisiken entstehen aus fehlerhaften Funktionen in IT-Anwendungen, unzureichend ausgeprägten Eingabe-, Verarbeitungs- und Ausgabekontrollen von Daten, fehlenden oder nicht aktuellen Verfahrensregelungen und -beschreibungen und Risiken für die Softwaresicherheit durch unzureichende Zugriffsberechtigungskonzepte und Datensicherungs- und Wiederanlaufverfahren. Ebenso können ungeeignete Verfahren zur Auswahl, Entwicklung, Wartung und Freigabe von IT-Anwendungen IT-Fehlerrisiken begründen.[55] Während IT-Geschäftsprozessrisiken daraus resultieren, dass Prozesse nicht vollständig automatisiert und integriert sind und dadurch zum einen IT-Kontrollaktivitäten wie Zugriffsrechte und Datensicherungsmaßnahmen nur für einen Teilprozess wirksam sind und zum anderen der erforderliche Datenaustausch zwischen Teilsystemen nicht ausreichend durch Abstimm- und Kontrollverfahren abgesichert ist.[56]

Die Funktionsprüfung zielt auf die Feststellung, dass die insbesondere aufgrund ihrer „Papierform" als angemessen beurteilten Regelungen und Kontrollaktivitäten tatsächlich eingehalten und durchgeführt wurden. Die Funktionsfähigkeit von **physischen Sicherungsmaßnahmen** wird durch eine Begehung der Räume, den Vergleich der die im Zutrittssystem eingerichteten Personen mit den in der Organisationsanweisung benannten

51 IDW PS 330, Tz. 50.
52 Edition 2022 unter https://www.bsi.bund.de.
53 IDW PS 330, Tz. 20.
54 IDW PS 330, Tz. 21.
55 IDW PS 330, Tz. 22.
56 IDW PS 330, Tz. 23.

Personen und die Einsicht in die Protokolle von Anlagentests geprüft. Bei den **logischen Zutrittskontrollen** nimmt der Prüfer Einsicht in die Anträge auf Zugriffsberechtigungen und Logs des Zugriffsschutzverfahrens, in ausgewählten Fälle vergleicht er die eingerichteten mit genehmigten Berechtigungen. Die sachgerechte Durchführung von **Datensicherungs- und Auslagerungsverfahren** kann durch Einblick in die entsprechende Dokumentation, Fehlerprotokolle und Testprotokolle des Wiederanlaufverfahrens geprüft werden. In ausgewählten Fällen wird die Einhaltung der Regelungen für den geordneten **Regelbetrieb** geprüft, insbesondere, ob die in Arbeitsanweisungen und Verfahrensbeschreibungen aufgeführten Protokolle, Jobs und Nachweise existieren und ordnungsgemäß aufbewahrt werden und die Verarbeitungsergebnisse sachgerecht, unter Beachtung von Funktionstrennungen und Datenschutzregelungen zugeordnet sind. Die Durchsicht der Datenänderungsprotokolle ergibt, ob solche Änderungen nur im Ausnahmefall und autorisiert durchgeführt wurden. Die Einhaltung der Regelungen für den **Notbetrieb** wird durch den Nachweis der regelmäßig durchgeführten Tests und des geordneten Wiederanlaufs geprüft. Der Prüfer vergewissert sich auch, dass der jeweils aktuellste Stand der Virenscan-Software auf allen Rechnern implementiert ist.[57]

Die Funktionsprüfung der IT-Anwendungen umfasst die Prüfung der **Auswahl-, Entwicklungs- und Änderungsprozesse** einschließlich der Implementierung und grundsätzlich auch die Prüfung der Programmfunktionen. Die Einhaltung der Prozesse wird anhand ausgewählter Fälle geprüft. Der Prüfer nimmt Einsicht in den Erstellungs- oder Beschaffungsvorgang, prüft insbesondere die Freigabeprotokolle und ob die Maßnahmen zur Altdatenübernahme die Vollständigkeit und Richtigkeit der Übernahme gewährleisten. Er nimmt Einblick in die Anwender- und technische Systemdokumentation, ob die Neuzugänge und Änderungen ausreichend dokumentiert wurden.[58] Weitere Prüfungshandlungen sind unter *(s. K.III.3. Beurteilung des IKS)* dargestellt.

Sowohl die Angemessenheit als auch die Funktionsfähigkeit der **Programmfunktionen** rechnungslegungsrelevanter IT-Anwendungen muss wie oben dargestellt bereits vor ihrem Einsatz und damit, bevor der Prüfer im Rahmen der Abschlussprüfung mit diesen Anwendungen in Kontakt kommt, durch die Rechnungsprüfung festgestellt werden. Darauf können sich die Prüfer, die die Abschlussprüfung durchführen, ohne weitere Prüfungshandlungen verlassen. Handelt es sich um Standardsoftware und hat der Hersteller für die aktuelle Version seines Produkts bereits ein Zertifikat gem. IDW PS 880 und enthält dieses keine wesentlichen Einschränkungen, *253*

57 IDW PH 330.1 ab 4.

58 IDW PH 330.1 ab 5.1.

dann kann der Prüfer nach Durchführung der oben beschriebenen Prüfungshandlungen ebenfalls auf eine Prüfung der Anwendung verzichten. Führt die Rechnungsprüfung die Prüfung der rechnungslegungsrelevanten IT-Anwendung selber durch, dann muss sie die Vollständigkeit und Richtigkeit der Verfahrensdokumentation und die Angemessenheit der rechnungslegungsrelevanten Verarbeitungsregeln, wie sie dort dargestellt sind, prüfen.[59] Die Funktionsfähigkeit wird in einem Testsystem mittels ausgewählter, selbst definierter Testfälle geprüft. Ziel ist es, die sachlogische Richtigkeit der programmierten Verarbeitungsregeln und die Wirksamkeit der im System enthaltenen IT-Kontrollen verifizieren zu können. Die Testfälle müssen alle Programmfunktionen abdecken und in allen Fällen den erwarteten Verarbeitungsergebnissen und der Verfahrensdokumentation entsprechen.[60] Der Prüfer muss u.a. feststellen, ob die Anwendung zuverlässig die Eingabe von ungültigen Parametern, Formaten oder Werten außerhalb vorgegebener Grenzwerte, nicht vorhandenen Konten, Kostenstellen und -trägern verhindert; ob sie keine Buchungssätze zulässt, bei denen Soll und Haben nicht identisch sind; ob das Programm lückenlos Belegnummern vergibt und eine Löschung und Änderung von bebuchten Konten, Kostenstellen und Buchungssätzen verhindert. Für die Systemausgaben am Bildschirm oder als Druckdatei gilt es festzustellen, ob sie vollständig und richtig sind.[61] Eine Prüfung anhand der Programmcodierung in den Quellprogrammen ist nur in Ausnahmefällen als Ergänzung zur Prüfung spezifischer Verarbeitungsfunktionen erforderlich,[62] in vielen Fällen steht der Quellcode des Herstellers auch nicht zur Verfügung.

254 Im IT-gestützten **Geschäftsprozess** gilt es dann noch die Funktionsfähigkeit der Kontrollaktivitäten zu prüfen, die den Geschäftsprozess adressieren, aber nicht automatisiert sind und außerhalb einer Anwendung stattfinden. Dazu gehört, dass Stamm- und Tabellendaten nur durch autorisierte Mitarbeiter angelegt, geändert und gelöscht wurden; Funktionstrennungen bei der Vergabe der Zugriffsrechte berücksichtigt wurden und grundsätzlich die vergebenen Rechte den definierten Vorgaben entsprechen und Änderungen ausschließlich in kontrollierter Form möglich waren. Bei Abstimm- und Kontrollverfahren an Schnittstellen und Medienbrüchen muss der Prüfer in ausgewählten Fällen prüfen, ob diese Kontrollen durchgeführt wurden.

---

59 IDW PS 880, Tz. 65.

60 IDW PS 880, Tz. 67.

61 IDW PH 330.1 ab 5.1.

62 IDW PH 330.1 ab 5.2.3.2.

c) *Prüfungsvorgehen bei ausgelagerten Funktionen*

Bei Kommunen ist die Übertragung von Aufgaben im IT-Bereich häufig anzutreffen. Die Dienstleister sind zumeist aus der interkommunalen Zusammenarbeit hervorgegangen und betreiben Gebietsrechenzentren oder bieten wie die EKOM 21 GmbH in Hessen und die Anstalt für Kommunale Datenverarbeitung in Bayern (AKDB) für einen großen Teil der kommunalen Aufgaben IT-Produkte und Dienstleistungen an. 255

Zuerst gilt es festzuhalten, dass die Auslagerung nicht von der Verantwortung für die Einhaltung der Ordnungsmäßigkeits- und Sicherheitsanforderungen entbindet, sondern die Verantwortlichen verpflichtet, das interne Kontrollsystem in geeigneter Weise anzupassen.[63] Darauf erstreckt sich auch die Prüfung durch die Rechnungsprüfung. Werden nur Aufgaben im geringen Umfang ausgelagert, dann können organisatorische Regelungen bei der Kommune ausreichend sein, um mögliche mit der Auslagerung verbundene Fehler zu erkennen und zu korrigieren. Ansonsten muss die Kommune Einsichts- und Prüfungsrechte beim Dienstleister und für den Fall nicht vertragskonformer Leistungserbringung Kündigungsrechte vertraglich vereinbaren und von diesen Rechten auch Gebrauch machen. Oder sie kann sich von ihrem Dienstleister die Ordnungsmäßigkeit seines internen Kontrollsystems nachweisen lassen.[64] Die Rechnungsprüfung kann sich dabei das Urteil eines Sachverständigen *(s. M.VIII.2.a) Sachverständiger des Aufstellungsverantwortlichen)* zu eigen machen.[65] In der Praxis sind ISO 27001-Zertifikate auf der Basis von IT-Grundschutz durch vom BSI zertifizierte Auditoren bereits weit verbreitet.

Diese Darstellung des Prüfungsvorgehens soll auch zeigen, dass die Rechnungsprüfung **spezialisierte IT-Prüfer** braucht, z. B. wo Code gelesen werden muss oder als Überwachungsorgan Aufgaben der IT-Revision übernommen werden. Die IT-Prüfung ist aber so stark mit der Prüfung der Geschäftsprozesse verbunden, dass sie nicht den Spezialisten überlassen werden kann, sonst wären die „normalen" Prüfer langfristig überflüssig. Im Regelfall reicht ein grundlegendes Verständnis der IT aus, um den prüfungsrelevanten Ausschnitt aus dem IT-System zu prüfen. Über dieses grundlegende Verständnis muss jeder Prüfer verfügen. Tatsächlich ist hier noch ein erheblicher Qualifizierungsrückstand zu beobachten.

63 IDW RS FAIT 1, Tz. 114.

64 IDW RS FAIT 1, Tz. 114.

65 IDW PS 330, Tz. 93.

II. IT als Hilfsmittel der Prüfung

256 IT-Anwendungen sind zugleich wichtige Hilfsmittel für die Rechnungsprüfung. Sie machen sich nützlich bei der Planung, Durchführung und Dokumentation der einzelnen Prüfungsaufträge, bei einer (mehrjährigen) Gesamtprüfungsplanung, beim Controlling und Qualitätsmanagement. Beispiele sind Prüfungssoftware wie „Prüfung öR" der Datev eG oder AuditSolution für Kommunale Prüfung der audicon GmbH. Ein weiteres Beispiel ist die Massendatenanalyse.

III. Massendatenanalyse

257 Die Massendatenanalyse verfügt über drei Grundfunktionen:[66]

- die Prüfung eines Datenbestandes im Hinblick auf Einhaltung bestimmter Kriterien und Vorgaben,
- den Nachvollzug mathematischer Operationen und
- den Abgleich unterschiedlicher Datenbestände.

Die am häufigsten genutzten Instrumente der Massendatenanalyse für Nutzer ohne Programmierkenntnisse sind IDEA und ACL. IDEA (Interactive Data Extraction and Analysis) wurde in den 90er Jahren von der Fa. CaseWare International Inc. für den kanadischen Rechnungshof entwickelt und ist seit 2002 bei der deutschen Finanzverwaltung im Einsatz. Die deutschsprachige Version wird von der Fa. Audicon GmbH[67], ACL Analytics der Fa. ACL Services Limited wird in Deutschland von DATEV e. G. weiterentwickelt und vertrieben.[68] Nutzer mit Programmierkenntnissen können auch SQL-Abfragen verwenden.

Dabei leistet auch bereits das weitverbreitete Tabellenkalkulationsprogramm Excel gute Dienste. Ein Tabellenblatt der Software Excel kann bis zu 1.048.576 Zeilen und 16.384 Spalten umfassen, also entsprechend 1.048.576 Datensätze mit je maximal 16.384 Datenfeldern verarbeiten. Überschreitet der Datenbestand diese Grenze, muss auf die leistungsfähigeren Programme zurückgegriffen werden, die darüber hinaus mehr Optionen beim Import der Daten und vordefinierte Prüfungshandlungen bieten. Ein weiterer Vorteil der Spezialanwendungen ist die automatische Dokumentation der vorgenommenen Einstellungen und Auswertungen ohne Veränderung der Datengrundlage. Sie ist unerlässlich, wenn eine forensische Auswertung mit dem

---

66 *Goldshteyn/Gabriel/Thelen*, Massendatenanalysen in der Jahresabschlussprüfung, IDW Verlag 2016, S. 23.

67 Audicon GmbH unter http://support.audicon.net/index.php/idea.html.

68 DATEV e. G. unter https://www.datev.de/web/de/datev-shop/abschlusspruefung/datev-acl-comfort/.

Ziel der Gewinnung gerichtsfester Beweise für Verstöße vorgenommen wird.[69]

Die Zulässigkeit der Massendatenanalyse in der Rechnungsprüfung wird, soweit auch personenbezogene Daten einbezogen werden, als „anlasslose Verdächtigung" aus Gründen des Datenschutzes bezweifelt.[70] Methodisch ist die Massendatenanalyse ein Unterfall der Zufallsauswahl, jedes Element der Grundgesamtheit hat eine von 0 verschiedene Chance, hier von 100 % in die Auswahl zu gelangen. Die Zufallsauswahl ist aber unbestritten eine zulässige Methode. Daher handelt es sich bei der Rechnungsprüfung auch um einen Fall der vom Bundesverfassungsgericht als zulässig erachteten anlasslosen Kontrollen in der Verwaltung.[71] Der Schutz personenbezogener Daten ist bei der Durchführung zu berücksichtigen (s. *D.VII. Informationsrecht und Datenschutz*). Insbesondere gilt der Verhältnismäßigkeitsgrundsatz. Für die Massendatenanalyse bedeutet dies, dass sie so datensparsam wie möglich durchgeführt wird.

- Der Datenabzug wird von der datenführenden Stelle vorgenommen, wenn der Prüfer die Möglichkeit hat, sich auf andere Weise von der Vollständigkeit und Richtigkeit der Grundgesamtheit zu überzeugen.
- Die Datensätze enthalten nur die für die Prüfungsaussagen erforderlichen Informationen.
- Grundgesamtheiten werden pseudonymisiert.
- Der Prüfer nimmt personenbezogene Informationen nur im erforderlichen Umfang in seine Prüfungsdokumentation auf.
- Personenbezogene Daten in der Dokumentation werden anonymisiert.

Das Potential der Massendatenanalyse insbesondere auch für eine wirtschaftliche Prüfung zeigt das folgende **Beispiel:**[72] *258*

> Die Prüfungsaussage lautet, Gehaltszahlungen werden nur an Beschäftigte mit laufendem Beschäftigungsverhältnis geleistet.
>
> Die Aufnahme des Geschäftsprozesses Gehaltszahlungen hat ergeben, dass alle Beschäftigten in einer Stammdatenliste geführt werden. Jedem Beschäftigten wird vom System bei der erstmaligen Erfassung eine eindeutige, fortlaufende Personalnummer und eine Kreditorennummer zugewiesen. Zum Zeitpunkt des Ausscheidens wird der Datensatz des Ausscheidenden vom

69 *Meyer*, Forensische Datenanalyse, S. 36, Erich Schmidt Verlag, 2012.

70 Bericht des Landesbeauftragten für den Datenschutz Baden-Württemberg zur Überprüfung von Datenabgleichen bei der Landeshauptstadt Stuttgart Lt-Ds 14/4657; Kämmerling, Prüfungsrechte und Datenschutz in der kommunalen Rechnungsprüfung Gemeindehaushalt 2021, 148, 153

71 BVerfG, Beschluss vom 18. 12. 2018 – 1 BvR 142/15 Rz. 93; NJW 2019, 827.

72 Vgl. *Goldshteyn/Gabriel/Thelen*, Massendatenanalysen in der Jahresabschlussprüfung, IDW Verlag 2016, S. 22.

Personalsachbearbeiter als inaktiv gekennzeichnet, dadurch wird automatisch die Kreditorennummer gelöscht. Es wurden Kontrollaktivitäten identifiziert, die sicherstellen können, dass alle neu eintretenden Mitarbeiter erfasst werden und alle Ausscheidenden zum richtigen Zeitpunkt als inaktiv gekennzeichnet werden. Der Leiter der Personalstelle lässt sich monatlich einen Ausdruck vorlegen, vergleicht ihn mit dem Ausdruck des Vormonats und bestätigt die Richtigkeit der Änderungen nach Einsichtnahme in die Personalakten durch Abzeichnen. Das Personalabrechnungssystem generiert automatisch monatlich einen Buchungs- und Zahlungsvorschlag für die Beschäftigten mit Kreditorennummer, der vom Anordnungsbefugten freigegeben und daraufhin vom System gebucht wird. Der Zahlungsvorschlag wird mittels einer Schnittstelle in das Zahlungsprogramm übertragen, von zwei Mitarbeitern der Kasse elektronisch freigeben und durchgeführt.

Der Prüfer hat nun verschiedene Möglichkeiten, um zur erforderlichen Aussagesicherheit für die Prüfungsaussage zu gelangen: Er könnte eine Stichprobe aus den Gehaltszahlungen ziehen und mit den beamtenrechtlichen Statusakten und Arbeitsverträgen abgleichen. Sein Problem ist die Menge der erforderlichen Stichproben, um Aussagen über die Gesamtmenge treffen zu können und das verbleibende Stichprobenrisiko.

Alternativ könnte er die relevanten Elemente des internen Kontrollsystems prüfen, was ihm ebenfalls drei Probleme beschert, aus den manuellen monatlichen Kontrollen müsste er mehrere Stichproben nehmen und ein verbleibendes Stichprobenrisiko in Kauf nehmen. Wo er sich auf automatische, in die IT-Anwendung integrierte Kontrollaktivitäten verlassen will, muss er die Programmfunktionen mittels Testfällen prüfen und sicherstellen, dass sie während des gesamten Prüfungszeitraums wirksam waren, sich also mit dem Änderungsmanagement und den generellen IT-Kontrollen auseinandersetzen. Darüber hinaus vermittelt eine Systemprüfung allein zumeist noch keine ausreichende Sicherheit und müsste mit Einzelfallprüfungen wie bei der ersten Strategie, allerdings in stark reduziertem Umfang ergänzt werden.

Die dritte Strategie bestünde darin, durch den Vergleich von Mail- oder Telefonlisten aller Mitarbeiter zu Beginn und Ende des Prüfungszeitraumes, durch den Vergleich der Stammdatenliste zu Beginn und Ende des Prüfungszeitraumes, durch den Abgleich von Telefonlisten mit der Stammdatenliste und durch den Abgleich aller Überweisungen im Prüfungszeitraum mit der Stammdatenliste Aussagesicherheit über 100 % der Grundgesamtheit zu schaffen oder im Falle von Abweichungen Ansatzpunkte für gezielte Einzelfallprüfungen. Der weitere Vorteil der dritten Strategie ist, dass diese Prüfungshandlungen mit den Funktionen der Massendatenanalyse sehr schnell durchzuführen sind.

259 Daten liegen als Papierlisten, Druckdateien und einzelne Tabellen vor, komplexere Daten werden aber in Datenbanken gespeichert. Ein Grundverständnis der Datenhaltung[73] ist deshalb hilfreich zum Verständnis der Massendatenanalyse. In den allermeisten Fällen werden Daten in relationalen Datenbanken gespeichert. Die **Datenbank** besteht aus Administrationssoftware und mehreren Dateien oder Tabellen, zwischen denen relationale Verknüpfungen bestehen. Eine **Datei**/Tabelle besteht aus einer Menge gleichartiger Datensätze. Ein **Datensatz** ist die Verbindung inhaltlich und logisch zusammengehöriger Datenelemente oder Felder. Jeder Datensatz wird durch einen eindeutigen Schlüssel gekennzeichnet, der das erste **Datenelement** oder -feld darstellt. Ein Datenelement besteht aus

73 *Goldshteyn/Gabriel/Thelen*, Massendatenanalysen in der Jahresabschlussprüfung, IDW Verlag 2016, S. 79.

einem oder mehreren zusammengehörigen Zeichen. Die Zeichen werden als bestimmte Bitsequenzen (sog. Bytes) aus 0 und 1 gebildet.

Eine Datenbank für die Verwaltung von Räumen könnte aus den Dateien Räume, Belegungszeiten und Nutzer bestehen. Die Datei Räume enthält alle disponiblen Räume. Jeder Raum bildet einen Datensatz mit den Datenelementen Nummer, Lage, Ausstattungsmerkmal 1, Ausstattungsmerkmal 2.

Jedes Datenelement oder -feld wird durch drei Eigenschaften definiert, seinem Feldnamen (z.B. Adresse), seinem Feldtyp (z.B. nummerisch, alphanumerisch, Datum im Format TT.MM.JJJJ), und seiner Feldlänge (z.B. 10 Zeichen)[74] Bei der Organisation einer Datenbank sind die Ziele Redundanzarmut und physische Datenunabhängigkeit, um Doppelerfassungen zu vermeiden, damit die Fehleranfälligkeit zu senken und Speicherplatz zu sparen.[75] Deshalb werden Dateien/Tabellen mit Stammdaten und solche mit Bewegungsdaten unterschieden. Die Datenelemente in Datensätzen mit Bewegungsdaten sind Verknüpfungen mit Stammdaten. Die Verknüpfung erfolgt durch die Bezugnahme auf die Schlüssel. 260

Im Beispiel sind die drei genannten Dateien Stammdaten und bilden die Bewegungsdatei Nutzungen (siehe Abb. 10, Seite 230). 261

Im ersten Schritt müssen die Daten aus der Datenhaltung in die Auswertungssoftware importiert werden und durch Konversion aus den vielfältigen Datenformaten in ein einheitliches Datenformat mit den für die Auswertungssoftware lesbaren Informationen zu Feldname, Feldtyp und Feldlänge überführt werden. Beim Export von Daten aus der Datenbank in die Auswertungssoftware gehen allerdings die Verknüpfungen verloren. Sie müssen in der Auswertungssoftware zumeist etwas mühsam im sog. Mapping wiederhergestellt werden. 262

In vielen Fällen muss der Prüfer aber nicht auf die Dateiebene der Datenbank zurückgehen, sondern er verwendet eine Auswertung der Datenbankadministrationssoftware, unter der Bedingung, dass er in sonstiger Weise die Vollständigkeit und Richtigkeit der Auswertung sicherstellen kann.

Das klassische Beispiel ist das **Journal**, das von einem DV-gestützten Buchführungssystem erzeugt wird. Aber auch hier ist aus mehreren Gründen vor einer Analyse noch etwas Aufbereitung erforderlich, so weil eventuell eine Nebenbuchführung in separaten IT-Systemen stattfindet, die nur über Abstimm- oder Sammelkonten in das Hauptbuch integriert ist. Oder weil die Darstellung nicht in Form von zeilenbasierenden Ganzbuchungs-

74 *Goldshteyn/Gabriel/Thelen*, Massendatenanalysen in der Jahresabschlussprüfung, IDW Verlag 2016, S. 95f.

75 *Hanisch/Kempf*, Revision und Kontrolle von EDV-Anwendungen im Rechnungswesen, Verlag C.H. Beck 1990, S. 305.

sätzen, hier werden Soll- und Habenkonten innerhalb eines einzelnen Datensatzes ausgewiesen, sondern in postenorientierten Teilbuchungssätzen erfolgt. In diesem Fall setzt sich jede Buchung aus mindestens zwei Buchungszeilen (Soll und Haben) zusammen. Durch Vergabe eines eindeutigen Identifikationsmerkmals (Belegnummer) wird der Zusammenhang der einzelnen Buchungszeilen hergestellt und der Geschäftsvorfall kann identifiziert werden.[76] Das Journal ist die Grundlage für das unten dargestellte sog. journal entry testing (JET).

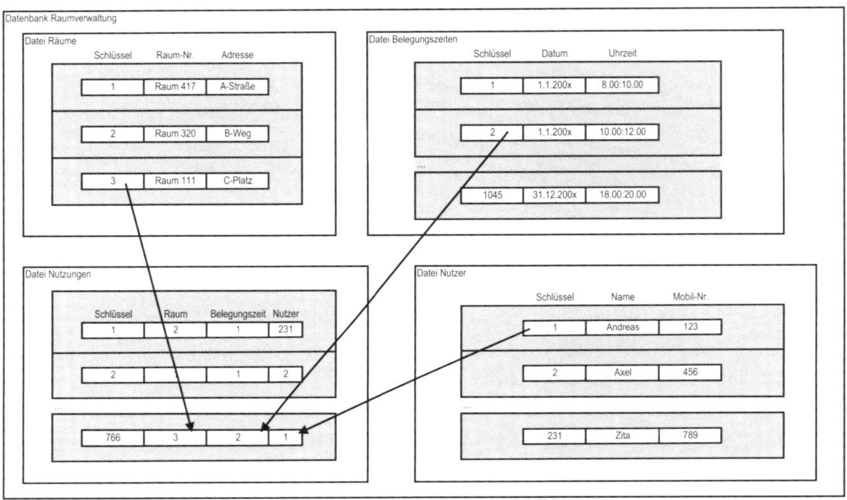

Abbildung 10: Dateien einer Datenbank
Quelle: eigene Darstellung

263 Die Massendatenanalyseanwendung bietet die folgenden typischen Funktionen:[77]

- Export und Import von Daten aus und in verschiedene Datenformate;
- Abgleich zweier Datenbestände bezüglich definierter Felder mit Ausgabe entweder nur der Übereinstimmungen in beiden Dateien oder der Datensätze in Datei 1 ohne Übereinstimmung in zweiter Datei bzw. der Datensätze in Datei 2 ohne Übereinstimmung in erster Datei. Dies erlaubt z. B. die Mehrfachbelegungsanalyse von Stammdatennummern oder eine Lückenanalyse;

76 *Goldshteyn/Gabriel/Thelen*, Massendatenanalysen in der Jahresabschlussprüfung, IDW Verlag 2016, S. 211 f.

77 Vgl. *Goldshteyn/Gabriel/Thelen*, Massendatenanalysen in der Jahresabschlussprüfung, IDW Verlag 2016, S. 46–61.

- Zusammenführen von Datenbeständen, die identisch aufgebaut sind, also z. B. Zeiterfassungen eines Jahres mit denen anderer Jahre, um eine Analyse über mehrere Jahre durchführen zu können;
- Verknüpfen von unterschiedlich aufgebauten Datenbeständen mit Hilfe eines gemeinsamen Feldes, z. B. das Kreditorenkonto aus dem Journal mit den Informationen zum Kreditor aus der Kreditorenstammdatenliste;
- Extraktion von Daten, die bestimmte Kriterien aufweisen (Beträge, Daten, auch Spannen);
- Sortieren und Indizieren z. B. erst nach Buchungsmonat, dann nach Kreditor und schließlich nach Betrag;
- Gruppieren nach identischen Merkmalen und Zwischensummen bilden;
- Feldstatistik: welche Werte enthält das Feld, Maximum, Minimum, Mittel;
- Schichtung: Einteilung von Daten in Schichten und Bandbreiten mittels Ober- und Untergrenzen und Schrittgrößen;
- Berechnungen mittels Formeln auch aus mehreren Feldinhalten vornehmen und berechnete Felder mit Datensatzelementen vergleichen;
- Mit Hilfe von Pivot-Tabellen können Funktionalitäten wie Extraktion, Sortieren und Gruppieren und Berechnen kombiniert werden; das macht die Darstellung großer Datenvolumina in überschaubarer Form und komplexere Abfragen möglich (Umsätze mit einem Debitor nur im Mai und über der Schwelle von 1.000 Euro);
- Die Drill-Down-Funktion ermöglicht den Sprung von der Gruppe zum einzelnen Datensatz.

Massendatenanalysen können in jeder Phase der Prüfung angewandt werden.

1. Prüfungshandlungen zur Vertiefung der Kenntnisse über die Geschäftstätigkeit

Eine Analyse der zu prüfenden Geschäftsvorfälle z. B. nach ihrer zeitlichen Verteilung über den Prüfungszeitraum, nach ihrer wirtschaftlichen Bedeutung (wenige große oder viele kleine, innerhalb definierter Schichten) oder nach Geschäftspartnern, Kunden und Empfängern verschafft der Prüferin Kenntnisse über die Geschäftstätigkeit. Für Zwecke der Jahresabschlussprüfung könnten z. B. Aufwandsarten nach Kreditoren und Erlösarten nach Debitoren ausgewertet werden. Der Vergleich gleichartiger Auswertungen aus anderen Prüfungszeiträumen oder eine Auswertung über mehrere Jahre gibt Auskunft über Veränderungen. 264

2. Identifizierung von Fehlerrisiken

265 Auch einen ersten Hinweis auf Fehler können Datenanalysen liefern.

Im Rahmen der Jahresabschlussprüfung wird üblicherweise ein **journal entry testing** durchgeführt.[78] Dabei handelt es sich um ein Bündel von Auswertungen, deren Datengrundlage das Journal ist. Im Journal werden die Felder Journalnummer, Belegnummer, Belegdatum, Buchungsdatum, Erfassungsdatum und -uhrzeit, Buchender, Konto, Gegenkonto und Betrag und Stornokennzeichen benötigt. Der JET hat eine Doppelfunktion, er gibt Hinweise auf Fehlerrisiken insbesondere auch auf Verstöße und zeigt Schwächen im IKS auf.

Typische Auswertungen im JET sind:[79]

- Außergewöhnlich lange Fristen zwischen Belegdatum und Buchung als Hinweis auf einen Verstoß gegen den Grundsatz der Zeitgerechtheit der Buchhaltung. Das Buchungsdatum wird vom Buchenden vergeben und steuert die Periodenzuordnung, das Erfassungsdatum wird vom System vergeben und dokumentiert, wann die Buchung tatsächlich vorgenommen wurde. Das Belegdatum muss vom Beleg bei der Buchung übernommen werden.
- Buchungen mit falschem Vorzeichen, also Sollbuchungen bei Ertragskonten und Habenbuchungen bei Aufwandkonten;
- Buchungen mit ungewöhnlichem Gegenkonto, Aufwandsbuchungen ohne Kreditor und Erlösbuchungen ohne Debitor, Aufwandsbuchungen an Bank;
- Chi-Quadrat und Benford-Test insbesondere bei den Erlösen, um Manipulationen aufzudecken;
- Identifikation von ungewöhnlichen Geschäftsvorfällen, z. B. knapp unterhalb von Bewirtschaftungsregeln als Hinweis auf gesplittete Rechnungen;
- Buchungen von ungewöhnlichen Berechtigten, Benutzer die selten buchen, um diese dann mit dem Benutzerberechtigungskonzept abzugleichen;
- Manuelle Buchungen auf Sammelkonten und nur automatisch zu bebuchenden Konten;
- Buchungen zu ungewöhnlichen Zeiten mit Ausnahme der automatischen Buchungen;

---

78 IDW PH 330.3, Tz. 72.

79 Vgl. IDW, PH 330.3, Tz. 40 und *Meyer*, Forensische Datenanalyse, S. 131 ff. Erich Schmidt Verlag 2012; *Goldshteyn/Gabriel/Thelen*, Massendatenanalysen in der Jahresabschlussprüfung, IDW Verlag 2016, S. 211 f.

- Stornobuchungen, das Verhältnis zu allen Buchungen liefert gleichzeitig ein Indiz für die Qualität des IKS;
- Doppelt erfasste Beträge, mit geringem zeitlichen Abstand, um regelmäßige Leistungen wie Mieten auszuschließen;
- Buchungen ohne oder mit doppelt vergebener Rechnungsnummer.

3. Beurteilung des IKS

Datenanalysen sind für die Beurteilung der Wirksamkeit eingerichteter Kontrollen besonders geeignet.[80] Dies gilt insbesondere für die Funktionsfähigkeit der generellen IT-Kontrollen. Grundlage der Analyse sind zum einen vom System erzeugte Dateien über Änderungen der Benutzer, sie werden daraufhin untersucht, ob Berechtigungen und Berechtigungsrollen von hierfür nicht autorisierten Personen vergeben oder verändert wurden; ob kritische Berechtigungskombinationen oder systemkritische Berechtigungen mit uneingeschränkten Administrations- oder Buchungsrechten oder für bereits ausgeschiedene Beschäftigte bestanden haben oder ob Berechtigungen kurzfristig geändert oder eingerichtet und dann wieder gelöscht wurden.[81] Ebenso werden Änderungen an den Systemparametern und Stammdaten analysiert.[82] 266

Darüber hinaus werden Protokolldateien, die Benutzerkennung, Zeitpunkt und Art des Zugriffs auf IT-Anwendungen und Betriebssysteme dokumentieren, daraufhin ausgewertet, ob die tatsächliche Nutzung dem Nutzerberechtigungskonzept entsprach, ob Zuständigkeiten und Verantwortungsbereiche zutreffend abgebildet sind und die Funktionstrennung gewährleistet war.[83]

Leider kann bei einigen Produkten die Protokollierungsfunktion deaktiviert werden oder ist vom Hersteller nicht vorgesehen. In diesem Fall können z. B. Stammdatenlisten aus früheren Prüfungen mit den aktuellen verglichen werden. Änderungen, die zeitnah wieder zurückgeändert werden, ein typisches Muster bei Verstößen, können so allerdings nicht erkannt werden.[84] Die Rechnungsprüfung sollte darauf achten, dass entsprechende Protokollfunktionen eingerichtet sind und funktionieren oder mehrfach unterjährig Dateien abziehen.

---

80 IDW PH 9.330.3, Tz. 41.

81 IDW PH 9.330.3, Anhang 2 Teil 2.

82 *Goldshteyn/Gabriel/Thelen*, Massendatenanalysen in der Jahresabschlussprüfung, IDW Verlag 2016, S. 271 ff.

83 IDW PH 9.330.3, Anhang 2 Teil 2.

84 *Meyer*, Forensische Datenanalyse, S. 138, Erich Schmidt Verlag 2012.

Grundsätzlich gilt, je stärker ein Geschäftsprozess in die IT integriert ist, zum Beispiel durch die Einbindung der Haushaltsüberwachung, der sachlich/rechnerischen Prüfung und der Anordnung in die Buchhaltungssoftware, desto leichter und sinnvoller ist eine Prüfung durch Datenanalyse.

4. Aussagenbezogene Prüfungshandlungen mittels Datenanalysen

267 Natürlich können auch aussagebezogene Prüfungshandlungen sowohl in Gestalt von analytischen Prüfungshandlungen als auch als Einzelfall-Prüfungshandlungen mittels Massendatenanalyse durchgeführt werden. Ihre Funktionalität ist nützlich bei der Ermittlung von Kennzahlen *(s. L. Kennzahlen in der Prüfung)*, sie kann aber auch für eine große Gruppe gleichartiger Geschäftsvorfälle Berechnungen einzeln nachvollziehen. Beispiele sind:

- eine Altersstrukturanalyse des Anlagevermögens und des Bestandes an Sonderposten für Investitionen,
- Altersstrukturanalyse der Forderungen und Verbindlichkeiten,
- rechnerische Ermittlung der Abschreibungen und Auflösungserträge aus Sonderposten auf Grundlage der Bestandsliste,
- Analyse des Lohnjournals nach Monatssummen,
- Nachvollzug der Abschläge auf den Bruttolohn auf Grundlage des Lohnjournals (Abzüge für Renten, Arbeitslosen-, Pflege- und Krankenversicherung, Lohnsteuer, Solidaritätszuschlag und Kirchensteuer) anhand der korrekten prozentualen Sätze,
- Nachrechnen der Urlaubs- und Gleitzeitrückstellung,
- Einhaltung der Obergrenze für Kassenkredite.

Die Grenze für Prüfungshandlungen setzt lediglich die Phantasie des Prüfers. In vielen Fällen kann eine Visualisierung der Ergebnisse als Matrix oder Schaubild gute Dienste leisten.

L. Kennzahlen in der Prüfung

Eine **Kennzahl** beschreibt einen Sachverhalt mit besonderer Aussagekraft. 268
Durch sie versucht man, das Wesentliche oder Typische der wirklichen Gegebenheiten in einer Zahl zu verdichten.[1] So wenn man die Größe einer Kommune durch die Zahl ihrer Einwohner beschreibt. Ebenfalls durch Verdichtung werden **Indikatoren** gewonnen, dabei handelt es sich aber um Ersatzgrößen, deren Ausprägung oder Veränderung den Schluss auf die Ausprägung oder Veränderung einer anderen Größe zulassen, so wie das Sozialprodukt als Wohlstandsmaß dient.[2]

Die Selektion durch die Betrachtung von Kennzahlen und die Verdichtung bei ihrer Ermittlung dient der notwendigen Informationsentlastung,[3] sie führt aber zu Beschränkungen der Information, denen sich der Nutzer bewusst sein muss. Sie zeigen nur einen Ausschnitt der Realität, sie sind bezogen auf den Zeitpunkt ihrer Ermittlung und nur bedingt prognosefähig. Sie sind abhängig von der Qualität des Datenmaterials, und Veränderungen der Umwelt verhindern präzise Aussagen über längere Zeiträume. Und die Interpretation jeder Kennzahl bedarf einer Theorie, der Nutzer muss mit Hilfe einer Hypothese die Kennzahl bewerten.[4]

Kennzahlen werden unterschieden[5] u. a. nach ihrer Ermittlung in **absolute Zahlen** und Verhältniszahlen. Die absoluten Zahlen umfassen Einzelzahlen wie Mitarbeiterbestand, aber auch Summen, Differenzen, Lagemaße wie Mittelwert und Median und Streuungsmaße wie Spannweite, Varianz, Standardabweichung und Variationskoeffizient.

Die **Verhältniszahlen** werden wiederum unterteilt in Gliederungszahlen, Beziehungszahlen und Indexzahlen. Für die Ermittlung von **Gliederungszahlen** wird eine Teilgröße dividiert durch eine übergeordnete Gesamt-

---

1 *Dellmann*, Kennzahlen und Kennzahlensysteme in Handwörterbuch Unternehmensrechnung und Controlling, 4. Aufl. 2002, Schäffer-Poeschel Verlag, Vor I.

2 *Gladen*, Performance Measurement – Controlling mit Kennzahlen –, 6. Aufl. 2014, Springer Gabler, S. 9.

3 *Gladen*, Performance Measurement – Controlling mit Kennzahlen –, 6. Aufl. 2014, Springer Gabler, S. 9.

4 *Dellmann*, Kennzahlen und Kennzahlensysteme in Handwörterbuch Unternehmensrechnung und Controlling, 4. Aufl. 2002, Schäffer-Poeschel Verlag, IV.

5 *Dellmann*, Kennzahlen und Kennzahlensysteme in Handwörterbuch Unternehmensrechnung und Controlling, 4. Aufl. 2002, Schäffer-Poeschel Verlag, II.

größe gleicher Dimension, daraus ergibt sich ein Anteil ggf. als Prozentangabe. Für **Beziehungszahlen** werden zwei sinnvoll in Verbindung stehende, aber verschiedenartige Zahlen dividiert z. B. als Hektarertrag oder Rentabilität. Die Verbindung kann ein Ursache-Wirkungs-Verhältnis sein, dann werden sie als **Verursachungszahlen** bezeichnet, hier wird der Quotient aus einer Bewegungsgröße und einer Bestandsgröße gebildet z. B. Todesfälle bezogen auf Einwohner. Bei den **Entsprechungszahlen** gibt es keinen Bezug zwischen Ereignissen und Bestand wie z. B. beim Schüler/Lehrerverhältnis. Bei **Indexzahlen** handelt es sich um den Quotienten zweier Grundzahlen derselben Art, die jedoch zeitlich, seltener örtlich, verschieden sind, z. B. der Verbraucherpreisindex oder ein regionaler Baukostenindex. Die Zählergröße wird an einer Basisgröße gemessen, die gleich 100 gesetzt wird, um alle übrigen Größen daran zu messen.

Kennzahlen unterscheiden sich anhand ihrer zeitlichen Struktur, so werden Zeitpunkte und Bestandsgrößen betrachtet und Zeiträume und Stromgrößen, und anhand ihrer Informationskategorie, es werden Faktische Zahlen (Ist), Prognosezahlen (Plan) und Vorgabegrößen (Soll) betrachtet.

Kennzahlen bilden zum einen Entscheidungskriterien bei der Steuerung der Aufgabenerfüllung (Controllingfunktion) und dienen zum anderen der Analyse.

Bei der **Objektanalyse** ist das Objekt konstant, Zeit und/oder Kennzahlen sind variabel. So wenn im Rechenschaftsbericht die wirtschaftliche Lage der Kommune durch mehrere Kennzahlen beschrieben wird. Bei einer **Zeitreihenanalyse** ist die Kennzahl konstant, Zeit und/oder Objekt sind variabel, z. B. bei einer Indexzeitreihe, und bei einer **Querschnittsanalyse** werden für ein bestimmtes Zeitintervall verschiedene Objekte und/oder Kennzahlen betrachtet, wie z. B. beim Betriebsvergleich oder Benchmarking.[6]

I. Kennzahlen als Prüfungsgegenstand

269 Kennzahlen sind Gegenstand der Prüfung, wenn diese Kennzahlen Bestandteil des Jahresabschlusses und des Gesamtabschlusses sind.

§ 51 Abs. 2 Muster-GemHVO[7] fordert, dass den Teilrechnungen Ist-Zahlen zu den in den Teilplänen ausgewiesenen Kennzahlen beigefügt werden. Mit

6 *Dellmann*, Kennzahlen und Kennzahlensysteme in Handwörterbuch Unternehmensrechnung und Controlling, 4. Aufl. 2002, Schäffer-Poeschel Verlag, III.

7 Beschluss der ständigen Konferenz der Innenminister und -senatoren der Länder vom 21. 11. 2003, http://www.innenministerkonferenz.de/IMK/DE/termine/tobeschluesse/20031121.html?nn=4812206.

diesen Kennzahlen soll gem. § 10 Abs. 3 Muster-GemHVO die Zielerreichung gemessen werden, diese Ziele und Kennzahlen sollen die Grundlage der Haushaltssteuerung bilden. Hier haben die Kennzahlen Controllingfunktion.

Nach § 54 Muster-GemHVO sind im Rechenschaftsbericht der Verlauf der Haushaltswirtschaft und die Lage der Gemeinde darzustellen und eine Bewertung der Abschlussrechnungen vorzunehmen. Im Konsolidierungsbericht muss gem. § 58 Muster-GemHVO ebenfalls die Lage dargestellt werden, aber zusätzlich müssen noch Angaben über den Stand der kommunalen Aufgabenerfüllung und über den Stand der Erfüllung des öffentlichen Zwecks der konsolidierten Organisationseinheiten und Vermögensmassen gemacht werden. Die dabei notwendige Reduktion der komplexen tatsächlichen Gegebenheiten gelingt durch die Nutzung von Kennzahlen. Hier dienen die Kennzahlen der Analyse.

Im Rahmen der Jahresabschluss- und Gesamtabschlussprüfung muss die Rechnungsprüfung zu den Kennzahlen mehrere Prüfungsaussagen treffen:

- Sind sie vorhanden?
- Sind sie richtig, d. h. stimmen Datengrundlage und Berechnung?
- Werden sie im Vergleich zum Vorjahr stetig verwendet?
- Werden sie konsistent verwendet, also z. B. auch im Vorbericht gem. § 6 Muster-GemHVO, wenn die Lage anhand der Planzahlen dargestellt wird oder im Beteiligungsbericht, wo z. B. gem. § 123a HGB auch über den Stand der Erfüllung des öffentlichen Zwecks berichtet werden muss oder auch im Gesamtabschluss?
- Sind sie aussagekräftig?

Die Prüfungsaussage, ob die Kennzahlen aussagekräftig sind, bringt ein weites Ermessen mit sich und ist daher besonders schwierig zu treffen.

1. Kennzahlen zur Haushaltssteuerung

Das Budgetrecht der Volksvertretung, die Steuerung der hauptamtlichen *270*
Verwaltung durch die Volksvertretung mittels des Haushalts muss im doppischen Haushaltssystem in Form der Outputsteuerung ausgeübt werden. Die Inputsteuerung ist durch die umfassenden Budgets, innerhalb derer Deckungsfähigkeit herrscht, weitgehend wirkungslos. Die Outputsteuerung steuert durch die Vorgabe von Produkten und Zielen, die Zielerreichung oder -verfehlung wird mittels Kennzahlen gemessen und kontrolliert. Die Effektivität der Outputsteuerung und damit die Wirksamkeit des Budgetrechts hängt unmittelbar davon ab, ob es mit Hilfe der Ziele und Kennzahlen gelingt, einen Willen der Volksvertretung zu bilden und prä-

zise und ohne allzu großen Beurteilungsspielraum der Verwaltung zu vermitteln. Bei den Zielen kann es sich entweder um Leistungsziele handeln, also Ziele, die mit den Verwaltungsleistungen, den Produkten in Zusammenhang stehen. Solche produktorientierten Ziele in Abgrenzung z. B. zu Organisations- und Budgetzielen betreffen in erster Linie Leistungsmengen oder Leistungsstandards. Oder es handelt sich um Wirkungsziele für die Produkte. Wirkungszielvorgaben dokumentieren die angestrebten sachlichen Ziele. **Kennzahlen zur Messung der Wirkungsziele** machen sie messbar. Dadurch werden sie zur Grundlage sowohl des operativen als auch des strategischen Controllings. So dienen Wirkungsziele auch der Selbstkontrolle der Volksvertretung, inwieweit politische Ziele verwirklicht werden konnten. Für eine wirksame Steuerung können nur durch Kennzahlen messbare Ziele akzeptiert werden, dabei kann es erforderlich sein, ein – notwendigerweise abstraktes – Wirkungsziel mittels Indikatoren darzustellen. Es ist die Aufgabe des Prüfers zu beurteilen, ob diese Kennzahlen geeignet sind, die Zielerreichung zu messen. Ein Blick in die Praxis zeigt, dass die Haushaltspläne in vielen Fällen noch unvollständig sind. Die Produktbeschreibungen, Zieldefinitionen und Kennzahlen zur Messung der Zielerreichung erreichen zumeist nicht die Qualität, die die geforderte Outputsteuerung ermöglicht. Werden dann die Möglichkeiten zur Budgetierung ausgeschöpft, ergibt sich auch daraus ein problematisches Defizit bei der Steuerung durch die Volksvertretung. In einem vergleichbaren Fall hat der hessische Rechnungshof die Aussagefähigkeit von Kennzahlen in Zweifel gezogen und gefordert, bei der Bildung von Kennzahlen stärker auf die Effektivität und Effizienz der Leistungen abzustellen.[8]

Verbreitet verwendet werden **Kennzahlen zur Steuerung des Leistungserstellungsprozesses** wie:[9]

- Fälle je Sachbearbeiter,
- Bearbeitungszeit je Fall mit und ohne Berücksichtigung von Liegezeiten wegen Beteiligung interner und externer Beteiligter,
- Verfahrensdauer aus Sicht des Bürgers,
- Anteil angefochtener Bescheide, darunter erfolgreiche Anfechtungen,
- Kosten des Prozesses.

8 Kennzahlen der Botanischen Gärten der Universitäten in Bemerkungen, 2009, 13.2.

9 *Götz/Gattinger* u. a., Erkenntnisse aus Geschäftsprozessen als Basis für Entscheidungen kommunaler Organe und Verwaltungen, BKPV-Geschäftsbericht, 2015, 2.6.

2. Kennzahlen zur Beurteilung der wirtschaftlichen Lage

Ihre Aufgabe ist es, dem Leser das geforderte Bild vom Verlauf, dem Stand oder der Lage zu vermitteln und eine Bewertung zu ermöglichen. In den Bundesländern bestehen unterschiedliche sog. **Kennzahlensets**. In erster Linie sollen sie der Rechtsaufsichtsbehörde Kriterien für die Beurteilung der dauernden Leistungsfähigkeit im Haushaltsprozess zur Verfügung stellen.[10] Teilweise wird ihre Verwendung aber auch den Aufstellern des Jahresabschlusses und der Rechnungsprüfung zur Analyse der Haushaltswirtschaft empfohlen,[11] teilweise wurden zu diesem Zweck auch andere Kennzahlensets veröffentlicht.[12] Die Aussagekraft dieser Kennzahlen ist daran zu messen, welche Aussagen getroffen werden sollen. Da das dominierende Wirtschaftsziel der kommunalen Haushaltswirtschaft die Gewährleistung der stetigen Aufgabenerfüllung und der dauernden Leistungsfähigkeit ist,[13] sollten die Kennzahlen Aussagen darüber erlauben, inwieweit dies entweder auf Grundlage der Planzahlen voraussichtlich gelingen wird oder auf Grundlage der Zahlen des Jahresabschlusses gelungen ist. *271*

Als Bedrohungen der stetigen Aufgabenerfüllung und dauernden Leistungsfähigkeit haben die Kommunalverfassungsgesetze zum einen eine übermäßige Einschränkung des finanziellen Spielraums in der Zukunft durch Verschuldung und zum anderen versteckte Lasten aufgrund einer Vernachlässigung des Vermögens ausgemacht. Die Kennzahlensets sollten beide Aspekte analysieren.

Gefordert ist eine Bewertung, eine Ansammlung von Kennzahlen mit lediglich beschreibendem Charakter, auch über längere Zeiträume wird dieser Anforderung nicht gerecht. Benötigt werden Referenzwerte, die bezogen auf das Analyseziel gute von schlechten Kennzahlenwerten unterscheiden. *272*

---

10 Muster 20 zur GemHVO Hessen „Finanzstatusbericht zur Ermittlung der finanziellen Leistungsfähigkeit"; NKF – Kennzahlenset Nordrhein-Westfalen RdErl. d. Innenministeriums v. 01.10.2008 34 – 48.04.05/01 – 2323/08; VwV Kommunale Haushaltswirtschaft zu § 72 GemO Sachsen vom 31. Juli 2019 (SächsABl. S. 1179), zuletzt enthalten in der Verwaltungsvorschrift vom 29. November 2021 (SächsABl. SDr. S. S 167); Muster zu § 1 Abs. 2 Nr. 4 KommHV-Doppik Bayern

11 NKF – Kennzahlenhandbuch S. 7 unter http://www.mik.nrw.de/fileadmin/user_upload/Redakteure/Dokumente/Themen_und_Aufgaben/Kommunales/kommunale_finanzen/nkf_kennzahlenhandbuch.pdf.

12 Kennzahlen zum NKF Bayern unter https://www.stmi.bayern.de/kub/komfinanzen/haushaltsrecht/index. oder Sächsiches Kennzahlenset unter https://www.hsf.sachsen.de/forschung/saechsisches-kommunales-kennzahlenset.

13 Vgl. Art. 61 Abs. 1 BayGO; § 75 Abs. 1, § 76 Abs. 2 GO NRW; § 92 Abs. 1, § 103 Abs. 2 HGO.

Gemeingut ist die Forderung nach dem Haushaltsausgleich, also einer Differenz aus Erträgen und Aufwendungen größer oder gleich 0, oder einem Aufwandsdeckungsgrad, dem Quotienten aus Erträgen und Aufwendungen größer 1. Tatsächlich entspricht dies nicht nur der Forderung nach einer intergenerativ gerechten Haushaltswirtschaft, sondern sorgt auch in aller Regel automatisch für einen positiven Zahlungsmittelfluss aus laufender Verwaltungstätigkeit. Dass dieser Zahlungsmittelfluss mindestens so hoch sein sollte, wie die (ordentlichen) Tilgungen von Krediten und kreditähnlichen Rechtsgeschäften, bzw. dass Kennzahlen wie Tilgungsquote, Eigenfinanzierungsanteil an Investitionen und Selbstfinanzierungsgrad besser noch einen Beitrag zur Finanzierung der Investitionen zeigen sollten, ist ebenfalls weit verbreitet. Regelmäßig wird auch die Pro-Kopf-Verschuldung betrachtet, aber nur ausnahmsweise wird eine Obergrenze dafür festgelegt. Die Restitution des Substanzverlustes des kommunalen Vermögens durch neue Investitionen wird verbreitet anhand der Reinvestitionsquote beobachtet. Soweit ersichtlich wird der Aspekt des angemessenen Vermögensunterhalts, gemessen am Quotienten Instandhaltungsaufwand je Anlagengruppe, nicht adressiert.

273 Viele der verwendeten Kennzahlen werden stark durch das Maß an Ausgliederung von Aufgaben aus der Kernverwaltung beeinflusst und sind deshalb aussagekräftiger, wenn sie auf Informationen aus dem Gesamtabschluss bezogen werden.

274 In NRW werden die Referenzwerte (Minimum, Maximum, Median, Mittelwert) für diverse Kennzahlen vor allem auf der Grundlage von zuletzt 2018 durch die überörtliche Prüfung erhobenen Ist-Daten aller Kommunen ermittelt, eine Aktualisierung erfolgt regelmäßig. Noch weiter geht die hessische Lösung, die alle Kennzahlen durch die Bezugnahme auf Einwohner einheitlich dimensioniert und Referenzwerten zwischen 0 und 1 zuordnet, die Kennzahlen prozentual gewichtet und mit ihrem Gewicht multipliziert, daraus eine Summe zwischen 0 und 100 % ermittelt und dieses Gesamturteil in einem Ampelsystem einordnet.

Grundsätzlich ist eine Verwendung von länderspezifischen Kennzahlensets sinnvoll, da sie interkommunal vergleichbar sind.

II. Kennzahlen als Hilfsmittel für die Prüfung

275 Hält der Prüfer die vom Abschlussersteller gewählten Kennzahlen für die Analyse der Haushaltwirtschaft und der Vermögens-, Finanz- und Ertragslage für aussagekräftig, dann kann er sein eigenes Urteil darauf stützen, ansonsten muss er eigene aussagekräftige Kennzahlen verwenden.

Kennzahlen bilden im Betriebsvergleich und als Benchmark eine wichtige Grundlage für Wirtschaftlichkeitsuntersuchungen *(s. T. Wirtschaftlichkeits-*

untersuchungen), sie werden aber insbesondere bei analytischen Prüfungshandlungen verwandt.

III. Kennzahlen und analytische Prüfungshandlungen

Analytische Prüfungshandlungen kommen in allen Phasen einer Prüfung – Erwerb eines grundlegenden Verständnisses vom Prüfungsgegenstand, Risikobeurteilungen, Durchführung von aussagebezogenen Prüfungshandlungen und Bildung des Gesamturteils – zum Einsatz.[14] Und sie sind nicht nur auf Prüfungen der Rechnungslegung beschränkt, sondern können grundsätzlich auch bei anderen Rechts- und Ordnungsmäßigkeitsprüfungen eingesetzt werden.[15] Voraussetzung ist allerdings, dass die zu prüfenden Informationen quantifizierbar sind. Analytische Prüfungshandlungen weisen nämlich zwei Besonderheiten auf: Sie richten sich auf gruppierte und damit verdichtete Informationen und es wird nicht eine exakte Gleichheit zwischen Soll-Objekt und Ist-Objekt, sondern eine sachlogische Übereinstimmung, die Plausibilität, festgestellt.[16] Die Anwendung analytischer Prüfungshandlungen beruht auf der Erwartung, dass Zusammenhänge zwischen bestimmten Informationen und Daten vorhanden sind und fortbestehen. Der vorgefundene Zusammenhang dient somit als Prüfungsnachweis für die Vollständigkeit, Genauigkeit und Richtigkeit von Daten.[17] *276*

Eine beispielhafte Prüfungsaussage könnte sein, dass im Haushaltsjahr für jeden Darlehensvertrag die Zinsen in der richtigen Höhe geleistet wurden. Die verdichtete Information ist der Zinsaufwand für alle Darlehen im Haushaltsjahr und der sachlogische Zusammenhang, der den Zinsaufwand plausibilisieren soll, besteht in der Abhängigkeit der Zinsen vom ausstehenden Darlehensbetrag und dem vereinbarten Zinssatz.

Analytische Prüfungshandlungen können daher auch nicht die Richtigkeit von Aussagen über einzelne Elemente in der Gruppe bestätigen, sondern nur ihre Plausibilität. Die durch sie vermittelte Prüfungssicherheit ist daher grundsätzlich schwächer als bei Einzelfallprüfungshandlungen. Deswegen verlangen die Standards, dass für bedeutsame Risiken *(s. Rn. 314)* analytische Prüfungshandlungen entweder durch eine Systemprüfung oder durch aussagebezogene Einzelfallprüfungen komplementiert werden.[18] Für nicht bedeutsame Risiken können sie jedoch ausreichen. Darin besteht ein erhebliches Potential für die wirtschaftliche Erfüllung eines Prüfungsauftrags. *277*

Jede analytische Prüfungshandlung ist ein Dreischritt: Zuerst muss der Prüfer für den zu prüfenden Wert einen sog. Erwartungswert prognostizie- *278*

14 ISA [DE] 520, Tz. 1.
15 Europ. Rechnungshof aware Stichwort „Analytical procedures“.
16 WP Handbuch L, Tz. 844, 17. Aufl. 2021, IDW-Verlag.
17 Vergl. ISA [DE] 520, Tz. 5.
18 ISA [DE] 330, Tz. 21.

ren. Dieser Erwartungswert wird dann mit dem zu prüfenden Ist-Wert verglichen. Ergibt sich wie im Regelfall eine Differenz, muss der Prüfer diese Differenz beurteilen.[19]

Die Informationen für die **Prognose des Erwartungswerts** liefert entweder die geprüfte Organisationseinheit selber, z. B. durch Vorjahreswerte oder Mehrjahrestrends oder andere Stellen, z. B. bei einem Betriebsvergleich. Die Qualität der Prognose ist zum einen abhängig von der Qualität des sachlogischen Zusammenhangs. Diese Qualität wird durch die Relevanz, Stetigkeit und Beobachtungshäufigkeit des Zusammenhangs bestimmt.[20] Der Aspekt der Relevanz beleuchtet die Anzahl und Gewichte der Einflussfaktoren. Alle wesentlichen Einflussfaktoren müssen in die Prognose einbezogen werden, sonst ist sie zu ungenau. Die Stetigkeit des Zusammenhangs ist dann unterbrochen, wenn sich die Verhältnisse stark verändert haben und je häufiger ein Zusammenhang beobachtet wird, desto genauer wird die Prognose. Die Qualität der Prognose wird aber auch von Zuverlässigkeit des zugrundeliegenden Datenmaterials beeinflusst, davon muss sich der Prüfer vorab ein Bild machen und es gilt die Grundregel, dass Informationen, die nicht von der geprüften Organisationseinheit stammen, grundsätzlich verlässlicher sind. Verwendet der Prüfer analytische Prüfungshandlungen im Rahmen der Risikobeurteilung, dann sind die Anforderungen an die Prognose niedriger, als wenn es sich um aussagebezogene Prüfungen handelt. Zum einen muss kein expliziter Erwartungswert gebildet werden, in der Praxis werden zumeist die Werte der Vorperiode(n) herangezogen, um auffällige Abweichungen und Schwankungen zu identifizieren. Zum anderen müssen sie nicht denselben Genauigkeitsgrad erlangen, sie können daher weniger verlässliche und höher aggregierten Daten einbeziehen.[21]

Beim **Abgleich** des Erwartungswerts **mit dem Ist-Wert** ergeben sich regelmäßig Differenzen, z. B. weil Einflussfaktoren mit geringen Auswirkungen bei der Prognose ausgeblendet wurden.

Diese **Differenz** muss der Prüfer daraufhin **beurteilen**, ob sie Zweifel an der Plausibilität des Ist-Wertes weckt oder aber toleriert werden kann. Faktoren, die in die Beurteilung einzubeziehen sind, werden aus dem Prüfungsrisikomodell abgeleitet. Es sind dies der Betrag der Toleranzwesentlichkeit *(s. Rn. 296)*, die Risikoeinschätzung für die Prüfungsaussage und das Maß an Aussagesicherheit, das die analytische Prüfungshandlung vermitteln soll. Geht der Prüfer von einem hohen Risiko für einen Fehler aus, dann darf er nur eine geringe Abweichung tolerieren, um das Prüfungsri-

19 WP Handbuch L, Tz. 847, 17. Aufl. 2021, IDW-Verlag.
20 WP Handbuch L, Tz. 846, 17. Aufl. 2021, IDW-Verlag..
21 F&A zu ISA 315 und PS 261 3.2.

siko auf ein akzeptables Maß zu begrenzen. Gewinnt der Prüfer zusätzliche Aussagesicherheit durch eine Systemprüfung oder Einzelfall-Prüfungshandlungen, dann kann er eine höhere Differenz tolerieren, als wenn die Aussagesicherheit vollständig durch die analytische Prüfungshandlung generieren will.

Im Beispiel könnte der Prüfer den Erwartungswert für die Zinsen als Produkt aus Darlehensstand (Summe aus allen Darlehen) und gemitteltem Zinssatz bilden. Als Darlehenstand könnte er den am Ende des Jahres noch ausstehenden Betrag oder den durchschnittlichen Stand z. B. gebildet aus der Summe Stand zu Anfang und Stand am Ende, dividiert durch zwei, zugrunde legen. Im zweiten Fall sollte die Relevanz des Zusammenhangs größer sein, da auch die unterjährigen Tilgungen und Neuaufnahmen berücksichtigt sind. Als Zinssatz könnte der durchschnittliche Zinssatz im Vorjahr, ermittelt als Quotient aus dem Darlehensstand im Vorjahr und dem Zinsaufwand im Vorjahr, verwandt werden. Alternativ könnte ein von den Statistikämtern oder der Bundesbank kommunizierter laufzeitadäquater Kapitalmarktzins Verwendung finden. Dazu müssten Überlegungen zur Modellierung der Laufzeiten im Portfolio angestellt werden. Im ersten Fall wäre unter der Annahme, dass der Bestand überwiegend durch Verträge gebildet wird, die bereits im Vorjahr bestanden und deren Konditionen fix sind, die Relevanz höher; die Alternative ist bei variablen Zinskonditionen genauer und durch die externe Referenzgröße verlässlicher. *279*

Nicht tolerierbare Differenzen taugen nicht nur nicht als Prüfungsnachweise, sie verpflichten den Prüfer auch dazu, ihnen nachzugehen und zu versuchen, sachgerechte Erklärungen und angemessene unterstützende Nachweise zu erhalten.[22] *280*

Viele in der Jahresabschlussprüfung wirtschaftlicher Unternehmen anhand analytischer Prüfungshandlungen üblicherweise geprüfte Zusammenhänge, wie der zwischen Aufwendungen und Erträgen, bestehen im öffentlichen Sektor nicht. Für die Rechnungsprüfung werden u. a. die folgenden analytischen Prüfungshandlungen vorgeschlagen:[23] *281*

- Aufwendungen und Auszahlungen im Verhältnis zu Haushaltsansätzen,
- Transferleistungen im Verhältnis zu demografischen Angaben,
- Steuereinnahmen im Verhältnis zu demografischen Angaben bzw. wirtschaftlichen Bedingungen oder Indikatoren,
- Produkte, Leistungen und Ergebnisse im Verhältnis zu Aufwendungen.

22 ISA [DE] 520, Tz. 7a) und b).
23 ISSAI 1520, P 12 (aufgehoben).

M. Jahresabschlussprüfung

Der bedeutsamste und umfangreichste Prüfungsauftrag der Rechnungsprüfung und verpflichtend jährlich durchzuführen, ist die Prüfung des Jahresabschlusses. 282

Dabei handelt es sich einerseits um eine Prüfung wie jede andere, weshalb die Ausführungen insbesondere unter *G. Prüfungsmethodik; H. Prüfung als Prozess* und *I. Dokumentation der Prüfung* ebenfalls zutreffen und hier nicht wiederholt werden. Im Folgenden sollen nur die Besonderheiten behandelt werden, die sich vor allem aufgrund der Vielzahl und Komplexität der Prüfungsurteile und Prüffelder in der Jahresabschlussprüfung im Unterschied zu anderen Prüfungen ergeben.

Umfang der Jahresabschlussprüfung und abzugebende Prüfungsurteile bestimmt der Gesetzgeber. In den Kommunalverfassungsgesetzen lassen sich zwei Modelle unterscheiden. Der „enge" Prüfungsumfang der sich an der handelsrechtlichen Jahresabschlussprüfung orientiert und der „weite" Prüfungsumfang mit zusätzlichen spezifisch kommunalrechtlichen Prüfungsurteilen. Ein Vertreter des engen Prüfungsumfangs ist NRW. Dort ist die Prüfung des Jahresabschlusses lediglich eine Prüfung der Einhaltung der Rechnungslegungsvorschriften, da sie gem. § 102 Abs. 3 GemO NRW so anzulegen ist, dass Unrichtigkeiten und Verstöße gegen **Vorschriften, die sich auf die Darstellung des Bildes der Vermögens-, Finanz- und Ertragslage** der Gemeinde wesentlich **auswirken**, bei gewissenhafter Berufsausübung erkannt werden. Für die Berichterstattung wird ausdrücklich auf §§ 321, 322 HGB verwiesen. Dies ist keine Einschränkung der Aufgaben der Rechnungsprüfung, so können gem. § 104 Abs. 2 GemO NRW Wirtschaftlichkeitsprüfungen auch bei Gelegenheit der Jahresabschlussprüfung durchgeführt werden, nur wird dazu im Bericht über die Jahresabschlussprüfung kein Prüfungsurteil erwartet.

In Bundesländern mit weitem Prüfungsumfang erwartet der Gesetzgeber stellvertretend für die Adressaten mehr von der Prüfung des Jahresabschlusses. Hier muss zuerst ein realistischerweise leistbarer Prüfungsumfang im Rahmen der abzugebenden Prüfungsurteile abgeleitet werden.

Die Prüfung wird im Folgenden am Beispiel der Rechtslage für eine hessische Gemeinde (weiter Prüfungsumfang) dargestellt. Aufgrund der Ähnlichkeit der abzugebenden Prüfungsurteile über den Jahresabschluss, lassen sich die Ausführungen auf die Rechtslage in anderen Bundesländern leicht übertragen und beinhalten auch den engen Prüfungsumfang. Allerdings fallen die bei der Aufstellung zu beachtenden Rechnungslegungsregeln leider von Bundesland zu Bundesland sehr unterschiedlich aus.

I. Prüfungsurteile

283 § 128 Abs. 1 HGO verlangt für die Prüfung des Jahresabschlusses die folgenden Prüfungsurteile:

1. ob der Haushaltsplan eingehalten ist,
2. ob die einzelnen Rechnungsbeträge sachlich und rechnerisch vorschriftsmäßig begründet und belegt sind,
3. ob bei den Erträgen, Einzahlungen, Aufwendungen und Auszahlungen sowie bei der Vermögens- und Schuldenverwaltung nach den geltenden Vorschriften verfahren worden ist,
4. ob die Anlagen zum Jahresabschluss vollständig und richtig sind,
5. ob der Jahresabschluss den tatsächlichen Verhältnissen entsprechendes Bild der Vermögens-, Finanz- und Ertragslage der Gemeinde darstellt,
6. ob die Berichte nach § 112 eine zutreffende Vorstellung von der Lage der Gemeinde vermitteln.

II. Prüfungsaussagen je Prüfungsurteil

284 Die Prüfung der Einhaltung des Haushaltsplanes ist erforderlich, um festzustellen, ob der Gemeindevorstand die ihm von der Gemeindevertretung im Haushaltsplan gem. § 96 Abs. 1 HGO eingeräumten Ermächtigungen Aufwendungen und Auszahlungen zu leisten und Verpflichtungen einzugehen, nicht überschritten hat und damit dessen Budgetrecht respektiert wurde.

Zum Prüfungsurteil **Nr. 1** gehören die Prüfungsaussagen, dass die tatsächlichen Aufwendungen bzw. Auszahlungen je Teilrechnung die geplanten Aufwendungen bzw. Auszahlungen je Teilhaushalt nicht übersteigen, dass die eingegangenen Verpflichtungen nur höchstens so hoch sind wie die Verpflichtungsermächtigungen und die besetzten Stellen die Obergrenzen des Stellenplans nicht überschreiten. Dabei ist die Deckungsfähigkeit von Budgets gem. § 20 Abs. 1 HGemHVO oder durch Haushaltsvermerke zu berücksichtigen.[1] Ergeben sich Überschreitungen, erfordert das die Prü-

1 *Bennemann* et al., Kommentar zur HGO, Schulverlag, § 128 Rn. 8.

fungsaussage, ob über- und außerplanmäßige Aufwendungen und Auszahlungen den Anforderungen des § 100 HGO entsprechen.[2]

Der Plan-Ist-Abgleich setzt allerdings voraus, dass die Ist-Zahlen im Jahresabschluss zutreffend sind, kann also erst nach der Abgabe des Prüfungsurteils zur Einhaltung der Rechnungslegungsvorschriften und Grundsätze ordnungsmäßiger Buchführung (Nr.3 a) abgegeben werden .

Das Prüfungsurteil **Nr. 2**, der sachlich und rechnerisch vorschriftsmäßigen Begründung und Belegung der Rechnungsbeträge, umfasst die Prüfungsaussagen, dass alle Buchungen belegt sind, dass die erforderlichen Anordnungen rechnerisch richtig und sachlich zutreffend gefertigt wurden und dass die Anordnungen den tatsächlichen Vorgängen entsprechen.[3] Der Begriff Rechnungsbeträge darf wegen seiner Bezugnahme auf die Anordnungen gem. § 6 GemeindekassenVO nicht eng als Beträge einer Eingangs-/ Ausgangsrechnung definiert werden, sondern umfasst nach § 6 Abs. 1 Nr. 1–3 alle Buchungen, die die Bücher verändern.

Die Anforderungen an die Anordnungen werden durch §§ 6 ff. GemeindekassenVO definiert und daraus ergeben sich weitere Prüfungsaussagen.

Die im Prüfungsurteil **Nr. 3** bezeichneten Vorschriften sind zuallererst die Rechnungslegungsvorschriften und Grundsätze ordnungsmäßiger Buchführung für hessische Kommunen.[4] Die Prüfungsaussage, dass bei der Aufstellung des Jahresabschlusses diese Vorschriften eingehalten wurden, ist noch weiter systematisch zu differenzieren.[5]

Soweit wie insbesondere in der **Ergebnisrechnung** und der **Finanzrechnung** Aussagen zu Arten von Geschäftsvorfällen und Ereignissen für den zu prüfenden Zeitraum getroffen werden, muss geprüft werden, *285*

- ob die erfassten Geschäftsvorfälle und Ereignisse stattgefunden haben und der Einheit zuzurechnen sind **(Eintritt)**;
- ob alle Geschäftsvorfälle und Ereignisse, die erfasst werden mussten, auch aufgezeichnet wurden **(Vollständigkeit)**;
- ob die Beträge und anderen Daten zu den aufgezeichneten Geschäftsvorfällen und Ereignissen angemessen erfasst wurden **(Genauigkeit)**;
- ob die Geschäftsvorfälle und Ereignisse in der richtigen Berichtsperiode erfasst wurden **(Periodenabgrenzung)** und
- ob die Geschäftsvorfälle und Ereignisse auf den richtigen Konten erfasst wurden **(Kontenzuordnung)**.

2 *Bennemann* et al., Kommentar zur HGO, Schulverlag, § 128 Rn. 8.
3 Vergl. *Bennemann* et al., Kommentar zur HGO, Schulverlag, § 128 Rn. 9.
4 Vergl. *Bennemann* et al., Kommentar zur HGO, Schulverlag, § 128 Rn. 11.
5 Vergl. ISA [DE] 315, A190, 191.

286 Werden dagegen wie insbesondere in der **Vermögensrechnung** Aussagen zu Kontensalden am Abschlussstichtag getroffen, dann müssen die Prüfungsaussagen getroffen werden,

- dass die Vermögensgegenstände und Schulden sowie das Eigenkapital vorhanden sind **(Vorhandensein)**;
- dass der Kommune die Vermögensgegenstände wirtschaftlich zuzurechnen sind bzw. die Schulden Verpflichtungen der Kommune darstellen (**Rechte und Verpflichtungen**);
- dass alle Vermögensgegenstände und Schulden und Eigenkapitalposten, die zu erfassen sind, erfasst wurden **(Vollständigkeit)**;
- dass Vermögensgegenstände, Schulden und Eigenkapitalpositionen mit angemessenen Beträgen im Abschluss enthalten sind und Anpassungen bei Bewertungen oder Zuordnung in angemessener Weise erfasst wurden **(Bewertung und Zuordnung)**.

287 Weitere Angaben insbesondere im **Anhang** und im **Rechenschaftsbericht** und die Darstellung des Jahresabschlusses insgesamt sind daraufhin zu prüfen,

- ob die im Abschluss angegebene Ereignisse, Geschäftsvorfälle und anderen Sachverhalte stattgefunden haben und der Einheit zuzurechnen sind **(Eintritt, Rechte und Pflichten)**;
- ob alle Angaben, die im Abschluss enthalten sein müssen, enthalten sind **(Vollständigkeit)**;
- ob die Informationen in angemessener Weise dargestellt und erläutert sind und die Angaben deutlich formuliert sind **(Ausweis und Verständlichkeit)** und
- ob die Finanzinformationen und andere Informationen angemessen und mit zutreffenden Beträgen angegeben sind **(Genauigkeit und Bewertung)**.

Dieses Verständnis des Prüfungsurteils nach Nr. 3 umfasst auch den Nachweis von Buchungsbeträgen durch Belege sowie die Forderung, dass Belege sachlich und rechnerisch richtig sind und den tatsächlichen Vorgängen entsprechen. Damit verbleibt für die Prüfung nach § 128 Abs. 1 Nr. 2 lediglich die Einhaltung der Formvorschriften für Anordnungen.

288 Darüber hinaus ist aber gem. § 128 Abs. 1 Nr. 3 HGO auch die Einhaltung aller anderen Vorschriften in Bezug auf alle Vorgänge und Sachverhalte zu prüfen, die ihren Niederschlag unmittelbar in der Rechnungslegung finden.[6] Es findet für diese Vorgänge und Sachverhalte eine allgemeine Prü-

6 *Bennemann* et al., Kommentar zur HGO, Schulverlag, § 128 Rn. 11.

fung der **Rechtmäßigkeit** statt. So ist zum Beispiel nicht nur festzustellen, ob der Sozialhilfeaufwand, beurteilt anhand der wirksamen Bescheide, in der richtigen Höhe und zutreffend ausgewiesen ist, sondern auch eine Prüfungsaussage zu treffen, ob die Leistung zu Recht gewährt wurde.

Die Rechtmäßigkeit anderer Vorgänge und Sachverhalte z. B. die Erteilung von Bescheiden, die keine Leistungsverpflichtungen begründen und sich nur mittelbar in der Rechnungslegung niederschlagen, wird durch die Verwaltungsgerichte und Aufsichtsbehörden geprüft und ist nicht Gegenstand der Jahresabschlussprüfung.[7] Wird z. B. eine Baugenehmigung erteilt und werden dafür Verwaltungskosten erhoben, ist zu prüfen, ob eine Kostenentscheidung in dieser Höhe tatsächlich wirksam getroffen wurde, eine Rechtsgrundlage für die Erhebung in dieser Höhe bestand und damit der Anspruch auf Verwaltungskosten in dieser Höhe am Stichtag realisiert war. Die Rechtmäßigkeit der Baugenehmigung ist in diesem Zusammenhang ohne Belang.

Da die Gemeinde gem. § 92 Abs. 2 HGO zu einer wirtschaftlichen Haushaltsführung verpflichtet ist, verlangt das Prüfungsurteil der Rechtmäßigkeit grundsätzlich auch eine Prüfungsaussage über die **Wirtschaftlichkeit** der Entscheidungen, Vorgänge und Prozesse, die sich in der Rechnungslegung niederschlagen.[8] § 131 Abs. 1 Nr. 5 HGO stellt nur klar, dass das Rechnungsprüfungsamt auch die Aufgabe hat, im Rahmen der Prüfung des Jahresabschlusses zu prüfen, ob zweckmäßig und wirtschaftlich verfahren wurde. *289*

Wenn, wie noch zu zeigen sein wird, für einzelne Prüfungsaussagen innerhalb eines Prüfungsurteils Beschränkungen wie z. B. eine andere Aussagesicherheit gelten *(s. M.III. Prüfungssicherheit)*, dann ist es erforderlich, die Prüfungsaussage in der Berichterstattung ausdrücklich zu treffen und damit zum eigenen Prüfungsurteil zu machen. Das Prüfungsurteil zu Nr. 3 sollte daher wie folgt aufgegliedert werden:

a) Einhaltung der Rechnungslegungsvorschriften und Grundsätze ordnungsmäßiger Buchführung für hessische Kommunen,
b) Einhaltung aller anderen Vorschriften in Bezug auf alle Entscheidungen, Vorgänge und Sachverhalte, die ihren Niederschlag unmittelbar in der Rechnungslegung finden[9] (allgemeine Rechtmäßigkeit)
   und schließlich
c) Wirtschaftlichkeit dieser Entscheidungen, Vorgänge und Sachverhalte.

7 *Bennemann* et al., Kommentar zur HGO, Schulverlag, § 128 Rn. 11.
8 *Bennemann* et al., Kommentar zur HGO, Schulverlag, § 128 Rn. 12.
9 *Bennemann* et al., Kommentar zur HGO, Schulverlag, § 128 Rn. 11.

290 Das Prüfungsurteil **Nr. 4** erstreckt sich auf die gem. § 112 Abs. 4 HGO dem Jahresabschluss beizufügenden Anlagen, den Anhang und die Übersicht über die ins folgende Jahr zu übertragenden Haushaltsermächtigungen. Es muss festgestellt werden, ob die Angaben in diesen Anlagen vollständig und richtig sind. Bei dem oben dargestellten Verständnis des Prüfungsurteils nach Nr. 3a) ergibt sich aus dem Prüfungsurteil Nr. 4 keine Ausweitung der Jahresabschlussprüfung.

291 Das Prüfungsurteil **Nr. 5** adressiert die Hauptaufgabe des Jahresabschlusses gem. § 112 Abs. 1, nämlich die „tatsächliche Vermögens-, Finanz- und Ertragslage der Gemeinde darzustellen". Grundsätzlich sollte der Jahresabschluss dies gewährleisten, wenn wie unter Nr. 3 zu prüfen ist, die Rechnungslegungsvorschriften und Grundsätze ordnungsmäßiger Buchführung für hessische Kommunen eingehalten wurden. Schließlich erfolgt die Abbildung der tatsächlichen Lage mittels Rechnungslegungsregeln, die der Gesetzgeber für geeignet hält, die tatsächliche Lage abzubilden. Zweifel an der Eignung dieser Regeln, die sich z. B. beim abschließenden Katalog für Pflichtrückstellungen gem. § 39 Abs. 1 GemHVO oder bei der Bewertungsvorschrift des § 41 Abs. 6 GemHVO aufdrängen, der bei der Abzinsung von Pensionsrückstellungen einen Zinssatz von 6 % festlegt, können daher bei der Prüfung nach Nr. 5 keine Rolle spielen. Vielmehr geht es darum, ob durch eine einseitige, tendenziöse Ausübung bei der Aufstellung bestehender Wahlrechte, Einschätzungen, Beurteilungen und Ermessenentscheidungen, der Jahresabschluss trotz Einhaltung der formalen Grenzen der Regelungen die tatsächliche Vermögens-, Finanz- und Ertragslage der Gemeinde nicht wiedergibt.[10] Die dazugehörige Prüfungsaussage muss daher lauten: Die Wahlrechte, Einschätzungen, Beurteilungen und Ermessenentscheidungen wurden nicht einseitig und tendenziös ausgeübt.

292 Das Prüfungsurteil **Nr. 6**, nämlich ob die Berichte nach § 112 eine zutreffende Vorstellung von der Lage der Gemeinde vermitteln, bezieht sich im Kontext der Jahresabschlussprüfung auf den Rechenschaftsbericht gem. § 112 Abs. 3. § 51 Abs. 1 S. 1 GemHVO verlangt, dass im Rechenschaftsbericht der Verlauf der Haushaltswirtschaft und die Lage der Gemeinde unter dem Gesichtspunkt der Sicherung der stetigen Erfüllung der Aufgaben so dargestellt wird, dass ein den tatsächlichen Verhältnissen entsprechendes Bild vermittelt wird. § 51 Abs. 2 GemHVO fordert weitere Angaben, insbesondere zum Stand der Aufgabenerfüllung mit den Zielsetzungen und Strategien und zur voraussichtliche Entwicklung mit ihren wesentlichen Chancen und Risiken. Das Vorhandensein und die Richtigkeit dieser Angaben sind Bestandteil des Prüfungsurteils Nr. 3a). Für das Prüfungsurteil Nr. 6 muss der Prüfer daher stärker wertend feststellen, ob der Ge-

10 Vgl. *Baumbach/Hopt*, Kommentar zum HGB, § 264 Rn. 17–19, 37. Aufl. 2016.

meindevorstand das Zahlenwerk des Jahresabschlusses zutreffend verbal dargestellt hat; ob dessen Bewertung des Jahresabschlusses anhand des Kriteriums Sicherung der dauernden Leistungsfähigkeit angemessen und vertretbar ist und ob der Stand der Aufgabenerfüllung nachvollziehbar dargestellt wurde. Dies geschieht zumeist durch die Ermittlung und Wiedergabe von aussagekräftigen Kennzahlen *(s. L. Kennzahlen in der Prüfung)*. Und schließlich muss der Prüfer beurteilen, ob die Prognosen plausibel sind und mit den Kenntnissen, die er in der Prüfung gewonnen hat, übereinstimmen.[11] Um den notwendigen Plan-Ist-Abgleich herstellen zu können, gilt auch der Grundsatz der Konsistenz der Darstellung gleichartiger Informationen im Vorbericht zum Haushaltsplan und im Rechenschaftsbericht. Zu dieser Konsistenz der Berichterstattung ist ebenfalls eine Aussage zu treffen.

Diese weiterreichenden Prüfungsurteile insbesondere Nr. 3b) und c) erklä- *293*
ren auch bedeutsame Unterschiede zur **Jahresabschlussprüfung von kaufmännischen Unternehmen** gem. §§ 316 ff. HGB *(s. O.I.1. Unternehmen in der Privatrechtsform)*.

III. Prüfungssicherheit

Unzweifelhaft darf die Rechnungsprüfung im Rahmen der Jahresabschluss- *294*
prüfung Fragen der Wirtschaftlichkeit aufgreifen, wenn sie bei der Prüfung des Jahresabschlusses dafür Anstöße erhält. Genauso unzweifelhaft würde eine jährlich mit hinreichender Prüfungssicherheit *(s. G.III. Prüfungssicherheit)* zu treffende Aussage über die Wirtschaftlichkeit aller für die Rechnungslegung wesentlichen Entscheidungen, Vorgänge und Prozesse (Prüfungsurteil Nr. 3c)) die personellen Ressourcen der Rechnungsprüfung übersteigen.

Die Einbeziehung der Prüfung der Wirtschaftlichkeit der Aufgabenerledigung in die Abschlussprüfung im Gegensatz zur Abschlussprüfung eines privatwirtschaftlichen Unternehmens, die dort keine Gewähr für die Wirtschaftlichkeit der Geschäftsführung bietet,[12] ist sinnvoll, ja zwingend. Mangels Markt und Konkurrenz und dank des Steuerschöpfungsrechts greifen bei Gebietskörperschaften im Privatsektor wirksame Sanktionsmechanismen für Unwirtschaftlichkeit nicht. Bei Unternehmen der öffentlichen Hand in einer Rechtsform des Privatrechts hat der Gesetzgeber darauf mit einer Verpflichtung zur Erweiterung des Prüfungsauftrags für den Abschlussprüfer reagiert. § 53 Abs. 1 Nr. 2 HGrG verlangt, dass verlustbringende Geschäfte und die Ursachen von Verlusten vom Abschlussprüfer

11 Vgl. IDW PS 350 n. F., Tz. 64–70.
12 ISA [DE] 200, A1.

ermittelt und im Prüfungsbericht dargestellt werden. Wegen der hohen Steuerfinanzierungsquote und des herrschenden Gesamtdeckungsprinzips ist eine solche Vorgehensweise nur für die gebührenrechnenden Einheiten im Haushalt sinnvoll. Stattdessen wird hier vorgeschlagen, die Prüfungsaussage zur Wirtschaftlichkeit nur mit einer **begrenzten Prüfungssicherheit** zu treffen und dies durch eine entsprechende Formulierung, ein negatives Prüfungsurteil *s. Rn. 334* kenntlich zu machen.

Ebenfalls nicht geregelt, aber nicht offensichtlich unmöglich, ist die Abgabe eines Urteils über die (allgemeine) Rechtmäßigkeit aller Entscheidungen, Vorgänge und Sachverhalte, die ihren Niederschlag unmittelbar in der Rechnungslegung gefunden haben (Prüfungsurteil Nr.3 b) mit hinreichender Sicherheit. Die Prüfung könnte mit Verweis auf die Wesentlichkeit *s. Rn.* 295 dadurch einschränkt werden, dass nur finanziell wesentliche Sachverhalte jährlich im Rahmen der Jahresabschlussprüfung geprüft werden. Mit den in der Praxis anzutreffenden „Produktprüfungen" im mehrjährigen Turnus ohne Berücksichtigung der Wesentlichkeit der Auswirkungen des Produkts im Jahresabschluss ist dies nicht vereinbar. Entscheidend sind die Erwartungen der Adressaten der Jahresabschlussprüfung. Ein Hinweis sind die internationalen Normen für Oberste Rechnungskontrollbehörden, ISSAI. Sie trennen die Prüfung der Rechnungsführung, die sich nur auf die Einhaltung der Rechnungslegungsvorschriften bezieht, von der Prüfung der Recht- und Ordnungsmäßigkeit von Finanztransaktionen. Jedenfalls muss der Jahresabschlussprüfer, wenn er seine Prüfung nicht so anlegt, dass er für dieses Prüfungsurteil hinreichende Prüfungssicherheit gewinnt, ein negatives Prüfungsurteil formulieren.

Für die übrigen Prüfungsurteile der Jahresabschlussprüfung ist mit dem IDR[13] eine **hinreichende Prüfungssicherheit** zu fordern.

IV. Wesentlichkeit

295 Im Verlauf der Planung der Jahresabschlussprüfung muss zumindest für jedes Prüfungsurteil, erforderlichenfalls für einzelne Prüfungsaussagen, eine Wesentlichkeitsschwelle *(s. G.XI. Wesentlichkeit)* festgelegt werden.

Für das Prüfungsurteil der Planeinhaltung muss wegen der Bedeutung der Verpflichtung zur Planeinhaltung für das Budgetrecht der Volksvertretung jede Überschreitung der Planansätze als wesentlich angesehen werden.

Bei der Prüfung der Einhaltung der Rechnungslegungsvorschriften bei der Aufstellung des Jahresabschlusses wird die Wesentlichkeit von Abweichun-

13 IDR, Prüfungsleitlinie 200 „Leitlinien zur Durchführung kommunaler Jahresabschlussprüfungen", Tz. 27.

gen aus der sogenannten Generalnorm des Jahresabschlusses gem. § 112 Abs. 1 HGO abgeleitet, nämlich aus seiner Aufgabe, die tatsächliche Vermögens-, Finanz- und Ertragslage der Gemeinde darzustellen. Fehler sind dann als nicht wesentlich anzusehen, wenn sie allein und in der Summe aller Fehler die Beurteilung der Lage durch die Adressaten des Jahresabschlusses als Grundlage für ihr Entscheidungsverhalten nicht beeinflussen.[14] Die Adressaten des Jahresabschlusses, insbesondere Volksvertretung, Bürger und Aufsichtsbehörden, treffen Entscheidungen auf Grundlage des Jahresabschlusses u. a. bei der Feststellung des Jahresabschlusses, der Entlastung der Verwaltungsspitze, bei Wahlen und bei Haushaltsgenehmigungen.

Die für die Beurteilung des Zahlenwerks Jahresabschluss erforderliche Quantifizierung der Wesentlichkeit erfolgt in der Abschlussprüfung wirtschaftlicher Unternehmen durch anteilige Bezugnahme auf **Kenngrößen** wie Bilanzsumme, Umsatzerlöse oder Gesamtaufwendungen, Jahresergebnis oder Eigenkapital.[15]

Da das Ziel der kommunalen Haushaltswirtschaft der Haushaltsausgleich, also ein Jahresergebnis ist, das zumindest im Durchschnitt der Jahre bei 0 liegt, ist das Jahresergebnis keine geeignete Kenngröße. Bei Gebietskörperschaften mit einem negativen Eigenkapital ist eine Anknüpfung an diese Kenngröße ebenfalls nicht sinnvoll. Während die Umsatzerlöse beim Unternehmen die Erträge dominieren und eine Aussage über den Erfolg des Unternehmens erlauben, gibt es in der kommunalen Ergebnisrechnung keine vergleichbare Position. Die hier dominierenden Erträge aus Steuern, Kreisumlage und Finanzausgleich gestatten keinen entsprechenden Rückschluss. Damit verbleiben die Bilanzsumme und die Gesamtaufwendungen als grundsätzlich geeignete Kenngrößen für kommunale Abschlüsse. Ebenso wie die Wahl der geeigneten Kenngröße liegt auch die Auswahl eines geeigneten **Prozentsatzes** für die Festlegung der Wesentlichkeit im pflichtgemäßen Ermessen des Prüfers. Vorgeschlagen werden zwischen 1 und 3 % der Gesamtaufwendungen oder der Bilanzsumme.[16] Ist die Bilanzsumme, wie bei Kommunen oft anzutreffen, ein großes Vielfaches der Gesamtaufwendungen, ist abzuwägen, ob die Nutzer des Abschlusses ihre Entscheidungen eher an den Größenverhältnissen der in der Vermögensrechnung ausgewiesenen Vermögensgegenstände und Schulden oder an den in der Ergebnisrechnung ausgewiesenen Erträgen und Aufwendungen

14 ISA [DE] 320, Tz. 2.

15 F&A zu ISA 320 bzw. IDW PS 250 n. F.: Zur Festlegung der Wesentlichkeit und der Toleranzwesentlichkeit nach ISA 320 bzw. IDW PS 250 n. F. 3.2.2.

16 F&A zu ISA 320 bzw. IDW PS 250 n. F.: Zur Festlegung der Wesentlichkeit und der Toleranzwesentlichkeit nach ISA 320 bzw. IDW PS 250 n. F. 3.3.1.

ausrichten. Wird beides gleichermaßen als relevant angesehen, schlagen die Standards vor, die Wesentlichkeit für den Abschluss als Ganzes auf Basis der Bilanzsumme zu bestimmen und für einige ausgewählte oder alle Posten der Ergebnisrechnung eine niedrigere spezifische Wesentlichkeit festzulegen.[17]

296 Auch wenn ein oder mehrere Fehler in einem Prüffeld nicht wesentlich für den Abschluss sind, können dies mehrere Fehler in mehreren Prüffeldern zusammengenommen sehr wohl sein. Um diesem sogenannten **Aggregationsrisiko** zu begegnen, wird für die Planung der aussagebezogenen Prüfungshandlungen und für die Beurteilung einzelner Fehler eine niedrigere Wesentlichkeitsschwelle herangezogen, die diesen kumulativen Aspekt berücksichtigt, die sogenannte **Toleranzwesentlichkeit**.[18]

In der Praxis wird für die Ermittlung der Toleranzwesentlichkeit eine Bandbreite von Prozentsätzen zwischen 50 und 90 % der Wesentlichkeit angewendet.[19] Bei der Festlegung des Prozentsatzes ist das Aggregationsrisiko zu beurteilen. Je höher dieses Risiko, desto mehr Abstand zwischen Toleranzwesentlichkeit und Wesentlichkeit für den gesamten Abschluss mittels eines niedrigeren Prozentsatzes ist einzuplanen. Anzeichen für ein höheres Aggregationsrisiko sind z. B.: eine hohe Anzahl oder große Beträge der in Vorjahren festgestellten falschen Angaben; ein schwaches Kontrollumfeld oder Mängel im internen Kontrollsystem; ein hoher Grad an Schätzunsicherheiten oder fortbestehende, bereits in Vorjahren begründete nicht korrigierte falsche Angaben.[20]

Wegen der großen Bedeutung der Wesentlichkeit für die Prüfungsdurchführung wäre hier eine stärkere Vorgabe durch Standards wünschenswert. Die Vorgabe in § 10 Abs. 4 S. 4 Sächsische Kommunalprüfungsverordnung, wonach kein uneingeschränkter Bestätigungsvermerk über den Jahresabschluss erteilt werden darf, wenn in der Vermögensrechnung einzelne Abweichungen von mehr als 0,7 Prozent der Bilanzsumme oder wesentliche Verstöße gegen gesetzliche Bestimmungen festgestellt werden, sind die Ausnahme.

Neben diesen Wertgrenzen wird üblicherweise auch eine. **Nichtaufgriffsgrenze** quantifiziert. Dabei handelt es sich um eine Dokumentationserleichterung. Der Abschlussprüfer kann auf eine weitere prüferische

17 F&A zu ISA 320 bzw. IDW PS 250 n. F.: Zur Festlegung der Wesentlichkeit und der Toleranzwesentlichkeit nach ISA 320 bzw. IDW PS 250 n. F. 3.2.5.

18 ISA [DE] 320 ,Tz. 9.

19 F&A zu ISA 320 bzw. IDW PS 250 n. F.: Zur Festlegung der Wesentlichkeit und der Toleranzwesentlichkeit nach ISA 320 bzw. IDW PS 250 n. F. 4.4.

20 F&A zu ISA 320 bzw. IDW PS 250 n. F.: Zur Festlegung der Wesentlichkeit und der Toleranzwesentlichkeit nach ISA 320 bzw. IDW PS 250 n. F. 4.4.

Würdigung einzelner falscher Darstellungen, die unterhalb der Nichtaufgriffsgrenze liegen, ohne weitere Begründung verzichten.[21] Es muss sich um zweifelsfrei unwesentliche Sachverhalte handeln, in der Praxis wird daher eine Bandbreite von 3 % bis 5 % der festgelegten Wesentlichkeit für den Abschluss als Ganzes verwendet.[22]

Soweit erkennbar, fehlt bisher jegliche Aussage zur Wesentlichkeit bei der *297*
allgemeinen Rechtmäßigkeitsprüfung, die gem. § 128 Abs. 1 Nr. 3 HGO bei allen Vorgängen und Sachverhalten durchzuführen ist, die ihren Niederschlag unmittelbar in der Rechnungslegung finden. Es erscheint vertretbar, diese Rechtmäßigkeitsprüfung nur bei den Gruppen von Vorgängen und Sachverhalten durchzuführen, deren finanziellen Auswirkungen auf den Jahresabschluss nach den obigen Ausführungen wesentlich sind. Selbstverständlich sollten auch alle anderen regelmäßig auf Rechtmäßigkeit der Aufgabenerfüllung geprüft werden, aber eben nicht jährlich und im zeitlichen Zusammenhang mit der Jahresabschlussprüfung. Wird eine Rechtmäßigkeitsprüfung durchgeführt, kann die Wesentlichkeit der aufgedeckten Fehler jedoch nicht oder jedenfalls nicht nur an ihren finanziellen Auswirkungen gemessen werden. Hier muss die Wesentlichkeit qualitativ verstanden werden, so weil die missachtete Rechtsvorschrift von besonderer Bedeutung ist, Verstöße vorliegen oder systematische Fehler. Auch eine vorher festzulegende größere Anzahl von Zufallsfehlern kann wesentlich sein.

Dieselben Überlegungen gelten beim Prüfungsurteil der Einhaltung der Formvorschriften für Anordnungen, deren Verletzung zumeist keine quantifizierbaren Auswirkungen hat.

Wegen der Betonung der Verpflichtung zur Vollständigkeit und Richtigkeit aller Angaben in den Anlagen zum Jahresabschluss, insbesondere auch des Anhangs, durch ein eigenes Prüfungsurteil ist davon auszugehen, dass eine dort fehlende oder falsche Angabe immer als wesentlich anzusehen ist. Dasselbe gilt für das Verfehlen der Hauptaufgabe des Rechenschaftsberichts, eine zutreffende Vorstellung von der Lage der Gemeinde zu vermitteln.

21 F&A zu ISA 320 bzw. IDW PS 250 n. F.: Zur Festlegung der Wesentlichkeit und der Toleranzwesentlichkeit nach ISA 320 bzw. IDW PS 250 n. F. 3.5.

22 F&A zu ISA 320 bzw. IDW PS 250 n. F.: Zur Festlegung der Wesentlichkeit und der Toleranzwesentlichkeit nach ISA 320 bzw. IDW PS 250 n. F. 3.7.

V. Bildung von Prüffeldern

298 Mittels Bildung von Prüffeldern wird die Komplexität der Prüfung des Jahresabschlusses reduziert und die Prüfung inhaltlich strukturiert. Dazu werden mehrere Prüfungsaussagen zu unterschiedlichen Prüfungsurteilen und Prüfungsgegenständen so zusammengelegt, dass bei der Durchführung der Prüfung möglichst keine Redundanzen entstehen. Gründe für die Bildung eines Prüffeldes sind z. B., dass die zu prüfenden Informationen voneinander abhängig sind, von derselben Organisationseinheit zur Verfügung gestellt werden oder aus demselben Geschäftsprozess hervorgehen.

Für das Prüfungsurteil der Einhaltung der Rechnungslegungsvorschriften wird zuerst der Prüfungsgegenstand Jahresabschluss in seine Bestandteile Vermögensrechnung, Ergebnisrechnung, Finanzrechnung, Teilrechnungen und die dazugehörigen Anlagen insbesondere Anhang und Rechenschaftsbericht zerlegt. Ausgangspunkt für den Zuschnitt von Prüffeldern bilden die einzelnen **Posten**, gekennzeichnet durch arabische Nummern in der Vermögensrechnung, Ergebnisrechnung und Finanzrechnung.

Teilweise werden aber auch mehrere Posten über verschiedene Prüfungsgegenstände hinweg in einem Prüffeld verbunden; z. B. die Flüssigen Mittel, Kassenkredite und Darlehensverbindlichkeiten mit den Guthabenzinsen, Darlehenszinsen und den Ein- und Auszahlungen aus Finanzierungstätigkeit und dem Finanzmittelbestand aus der Finanzrechnung. Personalaufwand und Personalrückstellungen gehören ebenso zusammen, wie Steuererträge und Erträge aus dem Finanzausgleich mit Aufwendungen für Umlagen nach dem FAG und der Rückstellung für Mehrbelastungen aus dem Finanzausgleich in einem Prüffeld zusammengefasst werden sollten.

Teilweise müssen Posten zu diesem Zweck auch aufgegliedert werden, weil zum Beispiel der Posten der Finanzerträge gem. § 46 Abs. 2 S. 2 i. V. m. § 3 Abs. 2 HGemHVO und dem Verwaltungskontenrahmen die Zinserträge und Erträge aus Beteiligungen zusammenfasst, die letzteren aber in ein Prüffeld Beziehungen zu Beteiligungen einzubeziehen sind.

299 Ob die Posten in den **Teilrechnungen** jeweils eigene Prüffelder bilden und sich die Prüffelder Gesamtergebnis- und Gesamtfinanzrechnung auf die Prüfungsaussage der rechnerisch richtigen Addition der jeweiligen Teilrechnungen beschränken oder ob die jeweiligen Posten in den Teilrechnungen in die Prüffelder einbezogen werden, die auf der Grundlage der Posten in den Gesamtrechnungen gebildet werden, hängt vom Gliederungsprinzip der Teilrechnungen und von der örtlichen Organisation der Buchhaltung und Kostenrechnung ab. In vielen Fällen wird ein gemischter Ansatz verfolgt werden müssen. So wird Personalaufwand zumeist zentral verbucht und nach Grundsätzen der Kostenrechnung ebenso zentral auf die Teilergebnisrechnungen verteilt. Hier ist es sinnvoll, nur ein Prüffeld für den

Personalaufwand auf Ebene der Gesamtergebnisrechnung zu bilden und die Prüfungsaussagen zur Angemessenheit der kostenrechnerischen Methoden, ihrer stetigen Verwendung und der rechnerisch richtigen Aufteilung auf die Teilergebnisrechnungen dort zuzuordnen *(s. S.III. Prüfungsaussagen zur Sachgerechtigkeit der Kosten- und Leistungsrechnung).* Werden aber z. B. öffentlich-rechtliche Entgelte nur in zwei Teilergebnisrechnungen ausgewiesen und dezentral von der dahinterstehenden Organisationseinheit verbucht, bietet es sich an, für die Prüfungsaussagen Eintritt, Vollständigkeit, Genauigkeit, Periodenabgrenzung und Kontenzuordnung zwei Prüffelder auf Ebene der Teilergebnisrechnungen und keines auf Ebene der Gesamtergebnisrechnung zu bilden.

In jedem Fall müssen für die Prüfungsaussage, ob die gem. § 4 Abs. 2 S. 5 HGemVO erforderlichen Leistungsziele und Kennzahlen zur Messung der Zielerreichung im Teilhaushalt angegeben sind, Prüffelder auf Ebene der Teilhaushalte gebildet werden.

Ob die Prüfungsaussagen zum Prüfungsurteil über die Einhaltung des Haushaltsplanes diesen Prüffeldern zugeordnet werden, da gem. § 4 Abs. 1 S. 3, § 20 Abs. 1 HGemVO die in einem Teilhaushalt veranschlagten Ansätze gegenseitig deckungsfähig sind, oder ein eigenes Prüffeld bilden, hängt von der Organisation der Haushaltsüberwachung – dezentral, dann Einbeziehung, zentral, dann eigenes Prüffeld – ab.

Soweit sich Angaben in den **Anlagen zum Jahresabschluss** den Posten *300*
zuordnen lassen, bilden sie bezüglich der Prüfungsaussagen Eintritt, Rechte und Pflichten; Ausweis und Verständlichkeit und Genauigkeit und Bewertung mit diesen zusammen ein Prüffeld. Nicht zuordbare Angaben in Anhang und Rechenschaftsbericht und die Prüfungsaussage, dass die Angaben vollständig sind, bilden je ein eigenes Prüffeld.

Die Prüfungsaussagen zur **Rechtmäßigkeit** sind ins jeweilige Prüffeld des betroffenen Postens einzubeziehen.

Ebenfalls ins jeweilige Prüffeld einbezogen werden die Prüfungsaussagen zum Prüfungsurteil der Einhaltung der Formvorschriften von Anordnungen. Sie werden sinnvollerweise mitgeprüft, wenn bei aussagebezogenen Prüfungshandlungen für Prüfungsaussagen zur Einhaltung der Rechnungslegungsvorschriften sowieso Belege angeschaut werden müssen.

Das Prüfungsurteil, dass der Jahresabschluss ein den tatsächlichen Verhält- *301*
nissen entsprechendes Bild der Vermögens-, Finanz- und Ertragslage der Gemeinde darstellt, kann erst nach Abschluss der Prüfung auf Einhaltung der Rechnungslegungsvorschriften gefällt werden und bildet daher ein eigenes Prüffeld.

Ergeben sich z. B. aus der Aufnahme eines Geschäftsprozesses in einem Prüffeld Anhaltspunkte für eine **Wirtschaftlichkeitsprüfung**, sollte dafür wegen der grundsätzlich anderen Herangehensweise *(s. T. Wirtschaftlichkeitsuntersuchungen)* ein eigenes Prüffeld gebildet werden.

302 Die Vorgehensweise soll am Beispiel des Prüffeldes „Investitionen, Anlagevermögen ohne Finanzanlagen, Zuwendungen/Zuschüsse/Beiträge für Investitionen“ beispielhaft aufgezeigt werden: Dazu zählen diverse Posten aus der Vermögens-, Ergebnis- und Finanzrechnung einschließlich des Anlagenspiegels.

Wird der kommunale Verwaltungskontenrahmen Hessen zugrunde gelegt, müssen einige Posten aufgegliedert werden, so der Posten Verbindlichkeiten aus Zuwendungen in Verbindlichkeiten aus Investitionszuwendungen und -beiträgen und sonstige Verbindlichkeiten aus Zuwendungen; der Posten Abschreibungen in Abschreibungen auf Immaterielle Vermögensgegenstände/Sachanlagevermögen und andere Abschreibungen; der Posten aktivierte Eigenleistungen und Bestandsveränderungen in diese zwei Bestandteile, wobei jeweils nur erstere ins Prüffeld einzubeziehen sind. Aus den Posten außerordentliche Aufwendungen und Erträge müssen die Zuschreibungen auf Immaterielle Vermögensgegenstände und Sachanlagevermögen und die Aufwendungen und Erträge aus dem Abgang von Immateriellen Vermögensgegenständen und Sachanlagevermögen ausgegliedert und dem Prüffeld zugeordnet werden.

Zum Prüffeld gehören weiterhin die Angaben des Anlagespiegels zu den Immateriellen Vermögensgegenständen und zum Sachanlagevermögen; die Anhangsangaben zur Erläuterung der zugeordneten Posten insbesondere die Angaben gem. § 50 Abs. 2 GemHVO über die Einbeziehung von Zinsen für Fremdkapital in die Herstellungskosten, in welchen Fällen aus welchen Gründen die lineare Abschreibungsmethode nicht angewendet wird und zur Veränderungen der ursprünglich angenommenen Nutzungsdauer von Vermögensgegenständen. Aus dem Rechenschaftsbericht gehören die Angaben gem. § 51 Abs. 2 Nr. 4 GemHVO zu den wesentlichen Abweichungen zwischen geplanten und tatsächlich durchgeführten Investitionen zum Prüffeld.

VI. Prüfungshandlungen zur Erlangung eines Verständnisses der geprüften Einheit und ihres Umfeldes

303 Diese Prüfungshandlungen setzen zuerst **auf der Ebene der Kommune** als Ganzes an und werden anschließend in jedem Prüffeld fortgesetzt.

Sie adressieren die vier Aspekte: rechtliche Rahmenbedingungen, interne Organisation und zugehörige Geschäftsprozesse, Aufgaben und Tätigkeiten und deren wirtschaftliche Auswirkungen. Ihr Ziel ist es, ein Sollprogramm in Gestalt einer Checkliste und Hinweise auf inhärente Risiken für Fehler zu liefern.

Aber auch für einen optimalen Zuschnitt der Prüffelder sind wie gezeigt bereits vertiefte Kenntnisse, insbesondere zur Organisation der Buchhaltung, Finanzberichterstattung und zur Haushaltsüberwachung, erforderlich. Die Prüfungshandlungen zur Erlangung eines Verständnisses der geprüften Einheit und ihres Umfeldes stellen auf Ebene der Kommune als Ganzes insbesondere den prüffeldübergreifenden **Prozess der Buchhaltung und Jahresabschlusserstellung** in den Mittelpunkt.[23]

23 ISA [DE] 315, A124.

Innerhalb der Kommunalverwaltung läuft eine Vielzahl von Geschäftsprozessen mit einer Vielzahl von beteiligten Organisationseinheiten ab, die Informationen generieren, die in den Jahresabschluss einfließen (müssen). *304*

Als **Beispiele** können die folgenden vier Geschäftsprozesse dienen:

So wird ein Vergabeverfahren durchgeführt, das in einer Bestellung mündet, die eine Leistung nach sich zieht, für die eine Verbindlichkeit zu bilden ist, die dann zu einer Auszahlung führt.

Ein Steuermessbescheid erreicht das Steueramt, aus dem zeitnah ein Steuerbescheid zu erstellen ist, der als Forderung verbucht wird und wo die dazugehörige Einzahlung festgestellt und erforderlichenfalls angemahnt und beigetrieben werden muss.

Eine Förderzusage für eine Investitionsmaßnahme wird erteilt, die Finanzmittel gehen ein, werden verwendet, ihre Verwendung muss dem Zuwendungsgeber nachgewiesen werden, ein Vermögensgegenstand wird erstellt, aktiviert und abgeschrieben, ein Sonderposten gebildet und aufgelöst.

Mit einer stationären Einrichtung der Jugendhilfe wird in einem Rahmenvertrag ein Kontingent vereinbart, nachdem die Verfügbarkeit von Haushaltsmitteln geprüft wurde, ein Jugendlicher wird der Einrichtung zugewiesen, jedes Quartal geht eine Rechnung ein, die bezahlt werden muss, die Zahlung löst Erstattungsansprüche gegen einen anderen Träger aus.

Für den kommunalen Jahresabschluss ist wesentlich, dass die Organisation und der Prozess der Buchhaltung und Jahresabschlusserstellung gewährleisteten, dass alle rechnungslegungsrelevanten Informationen einfließen und verarbeitet werden und zum richtigen Zeitpunkt, mit dem richtigen Wert und an der richtigen Stelle gezeigt werden. Daher muss sich der Prüfer für diesen Prozess ein Verständnis verschaffen, das es ihm gestattet, dessen inhärente Risiken für seine Prüfungsaussagen zu beurteilen. Mit der erforderlichen Prozessaufnahme untrennbar verbunden sind Prüfungshandlungen zur Bestimmung des Fehlerrisikos aus diesem Prozess. Da der Prozess inzwischen überall IT-gestützt abläuft, wird hier auch auf die Darstellung in *K. IT in der Rechnungsprüfung* verwiesen. *305*

Diese Prüfungshandlungen sind keineswegs auf den Zeitraum ab Aufstellung des Jahresabschlusses beschränkt, sondern erfolgen regelmäßig im Verlauf des Haushaltsjahres. Hier kann die örtliche Rechnungsprüfung ihren Vorteil gegenüber dem externen Wirtschaftsprüfer ausspielen, da sie so in die Abläufe eingebunden sein sollte, dass ihr keine wesentliche Veränderung entgeht. So kennt das Rechnungsprüfungsamt selbstverständlich den jeweils geltenden Stand der auf Ebene der gesamten Kommune relevanten Rechtsgrundlagen wie Gemeindeordnung, Gemeindehaushalts- und Kassenverordnung oder das Vergaberecht. Es ist im Besitz der Haushaltssatzung und des Haushaltsplanes, ggf. des Haushaltssicherungskonzeptes, der jeweils aktuellen Fassung des Organigramms und von Dienstanweisungen, eventuellem Schriftwechsel mit der Aufsichtsbehörde, der Sitzungsprotokolle von Volksvertretung und Verwaltungsleitung, von Controlling-Berichten und (Finanz-)Statistiken. Es ist ebenso informiert über Veränderungen bei Eigenbetrieben und Beteiligungen und erhält Exemplare ihrer *306*

Wirtschaftspläne und Jahresabschlüsse, wie über den Abschluss von Zweckvereinbarungen und Entwicklungen bei der interkommunalen Kooperation. Und schließlich verfügt es über Informationen aus anderen von ihm ausgeführten Prüfungsaufträgen. Wesentliche Veränderungen bei der IT-Architektur und den wichtigsten verwendeten IT-Verfahren sollten ihr daher ebenfalls bekannt sein. Wichtig ist, dass diese unterjährig angefallenen Informationen gesammelt werden und bei der Planung der Jahresabschlussprüfung zur Verfügung stehen.

Die überörtliche Rechnungsprüfung und das Rechnungsprüfungsamt des Landkreises, das für die Rechnungsprüfung der kreisangehörigen Gemeinden zuständig ist, müssen sich diese Informationen durch Befragung der Verantwortlichen und Einsichtnahme in Dokumente beschaffen.

307 Beispielhaft könnten die folgenden **prüffeldübergreifenden inhärenten Risiken** identifiziert worden sein:

Die zeitnahe Verbuchung ist in Urlaubs- und Vertretungssituationen möglicherweise nicht gewährleistet, da eingehende Rechnungen dezentral und erst nach erfolgter Prüfung auf sachliche/rechnerische Richtigkeit erfasst und verbucht werden und derweil im Eingangskorb „ruhen";

die Kontenzuordnung könnte nicht der sachlichen Zugehörigkeit, sondern den noch verfügbaren Haushaltsmitteln geschuldet sein, da die Haushaltsplanung detailliert ist und die Bewirtschaftung durch zahlreiche Haushaltsvermerke eingeschränkt wird;

Forderungen und Verbindlichkeiten könnten unvollständig sein, da Verträge an vielen Stellen abgeschlossen und verwaltet werden und es an einer zentralen Vertragsdatenbank fehlt;

die angespannte Finanzlage, Auflagen der Rechtsaufsichtsbehörde oder ein Haushaltssicherungskonzept erhöhen die Motivation z. B. für eine unzutreffende Abgrenzung zwischen Instandhaltungsaufwand und aktivierungsfähigen und daher kreditfinanzierungsfähigen Vermögensgegenständen oder für Gestaltungen wie Leasing statt Kauf, Factoring, Konzessions- und Betreibermodelle, die die Aufnahme von Darlehen vermeiden, aber nicht notwendigerweise wirtschaftlich sind oder möglicherweise nicht zutreffend im Jahresabschluss abgebildet sind.

308 Die Prüfungshandlungen zur Erlangung eines Verständnisses der geprüften Einheit und ihres Umfeldes beschränken sich aber nicht auf die Ebene der Kommune als ganze, sondern müssen **in den einzelnen Prüffeldern** fortgesetzt werden.

Zum einen, um die dort relevanten Sollprogramme als Summe der im jeweiligen Prüffeld zu treffenden Prüfungsaussagen insbesondere auch für das Prüfungsurteil zur Rechtmäßigkeit, die sog. **Checkliste**, festzulegen. Und zum anderen, um die mit dem Prüffeld verbundenen wesentlichen Geschäftsprozesse zu verstehen und die zugehörigen inhärenten Risiken zu identifizieren.

309 Die zum beispielhaften Prüffeld „Investitionen, Anlagevermögen ohne Finanzanlagen, Zuwendungen/Zuschüsse/Beiträge für Investitionen" gehörenden Prüfungsaussagen, vor Durchführung der Prüfung als Fragen für den Prüfer formuliert, lauten – ohne Anspruch auf Vollständigkeit – wie folgt:

Bezüglich der Bilanzposten Anlagevermögen, Sonderposten für erhaltene Investitionszuwendungen und -beiträge, Verbindlichkeiten aus Investitionszuwendungen und -beiträgen:

- Sind sie vorhanden?
- Und der Gemeinde wirtschaftlich zuzurechnen?
- Sind sie vollständig?
- Richtig bewertet?
- Und im richtigen Posten ausgewiesen?

Bezüglich der Posten aktivierte Eigenleistungen, Abschreibungen, Zuschreibungen, Auflösung von Sonderposten, Aufwendungen und Erträge aus dem Abgang von Immateriellen Vermögensgegenständen und Sachanlagevermögen und Einzahlungen und Auszahlungen aus Investitionstätigkeit in der Ergebnis- und Finanzrechnung:

- Haben die erfassten Geschäftsvorfälle und Ereignisse stattgefunden und sind sie der Gemeinde zuzurechnen?
- Wurden alle Geschäftsvorfälle und Ereignisse, die erfasst werden mussten, auch aufgezeichnet?
- Sind sie mit dem richtigen Betrag erfasst?
- Und in der richtigen Berichtsperiode?
- Und im richtigen Posten ausgewiesen?

Bezüglich der Angaben im Anlagespiegel, Anhang und Rechenschaftsbericht:

- Haben die angegebenen Ereignisse, Geschäftsvorfälle und anderen Sachverhalte stattgefunden und sind sie der Gemeinde zuzurechnen?
- Enthalten sie alle Angaben, die angabepflichtig sind?
- Sind die gegebenen Informationen in angemessener Weise dargestellt und erläutert und deutlich formuliert?
- Stimmen die angegebenen Beträge?

Bezüglich der weiteren Prüfungsurteile:

- Entsprechen die Buchungsanordnungen den Formvorschriften der GemKVO?
- Wurden die Investitionsbeiträge rechtmäßig und zeitnah erhoben?
- Wurden die Bestimmungen der Zuwendungsbescheide eingehalten?
- Wurde das Vergaberecht beachtet?
- Liegen für die Investitionen der gem. § 12 GemHVO erforderliche Wirtschaftlichkeitsvergleich und eine Kostenberechnung vor?
- War der Umgang mit dem Vermögen pfleglich gem. § 108 Abs. 2 S. 1 HGO?

Und soweit ins Prüffeld einbezogen:

- Wurden die Planansätze eingehalten?
- Waren die Investitionen wirtschaftlich?

Die Prüferin erlangt ein Verständnis des oder der mit dem Prüffeld verbundenen wesentlichen Geschäftsprozesse, indem sie den Ablauf des Geschäftsprozesses anhand eines typischen Geschäftsvorfalls entweder progressiv von seiner Entstehung bis zu seiner Verbuchung oder retrograd von der Verbuchung bis zur Entstehung in einem sog. **walk through** beobachtet und dies festhält. Dabei muss sie die zugehörigen inhärenten Risiken identifizieren. 310

Dem als Beispiel gewählten Prüffeld „Investitionen, Anlagevermögen ohne Finanzanlagen, Zuwendungen/Zuschüsse/Beiträge für Investitionen" liegen zwei Geschäftsprozesse zugrunde, der Anlagenprozess und der Prozess zur Behandlung von Zuwendungen und Beiträgen für Investitionen, die mehrfach miteinander verbunden sind, u.#ca. dadurch, dass die Erfassung und Fortschreibung der Sonderposten für Investitionen in der Anlagenbuchführung und mit demselben Personal erfolgt, Informationen über die Investition für den Verwendungsnachweis benötigt werden und die Nutzungsdauer bzw. Abgang des durch Zuwendungen oder Beiträge finanzierten Vermögensgegenstandes zumeist den Auflösungszeitraum bzw. Abgang des zugehörigen Sonderpostens bestimmt.

Der Anlagenprozess wird typischerweise in die Subprozesse Anschaffung, Herstellung, Abschreibung, Betrieb/Pflege, Abgang und Stammdatenpflege zerlegt.[24] Der Prozess Sonderposten für Investitionen umfasst die Subprozesse Antragstellung für Zuwendung, Nachweis der Verwendung nach den Vorgaben des Zuwendungsgebers, Beitragsveranlagung und Verbuchung der Sonderposten einschließlich Stammdatenpflege, der sich mit dem innerhalb des Anlagenprozesses deckt.

311 Die Durchsicht von Organigrammen, Stellenbeschreibungen, Dienstanweisungen und Prozessbeschreibungen, Befragungen und der Nachvollzug zweier beispielhafter Geschäftsvorfälle, zum einen die Erstellung eines neuen Kinderspielplatzes und zum anderen des Verkaufs eines gebrauchten Elektromobils, die beide aus Mittel von Land und EU teilweise mit Zuwendungen finanziert wurden, könnte den unten in Rn. 316 in der Tabelle, Spalte 1 dargestellten Prozessablauf ergeben.

Auf der Grundlage dieses Verständnisses vom Investitionsprozess und der geprüften Einheit könnte der Prüfer beispielsweise die folgenden erhöhten inhärenten Risiken auch für Verstöße identifizieren:

Bei der Anschaffung oder Herstellung von Vermögensgegenständen wird das Vergaberecht nicht beachtet.

Wertvolle Vermögensgegenstände werden gestohlen oder gehen anderweitig verloren. Abgänge von Anlagevermögen werden nicht gemeldet.

Wegen der Möglichkeit der Kreditfinanzierung werden Instandhaltungsmaßnahmen aktiviert.

Um negative Reaktionen der Betroffenen zu vermeiden, wird die Veranlagung von Erschließungs- und Verbesserungsbeiträgen aufgeschoben.

24 *Bungartz*, Handbuch interne Kontrollsystem, 6. Aufl. 2020, Erich Schmidt Verlag, S. 177.

VII. Prüfungshandlungen zur Risikoeinschätzung

Die Prüfungshandlungen zur Einschätzung des Fehlerrisikos für die Prüfungsaussagen teilen sich auf in Prüfungshandlungen zur Einschätzung des Kontrollrisikos und Analytische Prüfungshandlungen. 312

Mit Hilfe der **Prüfungshandlungen zur Einschätzung des Kontrollrisikos** verschafft sich der Prüfer ein Verständnis des internen Kontrollsystems. Dazu muss er sich grundsätzlich mit allen Bestandteilen des IKS *(s. J. Geschäftsprozess und internes Kontrollsystem)* vertraut machen:

- dem Kontrollumfeld,
- den Risikobeurteilungen,
- den Kontrollaktivitäten,
- Information und Kommunikation,
- und der Überwachung des IKS.[25]

Bei den Kontrollaktivitäten kann sich der Abschlussprüfer aber auf **relevante Kontrollaktivitäten** beschränken. 313

Kontrollaktivitäten werden als für die Abschlussprüfung relevant eingestuft, wenn sie sich entweder auf bedeutsame Risiken beziehen[26] oder auf Risiken, bei denen aussagebezogene Prüfungshandlungen keine ausreichenden geeigneten Prüfungsnachweise erbringen,[27] oder wenn der Abschlussprüfer sie für die Prüfung aus anderen Gründen als relevant einschätzt, also wenn er aus Gründen der Wirtschaftlichkeit der Prüfung eine Systemprüfung durchführen will, statt sich nur auf aussagenbezogene Prüfungshandlungen zu stützen. [28] Es ist nicht notwendig, sämtliche Kontrollaktivitäten in allen Prüffeldern in Bezug auf jede Aussage in der Rechnungslegung zu beurteilen.

Bedeutsame Risiken sind Fehlerrisiken, die aufgrund ihrer Art oder des mit ihnen verbundenen Umfangs möglicher Fehler bei der Abschlussprüfung besondere Aufmerksamkeit erfordern.[29] Indikatoren für bedeutsame Risiken sind.[30] 314

- Hinweise auf Verstöße,
- Komplexität von Geschäftsvorfällen,

25 ISA [DE] 315, A59.
26 WP Handbuch L. Tz. 714, 17. Aufl. 2021, IDW-Verlag.
27 ISA [DE] 330, Tz. 8b.
28 ISA [DE] 330, Tz. 8a.
29 ISA [DE] 315, Tz.12 l., A10.
30 WP Handbuch L, Tz. 423, 17. Aufl. 2021, IDW-Verlag.

- Transaktionen mit nahestehenden Personen,
- Maß an Subjektivität bei der Ausübung von Ermessensspielräumen,
- Ungewöhnliche Geschäftsvorfälle und solche außerhalb des gewöhnlichen Geschäftsbetriebs,

Bedeutsame Risiken liegen zumeist nur dann vor, wenn mehrere Indikatoren zusammentreffen.

Der Abschlussprüfer wirtschaftlicher Unternehmen muss in der Regel die Umsatzrealisation wegen des Risikos doloser Handlungen des Managements als bedeutsames Risiko behandeln,[31] da bei Gebietskörperschaften aber Erträge, die einem Umsatzakt folgen, die Ausnahme bilden, ist dies für die Rechnungsprüfung zumeist kein bedeutsames Risiko.

315 **Risiken, bei denen aussagebezogene Prüfungshandlungen keine ausreichenden geeigneten Prüfungsnachweise erbringen**, sind insbesondere Massen- und Routinetransaktionen, die IT-gestützt erfasst und verarbeitet werden.[32]

Die Kontrollaktivitäten werden bereits bei der Aufnahme des Geschäftsprozesses identifiziert.

316 Im **Beispiel** Investitionsprozess könnten die in Spalte 2 der folgenden Tabelle dargestellten Kontrollaktivitäten identifiziert worden sein. Die von den Kontrollaktivitäten adressierten Prüfungsaussagen sind in Spalte 3 aufgeführt.

Prozessschritt **(Wer macht was und hinterlässt dabei welche Spuren?)**	**Kontrollaktivität** **(Kontrolle oder Sicherungsmaßnahme, nur soweit Fehlerrisiko für Prüfungsaussage adressiert wird)**	**Adressierte Prüfungsaussage**
Der **Subprozess der Anschaffung/Herstellung** beginnt mit einer Bedarfsanforderung des Budget-Verantwortlichen für eine Investition im Rahmen der Haushaltsaufstellung.		

31 WP Handbuch L, Tz. 426, 17. Aufl. 2021, IDW-Verlag.

32 IDW PS 261, Tz. 68.

Prozessschritt (Wer macht was und hinterlässt dabei welche Spuren?)	Kontrollaktivität (Kontrolle oder Sicherungsmaßnahme, nur soweit Fehlerrisiko für Prüfungsaussage adressiert wird)	Adressierte Prüfungsaussage
Die fortlaufend nummerierte Bedarfsanforderung wird vom Leiter der Anlagenbuchhaltung auf einem Formular in Vermögensgegenstände (Grund und Boden, Außenanlagen, Geräte) aufgeteilt, denen eindeutige fortlaufende und mit der Bedarfsanforderung verbundene Planungsnummern zugeordnet werden.	1. Formularmäßige Aufteilung 2. Fortlaufende Nummerierung der Bedarfsanforderungen 3. Eindeutige, fortlaufende, mit der Bedarfsanforderungen verbundene Planungsnummern	Zutreffender Ausweis und Vollständigkeit der Vermögensgegenstände
Gleichzeitig dokumentiert er die Entscheidung, ob es sich um einen Anschaffungs- oder eine Herstellungsvorgang handelt		
Auf der Grundlage der Planungsnummern nimmt der Budgetverantwortliche eine Schätzung der Kosten für Material, Fremdleistungen und Zeitaufwand für den eigenen Bauhof auf einem Formular vor. Das Formular erfüllt die Funktion der Kostenschätzung und eines ggf. erforderlichen Wirtschaftlichkeitsvergleichs gem. § 12 GemHVO. Er reicht sie in der Kämmerei ein.		
Ein Mitarbeiter der Kämmerei plausibilisiert die Schätzung	4. Vier-Augen-Prinzip 5. Kontrolle, ob alle erforderlichen Unterlagen vorliegen	Richtige (Zugangs)-bewertung; gem. § 12 GemHVO erforderliche Unterlagen liegen vor
und entscheidet, welche Vorschriften für die Beschaffung (Gesetz gegen Wettbewerbsbeschränkungen, Hessisches Vergabe- und Tariftreuegesetz, GemHVO) anzuwenden sind.	6. Funktionstrennung	Einhaltung Vergabevorschriften

Prozessschritt **(Wer macht was und hinterlässt dabei welche Spuren?)**	**Kontrollaktivität** **(Kontrolle oder Sicherungsmaßnahme, nur soweit Fehlerrisiko für Prüfungsaussage adressiert wird)**	**Adressierte Prüfungsaussage**
Er legt im Haushaltsüberwachungsprogramm eine Planinvestition (Kinderspielplatz) mit der Nummer der Bedarfsanfrage mit Unterpositionen je Vermögensgegenstand an.		
Weiterhin legt er fest, ob eine Zuwendung beantragt werden soll oder für die Maßnahme Beiträge erhoben werden, er kennzeichnet die Planinvestition entsprechend und schätzt Höhe und Zeitpunkt des Zuflusses der Finanzierungsmittel. So findet die Investition Eingang in das Investitionsprogramm und den Finanzhaushalt.		
Schließlich leitet er den Vorgang für Beschaffungen über dem Schwellenwert des HVTG an die zentrale Beschaffungsstelle und anderenfalls an den Budgetverantwortlichen zur Bestellung in eigener Verantwortung weiter.	7. Funktionstrennung	Einhaltung Vergabevorschriften
Die Kopien der Aufträge für Baumaßnahmen erhält der Leiter des Bauhofs, der beauftragt ist, bei allen Baumaßnahmen Lieferscheine und Rapporte für Fremdleistungen zu prüfen und abzuzeichnen und die Abnahme und die Fertigstellung zu erklären. Für eigene Leistungen fertigen die Mitarbeiter des Bauhofs Rapporte und Materialentnahmescheine, die der Leiter abzeichnet.	8. Funktionstrennung 9. Abgleich Planung/Rechnung	Richtige (Zugangs)-bewertung zu aktivierende Eigenleistungen tatsächlich erbracht

Prozessschritt **(Wer macht was und hinterlässt dabei welche Spuren?)**	**Kontrollaktivität** **(Kontrolle oder Sicherungsmaßnahme, nur soweit Fehlerrisiko für Prüfungsaussage adressiert wird)**	**Adressierte Prüfungsaussage**
Auf dieser Grundlage stellt der Mitarbeiter der Kämmerei die sachliche und rechnerische Richtigkeit einer Kreditorenrechnung fest und ermittelt die interne Leistungsverrechnung.	10. Vier-Augen-Prinzip	Richtige (Zugangs)-bewertung zu aktivierende Eigenleistungen mit dem richtigen Betrag erfasst
Sie wird von Mitarbeitern der Anlagenbuchhaltung unter Verwendung der Nummer der Bedarfsanforderung auf das Konto Anlagen im Bau verbucht.	11. Kontrolle, bei Erstellung des Jahresabschlusses, dass alle Bedarfsanforderungen verarbeitet wurden und für alle Zugänge Bedarfsanforderungen vorlagen	Vollständigkeit und wirtschaftliche Zurechnung der Vermögensgegenstände zu aktivierende Eigenleistungen mit dem richtigen Betrag und in der richtigen Periode erfasst
Nach der schriftlichen Fertigstellungsmeldung werden die Anlagen im Bau anhand der Planungsnummern auf die Vermögensgegenstände umgebucht.	12. Abgleich Planung/Abrechnung bezüglich der Aufteilung in Vermögensgegenstände	Zutreffender Ausweis
	13. Bei der Umbuchung in Anlageklassen aus abnutzbaren Vermögensgegenständen zwingt das Programm durch Pflichtfelder in der Eingabemaske, eine Abschreibungsmethode, eine Nutzungsdauer und ein Zugangsdatum festzulegen. Vorbelegt ist wegen § 43 Abs. 1 S. 2 die lineare Abschreibungsmethode und eine vom Bürgermeister genehmigte Nutzungsdauer je Anlagenklasse. 14. Daraus ermittelt das Programm die planmäßigen Abschreibungen selbst und 15. bucht sie automatisch, wenn monatlich ein Buchungslauf angestoßen wird, 16. das Programm fordert am 2. Arbeitstag eines jeden Monats selbsttätig dazu auf.	Zutreffende (Folge-)Bewertung, Abschreibungen vollständig, richtig und in der richtigen Periode erfasst.

Prozessschritt **(Wer macht was und hinterlässt dabei welche Spuren?)**	**Kontrollaktivität** **(Kontrolle oder Sicherungsmaßnahme, nur soweit Fehlerrisiko für Prüfungsaussage adressiert wird)**	**Adressierte Prüfungsaussage**
Subprozess Anlagenabgang: Im Zusammenhang mit der Erstellung des Jahresabschlusses müssen alle Budget-Verantwortlichen und der Leiter des Bauhofs eine Erklärung abgeben, ob Vermögensgegenstände aus ihrem Zuständigkeitsbereich beschädigt wurden, nicht mehr im ursprünglichen Maße nutzbar, auffindbar oder sonst wie abgegangen sind. Der Abfrage legt die Anlagebuchhaltung eine Auswertung der inventarisierten und dem Budget zugeordneten Vermögensgegenstände bei.	17. Soll-Ist-Abgleich	Vorhandensein der Vermögensgegenstände; zutreffende (Folge-)Bewertung
Auf dieser Grundlage bucht die Anlagenbuchhaltung Abgänge und außerplanmäßige Abschreibungen.	18. Das Programm gewährleistet die Abschreibung auf einen Erinnerungswert.	Zutreffende (Folge-)Bewertung
Verkäufe von Anlagenvermögen bedürfen der Genehmigung des Leiters der Kämmerei, die Genehmigung mit allen erforderlichen Informationen zum Verkauf wird der Anlagenbuchhaltung zugeleitet.	19. Funktionstrennung	Vorhandensein der Vermögensgegenstände; pfleglicher Umgang mit dem Vermögen
Ein Mitarbeiter bucht daraufhin den Abgang.	20. das Buchhaltungssystem ermittelt und bucht eventuelle Ergebnisauswirkungen automatisch	Ergebnisse aus Abgang Anlagevermögen in der richtigen Höhe, richtig ausgewiesen
Der **Subprozess Betrieb und Pflege** soll sicherstellen, dass die Vermögensgegenstände in ihrem Bestand und Wert erhalten bleiben. Alle beweglichen Vermögensgegenstände werden zum Zeitpunkt des Zugangs mit	21. Definierte, besonders wertvolle oder aus anderen Gründen verlustanfällige Vermögensgegenstände müssen in gesicherten, zugangsbeschränkten Bereichen untergebracht werden	Vorhandensein, pfleglicher Umgang mit dem Vermögen

Prozessschritt **(Wer macht was und hinterlässt dabei welche Spuren?)**	**Kontrollaktivität** **(Kontrolle oder Sicherungsmaßnahme, nur soweit Fehlerrisiko für Prüfungsaussage adressiert wird)**	**Adressierte Prüfungsaussage**
einem von der Anlagenbuchhaltung erzeugten Inventuraufkleber versehen, der mit einem Barcodeleser lesbar ist.	22. In diesen Bereichen findet jährlich eine Inventur durch Mitarbeiter der Anlagenbuchhaltung statt	
Der Leiter des Bauhofs fertigt einen mehrjährigen Wartungs- und Instandhaltungsplan, den er jährlich im Rahmen der Haushaltsplanung auf Grundlage eines aktuellen Anlagenbestandsverzeichnisses aktualisiert.	23. Jährliche Aktualisierung	Umgang mit Vermögen pfleglich
Der Leiter der Anlagenbuchhaltung sieht diesen Plan durch und entscheidet, ob es sich um Instandhaltungsaufwand oder um aktivierungspflichtige Maßnahmen handelt. Im Haushaltsjahr geplante Maßnahmen erhalten vom Mitarbeiter in der Kämmerei je eine eindeutige Nummer und werden in das Haushaltsüberwachungsprogramm eingestellt.	24. Plan-/Ist-Abgleich 25. Vier-Augenprinzip	Vermögensgegenstände vollständig, Instandhaltungsaufwand in der richtigen Höhe erfasst und zutreffend ausgewiesen
Für den **Subprozess der Beschaffung von Material und Fremdleistungen, Kontrolle der Fremdleistungen und Eigenleistungen und Rechnungsprüfung** gelten dann dieselben Vorgaben, wie für die Anschaffung oder Herstellung von Vermögensgegenständen.		
Auf eine Darstellung der **Subprozesse zum Sonderposten für Investitionszuwendungen und -beiträge** wird an dieser Stelle verzichtet.		

Prozessschritt **(Wer macht was und hinterlässt dabei welche Spuren?)**	**Kontrollaktivität** **(Kontrolle oder Sicherungsmaßnahme, nur soweit Fehlerrisiko für Prüfungsaussage adressiert wird)**	**Adressierte Prüfungsaussage**
Der **Prozess Nebenbuchhaltungsstammdaten** soll eine ausreichend detaillierte Dokumentation der Vermögensgegenstände und erhaltenen Zuwendungen gewährleisten, damit ihr Bestand und ihre Bewertung jederzeit nachgewiesen werden kann.	26. Programm verlangt zwingend bei der Anlage eines Vermögensgegenstandes in der Anlagebuchhaltung eine Beschreibung, ggf. eine Identifikationsnummer sowie Informationen zum Standort, zur Definition der Anschaffungs- und Herstellungskosten, zur Abschreibungsmethode, der Nutzungsdauer und dem Zugangsdatum. 27. Bei der Anlage eines Sonderpostens wird eine Verknüpfung mit mindestens einem Vermögensgegenstand verlangt. 28. Als Auflösungszeitraum ist die Nutzungsdauer des verknüpften Vermögensgegenstandes systemintern vorbelegt.	Vorhandensein und zutreffende Bewertung der Vermögensgegenstände und Sonderposten; Abschreibungen und Auflösungen in der richtigen Höhe und Periode erfasst
Alle beweglichen Vermögensgegenstände sind in der Buchhaltung mit Identifikationsnummern verbunden, den sie auf einem Inventuraufkleber tragen.	29. Die Nummer wird von System fortlaufend und lückenlos vergeben.	Vollständigkeit
	30. Eine Abgangsbuchung verlangt die Eingabe eines Abgangsdatums. 31. Ist der Vermögensgegenstand mit einem Sonderposten verknüpft, bucht das System automatisch auch zu diesem Zeitpunkt den Abgang des Sonderpostens. 32. Wird eine außerplanmäßige Abschreibung gebucht, generiert das System auch einen Buchungsvorschlag für eine außerplanmäßige Auflösung des zugeordneten Sonderpostens	Abschreibungen und Auflösungen werden in der richtigen Höhe und Periode erfasst Bestand und Bewertung der Sonderposten

Prozessschritt (Wer macht was und hinterlässt dabei welche Spuren?)	Kontrollaktivität (Kontrolle oder Sicherungsmaßnahme, nur soweit Fehlerrisiko für Prüfungsaussage adressiert wird)	Adressierte Prüfungsaussage
	33. Planmäßige und außerplanmäßige Abschreibungen und Auflösungen werden in der Nebenbuchhaltung dokumentiert.	Abschreibungen, Auflösungen werden in der richtigen Höhe und Periode erfasst
	34. Monatlich findet durch den Leiter der Anlagenbuchhaltung eine Abstimmung der Nebenbuchhaltung mit dem Hauptbuch statt.	Vollständigkeit, Bestand, Bewertung; Ausweis der Vermögensgegenstände und Sonderposten; Abschreibungen, Auflösungen, Ergebnisse aus dem Abgang von Anlagevermögen mit richtigem Betrag in richtiger Periode zutreffend ausgewiesen

Nur für relevante Kontrollaktivitäten entscheidet der Prüfer, ob diese angemessen sind und implementiert wurden, d. h. er führt die sogenannte **Aufbauprüfung** durch.

Für jede relevante Kontrollaktivität ist dann festzustellen, ob sie so wie sie konzipiert ist, ihre Aufgabe erfüllen kann, also angemessen ist. Die Beurteilung der Angemessenheit erfolgt anhand der Designfaktoren *(s. J.III.1. IKS als Prüfungsgegenstand)*. Für als angemessen beurteilte Kontrollaktivitäten muss der Nachweis der Implementierung erbracht werden, also dass sie zu irgendeinem Zeitpunkt funktioniert hat. Zumeist werden sich Wirkungsweise und Funktionsfähigkeit anhand eines einzigen Prüfungsnachweises darstellen lassen. Wird darüber hinaus ein Zeitpunkt innerhalb des Prüfungszeitraums gewählt, kann der Prüfungsnachweis, wenn eine Systemprüfung geplant ist, dort doppelt verwertet werden. *317*

Durch **Analytische Prüfungshandlungen** erhält der Prüfer Hinweise auf Auffälligkeiten, die mit weiteren Prüfungshandlungen adressiert werden müssen. Zu diesem Zweck werden z. B. die Veränderungen gegenüber den Vorjahren oder die Entwicklung von geeigneten Kennzahlen analysiert *(s. L.III. Kennzahlen und analytische Prüfungshandlungen)*. Das Rechnungsprüfungsamt des Landkreises, das die örtliche Prüfung von Gemeinden ohne eigenes Rechnungsprüfungsamt übernommen hat, und die Organe der überörtlichen Prüfung können über ihr gesamtes Portfolio an Prüfungsmandaten ein Benchmarking durchführen. *318*

319 Im als Beispiel gewählten Prüffeld „Investitionen, Anlagevermögen ohne Finanzanlagen, Zuwendungen/Zuschüsse/Beiträge für Investitionen" könnten die folgenden analytischen Prüfungshandlungen durchgeführt werden:

- Vergleich der Zugänge beim Anlagevermögen und bei den Sonderposten für Investitionszuwendungen und -beiträge mit den Planansätzen des Haushalts
- Altersstruktur des Anlagevermögens und der Sonderposten mit dem Vorjahr vergleichen
- Instandhaltungsquote ermitteln und auf Angemessenheit prüfen.

320 Auf der Grundlage der Erkenntnisse aus der Risikoeinschätzung beurteilt die Prüferin dann das Risiko für einen Fehler für jede Prüfungsaussage im Prüffeld. Anschließend legt sie fest, ob und wenn ja welche weiteren Prüfungshandlungen erforderlich sind. Es gilt: Fehlen relevante Kontrollaktivitäten ganz oder sind sie nicht angemessen oder implementiert und/oder zeigen analytische Prüfungshandlungen Auffälligkeiten, ist das Fehlerrisiko hoch und es müssen im großen Umfang aussagebezogene Prüfungshandlungen durchgeführt werden, um das Prüfungsrisiko auf ein akzeptables Maß zu senken.

Daraus ergeben sich bei einer Aufteilung eines existenten, aber nicht als bedeutsam eingestuften Fehlerrisikos in hoch und niedrig je Prüfungsaussage die folgenden acht Varianten einer **Prüfungsstrategie**:

- Für den potentiellen Fehler kann ausgeschlossen werden, dass die Auswirkungen wesentlich sind → dann sind keine weiteren Prüfungshandlungen erforderlich **(Strategie 1)**
- Für das identifizierte Risiko erbringen aussagebezogene Prüfungshandlungen keine ausreichenden geeigneten Prüfungsnachweise → es muss eine Prüfung der Angemessenheit und Funktionsfähigkeit der relevanten Kontrollaktivitäten stattfinden. Wird das IKS daraufhin als angemessen und im Prüfungszeitraum funktionierend eingestuft, folgen aussagebezogene Prüfungshandlungen, also analytische Prüfungshandlungen und Einzelfall-Prüfungshandlungen im reduzierten Umfang **(Strategie 2)**.

  War das IKS nicht angemessen oder hat nicht funktioniert, wird eine Ausweitung der aussagebezogenen Prüfungshandlungen definitionsgemäß nicht sinnvoll sein. Es liegt ein wesentlicher Fehler vor, unabhängig davon, ob er quantifiziert werden kann oder nicht.
- Der potentielle Fehler wird als bedeutsam eingestuft und die -pflichtgemäß durchgeführte- Aufbauprüfung für die relevanten Kontrollaktivitäten kommt zum Ergebnis, dass diese angemessen sind, dann kann der Prüfer entweder eine Funktionsprüfung durchführen und bei Funktionsfähigkeit die aussagebezogenen Prüfungshandlungen reduzieren **(Strategie 3)** oder auf eine Funktionsprüfung verzichten und verstärkt aussagebezogene Prüfungshandlungen durchführen **(Strategie 4)**.

– Wird der potentielle Fehler als hoch oder niedrig eingeschätzt, kann der Prüfer aus Effizienzgründen eine Systemprüfung durchführen und im Falle einer positiven Beurteilung des IKS dann aussagebezogenen Prüfungshandlungen im reduzierten **(Fehlerrisiko hoch, Strategie 5)** oder stark reduzierten Umfang durchführen **(Fehlerrisiko niedrig, Strategie 6)** oder auf eine Systemprüfung verzichten und im normalen **(Fehlerrisiko hoch, Strategie 7)** oder niedrigen Umfang **(Fehlerrisiko niedrig, Strategie 8)** aussagebezogene Prüfungshandlungen durchführen.

In einem Ausschnitt des beispielhaft gewählten Prüffeldes „Investitionen" könnte der Prüfer aufgrund der gegebenen Informationen exemplarisch zu den folgenden Risikoeinschätzungen und daraus abgeleiteten Prüfungsstrategien kommen: *321*

Prüfungsaussage	Risikoeinschätzung/ Begründung	Strategie
Vermögensgegenstände sind vorhanden	Grundsätzlich bedeutsames Risiko, daher Aufbauprüfung des Abgangsprozesses. Da der Prozess der Abgangsmeldung angemessen abgesichert erscheint: Niedriges Risiko nur bei den als wertvoll definierten beweglichen Vermögensgegenständen. Kein Risiko für die übrigen Vermögensgegenstände.	Nr. 4, aussagebezogene Prüfungshandlungen, hier Inaugenscheinnahme bei der genannten Untergruppe
Vermögensgegenstände sind der Gemeinde wirtschaftlich zuzurechnen	Ein Risiko wird nur bei Leasing (ohne Büroausstattung), sale and lease back-Geschäften, Betreibermodellen, PPP u. ä. gesehen. Dabei wird das Risiko, dass dem Prüfer nicht alle entsprechenden Verträge vorliegen, als bedeutsam eingestuft, daher wird der Prozess des Vertragsmanagements einer Aufbau- und Funktionsprüfung unterzogen. Das Risiko, dass diese Verträge im Jahresabschluss falsch abgebildet werden, wird als hoch eingeschätzt. Im Übrigen ist kein Risiko erkennbar.	Die Vollständigkeit aller derartigen Konstrukte kann nur durch die Strategie Nr. 2 sichergestellt werden, anschließend Nr. 7 aussagebezogene Prüfungshandlungen, hier Einsichtnahme in die Verträge bzgl. der genannten Untergruppe
Vermögensgegenstände sind vollständig erfasst	Ein wesentlicher Fehler kann nicht ausgeschlossen werden und für dieses Risiko erbringen aussagebezogene Prüfungshandlungen keine geeigneten Prüfungsnachweise.	Nr. 2 Aufbau- und Funktionsprüfung des Zugangsprozesses; Analytische Prüfungshandlungen durch Abgleich mit Investitionsplanung

Prüfungsaussage	Risikoeinschätzung/ Begründung	Strategie
Vermögensgegenstände sind richtig bewertet	Die Aufbau- und Funktionsprüfung des Zugangsprozesses zur Prüfungsaussage Vollständigkeit wird aus Effizienzgründen auch auf die Kontrollaktivitäten für die Prüfungsaussagen zur Zugangsbewertung ausgedehnt. Für Zugänge aus Fremdleistungen wird ein niedriges Risiko angenommen, bei aktivierten Eigenleistungen besteht ein höheres inhärentes Risiko. Für die Folgebewertung kann ein wesentlicher Fehler nicht ausgeschlossen werden, er wird aber als niedrig eingeschätzt. Eine Prüfung mittels analytischer Prüfungshandlungen erscheint wirtschaftlicher als eine Systemprüfung des Prozesses der Folgebewertung	Nr. 6 Aufbau- und Funktionsprüfung des Zugangsprozesses für Fremdleistungen; Einsichtnahme in Eingangsrechnungen stark reduziert Nr. 5 Aufbau- und Funktionsprüfung des Zugangsprozesses für aktivierte Eigenleistungen; Einsichtnahme in Rapporte im reduzierten Umfang und analytische Prüfungshandlungen mittels Fremdvergleich Nr. 8 analytische Prüfungshandlungen durch rechnerische Ermittlung des Erwartungswertes für Abschreibungen je Anlageklasse anhand der AHK der Vorjahre und Zugänge
Vermögensgegenstände sind richtig ausgewiesen	Risiko wird als niedrig eingeschätzt	Nr. 8 aussagebezogene Prüfungshandlungen mittels Durchsicht der Zugangsliste auf zutreffenden Ausweis und Prüfung der Stichproben für die Prüfungsaussage der zutreffenden Zugangsbewertung auch auf zutreffenden Ausweis
Planmäßige Abschreibungen entsprechend der Nutzung also in richtiger Höhe und in der richtigen Periode; alle abnutzbaren Vermögensgegenstände des Anlagevermögens werden abgeschrieben, die Abschreibungen werden im richtigen Posten ausgewiesen	Wird inzidenter bei der Prüfung der zutreffenden Folgebewertung mitgeprüft	

Prüfungsaussage	Risikoeinschätzung/ Begründung	Strategie
Alle Gründe für außerplanmäßige Abschreibungen werden erfasst	Die Aufbauprüfung des Abgangsprozesses wird auch auf die Aussage „Wertminderungen und Einschränkungen der Nutzbarkeit werden vollständig mitgeteilt" ausgedehnt. Der Prozess erscheint angemessen abgesichert. Es besteht daher kein Risiko für einen wesentlichen Fehler.	Strategie 1
Außerplanmäßige Abschreibungen in der richtigen Höhe und der richtigen Periode	Da davon ausgegangen werden kann, dass alle Gründe erfasst wurden und der gebuchte Betrag unterhalb der Wesentlichkeitsschwelle liegt, besteht kein Risiko für einen wesentlichen Fehler	Strategie 1
Außerplanmäßige Abschreibungen zutreffend in der Ergebnisrechnung oder im Anhang angegeben		Strategie 8 Einsichtnahme in Ergebnisrechnung oder Anhang
Aktivierte Eigenleistungen in der richtigen Höhe und der richtigen Periode	Wird inzidenter bei der Prüfung der zutreffenden Zugangsbewertung mitgeprüft	
Aktivierte Eigenleistungen zutreffend ausgewiesen		Strategie 8 Einsichtnahme in Ergebnisrechnung
Angaben im Anlagenspiegel stimmen mit der Vermögensrechnung, Ergebnisrechnung überein und lassen sich mit der Anlagenbuchhaltung abstimmen.		Strategie 8 Einsichtnahme in Vermögensrechnung, Ergebnisrechnung und Auswertung Anlagenbuchhaltung
Die weiteren Angaben aus dem Prüffeld in Anhang und Lagebericht sind vollständig und stimmen mit dem Jahresabschluss überein		Strategie 8 Einsichtnahme in Anhang, Lagebericht, Vermögensrechnung, Ergebnisrechnung und Abgleich mit Rechtsgrundlage/Checkliste
Einhaltung der Anforderungen der GemKVO an die Buchungsanordungen erfüllt	Risiko eines wesentlichen Fehlers, d. h. eines systematischen oder zahlreicher Zufallsfehler wird als niedrig eingeschätzt	Strategie 8 Einsichtnahme in die Buchungsanordnungen; Auswahl der Stichproben aus den Einzelfall-PH für andere Prüfungsaussagen im Prüffeld

Prüfungsaussage	Risikoeinschätzung/ Begründung	Strategie
Pfleglicher Umgang mit dem Vermögen	Instandhaltungsplan vorhanden und eingehalten	Analytische Prüfung angemessener Instandhaltungsaufwand (Quote)
Vergabevorschriften wurden beachtet	Prozess erscheint angemessen abgesichert, das Fehlerrisiko wird wegen des verbleibenden erhöhten inhärenten Risikos als hoch angesehen	Strategie 7 Einsichtnahme in Vergabevermerke

322 Wie das Beispiel zeigt, dient eine Prüfungshandlung oft dem Nachweis mehrerer Prüfungsaussagen und eine wirtschaftliche Prüfungsplanung versucht, auch diese Wirkung zu optimieren.

323 Die Standards lassen bei der Abschlussprüfung wirtschaftlicher Unternehmen in vielen Fällen ein Absehen von einer Prüfung des internen Kontrollsystems oder zumindest seiner Funktionsfähigkeit zu, da das Prüfungsurteil nur Fehler in der Rechnungslegung ausschließen muss. Bei der Rechnungsprüfung, wo Wirtschaftlichkeit und Zweckmäßigkeit der Prozesse und damit auch des internen Kontrollsystems zum Prüfungsurteil gehören, sollte in der Abwägung die Entscheidung öfter zugunsten der Systemprüfung ausfallen.

Wegen des erheblichen Aufwands einer Systemprüfung kann es sinnvoll sein, sich bei der laufenden Abschlussprüfung auf Prüfungsnachweise aus vorherigen Abschlussprüfungen zu stützen. Zuerst muss die Prüferin mindestens die folgenden Überlegungen anstellen:

- ob die anderen Bestandteile des IKS, insbesondere der Risikobeurteilungsprozess und die Überwachung von Kontrollen durch die Einheit wirksam sind,
- ob die allgemeinen IT-Kontrollen wirksam sind,
- ob es bei sich verändernden Umständen ein Risiko darstellt, wenn Änderungen an einer bestimmten Kontrolle unterlassen werden, sowie
- wie stark sich die Prüferin auf die Kontrolle verlässt.[33]

Anschließend muss sie feststellen, ob nach der vorhergehenden Abschlussprüfung bedeutsame Änderungen bei diesen Kontrollen eingetreten sind. Sind solche Änderungen eingetreten, müssen sie in der laufenden Abschlussprüfung erneut geprüft werden. Sind keine Änderungen eingetreten, muss die Funktionsprüfung für die Kontrollen mindestens einmal in jeder dritten Abschlussprüfung durchgeführt werden. Einige Funktionsprüfun-

33 ISA [DE] 330, Tz. 13.

gen sind dennoch in diesem Jahr durchzuführen, um zu vermeiden, dass sämtliche Kontrollen, auf die sich die Prüferin verlassen möchte, nur in einer Periode geprüft werden und dass in den beiden Folgeperioden keine derartigen Prüfungen durchgeführt werden.[34] Zu diesem Zweck ist ein Rotationsplan aufzustellen.

VIII. Prüfungshandlungen zur Gewinnung der (dann noch) erforderlichen Prüfungssicherheit

Aussagenbezogene Prüfungshandlungen umfassen **Einzelfall-Prüfungshandlungen** und **analytische Prüfungshandlungen**. 324

Die Prüfungsstrategie legt das Ausmaß fest, in dem aussagebezogene Prüfungshandlungen vorgenommen werden. Dieses Ausmaß reguliert bei Einzelfall-Prüfungshandlungen die Anzahl der Elemente in der Stichprobe, den Stichprobenumfang und bei den analytischen Prüfungshandlungen die Toleranz der Abweichung zwischen Erwartungswert und zu prüfendem Wert. Je mehr die Prüfungsstrategie die aussagebezogenen Prüfungshandlungen fokussiert, desto größer ist der Stichprobenumfang und desto geringer ist die Toleranz einer Abweichung. Das statistische Modell *(s. G. XII. Prüfung in Stichproben)* bezieht den Grad an Aussagesicherheit, der durch andere Prüfungshandlungen erreicht wird, und die Einschätzung der Höhe des Fehlerrisikos mit ein.

Besonderheiten ergeben sich für die Prüfungshandlung Einholung von Erklärungen Dritter in Gestalt einer Vollständigkeitserklärung oder von einem Sachverständigen.

1. Vollständigkeitserklärung

Zu den aussagebezogenen Prüfungshandlungen gehört die Einholung einer Vollständigkeitserklärung vom Gemeindevorstand, der gem. § 66 Abs. 1 S. 2 HGO als Kollegialorgan die laufende Verwaltung besorgt. Es erscheint ausreichend, wenn der 1. Bürgermeister und der mit der Verwaltung des Finanzwesens betraute Beigeordnete die Erklärung unterschreibt. Die Erklärung sollte zeitnah zum Datum des Prüfungsberichtes abgegeben werden. 325

34 ISA [DE] 330, Tz. 14.

Die Vollständigkeitserklärung hat mehrere Funktionen:

Zum einen übernimmt der Zuständige für die Aufstellung nochmals ausdrücklich die Verantwortung für den Jahresabschluss mit allen Anlagen.[35]

Zum anderen versichert der Gemeindevorstand, dass die vom Prüfer eingeholten Auskünfte und Nachweise bei in der Vollständigkeitserklärung benannten Auskunftspersonen vollständig und nach besten Wissen und Gewissen richtig erteilt wurden.[36]

Darüber hinaus erklärt er ausdrücklich, dass ihm entweder keine Störungen oder wesentlichen Mängel des internen Kontrollsystems bekannt sind oder er diese dem Prüfer schriftlich mitgeteilt hat. Für Jahresabschlussprüfungen kaufmännischer Unternehmen wird im Rahmen der Auskunftspflicht der gesetzlichen Vertreter gem. § 320 HGB lediglich nach Mängeln im rechnungslegungsbezogenen internen Kontrollsystem gefragt[37], da gem. § 317 Abs. 1 HGB nur ein Prüfungsurteil darüber abgegeben werden muss, ob die gesetzlichen Vorschriften und sie ergänzende Bestimmungen des Gesellschaftsvertrags oder der Satzung (für die Rechnungslegung) beachtet worden sind oder ob Unrichtigkeiten und Verstöße gegen diese Vorschriften sich auf die Darstellung des sich nach § 264 Abs. 2 HGB ergebenden Bildes der Vermögens-, Finanz- und Ertragslage des Unternehmens wesentlich auswirken. Im Gegensatz dazu geht der Prüfungsauftrag gem. § 128 Abs. 1 Nr. 3 HGO mit der allgemeinen Rechtmäßigkeitsprüfung aller Vorgänge, die sich im Jahresabschluss niederschlagen, weiter.

326 Die Vollständigkeitserklärung steht in einem Spannungsverhältnis. Auf der einen Seite ist sie für einige Prüfungsaussagen der einzig mögliche Prüfungsnachweis. Zwar wird der Prüfer durch sie nicht von seiner Verpflichtung entbunden, alle ihm möglichen Prüfungshandlungen durchzuführen, um an Prüfungsnachweise zu gelangen, die nach seinem Verständnis der geprüften Einheit und ihres Umfeldes vorhanden sein müssen.[38] Ob das aber alle sind, kann nur die Verantwortliche für die geprüfte Einheit wissen, gleiches gilt für z. B. für die Halteabsicht bei Wertpapieren und damit ihre Zuordnung zum Anlage- oder Umlaufvermögen. Auf der anderen Seite sind Auskünfte der von der Prüfung unmittelbar Betroffenen für den Prüfer grundsätzlich weniger verlässlich.

---

35 Vollständigkeitserklärung Jahresabschluss und Lagebericht für die Prüfung von Jahresabschlüssen, IDW-Verlag.

36 Vgl. Vollständigkeitserklärung Jahresabschluss und Lagebericht für die Prüfung von Jahresabschlüssen, IDW-Verlag.

37 Vollständigkeitserklärung Jahresabschluss und Lagebericht für die Prüfung von Jahresabschlüssen, IDW-Verlag.

38 WP Handbuch L, Tz. 1273, 17. Aufl. 2021, IDW-Verlag.

Die schriftliche Einholung von Auskünften der Verantwortlichen erhöht dabei deren Verbindlichkeit. Im kommunalen Umfeld allerdings nicht in dem Maße wie bei unmittelbarer Geltung des HGB, wo unrichtige Angaben, die im Widerspruch zur Vollständigkeitserklärung stehen, den Tatbestand des § 331 Nr. 4 HGB erfüllen und strafrechtlich geahndet werden können.

Eine Vorlage für die Vollständigkeitserklärung zur kommunalen Jahresabschlussprüfung bietet die IDR Prüfungshilfe 2.300. Sie beschränkt sich allerdings auf Fragen nach Störungen oder wesentlichen Mängeln des rechnungslegungsbezogenen internen Kontrollsystems (Nr. 19).

2. Verwendung der Arbeit einer Sachverständigen

Im Verlauf der Jahresabschlussprüfung muss der Prüfer sich regelmäßig mit der Arbeit von Sachverständigen, zum Beispiel bei der Bewertung von Finanzanlagen oder Pensionsgutachten auseinandersetzen. *327*

Dabei wird die Konstellation, der Prüfer selber schaltet eine Sachverständige ein, da die erforderliche Expertise im Team oder die erforderlichen Personalkapazitäten nicht vorhanden sind, von der Konstellation, bereits bei der Aufstellung des Jahresabschlusses wird von den Verantwortlichen eine Sachverständige eingeschaltet, unterschieden.

a) Sachverständiger des Aufstellungsverantwortlichen

Im letzten Fall treffen den Prüfer – soweit die Arbeit des Sachverständigen *328*
für den Prüfer bedeutsam ist – drei Pflichten:[39]

- Er muss Kompetenz, Fähigkeiten und Objektivität des Sachverständigen beurteilen,
- ein Verständnis von der Tätigkeit des Sachverständigen gewinnen und
- die Eignung der Tätigkeit des Sachverständigen als Prüfungsnachweis für die relevante Aussage beurteilen.

Anhaltspunkte für die Beurteilung der Kompetenz des Sachverständigen sind dessen Qualifikationen, die Feststellung einer Berufszulassung bzw. Mitgliedschaft in einer Berufs- oder Branchenorganisation oder eine andere Form von Anerkennung durch Dritte (z. B. durch eine öffentliche Bestellung und Vereidigung als Sachverständiger durch die Industrie- und Han-

39 ISA [DE] 620, Tz. 6.

delskammern).[40] Gefährdungen seiner Objektivität können sich aus Abhängigkeiten und Interessenskonflikten ergeben.[41]

Das Verständnis von dessen Tätigkeit umfasst die Feststellung, ob und welche rechtlichen oder beruflichen Anforderungen gelten, ob die von ihm getroffenen Annahmen und angewendeten Methoden innerhalb seines Fachgebiets des Sachverständigen allgemein anerkannt und für geeignet befunden werden und schließlich, welche Ausgangsdaten oder andere relevante Informationen er für seine Arbeit verwendet.[42] Eine Grundlage dafür kann die schriftliche Beauftragung und der Vertrag sein.

Um die Eignung der Tätigkeit des Sachverständigen als Prüfungsnachweis für die relevante Aussage beurteilen zu können, muss sich der Prüfer ein eigenes Urteil über die Relevanz und Vertretbarkeit der vom Sachverständigen zugrunde gelegten Annahmen, Methoden, Feststellungen und Schlussfolgerungen, deren Übereinstimmung mit anderen Prüfungsnachweisen und zur Relevanz, Vollständigkeit und Richtigkeit der Ausgangsdaten bilden.[43]

b) Sachverständiger des Prüfers

329 Der wichtigste Anwendungsfall dürfte die Beauftragung eines sachverständigen Dritten mit der Durchführung der Jahresabschlussprüfung sein, was z. B. § 102 Abs. 2 GemO NRW ausdrücklich vorsieht, aber auch in anderen Bundesländern für die örtliche und überörtliche Prüfung zulässig ist.

Trotz der Beauftragung bleibt die Verantwortung für die gesetzliche Pflichtaufgabe und die damit zusammenhängenden Prüfungsurteile beim Organ der Rechnungsprüfung. Dieses kann sich aber unter den genannten Voraussetzungen das Prüfungsurteil des Dritten zu eigen machen. Nämlich, indem es einen kompetenten, fähigen und objektiven Sachverständigen auswählt und auf der Grundlage des eigenen Verständnisses von der Tätigkeit des Sachverständigen dessen Feststellungen und Schlussfolgerungen als angemessene Prüfungsnachweise für die eigenen Zwecke beurteilt.

Dabei kommt der Vereinbarung über den Auftrag und dessen Durchführung besondere Bedeutung zu. Mit seiner Hilfe muss das Vorliegen der Voraussetzungen gewährleistet werden. So ist der Umfang des Auftrags zu bestimmen. Werden z. B. Wirtschaftsprüfer als sachverständige Dritte mit der Jahresabschlussprüfung beauftragt, dann definiert IDW PS 730 diese

---

40 WP Handbuch L, Tz. 481, 17. Aufl. 2021, IDW-Verlag.
41 WP Handbuch L, Tz. 481, 17. Aufl. 2021, IDW-Verlag.
42 WP Handbuch L, Tz. 423, 17. Aufl. 2021, IDW-Verlag.
43 ISA [DE] 620, Tz. 10.

Prüfung als eine Prüfung der Ordnungsmäßigkeit der Buchführung, des Jahresabschlusses und des Lage-/Rechenschaftsberichts. Weitergehende Prüfungsurteile müssen ausdrücklich mitbeauftragt werden. Wird der Auftrag zur Prüfung des Jahresabschlusses an einen Wirtschaftsprüfer auf die **Prüfung der Ordnungsmäßigkeit der Haushaltswirtschaft** ausgedehnt, wird dieser IDW PS 731 anwenden. Ergebnis dieser Prüfung ist die Beantwortung eines Fragenkataloges. Die Prüfungsaussagen beziehen sich allein auf die konkret berichteten Sachverhalte und lassen keine Rückschlüsse auf die Ordnungsmäßigkeit der Haushaltswirtschaft insgesamt zu.[44] Es werden auch keine Aussagen zur Wirtschaftlichkeit einzelner Transaktionen getroffen, sondern lediglich zu den organisatorischen Maßnahmen, welche die Wirtschaftlichkeit der Aufgabenerfüllung sicherstellen sollen.[45] Für einzelne Prüfungsaussagen kann eine hinreichende Aussagesicherheit gewonnen werden, für andere kommt nur eine begrenzte Aussagesicherheit in Frage.

Müssen kommunalrechtlich weitergehende Prüfungsurteile in Bezug auf den Jahresabschluss ausgesprochen werden, sind diese von diesen Beauftragungen daher nicht umfasst und verbleiben bei der Rechnungsprüfung.

Der Dritte muss auf die Einhaltung der fachlichen und rechtlichen Vorgaben verpflichtet werden und der Umfang der Berichterstattung des Dritten und z. B. dessen Wesentlichkeitsgrenze ist so festzulegen, dass dem Organ der Rechnungsprüfung ein eigenes Urteil möglich wird.

IX. Gesamturteilsbildung

Die sehr komplexe Jahresabschlussprüfung stellt den Prüfer in besonderem 330
Maße vor die Herausforderung, aus den unzähligen Prüfungsaussagen und den dazu getroffenen Feststellungen die zusammenfassenden Prüfungsurteile abzuleiten.

In einem ersten Schritt sind die bei repräsentativen Stichproben, also zufällig unter Beachtung statistischer Gesetze *(s. G. XII. Prüfung in Stichproben)* gezogenen Fehler hochzurechnen, um Anzahl oder Ausmaß aller Fehler in der Grundgesamtheit zu ermitteln. Werden Fehler bei bewusst ausgewählten Stichproben gefunden, muss die Prüfung ausgeweitet werden, um das Ausmaß der Fehler abschätzen zu können.

Im zweiten Schritt ist die Bedeutung der kumulierten Fehler für das Prüfungsurteil anhand der zuvor festgelegten Wesentlichkeitsschranken zu beurteilen.

44 IDW PS 731, Tz. 28.
45 IDW PS 731, Tz. 18.

331 Wird z. B. beim Prüfungsurteil Nr. 1, dass der Haushaltsplan eingehalten ist, kein Fehler toleriert, ist auch nur im Fall, dass kein Fehler vorliegt, ein **uneingeschränktes Prüfungsurteil** abzugeben. Überschreiten die Fehler z. B. beim Prüfungsurteil Nr. 5, dass der Jahresabschluss den tatsächlichen Verhältnissen entsprechendes Bild der Vermögens-, Finanz- und Ertragslage der Gemeinde darstellt, die quantifizierte Wesentlichkeit nicht und liegt auch kein qualitativ wesentlicher Fehler vor, so muss trotz der Fehler ein uneingeschränktes Prüfungsurteil erteilt werden.[46]

332 Werden allerdings wesentliche Fehler für ein Prüfungsurteil gefunden, stellt sich die Frage, ob ein lediglich **eingeschränktes Prüfungsurteil** ausgesprochen werden kann, oder ob das Urteil der Nicht-Übereinstimmung, ein **versagendes Prüfungsurteil**, zu fällen ist.

Ein eingeschränktes Prüfungsurteil Nr. 3 könnte beispielsweise lauten, dass „bei den Erträgen, Einzahlungen, Aufwendungen und Auszahlungen sowie bei der Vermögens- und Schuldenverwaltung grundsätzlich nach den geltenden Vorschriften verfahren worden ist, mit der Ausnahme, dass eine Rückstellung wegen drohender Inanspruchnahme aus einer Bürgschaft für das städtische Klinikum nicht gebildet wurde, was zu einer Ergebnisverbesserung von X T€ im Haushaltsjahr geführt hat“. Im eingeschränkten Prüfungsurteil erhebt der Prüfer **Einwendungen**, nämlich dass ein Prüfungsgegenstand nicht bzw. nur mit Ausnahmen in allen wesentlichen Belangen den maßgebenden gesetzlichen Vorschriften entspricht.[47]

333 Ein versagendes Prüfungsurteil Nr. 3 spricht aus, dass „bei den Erträgen, Einzahlungen, Aufwendungen und Auszahlungen sowie bei der Vermögens- und Schuldenverwaltung nicht nach den geltenden Vorschriften verfahren worden ist.“

334 Das Prüfungsurteil zum Jahresabschluss umfasst wie bereits dargestellt auch die Beurteilung der Wirtschaftlichkeit des Verwaltungshandelns. Wegen der niedrigeren Aussagesicherheit muss das Prüfungsurteil darüber gesondert ausgesprochen werden und dabei muss deutlich werden, dass es sich dabei nur um ein **negatives Prüfungsurteil** und nicht wie in den übrigen Fällen um **positive Prüfungsurteile** handelt *(s. G.III. Prüfungssicherheit)*. Also z. B. dass „im Verlauf der Jahresabschlussprüfung keine Sachverhalte bekannt wurden, die zu der Annahme veranlassen, dass unwirtschaftlich verfahren wurde“ oder „im Verlauf der Jahresabschlussprüfung wurden folgende Sachverhalte bekannt, die auf eine unwirtschaftliche Vorgehensweise schließen lassen …“.

---

46 IDW PS 400, Tz. 23.
47 IDW PS 400., Tz. 24.

Für die Unterscheidung zwischen einem einschränkenden und einem versagenden Prüfungsurteil wählt § 322 Abs. 4 S. 4 HGB für die handelsrechtliche Jahresabschlussprüfung das Kriterium, ob „der geprüfte Jahresabschluss unter Beachtung der vom Prüfer vorgenommenen, in ihrer Tragweite erkennbaren Einschränkung noch ein den tatsächlichen Verhältnissen im Wesentlichen entsprechendes Bild der Vermögens-, Schulden-, Ertrags- und Finanzlage [der Gemeinde] vermittelt“, dann lediglich Einschränkung, sonst Versagung. § 102 Abs. 8 GemO NRW verweist auf § 322 HGB. Das ist sinnvoll, wenn der Gesetzgeber die Prüfungsurteile für die Jahresabschlussprüfung ebenfalls in Analogie zum handelsrechtlichen Abschlussprüfung gestaltet, für andere, weitergehende Prüfungsurteile aber nicht vollständig hilfreich. IDW PS 405 Tz. 10 führt das Kriterium „umfassend“ für die Unterscheidung ein. Der Abschlussprüfer hat ein Prüfungsurteil zu versagen, wenn er zu dem Schluss gelangt, dass Einwendungen gegen einen Prüfungsgegenstand nicht nur wesentlich, sondern auch **umfassend** sind. Jedenfalls erforderlich für eine Einschränkung ist, dass die Auswirkungen der Fehler abgrenzbar und abschließend beschreibbar sind. Aber auch bei Abgrenzbarkeit sind Fehler umfassend, wenn sie erhebliche Teile der Prüfungsgegenstände betreffen oder grundlegend für das Verständnis durch die Adressaten sind.[48] Durch diese Unschärfe verbleibt ein erhebliches prüferisches Ermessen. *335*

Liegen **Prüfungshemmnisse** vor, kommt der Prüfer zum Ergebnis, dass er nach Ausschöpfung aller angemessenen Möglichkeiten zur Klärung des Sachverhalts nicht in der Lage ist, ausreichende und angemessene Prüfungsnachweise zu erlangen, um festzustellen, ob eine Einwendung zu erheben ist.[49] Wären die Auswirkungen des Prüfungshemmnisses wesentlich, aber nicht umfassend, dann erteilt er ein eingeschränktes Prüfungsurteil, sonst muss er das Prüfungsurteil versagen. *336*

Über die Wiedergabe der Prüfungsurteile hinaus besteht für den Prüfer auch die Möglichkeit, Hinweise aufzunehmen, wenn er einen Sachverhalt für grundlegend für das Verständnis des Adressaten hält.[50] Ein Anwendungsfall kann die Unsicherheit eines künftigen Ereignisses, zum Beispiel ein Beteiligungsverkauf oder eine haushaltsrechtliche Genehmigung sein. Ein Hinweis ist aber kein Ersatz für eine Einwendung, sondern setzt voraus, dass der Sachverhalt zutreffend in der Rechnungslegung dargestellt ist oder dort nicht dargestellt werden musste. Der Hinweis könnte so eingeleitet werden: *337*

„Ohne diese Beurteilung einzuschränken, weisen wir darauf hin, dass …“

48 IDW PS 405, Tz. 7g).
49 IDW PS 405, Tz. 7e).
50 IDW PS 406.

X. Prüfung des Rechenschafts- bzw. Lageberichts und Risikomanagement

Der Rechenschaftsbericht, teilweise auch als Lagebericht bezeichnet, hat insbesondere auch die Risiken und die Chancen der künftigen Entwicklung der Kommune darzustellen. Da mit jeder Aufgabenwahrnehmung negative und positive Erwartungen, also Risiken und Chancen, verbunden sind, sind berichts- und damit prüfungspflichtig nur solche Erwartungen, die einen wesentlichen Einfluss auf die Vermögens-, Finanz- und Ertragslage haben können.[51] Die handelsrechtliche Prüfung geht davon aus, dass das Unternehmen Vorkehrungen und Maßnahmen (Systeme) zur Erfassung und Bewertung der Chancen bzw. Risiken der künftigen Entwicklung getroffen hat und diese zu prüfen sind.[52]

Ein Risikomanagementsystem im Sinne des KGSt-Berichts 5/2011, der die Notwendigkeit einer strukturierten und vollständigen Bestandsaufnahme aller bedeutenden Risiken auch mit der Verpflichtung zur Berichterstattung über Risiken im Rechenschaftsbericht begründet, gibt es, wie der Bericht zum Umsetzungstand des kommunalen Risikomanagements zeigt,[53] zumeist (noch) nicht. Dies liegt insbesondere daran, dass der dort vertretene Risiko- bzw. Chancenbegriff definiert ist als negative bzw. positive Abweichungen von zuvor definierten Zielen und eine durchgehende zielorientierte Steuerung einer Kommune in der Praxis kaum anzutreffen ist.

Das von der KGSt als dominierendes Geschäftsrisiko einer Kommune definierte Risiko, aufgrund fehlender Leistungsfähigkeit nicht in der Lage zu sein, die stetige Aufgabenerfüllung zu sichern, wird aber zumindest von einigen – gesetzlich vorgeschriebenen – Elementen eines Risikomanagementsystems adressiert. Dazu gehört die Pflicht zur Haushaltsplanung insbesondere zur mehrjährigen Haushaltsplanung und zur Aufstellung eines Haushaltssicherungskonzepts ebenso wie die Verpflichtung zur Vorlage von Wirtschaftlichkeitsuntersuchungen für Investitionen und des Beteiligungsberichts. Die Prüfung daraufhin, ob die Kommune imstande ist, Chancen und Risiken zu erkennen und zu steuern, erstreckt sich insbesondere auf die Qualität der Planzahlen, auf die weitreichende Entscheidungen gestützt werden.

51 *Ebke*, Münchener Kommentar zum HGB, C. H. Beck-Verlag, 4. Auflage 2020, § 317 Rz. 83.

52 IDW PS 350 n. F., Tz. 39.

53 KGSt 1/2019.

N. Prüfung des Gesamtabschlusses

Ebenso wie der Jahresabschluss ist auch der Gesamtabschluss verpflichtend jährlich zu prüfen und damit einer der wichtigsten Prüfungsaufträge der Rechnungsprüfung. Auch diese Prüfung soll grundsätzlich anhand der in Hessen geltenden Vorschriften zur Aufstellung und Prüfung des Gesamtabschlusses dargestellt werden. Und auch hier muss sich die Darstellung auf die Besonderheiten beschränken, während sich die zugehörigen allgemeinen Ausführungen insbesondere unter *G. Prüfungsmethodik; H. Prüfung als Prozess* und *I. Dokumentation der Prüfung* finden. 338

Der Gesamtabschluss besteht gem. § 112a Abs. 5 HGO aus der **zusammengefassten Vermögensrechnung** und der **zusammengefassten Ergebnisrechnung**, einer Kapitalflussrechnung und einem Bericht. 339

In der zusammengefassten Vermögensrechnung werden die Vermögensrechnung der Gemeinde und die Vermögensrechnungen/Bilanzen ihrer Aufgabenträger gem. § 112a Abs. 1 HGO zusammengefasst, in der zusammengefassten Ergebnisrechnung entsprechend die Ergebnisrechnungen und Gewinn- und Verlustrechnungen, soweit diese Aufgabenträger nicht unwesentlich für das Bild der wirtschaftlichen Lage sind (§ 112a Abs. 2 S. 3 HGO).

Aufgabenträger, bei denen die Gemeinde die Mehrheit der Stimmrechte hält, sind gem. § 112a Abs.4 nach den §§ 300 bis 307 in den zusammengefassten Jahresabschluss einzubeziehen, also grundsätzlich mit der Methode der Vollkonsolidierung nach HGB, während Aufgabenträger, bei denen die Gemeinde mindestens 20 % der Stimmrechte hält, nach den §§ 311, 312 HGB, also der Equity-Methode nach HGB einbezogen werden.

Besonderheiten gegenüber der Vollkonsolidierung nach HGB bestehen insbesondere darin, dass nach hessischem Recht auf eine einheitliche Bewertung verzichtet wird, die Buchwertmethode bei der Kapitalkonsolidierung angewendet wird und ein bei der Verrechnung entstehender Geschäfts- oder Firmenwert ergebnisneutral mit den Rücklagen verrechnet werden kann. Aufrechnungsdifferenzen, die nicht mit vertretbarem Aufwand zu klären sind, dürfen ergebniswirksam verrechnet werden, und aus demselben Grund kann auf eine Zwischenergebniseliminierung verzichtet werden.

340 Bestehende Wahlrechte und Beurteilungsspielräume übt die Gemeinde bereits im Vorhinein aus. Zu diesem Zweck stellt sie eine **Konsolidierungsrichtlinie** auf, in der sie alle wesentlichen Entscheidungen dokumentiert.

Die **Kapitalflussrechnung** ist gem. § 54 S. 1 GemHVO entsprechend dem Deutschen Rechnungslegungsstandard (DRS) 21 abzuleiten und darzustellen.

Der **Bericht** über den zusammengefassten Jahresabschluss gem. § 55 GemHVO erfüllt für den zusammengefassten Jahresabschluss dieselbe Funktion wie der Anhangs und der Rechenschaftsbericht für den Jahresabschluss der Gemeinde und enthält die für das Verständnis des zusammengefassten Abschlusses erforderlichen Erläuterungen, eine Bewertung der Lage und eine Prognose der künftigen Entwicklung.

I. Prüfungsurteile und Prüfungsaussagen

341 § 102 Abs. 11 GemO NRW wendet für die Prüfung des Gesamtabschlusses die Vorschriften für die Prüfung des Jahresabschlusses an und bestimmt damit das Prüfungsurteil in Analogie zur handelsrechtlichen Konzernprüfung als Urteil über die Einhaltung der Rechnungslegungsvorschriften.

§ 128 Abs. 1 HGO bestimmt für den Gesamtabschluss keine eigenen/anderen Prüfungsurteile als für den Jahresabschluss *(s. M.I. Prüfungsurteile)*, es stellt sich aber die Frage, ob alle Prüfungsurteile sinnvoll auch für den Gesamtabschluss getroffen werden können.

Mangels einer Konzernplanung sicher nicht das **Prüfungsurteil Nr. 1**, ob der Haushaltsplan eingehalten ist.

Das **Prüfungsurteil** nach **Nr. 2**, ob die einzelnen Rechnungsbeträge sachlich und rechnerisch vorschriftsmäßig begründet und belegt sind, weist Überschneidungen mit dem Prüfungsurteil nach Nr. 3 auf, es verbleibt lediglich die Einhaltung der Formvorschriften für Anordnungen gemäß GemHKO, der aber die verselbständigten Aufgabenträger in aller Regel nicht unterliegen.

342 Das **Prüfungsurteil** zu **Nr. 3**, ob bei den Erträgen, Einzahlungen, Aufwendungen und Auszahlungen sowie bei der Vermögens- und Schuldenverwaltung nach den geltenden Vorschriften verfahren worden ist, ist auf Ebene des Einzelabschlusses der Gemeinde in folgende Prüfungsurteile aufzugliedern:

a) Einhaltung der Rechnungslegungsvorschriften und Grundsätze ordnungsmäßiger Buchführung für hessische Kommunen[1],

---

1 *Bennemann* et al., Kommentar zur HGO, Schulverlag, § 128 Rn. 11.

b) Einhaltung aller anderen Vorschriften in Bezug auf alle Entscheidungen, Vorgänge und Sachverhalte, die ihren Niederschlag unmittelbar in der Rechnungslegung finden[2] (allgemeine Rechtmäßigkeit) und schließlich

c) Wirtschaftlichkeit dieser Entscheidungen, Vorgänge und Sachverhalte.[3]

Eine allgemeine Rechtmäßigkeitsprüfung und die Prüfung der Wirtschaftlichkeit des Handelns der wesentlichen einbezogenen Aufgabenträger jährlich aus Anlass der Gesamtabschlussprüfung wäre sicher eine Überforderung der Kapazitäten der Rechnungsprüfung. Zumeist steht der Rechnungsprüfung auch kein Prüfungsrecht beim rechtlich selbständigen Aufgabenträger zu *(s. O. Prüfung kommunaler Unternehmen).* *343*

Auf eine Prüfung der Einhaltung der Rechnungslegungsvorschriften und Grundsätze ordnungsgemäßer Buchführung bei den einbezogenen Aufgabenträgern kann aber nicht verzichtet werden, weil und soweit durch die Zusammenfassung fehlerhafter Einzelabschlüsse das Risiko wesentlicher Fehler im Gesamtabschluss besteht.

Bei vielen Aufgabenträgern findet allerdings aufgrund unterschiedlichster Vorschriften (HGB, PublG, EigenbetriebG) eine Jahresabschlussprüfung nach oder entsprechend handelsrechtlichen Vorschriften statt. In diesem Rahmen wird die Einhaltung der Rechnungslegungsvorschriften und Grundsätze ordnungsmäßiger Buchführung bereits geprüft und eine Doppelprüfung wäre sicher unwirtschaftlich. Hier stellt sich die Frage, unter welchen Voraussetzungen sich die Rechnungsprüfung das Urteil eines anderen Prüfers zu eigen machen kann *(s. III. Zusammenarbeit mit den Prüfern der einbezogenen Jahresabschlüsse).* Soweit aber keine Jahresabschlussprüfung durchgeführt wird und aus dem einbezogenen Abschluss ein wesentlicher Fehler *(s. II. Prüfungssicherheit und Wesentlichkeit)* für den Gesamtabschluss einfließen könnte, muss die Rechnungsprüfung diesen Jahresabschluss selber zumindest so tief prüfen, dass ein solcher wesentlicher Fehler ausgeschlossen werden kann. Scheitert das an einem fehlenden Prüfungsrecht, liegt ein Prüfungshemmnis vor.

Kann sich die Rechnungsprüfung darauf verlassen, dass die einbezogenen Jahresabschlüsse frei von wesentlichen Fehlern sind, dann reduziert sich das Prüfungsurteil **Nr. 3a**) weiter, und zwar auf die Einhaltung der Vorschriften zur Erstellung des Gesamtabschlusses, der Grundsätze ordnungsmäßiger Konzernrechnungslegung für hessische Kommunen und der eigenen Konsolidierungsrichtlinie. Dieses Prüfungsurteil umfasst u. a. die folgenden Prüfungsaussagen: *344*

2 *Bennemann* et al., Kommentar zur HGO, Schulverlag, § 128 Rn. 12.
3 *Bennemann* et al., Kommentar zur HGO, Schulverlag, § 128 Rn. 11.

- Der Gesamtabschluss wurde fristgemäß aufgestellt.
- Der Kreis der in den Gesamtabschluss einbezogenen Aufgabenträger ist vollständig.
- Bei den einbezogenen Aufgabenträgern liegt Beherrschung bzw. maßgeblicher Einfluss der Gemeinde vor.
- Wenn auf die Einbeziehung von Aufgabenträgern wegen untergeordneter Bedeutung verzichtetet wurde, lagen einzeln und kumulativ die objektiven Voraussetzungen dafür vor.
- Es wurde die richtige Konsolidierungsmethode (Vollkonsolidierung oder Equity-Methode) gewählt.
- Der Ausweis nicht einbezogener Aufgabenträger ist zutreffend.
- Bei vollkonsolidierten Aufgabenträgern wurde die Summen- und Saldenliste richtig auf den einheitlichen Konzernkontenplan in der Gliederung für die zusammengefasste Vermögens- und Ergebnisrechnung übergeleitet.
- Die weiteren Angaben, z. B. für die Erstellung der Finanzrechnung, wurden richtig aus der Buchhaltung der Aufgabenträger entnommen.
- Die Konsolidierungsbuchungen sind angemessen dokumentiert.

Wo eine einheitliche Bewertung im Gesamtabschluss gefordert wird, ist sowohl festzustellen,

- ob alle wesentlichen Bewertungsunterschiede angepasst wurden,
- ob die Bewertungen den für die Gemeinde geltenden Rechnungslegungsregeln entsprechen als auch,
- ob die Bewertungswahlrechte einheitlich und wie in der Konsolidierungsrichtlinie festgelegt, ausgeübt wurden.

Für vollkonsolidierte Aufgabenträger muss gelten:

- Konsolidierungspflichtige Sachverhalte sind vollständig identifiziert.
- Es wurden alle Konsolidierungsmaßnahmen: Kapital-, Schulden, Aufwands- und Ertragskonsolidierung und Zwischenergebniseliminierung durchgeführt bzw. waren unter Wesentlichkeitsgesichtspunkten entbehrlich.
- Die Erstkonsolidierung wurde zutreffend wiederholt.
- Stille Lasten/stille Reserven, Geschäfts- oder Firmenwerte und passive Unterschiedsbeträge wurden richtig fortgeschrieben.
- Unechte Aufrechnungsdifferenzen wurden entweder bereits in den Einzelabschlüssen beseitigt oder ergebniswirksam eliminiert.

– Echte Aufrechnungsdifferenzen wurden zutreffend erfolgswirksam oder erfolgsneutral behandelt.

– Der Stetigkeitsgrundsatz wurde beachtet.

Werden Aufgabenträger mittels der Equity-Methode in den Gesamtabschluss einbezogen, dann ist festzustellen, ob

– der assoziierte Aufgabenträger und das Ergebnis aus der Veränderung des Equity-Ansatzes richtig ausgewiesen sind,

– der Unterschiedsbetrag zum anteiligen Eigenkapital als Davon-Vermerk oder im Anhang richtig angegeben wird,

– der Equity-Ansatz richtig fortgeschrieben wurde und

– die erforderlichen Nebenrechnungen angemessen dokumentiert wurden.

Liegt ein größerer Bestand an einbeziehungspflichtigen Aufgabenträgern 345
vor, dann ist es sinnvoller, statt die oben genannten Prüfungsaussagen für jeden Aufgabenträger zu treffen, sich ein Urteil über die Verlässlichkeit bzw. Fehleranfälligkeit des **Prozesses der Gesamtabschlusserstellung** zu bilden.

Dann verschiebt sich der Fokus des Prüfers darauf, ob

– mittels Regelungen ein adäquates System für die Erstellung des Gesamtabschlusses eingerichtet wurde,

– Fehlerrisiken identifiziert und mit angemessenen Kontrollaktivitäten adressiert wurden.

Dazu gehört z. B.:

– ein geeignetes Berichtswesen aus einheitlichen Formularen,

– mit klaren, kommunizierten Verantwortlichkeiten für die Aufgabenträger,

– konkreten zeitlichen Vorgaben für die wiederkehrenden Berichtstermine und

– ein Saldenabstimmungsmechanismus innerhalb des Konzerns, der geeignet ist, interne Beziehungen aufzuzeigen und unechte Aufrechnungsdifferenzen zu vermeiden.

Bei den im Prüfungsurteil **Nr. 4** angesprochenen Anlagen handelt es sich 346
um die Kapitalflussrechnung und den Bericht zum Gesamtabschluss, deren Angaben vollständig und richtig sein müssen.

Das Prüfungsurteil nach **Nr. 5**, ob der Jahresabschluss den tatsächlichen Verhältnissen entsprechendes Bild der Vermögens-, Finanz- und Ertragslage der gesamten kommunalen Aufgabenerfüllung – Gemeinde und ihre Aufgabenträger – darstellt, gewinnt bei der Prüfung des Gesamtabschlusses eine zusätzliche Dimension. Wie beim Jahresabschluss geht es darum, ob durch eine einseitige, tendenziöse Ausübung bei der Aufstellung bestehender Wahlrechte, Einschätzungen, Beurteilungen und Ermessenentscheidungen, der Gesamtabschluss trotz Einhaltung der formalen Grenzen der Regelungen die tatsächliche Vermögens-, Finanz- und Ertragslage der kommunalen Aufgabenträger nicht wiedergibt. Hier sind insbesondere die Festlegungen zur Wesentlichkeit des Gesamtabschlusserstellers zu beurteilen, die zum Ausschluss eines grundsätzlich einbeziehungspflichtigen Aufgabenträgers geführt haben.

347 Da der Bericht zum Gesamtabschluss gem. § 55 Abs. 1 GemHVO zum einen die wirtschaftliche Lage der Gemeinde und ihrer Aufgabenträger unter dem Gesichtspunkt der stetigen Erfüllung der Aufgaben darstellen und beurteilen soll, darüber hinaus Angaben über den Stand der Erfüllung des öffentlichen Zwecks der einbezogenen Aufgabenträger machen und schließlich einen Ausblick auf die künftige Entwicklung geben soll, ist auch das Prüfungsurteil nach **Nr. 6**, ob dieser Bericht eine zutreffende Vorstellung von der Lage der Gemeinde vermittelt, relevant. Der Prüfer muss beurteilen, ob der Gemeindevorstand das Zahlenwerk des Gesamtabschlusses zutreffend verbal dargestellt hat, ob dessen Bewertung unter dem Gesichtspunkt der stetigen Aufgabenerfüllung angemessen und vertretbar ist und ob der Stand der Aufgabenerfüllung nachvollziehbar dargestellt wurde.

Dies geschieht wie im Einzelabschluss durch die Ermittlung und Wiedergabe von aussagekräftigen Kennzahlen *(s. K. Kennzahlen in der Prüfung)*. Und schließlich muss der Prüfer beurteilen, ob die Prognosen plausibel sind und mit den Kenntnissen, die er in der Prüfung gewonnen hat, übereinstimmen.[4] Bei der Prüfung des Gesamtabschlusses kommt zusätzlich der Grundsatz der Konsistenz der Berichterstattung bei Jahresabschluss und Gesamtabschluss zum Tragen. Gleichartige Informationen sollen gleichartig dargestellt werden. Auch dazu ist eine Prüfungsaussage zu treffen.

II. Prüfungssicherheit und Wesentlichkeit

348 Mit dem IDR ist für die Prüfung des Gesamtabschlusses eine hinreichende Prüfungssicherheit zu fordern.[5]

Aufgrund des Zuschnitts der Prüfungsurteile ergeben sich keine Probleme für die Festlegung der Wesentlichkeitsschwelle für die Prüfung.

4 Vgl. IDW PS 350 n. F., Tz. 64–70.

5 IDR-Prüfungsleitlinie 300 „Leitlinien zur Durchführung von kommunalen Gesamtabschlussprüfungen", 3.1.

Bei Prüfungsurteil Nr. 3a) muss nach den gleichen Grundsätzen wie bei der Prüfung des Jahresabschlusses *(s. M.IV. Wesentlichkeit)* für den Gesamtabschluss als Ganzes eine quantifizierte Wesentlichkeits- und Toleranzwesentlichkeitsgrenze bestimmt werden.[6] Besonderheiten ergeben sich bei der Zusammenarbeit mit anderen Prüfern. Dann muss auch eine Nichtaufgriffsgrenze *(s. M.IV. Wesentlichkeit)* definiert werden.[7] An derselben Wesentlichkeitsschwelle orientiert sich das Prüfungsurteil Nr. 5.

Ebenfalls wie beim Jahresabschluss ist beim Prüfungsurteil Nr. 4 davon auszugehen, dass jede fehlende oder falsche Angabe einen wesentlichen Fehler darstellt.

Bei der Darstellung der Lage muss notwendig vergröbert werden, um Kernaussagen herauszuarbeiten, deshalb sind fehlerhafte Kernaussagen immer wesentliche Fehler für das Prüfungsurteil Nr. 6.

III. Zusammenarbeit mit den Prüfern der einbezogenen Abschlüsse

1. Zur Vermeidung wesentlicher Fehler aus den einbezogenen Abschlüssen

Eine eigene Prüfung der Rechnungslegung einbezogener Aufgabenträger *349* durch die Rechnungsprüfung zur Vermeidung wesentlicher Fehler für den Gesamtabschluss aus den einbezogenen Abschlüssen stößt auf rechtliche und praktische Probleme. Bei rechtlich selbständigen Aufgabenträgern müssten entsprechende Prüfungsrechte gesetzlich oder in der Satzung verankert sein. Die unter *O. Prüfung kommunaler Unternehmen* dargestellten Prüfungsrechte der Rechnungsprüfung reichen dafür zumeist nicht aus. Eine solche Prüfung würde auch erhebliche Kapazitäten binden. Die Rechnungsprüfung muss sich daher auch auf das Urteil anderer Prüfer stützen.

Bis zum Bilanzrechtsmodernisierungsgesetz durfte der Prüfer eines handelsrechtlichen Konzerns auf die Prüfung der Jahresabschlüsse einbezogener Unternehmen, die einer Abschlussprüfung nach den Vorschriften des Handelsrechtes unterlegen hatten, verzichten, es fand eine **Übernahme des Prüfungsurteils** statt.[8] Heute fordert § 317 Abs. 3 HGB vom Konzernprüfer, dass er die Arbeit anderer Abschlussprüfer überprüft und dies dokumentiert. Dies erlaubt ihm ggf. die **Verwertung des Prüfungsurteils** des anderen Prüfers. Durch die Änderung sollte sichergestellt werden, dass

6 ISA [DE] 600, Tz. 21.

7 F&A zu ISA 320 bzw. IDW PS 250 n. F.: Zur Festlegung der Wesentlichkeit und der Toleranzwesentlichkeit nach ISA 320 bzw. IDW PS 250 n. F. 3.6.

8 WP Handbuch 2012, I, Abschnitt M, Rn. 919.

allein der Konzernabschlussprüfer die volle Eigenverantwortung für den konsolidierten Bestätigungsvermerk trägt und damit die Kontrolldichte der Konzernabschlussprüfung intensiviert wird.[9] Diese Rechtslage reflektiert auch ISA [DE] 600.

Die klare Positionierung zum Verhältnis der Jahresabschlussprüfung einbezogener Aufgabenträger und der Gesamtabschlussprüfung hat der Gesetzgeber in NRW – ohne Begründung – aufgegeben. Gem. § 116 Abs.7 GemO NRW i. d. F vom 18. Dezember 2018 mussten die Jahresabschlüsse der verselbstständigten Aufgabenbereiche in die Prüfung des Gesamtabschlusses nicht einbezogen werden, wenn diese nach gesetzlichen Vorschriften geprüft worden sind. Die Gemeindeordnungen von Baden-Württemberg und Sachsen sprechen beispielsweise davon, bei der Prüfung des Gesamtabschlusses vorhandene Jahresabschlussprüfungen zu „berücksichtigen".[10] In anderen Bundesländern wie Bayern, Brandenburg und Hessen findet sich dazu keine Aussage.

350 Ohne eine ausdrückliche Privilegierung durch den Gesetzgeber wäre aber wegen der Eigenverantwortlichkeit des Prüfers für sein Prüfungsurteil grundsätzlich davon auszugehen, dass auch die Rechnungsprüfung die Arbeit der Abschlussprüfer einbezogener Aufgabenträger nicht ungeprüft übernehmen kann, soweit sie für die Prüfung des Gesamtabschlusses wesentlich sein könnte.

Das, unter *O.V. Auswirkungen auf die Gesamtabschlussprüfung* dargestellte, allgemeine Verhältnis zwischen Rechnungsprüfung und Abschlussprüfung bei Unternehmen in privatrechtlichen Organisationsformen lässt aber eine Übernahme des Prüfungsurteils auch bei Aufgabenträgern in anderen Organisationsformen sinnvoll erscheinen und entspricht wohl der Intention des Gesetzgebers auch dort, wo er sich nicht ausdrücklich dazu geäußert hat. Die insoweit reduzierte Verantwortung der Rechnungsprüfung im Rahmen der Gesamtabschlussprüfung sollte im Prüfungsurteil zum Ausdruck gebracht werden.

351 IDR L 300 wählt einen Mittelweg. Der Rechnungsprüfer soll nach pflichtgemäßem Ermessen entscheiden und dokumentieren, inwieweit er eigene Prüfungshandlungen im Hinblick auf die Jahresabschlüsse der einbezogenen Aufgabenträger vornimmt.[11] Er kann die Ergebnisse des Prüfers des Einzelabschlusses ohne weitere Prüfungshandlungen übernehmen, wenn er

zuvor dessen hinreichende Qualifikation festgestellt hat.[12] Diese wird

9 BeckOK HGB/*Schorse/Morfeld*, HGB, § 317 Rn. 33–36.
10 § 110 Abs. 1 S. 2 GemO BW, § 104 Abs. 1 S. 2 2. HS. GemO Sachsen.
11 IDR L 300 2.2, Tz. 2.

regelmäßig bei der Befähigung zur Durchführung gesetzlicher Pflichtprüfungen gem. § 316 HGB vorliegen. Dann informiert sich der Rechnungsprüfer aus der Durchsicht des Prüfungsberichts des Abschlussprüfers.[13] Wird eine Übernahme abgelehnt, dann setzt die Verwertung der Prüfungsergebnisse des Prüfers des Einzelabschlusses voraus, dass der Rechnungsprüfer die durchgeführte Arbeit überprüft und dokumentiert.[14] Der Standard schlägt als Prüfungshandlungen Erörterungen der Prüfungsfeststellungen mit dem Prüfer des Einzelabschlusses, die Teilnahme an wesentlichen prüfungsbezogenen Besprechungen mit den Vertretern der geprüften Aufgabenträger und die Einsichtnahme in die Arbeitspapiere des Prüfers des Einzelabschlusses vor.[15]

Allerdings steht dem Konzernabschlussprüfer gem. § 320 Abs. 3 S. 2 2. HS. i. V. m. Abs. 2 HGB ein Auskunftsrecht gegenüber den Prüfern aller einbezogenen Unternehmen im Geltungsbereich des HGB zu. Die Rechnungsprüfung als Prüfer des Gesamtabschlusses verfügt nicht über ein solches Auskunftsrecht, das sich auch nicht aus §§ 54, 44 HGrG ableiten lässt. *352*

Wo es handelsrechtlich, wie gegenüber einbezogenen Unternehmen mit Sitz im Ausland, an einem gesetzlichen Auskunftsrecht fehlt, muss der Konzernabschlussprüfer bereits im Rahmen der Auftragsannahme darauf hinwirken, dass ihm durch die Konzernleitung vergleichbare Auskunftsrechte vertraglich eingeräumt werden.[16] Diesen Weg könnte auch die Rechnungsprüfung gehen, wenn die Kommune z. B. als Gesellschafterin über die notwendigen Rechte verfügt, um die einbezogenen Aufgabenträger zu verpflichten, in ihre vertraglichen Beziehungen mit ihrem Abschlussprüfer ein entsprechendes Auskunftsrecht für die Rechnungsprüfung für Zwecke des Gesamtabschlusses aufzunehmen oder wenn sie selber die Aufträge für die Jahresabschlussprüfung bei kommunalen Unternehmen erteilt *(s. O. Prüfung kommunaler Unternehmen).*

Eine Konzernabschlussprüfung nach ISA [DE] 600 und damit auch eine Gesamtabschlussprüfung, die sich dessen Anforderungen unterwirft, läuft wie folgt ab: *353*

Als erstes muss sich der Konzernabschlussprüfer ein hinreichendes Verständnis des Konzerns und seines Umfeldes verschaffen mit dem Ziel, die Risiken wesentlicher falscher Angaben zu identifizieren. Zu diesem Zweck sammelt und bewertet er Informationen zum Prozess zur Aufstellung des

12 IDR L 300 2.2, Tz. 5.
13 IDR L 300 2.2, Tz. 4.
14 IDR L 300 2.2, Tz. 6.
15 IDR L 300 2.2, Tz. 7.
16 Vergl. ISA [DE] 600, A14 ff.

Konzernabschlusses, einschließlich der vorgesehenen Konsolidierungsmaßnahmen, zur Konzernbilanzierungsrichtlinie und zu den rechnungslegungsbezogenen konzernweiten Kontrollen. Im Kontext des kommunalen Gesamtabschlusses sind dies z. B. die Wirtschaftsplanung und Zwischenberichtserstattung der Beteiligungsunternehmen und das Berichtswesen, das zur Vermeidung eines Verstoßes gegen das Beihilfeverbot gem. Art. 107 AEUV oder zur Einhaltung der Bedingungen für eine In-house-Beauftragung eingerichtet wurde.

Neben dieser Konzernsicht muss der Konzernabschlussprüfer auch aus dem Kreis der einzubeziehenden Unternehmen und Teilkonzerne, die **Teilbereiche** identifizieren, die für den Konzernabschluss bedeutsam sind, weil aus ihnen Risiken für wesentliche Fehler für den Konzernabschluss resultieren.[17]

Dazu gehört auch die Information, wer die Prüfer bedeutsamer Teilbereiche sind und ob die Verwertung ihrer Ergebnisse grundsätzlich möglich ist. Dies setzt voraus, dass die Teilbereichsprüfer die für die Konzernabschlussprüfung maßgeblichen Berufspflichten beachten werden und insbesondere unabhängig sind, die Teilbereichsprüfer über ausreichende fachliche Kompetenzen verfügen, der Konzernabschlussprüfer im erforderlichen Umfang in die Tätigkeit der Teilbereichsprüfer eingebunden werden kann und die Teilbereichsprüfer in einem regulatorischen Umfeld tätig sind, in dem Abschlussprüfer aktiv beaufsichtigt werden.[18]

354 Der Konzernabschlussprüfer teilt den Teilbereichsprüfern seine Wesentlichkeitsgrenzen und Nichtaufgriffsgrenze für den Konzernabschluss als Ganzes mit. Diese müssen dann eigene Teilbereichswesentlichkeiten festlegen, die berücksichtigen, dass die Summe der nicht korrigierten und nicht aufgedeckten falschen Angaben aus allen Teilbereichen die Wesentlichkeitsschwelle für den Konzern nicht überschreiten darf. Der Konzernabschlussprüfer beurteilt die Angemessenheit der gewählten Schwellen. Alternativ gibt der Konzernabschlussprüfer dem Prüfer des Teilbereiches eine Wesentlichkeitsgrenze für den Teilbereichsabschluss als Ganzes und ggf. für einzelne Aussagen und eine Nichtaufgriffsgrenze vor.[19] Für die Ermittlung der Teilbereichswesentlichkeiten durch den Konzernabschlussprüfer werden drei verschiedene Methoden vorgeschlagen:[20] Entweder als Abschlag von der Konzernwesentlichkeit oder auf der Grundlage der Rechnungslegung des Teilbereichs oder durch Verteilung einer im Vorfeld ermittelten

17 ISA [DE] 600, Tz.12.

18 ISA [DE] 600, Tz.19.

19 F&A zu ISA 600 bzw. IDW PS 320 n. F. 6.8

20 F&A zu ISA 600 bzw. IDW PS 320 n. F. 6.3.

Summe der Teilbereichswesentlichkeiten auf die Teilbereiche auf Basis der relativen Bedeutung des Teilbereichs.

Der Standard unterscheidet zwischen **bedeutsamen Teilbereichen** und nicht bedeutsamen Teilbereichen. Teilbereiche können für den Konzernabschluss entweder **aufgrund** ihres **wirtschaftlichen Gewichts** bedeutsam sein oder weil aus ihnen bedeutsame Risiken wesentlicher falscher Angaben im Konzernabschluss resultieren.

Nur bei wirtschaftlich bedeutsamen Teilbereichen muss eine Prüfung der Rechnungslegungsinformationen als Ganzes erfolgen, dies kann durch den Konzernabschlussprüfer selber geschehen oder durch den Teilbereichsprüfer, wenn der Konzernabschlussprüfer dessen Ergebnis verwerten kann.[21] Die Festlegung, was ein wirtschaftlich bedeutsamer Teilbereich ist, unterliegt dem pflichtgemäßen prüferischen Ermessen, zumeist wird eine Prozentzahl auf eine Bezugsgröße angewendet. Als geeignete Bezugsgröße nennt der Standard wahlweise Vermögenswerte, Verbindlichkeiten, Cashflows, Gewinn oder Umsatz des Konzerns, als Prozentsatz gibt er mit 15 % einen Anhaltspunkt.[22] Offen bleibt, ob bei der Bezugsgröße auf konsolidierte oder nicht konsolidierte Werte abzustellen ist. Konsolidierte Größen bilden besser die Bedeutung für den Konzernabschluss, unkonsolidierte Werte die Bedeutung für die Geschäftstätigkeit des Konzerns ab. In der Praxis werden zu diesem Zeitpunkt in der Planung nicht immer schon konsolidierte Daten vorliegen.[23] 355

	Kommune	**Aufgaben-träger 1**	**Aufgaben-träger 2**	**Aufgaben-träger 3**	**Summe**
Gesamtbetrag der Aufwendungen	100	150	20	5	275
Anteil am Gesamtbetrag	36	55	7	2	100
wirtschaftlich bedeutsamer Teilbereich	ja	ja	nein	nein	

Der kommunale Konzern besteht aus der Kommune und drei Aufgabenträgern. Als Bezugsgröße wird der Gesamtbetrag der Aufwendungen gewählt, da Hauptzweck der Aufgabenträger die Erfüllung kommunaler Aufgaben ist. Die Kommune selber und Aufgabenträger 1 werden so als wirtschaftlich bedeutsame Teilbereiche identifiziert

21 ISA [DE] 600, Tz.22.
22 ISA [DE] 600, A5.
23 WP Handbuch L, Tz. 1308, 17. Aufl. 2021, IDW-Verlag.

Bedeutsame Risiken kann der Konzernabschlussprüfer auch nur durch die Prüfung von bestimmten Kontensalden, Arten von Geschäftsvorfällen oder Abschlussangaben, die im Zusammenhang mit den bedeutsamen Risiken stehen oder durch spezifische Prüfungshandlungen im Hinblick auf die bedeutsamen Risiken adressieren[24], die er selber vornimmt oder mit denen er den Teilbereichsprüfer beauftragt.

Für **nicht bedeutsame Teilbereiche** werden in einem ersten Schritt analytische Prüfungshandlungen auf Konzernebene durchgeführt.[25] Anschließend beurteilt der Konzernabschlussprüfer, ob er aufgrund der Prüfung der wirtschaftlich bedeutsamen Teilbereiche und der Prüfung der bedeutsamen Risiken bereits ausreichend Aussagesicherheit für die wesentlichen Posten des Konzernabschlusses erlangt hat.[26] In der Praxis wird dies z. B. bei einer Abdeckung von 80 % des Postens angenommen. Gelingt ihm das nicht, muss er für ausgewählte, nicht bedeutsame Teilbereiche entweder Prüfungshandlungen zu einzelnen Aussagen durchführen oder deren Finanzinformationen einer prüferischen Durchsicht unterziehen. Die Auswahl der Teilbereiche und der Prüfungshandlungen sollen im Zeitablauf variieren und ein Überraschungsmoment schaffen.[27] Bei der prüferischen Durchsicht wird insbesondere auf eine hinreichende Aussagesicherheit verzichtet und nur die Plausibilität festgestellt.[28]

Im Beispiel wird für den Gesamtabschluss eine Wesentlichkeit von 40 festgelegt. Für die Kommune und den Aufgabenträger 1 als wirtschaftlich bedeutsame Teilbereiche eine Wesentlichkeit von 24 bzw. 28. Die Prüfung der Finanzinformationen bzw. Jahresabschlussprüfung dieser Teilbereiche wird mit mindestens dieser Wesentlichkeit durchgeführt.

	Zusammen-gefasste Rechnung	Kommune	Aufgaben-träger 1	Aufgaben-träger 2	Aufgaben-träger 3	Abdeckung aufgrund Prüfung wirtschaftlich bedeut. TB absolut	Abdeckung aufgrund Prüfung wirtschaftlich bedeut. TB relativ % (7/2)	Abdeckung aufgrund PH zu bedeut-samen Risiken absolut	Abdeckung aufgrund PH zu bedeut-samen Risiken relativ % (9/2)	Abdeckung aufgrund weiterer PH für eine hinreichende Aussage-sicherheit absolut	Abdeckung aufgrund weiterer PH für eine hinreichende Aussage-sicherheit relativ % (11/2)	**Summe Abdeckung relativ %** (8+10+12)
1	2	3	4	5	6	7	8	9	10	11	12	13
Posten 1	**60**	**24**	**30**	5	2	54	90					**90**
Posten 2	36	17	15	3	3							
Posten 3	**75**	15	**35**	12	17	35	47	15	20	17	23	**90**
Posten 4	**115**	**66**	27	8	19	66	57	27	23			**80**
Posten 5	36	10	22	1	8							
Posten 6	**84**	5	**44**	8	34	44	52			34	40	**92**
Wesentlichkeit	**40**	**24**	**28**									

Nach dieser Planung kann für die Aussagen des Posten 1 des Gesamtabschlusses bereits eine hinreichende Aussagesicherheit erreicht werden. Einzelne bedeutsame Risiken werden im Posten 3 bei der Kommune und im Posten 4 beim Aufgabenträger 1 identifiziert und sollen durch geeignete Prüfungshandlungen adressiert werden. Damit würde bei den Aussagen von Posten 4 eine hinreichende Aussagesicherheit für den Gesamtabschluss erreicht. Um jetzt auch für die

24 ISA [DE] 600, Tz. 27.

25 ISA [DE] 600, Tz. 28.

26 WP Handbuch L, Tz. 1323, 17. Aufl. 2021, IDW-Verlag.

27 ISA [DE] 600, Tz.29.

28 IDW PS 900.

auf Gesamtabschlussebene wesentlichen Posten 3 und 6 und deren Aussagen hinreichende Aussagesicherheit zu gewinnen, ist geplant, diese Aussagen und Posten beim Aufgabenträger 3 zu prüfen.

Soll bei bedeutsamen Teilbereichen die Arbeit eines anderen Prüfers verwertet werden, schaltet sich der Konzernabschlussprüfer in jeder Phase der Arbeit dieses Prüfers ein. Mit den Abschlussprüfern dieser Teilbereiche muss er eine wirksame wechselseitige Kommunikation in jeder Phase der Prüfung einrichten.[29] *356*

Der Konzernabschlussprüfer ist bereits in die Risikobeurteilungen des Prüfers eines bedeutsamen Teilbereichs einzubinden. Das umfasst mindestens eine Erörterung der für den Konzern bedeutsamen Geschäftsaktivitäten des Teilbereichs mit dem Teilbereichsprüfer oder der Leitung des Teilbereichs; eine Erörterung mit dem Teilbereichsprüfer, inwiefern der Teilbereich anfällig ist für wesentliche falsche Angaben in der Rechnungslegung und schließlich eine Durchsicht der Dokumentation des Teilbereichsprüfers über festgestellte bedeutsame Risiken wesentlicher falscher Angaben.[30]

Konzern- und Teilbereichswesentlichkeiten müssen ausgetauscht werden.

Und schließlich muss der Konzernabschlussprüfer sicherstellen, dass ihm der Teilbereichsprüfer alle bedeutsamen Sachverhalte, Feststellungen und das Prüfungsurteil mitteilt und sie entweder mit diesem diskutieren oder aber an der Diskussion über die Sachverhalte zwischen dem Teilbereichsprüfer und der Leitung des Teilbereiches teilnehmen.[31] Art, Umfang, Zeitpunkte und Fristen der Berichterstattung des Teilbereichsprüfers an den Konzernabschlussprüfer sollten unbedingt vorab vereinbart werden.

Zu diesem Zweck übermittelt der Konzernabschlussprüfer den Teilbereichsprüfern **Prüfungsanweisungen**, für die die folgenden Mindestinhalte festgelegt wurden:[32] *357*

- die Aufforderung an den Teilbereichsprüfer zu erklären, dass er mit dem Konzernprüfungsteam zusammenarbeiten wird;
- die Art der vom Teilbereichsprüfer durchzuführenden Tätigkeit, die geplante Verwertung dieser Tätigkeit sowie Regelungen zur Koordinierung der Tätigkeiten in der Anfangsphase der Prüfung sowie während der Prüfung, einschließlich der geplanten Einbindung des Konzernabschlussprüfers in die Tätigkeit des Teilbereichsprüfers;

29 WP Handbuch L, Tz. 1347, 17. Aufl. 2021, IDW-Verlag.
30 WP Handbuch L, Tz. 1324, 17. Aufl. 2021, IDW-Verlag.
31 ISA [DE] 600, Tz. 30.
32 WP Handbuch L, Tz. 1313, 17. Aufl. 2021, IDW-Verlag.

- die für die Konzernabschlussprüfung maßgeblichen Berufspflichten, insbesondere die Unabhängigkeitsanforderungen;
- die Teilbereichswesentlichkeit und die Wesentlichkeitsgrenzen für bestimmte Arten von Geschäftsvorfällen, Kontensalden oder Abschlussangaben und die Nichtaufgriffsgrenze;
- eine Liste von dem Konzern nahestehenden Personen und anderer nahestehender Personen, die dem Konzernabschlussprüfer bekannt sind, sowie die Aufforderung, dass der Teilbereichsprüfer dem Konzernabschlussprüfer zeitgerecht nahestehende Personen mitteilt, die nicht festgestellt wurden;
- festgestellte bedeutsame Risiken falscher Angaben im Konzernabschluss, die für die Tätigkeit des Teilbereichsprüfers relevant sind, sowie die Aufforderung an den Teilbereichsprüfer, zeitgerecht alle anderen in dem Teilbereich festgestellten bedeutsamen Risiken wesentlicher falscher Angaben im Konzernabschluss sowie seine Reaktion auf diese Risiken mitzuteilen;
- Aufforderung zur Mitteilung aller bedeutsamen Sachverhalte, Feststellungen und des Prüfungsurteils an den Konzernabschlussprüfer, wenn die Tätigkeiten zu den Rechnungslegungsinformationen des Teilbereichs abgeschlossen sind.

Sinnvoll sind weitere Angaben, wie ein Zeitplan für die Durchführung der Prüfung oder die Aufforderung zur frühestmöglichen Mitteilung bedeutsamer oder ungewöhnlicher Ereignisse und Feststellungen.

Ziel des Austausches und der intensiven Befassung mit der Arbeit des Teilbereichsprüfers ist es, ein eigenes Urteil des Konzernabschlussprüfers zu gewährleisten.

Dies ist insbesondere auch bei der zeitlichen Planung der Prüfung des Gesamtabschlusses zu berücksichtigen, die beginnen muss, bevor wesentliche Teilbereiche ihren Prüfer beauftragen, also bevor das zu prüfende Jahr abgelaufen ist, im Falle einer Ausschreibung des Prüfungsauftrages auch schon früher und damit deutlich vor Aufstellung des Gesamtabschlusses für dieses Jahr.

2. Zur Unterstützung bei der Prüfung der Erstellung des Gesamtabschlusses

358 Durch eine Übernahme des Prüfungsurteils der Prüfer einbezogener Abschlüsse ließe sich eine so intensive Befassung der Rechnungsprüfung mit den einbezogenen Abschlüssen vermeiden, eine Kooperation mit deren Prüfern könnte aber dennoch sinnvoll und sogar nötig sein.

Sinnvoll ist sie da, wo unzweifelhaft nur eine Verantwortlichkeit der Rechnungsprüfung für die Prüfung der Einhaltung der Vorschriften zur Erstellung des Gesamtabschlusses, der Grundsätze ordnungsmäßiger Konzernrechnungslegung für Kommunen und der eigenen Konsolidierungsrichtlinie besteht, der Aufwand des Prüfers des Einzelabschlusses für eine Prüfung aber sehr viel geringer ist, als der einer Prüfung durch die Rechnungsprüfung. Dies gilt insbesondere für die Prüfungsaussagen, dass bei vollkonsolidierten Aufgabenträgern die Summen- und Saldenliste richtig auf den einheitlichen Konzernkontenplan in der Gliederung für die zusammengefasste Vermögens- und Ergebnisrechnung übergeleitet wurde; die weiteren Angaben z.B. für die Erstellung der Finanzrechnung richtig aus der Buchhaltung der Aufgabenträger entnommen wurden und vollständig sind; alle wesentlichen Bewertungsunterschiede angepasst wurden und die Bewertungen den für die Gemeinde geltenden Rechnungslegungsregeln entsprechen. Der Prüfer des Einzelabschlusses oder eines Teilkonzerns kann aufgrund seiner bei der Prüfung gewonnenen Erkenntnisse diese Aussagen sehr viel einfacher treffen, als die Rechnungsprüfung.

Die einbeziehungspflichtigen Aufgabenträger übermitteln die für die Erstellung des Gesamtabschlusses erforderlichen Informationen in einem sog. **Berichtspaket**. Das Berichtspaket definiert Art und Umfang der Informationen, zumeist durch einheitliche Formulare, Frage- und Erfassungsbögen, die die einbeziehungspflichtigen Aufgabenträger für die Erstellung zur Verfügung stellen müssen. Es wird empfohlen, das jeweilige Berichtspaket vom Prüfer des Einzelabschlusses prüfen zu lassen.[33] Dabei handelt es sich aber um einen gegenüber der Durchführung der Jahresabschlussprüfung gesonderten Auftrag, der dem Prüfer des Einzelabschlusses von seinem Auftraggeber rechtzeitig erteilt werden muss. Handelt es sich um ein rechtlich selbständiges Unternehmen und wird der Abschlussprüfer von einem Unternehmensorgan beauftragt, muss die Rechnungsprüfung auf die Kommunalorgane einwirken, die die Rechte der Kommune als Gesellschafterin oder Trägerin wahrnehmen, um eine entsprechende Beauftragung zu erreichen.

33 IDR L 300 2.6, Tz. 8.

O. Prüfung kommunaler Unternehmen

Die Kommune erfüllt ihre Aufgaben nicht nur unmittelbar, sondern auch mittelbar durch eigene rechtsfähige und nichtrechtsfähige Organisationen in den Rechtsformen des öffentlichen Rechts und des Privatrechts. Auch diese Tätigkeiten und das dabei gebundene Vermögen sollten umfassend geprüft werden. Ein Vergleich der Kommunalverfassungsgesetze der Länder ergibt ein uneinheitliches Bild. *359*

I. Unternehmen in der Privatrechtsform

1. Jahresabschlussprüfung

Wegen der kommunalrechtlich erforderlichen Haftungsbeschränkung sind Kapitalgesellschaften, GmbH und Aktiengesellschaft, die erste Wahl für eine unternehmerische Betätigung der Kommune in der Privatrechtsform. *360*

Gem. § 316 Abs. 1 HGB muss der Jahresabschluss von Kapitalgesellschaften, die die Größenmerkmale von § 267 Abs. 1 HGB überschreiten, geprüft werden. Die Gesellschafter wählen den Abschlussprüfer gem. § 318 Abs. 1 S. 1 HGB aus; dabei muss es sich grundsätzlich um einen Wirtschaftsprüfer oder eine Wirtschaftsprüfungsgesellschaft handeln. Ausnahmsweise kann es bei bestimmten mittelgroßen Gesellschaften auch ein vereidigter Buchprüfer oder eine Buchprüfungsgesellschaft sein. Besonderheiten gelten für kapitalmarktorientierte Gesellschaften aufgrund der EU-Verordnung zur Abschlussprüfung 537/2014.

Gegenstand und Umfang der Abschlussprüfung bezeichnen § 317 HGB: Es muss ein Prüfungsurteil darüber abgegeben werden, ob die gesetzlichen Vorschriften (für die Rechnungslegung) und sie ergänzende Bestimmungen des Gesellschaftsvertrags oder der Satzung beachtet worden sind oder ob Unrichtigkeiten und Verstöße gegen diese Vorschriften sich auf die Darstellung des sich nach § 264 Abs. 2 HGB ergebenden Bildes der Vermögens-, Finanz- und Ertragslage des Unternehmens wesentlich auswirken. § 317 Abs. 2 HGB verlangt ein Prüfungsurteil, ob der Lagebericht mit dem Jahresabschluss, sowie mit den bei der Prüfung gewonnenen Erkenntnissen des Abschlussprüfers in Einklang steht, er insgesamt ein zutreffendes Bild von der Lage des Unternehmens vermittelt, die Chancen und Risiken der künftigen Entwicklung zutreffend darstellt und die gesetzlichen Vorschriften zur Aufstellung beachtet worden sind.

361 Für den Anspruch einer kommunalen Finanzkontrolle, die die gesamte kommunale Aufgabenerfüllung – unabhängig von ihrer Organisation – umfasst, ergeben sich aus der bundesrechtlichen Rechtslage mehrere Defizite:

- Bei kleinen Kapitalgesellschaften findet keine Abschlussprüfung statt.
- Die handelsrechtliche Abschlussprüfung macht keine Aussagen zur allgemeinen Rechtmäßigkeit oder Wirtschaftlichkeit der Unternehmenstätigkeit.
- Die Organe der Rechnungsprüfung verfügen über kein eigenes gesetzliches Prüfungs- und Informationsrecht im Unternehmen und wegen der Gesetzgebungskompetenz des Bundes für das Gesellschaftsrecht kann der Landesgesetzgeber auch keines begründen.

362 Die Landesgesetzgeber wählen daher den Weg, den Kommunen aufzugeben, ihre Rechte als Gesellschafter und den Spielraum bei der Gestaltung der Gesellschaftsverträge zu nutzen.

Die Kommunalverfassungsgesetze verpflichten die Kommune, bei Beteiligung an der Gesellschaft dafür Sorge zu tragen, dass im Gesellschaftsvertrag bzw. der Satzung bestimmte Inhalte aufgenommen werden. Dies gilt in allen Fällen, wenn es sich um eine Mehrheitsbeteiligung im Sinne von § 53 Abs. 1 1. HS. HGrG handelt, für Minderheits- und mittelbare Beteiligungen ist die Verpflichtung zumeist abgeschwächt.

Die größere Anzahl verlangt, dass die Gesellschaft, unabhängig von der tatsächlichen Größe, wie eine große Kapitalgesellschaft geprüft wird.[1] Also eine Jahresabschlussprüfung von Wirtschaftsprüfern durchgeführt wird. Niedersachsen und Rheinland-Pfalz verlangen, dass, wenn keine handelsrechtliche Pflichtprüfung stattfinden muss, eine Prüfung wie bei Eigenbetrieben durchgeführt wird.[2] Brandenburg lässt die Wahl zwischen einer Regelung, die eine Prüfung nach den Vorschriften für die Eigenbetriebe vorsieht oder einer Regelung, die die Vorschriften für mittelgroße Kapitalgesellschaften nach dem HGB für anwendbar erklärt.[3] In allen Fällen wird so gewährleistet, dass auch bei kleinen Kapitalgesellschaften eine Jahresabschlussprüfung nach den handelsrechtlichen Vorschriften oder nach denen für Eigenbetriebe stattfindet.

Die inhaltlichen Grenzen einer handelsrechtlichen Abschlussprüfung sollen dadurch ausgeweitet werden, dass der Auftrag an den Abschlussprüfer erweitert wird. Auch dies soll durch Regelungen in der Satzung sicher-

---

1 Z.B. § 122 Abs. 1 Nr. 4 HGO, § 133 Abs. 1 Nr. 3 KommVerfG Sachsen-Anhalt.
2 § 158 Abs. 1 Nds. KommVerfG; § 89 Abs. 6 GemO RLP.
3 § 96 Abs. 1 Nr. 4 KommVerfG Brandenburg.

gestellt werden. Dabei bezeichnet eine Bezugnahme auf § **53 HGrG** den Umfang der Auftragserweiterung. Die Vorschrift nennt diese Prüfungsgegenstände:

- die Ordnungsmäßigkeit der Geschäftsführung,
- die Entwicklung der Vermögens- und Ertragslage sowie
- die Liquidität und Rentabilität der Gesellschaft,
- die verlustbringenden Geschäfte und die Ursachen der Verluste, wenn diese Geschäfte und die Ursachen für die Vermögens- und Ertragslage von Bedeutung waren und
- die Ursachen eines in der Gewinn- und Verlustrechnung ausgewiesenen Jahresfehlbetrages.

Die Wirtschaftsprüferin bedient sich bei dieser **Erweiterung des Prüfungsauftrags** des Fragenkatalogs zur Prüfung der Ordnungsmäßigkeit der Geschäftsführung und der wirtschaftlichen Verhältnisse nach § 53 HGrG (IDW PS 720). Er wurde gemeinsam durch Mitglieder des Fachausschusses für öffentliche Unternehmen und Verwaltungen des IDW sowie Vertretern des Bundesfinanzministeriums, des Bundesrechnungshofs und der Landesrechnungshöfe erarbeitet. Auch eine so erweiterte Abschlussprüfung stellt keine umfassende Prüfung der Rechtmäßigkeit und Wirtschaftlichkeit der Unternehmenstätigkeit dar. *363*

In der Regel – Ausnahmen bilden Schleswig-Holstein und Mecklenburg-Vorpommern, wo die Organe der überörtlichen Prüfung den Auftrag erteilen,[4] wenn keine handelsrechtliche Pflichtprüfung durchgeführt wird – vergeben die Unternehmensorgane den erweiterten Prüfungsauftrag an den Wirtschaftsprüfer und erhalten daher den Prüfungsbericht und weitere Informationen aus der Prüfung. Vertreterinnen der Kommune als Mitglieder von Unternehmensorganen haben Anspruch auf den Prüfungsbericht, darüber hinaus ist das Unternehmen aber auch durch Bestimmung im Gesellschaftsvertrag/in der Satzung verpflichtet, den Prüfungsbericht des Abschlussprüfers unverzüglich der Kommune zuzuleiten. Der bei Jahresabschlussprüfungen übliche sog. Management Letter mit Hinweisen aus der Prüfung auf Schwächen oder Mängel, die nicht Eingang in den Prüfungsbericht finden mussten, soll vom Prüfer nicht nur der Geschäftsführerin oder dem Vorstand, sondern mindestens der Vorsitzenden des Aufsichtsrates zugeleitet werden.[5]

---

4 § 9 Abs. 1 KPG SH; § 13 Abs. 2 KPG MV.

5 *Breitenbach,* E.IV. Prüfungswesen, Tz. 235 in: Wurzel/Schraml/Gaß (Hrg.) Rechtspraxis der kommunalen Unternehmen, Verlag C. H. Beck, 4. Aufl. 2021.

2. Rechnungsprüfung

Die fehlenden Prüfungsrechte müssen ebenfalls durch Aufnahme in die Satzung begründet werden. Die Kommunalverfassungsgesetze verwenden zumeist eine Formulierung, wonach die „in **§ 54 HGrG** vorgesehenen **Befugnisse**“ eingeräumt werden sollen. § 54 HGrG berechtigt die „Rechnungsprüfungsbehörde der Gebietskörperschaft zur Klärung von Fragen, die bei der Prüfung nach § 44 auftreten,“ sich unmittelbar zu unterrichten und zu diesem Zweck den Betrieb, die Bücher und die Schriften des Unternehmens einzusehen. Die Prüfung nach § 44 HGrG ist eine Prüfung der Betätigung der Gebietskörperschaft bei Unternehmen in einer Rechtsform des privaten Rechts, unter Beachtung kaufmännischer Grundsätze. Da beide, örtliche und überörtliche Prüfung Rechnungsprüfungsbehörde der Kommune sind, muss das Recht in der Satzung bei fehlender kommunalrechtlicher Differenzierung sowohl für die örtliche als auch die überörtliche Prüfung begründet werden, eine nicht differenzierende Formulierung in der Satzung ist so auszulegen, dass beide berechtigt werden.[6]

364 Das durch die Satzung unter Verweis auf § 54 HGrG vermittelte Prüfungsrecht berechtigt also im Rahmen einer **Betätigungsprüfung**. Hier wird nicht das Unternehmen selber, sondern die Betätigung der Kommune als Gesellschafterin, Aktionärin oder Mitglied dieses Unternehmens geprüft. Zeitlich erstreckt sich die Prüfung von der Gründung bzw. Beteiligung bis zur Veräußerung, inhaltlich auf Voraussetzungen, Art und Weise, sowie die Ergebnisse der wirtschaftlichen Betätigung.[7] Die Prüfungsurteile der Betätigungsprüfung sind daher:

- Die Vorschriften des kommunalen Unternehmensrechts wurden eingehalten und
- die kommunalen Interessen in den Organen des Unternehmens wurden gewahrt.

Wurden eigene Grundsätze guter Unternehmens- und Beteiligungsführung erlassen, ist auch deren Einhaltung zu prüfen. Ansonsten kann auf den Public Corporate Governance Kodex des Bundes (PCGK) und die Richtlinien für eine aktive Beteiligungsführung bei Unternehmen mit Bundesbe-

6 *Breitenbach,* E.IV. Prüfungswesen, Tz. 196 in: Wurzel/Schraml/Gaß (Hrg.) Rechtspraxis der kommunalen Unternehmen, Verlag C. H. Beck, 4. Aufl. 2021.

7 *Dünchheim*, Das transparente Stadtwerk? – Auskunftspflichten nach Informationsfreiheitsgesetz, Pressegesetz und Kommunalverfassungsrecht, KommJur 2016, 441.

teiligung[8] für die Auslegung unbestimmter Rechtsbegriffe zurückgegriffen werden.

Daraus ergeben sich die folgenden Prüfungsaussagen,[9] die entsprechend der Rechtslage je Bundesland weiter differenziert und ergänzt werden müssen: 365

- Einhaltung der allgemeinen Zulässigkeitsvoraussetzungen für eine wirtschaftliche Betätigung,
- Einhaltung der Zulässigkeitsvoraussetzungen für eine privatrechtliche Beteiligung,
- Wirtschaftlichkeit der Rechtsformwahl,
- Sicherung der Rechte der Kommune durch entsprechende Ausgestaltung der Satzung/des Gesellschaftsvertrags, einschließlich der Sonderbestimmungen bei mittelbarer Beteiligung,
- Erfüllung der so begründeten Verpflichtungen durch das Unternehmen,
- Wahrnehmung der Aufgaben in den Organen des Unternehmens durch die Vertreter der Kommune, durch Ausübung ihres Einflusses, Überwachung der Geschäftsführung und Vertretung der Interessen der Kommune,[10]
- Beachtung von Weisungen und Berichtspflichten durch die Vertreter der Kommune und Einbeziehung der kommunalen Vertretungskörperschaft in Entscheidungsprozesse durch sie im erforderlichen Maße,
- Sinnvolle Aufteilung der Aufgaben und Zuständigkeiten zwischen den Organen und bei der inneren Ordnung der Organe,
- Vergütung der Organwalter ist angemessen und wurde erforderlichenfalls an die Kommune abgeliefert,
- Einhaltung der Berichtspflichten der Kommune über die Beteiligung,
- Ausgewogene Verteilung der Risiken und Lasten zwischen der Kommune und der Gesellschaft bzw. zwischen der Kommune und anderen Gesellschaftern/Aktionären/Mitgliedern,

---

8 Hrg. BMdF i. d. F. vom 16. 9. 2020 unter https://www.bundesfinanzministerium.de/Content/DE/Standardartikel/Themen/Bundesvermoegen/Privatisierungs_und_Beteiligungspolitik/Beteiligungspolitik/grundsaetze-guter-unternehmens-und-aktiver-beteiligungsfuehrung.html

9 Rechnungshof Rheinland-Pfalz, Kommunalbericht 1999, Tz. 4, Landtagsdrucksache 13/2987 unter https://www.rechnungshof-rlp.de; *Breitenbach*, E.IV. Prüfungswesen, Tz. 241 in: Wurzel/Schraml/Gaß (Hrg.) Rechtspraxis der kommunalen Unternehmen, Verlag C. H. Beck, 4. Aufl. 2021.

10 Vergl. Eibelshäuser, Mühlhausen, Nowak Rechnungshofkontrolle und Insiderbegriff ZögU 2005 S. 377.

- Angemessene Ausgestaltung der Leistungsbeziehungen zwischen der Kommune und der Gesellschaft einschließlich Ausschüttungen und Gesellschafterfinanzierung und Beachtung des Beihilfeverbotes gem. Art. 107 AEUV,
- Wirtschaftsplanung und mittelfristige Finanzplanung erscheinen realistisch und lassen keine übermäßigen Risiken für den kommunalen Haushalt erkennen, die Investitionsplanung ist angemessen,
- Eine Abstimmung der Wirtschaftsplanung mit der Haushaltsplanung hat stattgefunden,
- Eine Beteiligungsverwaltung ist bei der Kommune eingerichtet, die nicht nur die Einhaltung der formellen Anforderungen, sondern auch eine sachzielorientierte Beteiligungssteuerung gewährleistet und die Vertreter der Kommune in den Organen entsprechend unterstützt,
- Beteiligungen wurden nicht unter dem vollen Wert veräußert, eine angemessene Wertermittlung hat stattgefunden.

366 Für die Betätigungsprüfung stehen in erster Linie die Unterlagen zur Verfügung, die die Kommune als Gesellschafterin/Aktionärin oder Mitglied oder als Vertragspartnerin besitzt und solche, die sie von den kommunalen Vertretern in den Organen erhält:

- Satzungen/Gesellschaftsverträge
- Geschäftsordnungen
- Verträge der Kommune mit der Gesellschaft
- Protokolle von Aufsichtsratssitzungen und Beschlüsse, Berichte des Aufsichtsrates und einzelner Mitglieder
- Niederschriften von Gesellschafter- und Hauptversammlungen
- Berichte der Geschäftsführung/des Vorstands an den Aufsichtsrat
- Wirtschaftspläne und mittelfristige Finanzpläne, Zwischenberichterstattungen und Jahresabschlüsse
- Geschäftsberichte
- Berichte des Jahresabschlussprüfers oder eines Sonderprüfers, Management Letter

367 Die gesellschaftsrechtliche Verschwiegenheitspflicht der Organwalter über Angelegenheiten der Gesellschaft besteht auch bei einer Aktiengesellschaft für Vertreter der Kommune im Rahmen einer durch Gesetz, Satzung oder sonstiges schriftliches Rechtsgeschäft begründeten Berichtspflicht gegenüber der Kommune nicht,[11] die entsprechenden Unterlagen müssen daher

11 *Dünchheim*, Das transparente Stadtwerk? – Auskunftspflichten nach Informationsfreiheitsgesetz, Pressegesetz und Kommunalverfassungsrecht, KommJur 2016, 441.

von der Beteiligungsverwaltung systematisch gesammelt und ausgewertet werden.

Aus der Prüfung dieser Unterlagen können sich Anhaltspunkte für weitere Fragestellungen ergeben, die nicht auf dieser Grundlage beantwortet werden können. So kann der beantwortete Fragenkatalog des Abschlussprüfers oder das Protokoll einer Aufsichtsratssitzung Hinweise auf Verstöße gegen Vergabevorschriften, unangemessene Verträge mit Dritten oder Feststellungen aus Betriebsprüfungen, Prüfungen der Sozialversicherungsträger, von Aufsichtsbehörden oder der Innenrevision geben. Um den dadurch aufgeworfenen Fragen nachgehen zu können, muss sich die Rechnungsprüfung dann unmittelbar bei der Gesellschaft unterrichten und zu diesem Zweck den Betrieb, die Bücher und die Schriften des Unternehmens einsehen können.[12] Dieses Recht besteht, wenn es wie kommunalrechtlich gefordert in der Satzung/dem Gesellschaftsvertrag verankert wurde. *368*

Die zweistufige Vorgehensweise der Betätigungsprüfung öffnet ein Fenster, innerhalb dessen – bei Vorliegen konkreter Anhaltspunkte und beschränkt auf diesen Ausschnitt – die Rechnungsprüfung auch die Rechtmäßigkeit und Wirtschaftlichkeit der Unternehmenstätigkeit prüfen kann. Ansonsten ist das Auskunfts- und Einsichtsrecht durch den Umfang des Prüfungsrechts beschränkt. *369*

Der **Auskunfts- und Einsichtnahme-Anspruch gem. § 51a GmbHG** steht dem Gesellschafter, der Kommune, nicht unmittelbar der örtlichen Rechnungsprüfung zu, könnte aber im Auftrag der Kommune durch die örtliche oder überörtliche Prüfung ausgeübt werden. Insbesondere stellt die Nutzung dieses Rechtes für Zwecke der Rechnungsprüfung keinen gesellschaftsfremden Zweck dar. Eine Nutzung dieses Auskunftsanspruches für eine umfassende, regelmäßige Prüfung der Unternehmenstätigkeit wäre jedoch unverhältnismäßig.[13] Besteht allerdings ein konkreter Anlass für die Ausübung dieses Rechts durch die Kommune, kann die Rechnungsprüfung als Sachverständige mit der Wahrnehmung dieses Rechts betraut werden, insbesondere bietet die Rechnungsprüfung die Gewähr für die erforderliche Verschwiegenheit. Auf dieser Grundlage könnte die Rechnungsprüfung Sonderprüfungen im Unternehmen durchführen.[14]

12 *Gießen*, Die Informations- und Prüfungsrechte der Gemeinden gegenüber Beteiligungsunternehmen in der Gemeindehaushalt, 10/1989, S. 223–225.

13 *Schindler*, § 51a Auskunfts- und Einsichtsrecht, Rn. 40–43 in: BeckOK GmbHG, *Ziemons/Jaeger*, GmbHG, 31. Edition, Stand: 01. 05. 2017.

14 *Breitenbach*, E.IV. Prüfungswesen, Tz. 250 in: Wurzel/Schraml/Gaß (Hrg.) Rechtspraxis der kommunalen Unternehmen, Verlag C. H. Beck, 4. Aufl. 2021.

370 Die **örtliche Rechnungsprüfung** wird von den meisten Landesgesetzgebern ausdrücklich zur Betätigungsprüfung verpflichtet,[15] in einigen Bundesländern muss sie dazu vom zuständigen Kommunalorgan beauftragt werden.[16] Wo die Betätigungsprüfung nicht genannt ist, handelt es sich um einen Ausschnitt der allgemeinen Recht- und Ordnungsmäßigkeitsprüfung der Kommune, zu der die örtliche Rechnungsprüfung, da sich diese Sachverhalte im Jahresabschluss niederschlagen, mindestens im Rahmen der Jahresabschlussprüfung verpflichtet und berechtigt ist.

Dasselbe gilt auch für die **überörtliche Prüfung**, die aber auf die Rechte nach § 54 HGrG nur zurückgreifen kann, wenn diese – zumindest im Wege der Auslegung – auch zu ihren Gunsten in Gesellschaftsvertrag oder Satzung verankert wurde. Der Ansatz der vergleichenden Prüfung, der der überörtlichen Prüfung offen steht, ermöglicht unter Umständen auch Aussagen zur Wirtschaftlichkeit der Unternehmenstätigkeit.

371 In einigen Kommunalverfassungsgesetzen ist örtliche Rechnungsprüfung auch mit der Durchführung **vorbehaltener Prüfungen**, Buch-, Betriebs- und sonstige Prüfungen, die sich die Kommune bei der Hingabe eines Darlehens oder sonst vorbehalten hat, beauftragt. Umfang und Gegenstand sowie Prüfungs-, Auskunfts- und Einsichtsrechte können und müssen frei mit dem Unternehmen vereinbart werden.

372 Jahresabschlussprüfung und Betätigungsprüfung zusammen gewährleisten bei den kommunalen Aktivitäten in der Privatrechtsform nicht denselben Prüfungsumfang wie wenn die Kommune diese Tätigkeiten selber vornehmen würde. Die Organisationsprivatisierung führt zu einer geringeren Kontrolldichte.

Um diese Lücken zu schließen, räumt Sachsen[17] der – örtlichen und überörtlichen – Rechnungsprüfung, Baden-Württemberg und Rheinland-Pfalz[18] der überörtlichen Prüfung das Recht auf eine umfassende **Prüfung der Haushalts- und Wirtschaftsführung** von Gesellschaften ein, für die sich diese auf korrespondierende, zusätzlich in die in Satzung oder Gesellschaftsvertrag aufgenommene Rechte stützt.[19] Damit kann bei der gesam-

---

15 § 102 Abs. 1 S. 3 KommVerfG Brandenburg; In NRW Wahlaufgabe § 104 Abs. 2 Nr. 3 GemO NRW.

16 Z. B. § 112 Abs. 2 Nr. 3 GemO BW; § 131 Abs. 2 Nr. 6 HGO, § 155 Abs. 2 Nr. 4 nds. KommVerfG.

17 § 106 Abs. 2 Nr. 7 (örtl. Rechnungsprüfung) und § 109 Abs. 2 (überörtliche Rechnungsprüfung) GemO Sachsen.

18 § 103 Abs. 1 Nr. 5e), § 114 GemO Baden-Württemberg bzw. § 87 Abs. 1 Nr. 7c), § 110 Abs.5 GemO Rheinland-Pfalz.

19 § 103 Abs. 1 Nr. 5e) GemO Baden-Württemberg; § 87 Abs. 1 Nr. 7c) GemO Rheinland-Pfalz; § 96a Abs. 1 Nr. 11 GemO Sachsen.

ten kommunalen Aufgabenerfüllung unabhängig von der Organisationsform dieselbe Prüfungsdichte erreicht werden. Eingelöst werden wird ein solcher Anspruch aber nur bei ausreichenden Ressourcen der Rechnungsprüfung.

II. Kommunalunternehmen/rechtsfähige Anstalten des öffentlichen Rechts

Hier kann der Landesgesetzgeber die Rechtsverhältnisse vollständig selber *373* bestimmen. Gegenüber den rechtlich selbständigen Unternehmen bedürfen Prüfungs-, Auskunfts- und Einsichtsrechte jedoch einer Rechtsgrundlage in Form von gesetzlichen oder Satzungsbestimmungen.

Grundsätzlich sehen alle Kommunalverfassungsgesetze eine **Prüfung des Jahresabschlusses** vor. Eine Gruppe verlangt eine Prüfung entsprechend der großer Kapitalgesellschaften,[20] die also durch Wirtschaftsprüfer durchgeführt wird und in einigen Fällen entsprechend § 53 Abs. 1 erweitert wird.[21] Wenn nicht ausdrücklich wie in Schleswig-Holstein die örtliche oder in Mecklenburg-Vorpommern die überörtliche Rechnungsprüfung den Prüfungsauftrag erteilt, sind die Unternehmensorgane Auftraggeber.

Die andere Gruppe beauftragt die örtliche Rechnungsprüfung mit der Jahresabschlussprüfung.[22]

Gegenstand und Umfang der Abschlussprüfung orientiert sich zumeist an *374* der Prüfung gem. § 317 HGB und unterliegt damit auch deren Beschränkungen, teilweise umfasst sie auch die Rechtmäßigkeit und Wirtschaftlichkeit der Geschäftstätigkeit.

In Schleswig-Holstein kann die Gemeindevertretung der örtlichen Rechnungsprüfung auch die **Prüfung der Wirtschaftsführung** übertragen.[23] Neben Schleswig-Holstein haben auch Baden-Württemberg, Rheinland-Pfalz und Thüringen dieses Recht der überörtlichen Rechnungsprüfung zugesprochen.[24]

---

20 Z. B. § 114a Abs. 10 GemO NRW, § 95 Abs. 3 KommVerfG Brandenburg (kleine auch wie Eigenbetriebe).

21 Z. B. Art. 91 Abs. 1, Art. 107 Abs. 3 BayGO.

22 Z. B. § 102d Abs. 2 GemO Baden-Württemberg; § 126a Abs. 9 HGO, § 147 Abs. 1 i. V. m. § 157 nds. KommVerfG.

23 § 116 Abs. 2 Nr. 3 GemO Schleswig-Holstein.

24 § 7a KPG SH; § 102d Abs. 3 i. V. m. § 114 GemO BW; § 110 Abs. 5 GemO RLP; § 3 Abs. 1 ThürPrBG.

Wo keine weitergehenden Prüfungsrechte eingeräumt wurden, tritt neben die Jahresabschlussprüfung die **Prüfung der Betätigung** der Kommune als Trägerin der Anstalt nach den oben dargestellten Grundsätzen.[25]

Die Landesgesetzgeber haben entweder die Kommunen verpflichtet, die erforderlichen Auskunfts- und Einsichtsrechte für die örtliche und überörtliche Prüfung beim Unternehmen in die Unternehmenssatzung aufzunehmen, oder selber entsprechende Regelungen geschaffen.

III. Eigenbetriebe

375 Auch für den Eigenbetrieb verlangen sämtliche Kommunalverfassungsgesetze eine Jahresabschlussprüfung, angelehnt an die handelsrechtliche Prüfung, zumeist jedoch mit erweitertem Prüfungsumfang z. B. zur Ordnungsmäßigkeit der Geschäftsführung entweder durch einen Wirtschaftsprüfer[26] oder durch die örtliche Rechnungsprüfung[27], in Bayern und Nordrhein-Westfalen kann es auch die überörtliche Prüfung sein.[28]

Da der Eigenbetrieb ein rechtlich unselbständiges Sondervermögen der Kommune ist, bestehen für die Rechnungsprüfung, soweit nicht gesetzlich abweichend geregelt, dieselben, also umfassende Prüfungs-, Auskunfts- und Einsichtsrechte wie gegenüber der Kernverwaltung. Einige Kommunalverfassungen machen jedoch die Prüfung der Wirtschaftsführung des Eigenbetriebs durch die örtliche Rechnungsprüfung von einer Übertragung durch das zuständige Organ abhängig.[29]

IV. Rechtsformunabhängige Prüfungspflichten

Für einige Aufgabenbereiche, auf denen kommunale Unternehmen typischerweise tätig sind, ergeben sich rechtsformunabhängige Prüfungspflichten. So aufgrund § 6b Energiewirtschaftsgesetz für Strom- und Gasversorgungsunternehmen und Netzbetreiber, gem. § 75 Erneuerbare Energien Gesetz ebenfalls für einige Netzbetreiber und gem. § 30 Kraft-Wärme-Koppelungsgesetz für Betreiber entsprechender Anlagen. Dasselbe gilt gem. § 4 Abs. 3 S. 7 Krankenhausentgeltgesetz für Träger von Krankenhäusern und aufgrund Landesrecht in einigen Bundesländern für Krankenhäuser und Pflegeeinrichtungen.

25 Z. B. Art. 106 Abs. 4 BayGO.

26 Z. B. § 89 Abs. 1 GemO RLP, §§ 8–10 KPG SH.

27 Z. B. § 111 Abs. 1 GemO BW, § 106 KommVerfG Brandenburg, § 157 nds. KommverfG.

28 Art. 107 Abs. 1, 2 BayGO, § 103 Abs. 2 GemO NRW.

29 Z. B. § 155 Abs. 2 nds. KommVerfG, § 116 Abs. 2 GemO SH.

Bei Überschreiten der Größenkriterien des § 1 Publizitätsgesetz entstehen für Unternehmen in den Rechtsformen des § 3 Abs. 1 PublG Prüfungspflichten gem. § 6 PublG.

V. Auswirkungen auf die Gesamtabschlussprüfung

Für Zwecke der Gesamtabschlussprüfung muss deren Prüfer auch Informationen aus dem Rechnungswesen der einbezogenen Aufgabenträger prüfen *(s. N. Prüfung des Gesamtabschlusses)*, die sich nicht unmittelbar aus deren Jahresabschluss und dem Bericht des Jahresabschlussprüfers herauslesen lassen. Beispiele sind die Prüfungsaussagen, ob die Summen- und Saldenliste richtig auf den einheitlichen Konzernkontenplan in der Gliederung für die zusammengefasste Vermögens- und Ergebnisrechnung übergeleitet wurde oder ob weitere Angaben für die Erstellung der Finanzrechnung richtig aus der Buchhaltung der Aufgabenträger entnommen wurden. *376*

Eine ausdrückliche kommunalrechtliche Verpflichtung dafür, ein eigenes Prüfungsrecht zu begründen, fehlt; in einigen Bundesländern besteht die Verpflichtung, durch Bestimmung im Gesellschaftsvertrag die Gesellschaft zur Lieferung von Informationen für den Gesamtabschluss zu verpflichten. Der Wortlaut ist unterschiedlich „die sie für die Zusammenfassung der Jahresabschlüsse … für erforderlich hält“[30], „für die Aufstellung des Gesamtabschlusses … erforderliche Unterlagen“[31], „Aufklärung und Nachweise zu verlangen, die die Aufstellung des Gesamtabschlusses erfordert.“[32] Wegen des engen Wortlautes lässt sich daraus wohl kein umfassendes Recht zur Prüfung der Rechnungslegung eines einbezogenen Aufgabenträgers durch die Rechnungsprüfung ableiten.

Wo allerdings ein Recht zur Prüfung der Haushalts- und Wirtschaftsführung des Aufgabenträgers besteht, lässt es sich auch für Zwecke der Prüfung der Rechnungslegung des Aufgabenträgers im Rahmen einer Gesamtabschlussprüfung nutzen, schließlich dokumentiert der Aufgabenträger seine gesamte Wirtschaftsführung in seiner Buchführung und Rechnungslegung. Beide sind daher Grundlage jeder Prüfung der Wirtschaftsführung.

Das Verhältnis von Rechnungsprüfung und Abschlussprüfung bestimmt nicht nur die Frage, ob aus dem Recht zur Prüfung des Gesamtabschlusses auch ein Recht abzuleiten wäre, die gesamte Rechnungslegung eines bedeutsamen einbezogenen Aufgabenträgers zumindest so tief zu prüfen, dass wesentliche Fehler für den Gesamtabschluss ausgeschlossen werden *377*

30 § 112a Abs. 3 GemO Hessen.

31 § 103 Abs. 1 Nr. 5f GemO BW; § 96a Abs. 1 Nr. 10 GemO Sachsen.

32 § 116 Abs. 6 GemO NRW als gesetzlicher Anspruch formuliert.

können. Dieses Verhältnis ist auch relevant, wo eine Jahresabschlussprüfung durch Dritte, zumeist Wirtschaftsprüfer, durchgeführt wird und die Rechnungsprüfung das Recht zu einer weitergehenden Prüfung der Wirtschaftsführung hat und ebenso für die Frage, ob das Prüfungsurteil eines anderen Prüfers übernommen werden oder lediglich verwertet werden kann *(s N.III. Zusammenarbeit mit den Prüfern der einbezogenen Abschlüsse)*. Die Regelungen durch die Landesgesetzgeber sind spärlich und uneindeutig. Die eindeutige Regelung in § 116 Abs. 7 GemO NRW i. d. F vom 18. 12. 2018, wonach geprüfte Jahresabschlüsse einbezogener Aufgabenträger im Rahmen der Gesamtabschlussprüfung nicht nochmal geprüft wurden, hat der Gesetzgeber – ohne Begründung – aufgegeben. Die Gemeindeordnungen von Baden-Württemberg, Niedersachsen und Sachsen sprechen beispielsweise davon, bei der Prüfung des Gesamtabschlusses vorhandene Jahresabschlussprüfungen zu „berücksichtigen“.[33] In anderen Bundesländern wie Bayern, Brandenburg und Hessen findet sich dazu keine Aussage. In Bayern und Thüringen soll die Rechnungsprüfung bei der Prüfung der Wirtschaftsführung der Eigenbetriebe auf das Ergebnis einer Jahresabschlussprüfung „abstellen“.[34]

Da die Verteilung von Zuständigkeiten auch eine Verteilung von Ressourcen darstellt, spricht die Zurückhaltung der Landesgesetzgeber, umfassende Prüfungsrechte für die Rechnungsprüfung bei rechtlich selbständigen Unternehmen zu fordern oder im Fall der Anstalt festzulegen, für eine Beschränkung der eigenen Prüfung mit der Möglichkeit der Übernahme des Prüfungsurteils eines anderen Prüfers. Eine Klarstellung durch den Gesetzgeber wäre wünschenswert.

33 § 110 Abs. 1 S. 2 GemO BW, § 156 Abs. 2 nds. KommVerfG, § 104 Abs. 1 S. 2 2. HS. GemO Sachsen.

34 § 106 Abs. 3 S. 2 BayGO; § 84 Abs. 3 S. 2 Thüringer Kommunalordnung.

P. Kassenprüfung

I. Prüfungsaufgabe

Nach allen Kommunalverfassungsgesetzen obliegt Organen der Rechnungsprüfung die Prüfung der Kasse.[1] Neben einer Prüfung zu einem bestimmten Stichtag besteht auch die Aufgabe einer **dauernden Überwachung** der Kasse. 378

Die dauernde Überwachung erschöpft sich nicht in der Durchführung einer Kassenprüfung an mehreren, über das Haushaltsjahr verteilten Stichtagen, sondern erfordert die Prüfung der Wirksamkeit des internen Kontrollsystems in der Organisationseinheit Kasse *(s. J.III.1. IKS als Prüfungsgegenstand).*

Da in der Kameralistik nur finanzwirksame Geschäftsvorfälle aufgezeichnet werden, ist die Organisationseinheit Kasse historisch der Ort der Finanzbuchhaltung. Gleichzeitig besteht hier die Gelegenheit und damit ein erhöhtes Risiko für Unterschlagungen. Deshalb macht der Gesetz- und Verordnungsgeber für diese Prüfungsaufgabe im Vergleich zu anderen Prüfungsaufgaben sehr konkrete Vorgaben zur Anzahl der Prüfungen,[2] dem Gegenstand der Prüfung und den zu treffenden Prüfungsaussagen[3] und zur notwendigen Dokumentation.[4]

Durch diese Regelungen bringt der Gesetz- und Verordnungsgeber auch seine Einschätzung eines erhöhten Risikos für Fehler, auch für Verstöße zum Ausdruck und unterstreicht die wichtige Funktion der Kasse als Element im IKS für den Geschäftsprozess Buchführung und Rechnungslegung.

Wo die örtliche Kassenprüfung, die Prüfung der Zahlstellen oder der Handvorschüsse auf andere Bedienstete delegiert wurde, muss sich die Rechnungsprüfung vergewissern, dass die Prüfung im notwendigen Umfang, ausreichend oft durchgeführt wurde und sich mit den Ergebnissen auseinandersetzen.

---

1 Z. B. § 131 Abs. 1 Nr. 3 HGO.

2 § 7 KommPrV Baden-Württemberg; § 3 KommPrV Bayern; § 27 GemKVO Hessen; § 15 KommPrV Sachsen.

3 § 8 KommPrV Baden-Württemberg, § 28 GemKVO Hessen; § 16 KommPrV Sachsen.

4 § 9 KommPrV Baden-Württemberg, § 29 GemKVO Hessen.

II. Kassenprüfung

379 Unterschieden werden die Kassenprüfung und die unvermutete Kassenbestandsaufnahme, wobei die Kassenbestandsaufnahme einen Bestandteil der Kassenprüfung bildet.

Die **Kassenbestandsaufnahme** ermittelt, ob der Kassenistbestand mit dem Kassensollbestand übereinstimmt (§ 28 Abs. 1).

Der Kassenistbestand umfasst den Bestand an Zahlungsmitteln gem. § 34 Nr. 7 also Bargeld, Schecks, Geldkarten, Debitkarten, Kreditkarten und den Bestand auf den für den Zahlungsverkehr bei Kreditinstituten errichteten Konten (§ 22 Abs. 1 S. 1).

Der **Kassensollbestand** wird durch den Bestand der Bargeldkasse sowie die dafür in der Finanzbuchhaltung vorgesehenen Bestandskonten gebildet (§ 22 Abs. 1 S. 1). Zur Ermittlung des Kassensollbestandes veranlasst der Prüfer den Ausdruck des Journals, um den Stand der Buchungen zum Zeitpunkt der Prüfung festzuhalten. Das Journal ist wie bei einem Tagesabschluss (§ 22) abzuschließen.

Der **Kassenistbestand** wird durch einen Kassenbestandsnachweis, aufgegliedert nach Zahlungsmittelarten und Bankkonten dargestellt. Er ist vom Kassenverwalter und von dem mit dem Zahlungsverkehr beauftragten Beamten oder Arbeitnehmer zu unterschreiben und dem Prüfungsbericht beizufügen (§ 29 Abs. 2 GemKVO). Der Prüfer überzeugt sich durch Augenschein und Nachzählen bzw. durch Einsicht in die Kontoauszüge vom Vorhandensein des Kassenistbestandes.

Abweichungen können sich sog. **Schwebeposten** – unterwegs befindliche Zahlungen – ergeben. Maschinelle Lastschrifteinzüge werden teilweise bereits mit dem maschinellen Lastschriftlauf zeitlich gebucht also noch vor Hingabe zur Bank und mithin vor der Kenntnis über die Gutschrift auf dem Bankkonto beim Kreditinstitut. Sie werden dem Tagesabschluss als Einzahlungen des abgeschlossenen Buchungstages zugeordnet und erhöhen den Kassensollbestand. Alternativ werden Einzahlungen aufgrund von Lastschriften erst gebucht, wenn die Gutschrift durch die Bank tatsächlich realisiert wurde und die Kasse durch den Kontoauszug davon Kenntnis erhält. Dasselbe gilt für die Hingabe von Schecks ober bei Zahlungen mittels Kreditkarte. Die Schwebeposten sind bei der Gegenüberstellung von Kassensoll- und Kassenistbestand zu berücksichtigen.

Bei der unvermuteten Kassenprüfung bestimmt der Prüfer Datum und Uhrzeit der Kassenbestandsaufnahme und kündigt seine Prüfung vorher nicht an. Die Prüfung umfasst grundsätzlich den Zeitraum seit der letzten unvermuteten Kassenprüfung (§ 28 Abs. 4).

Die Kassenprüfung geht über die Kassenbestandsaufnahme hinaus und verlangt weitere Prüfungsaussagen. Als Beispiel für viele ähnliche Formulierungen in anderen Bundesländern kann § 16 KommPrV Sachsen dienen. Die mindestens jährliche Kassenprüfung erlaubt aber eine Bildung von Schwerpunkten und das Prüfen in Stichproben. Nicht alle der folgenden Prüfungsaussagen müssen jährlich getroffen werden: *380*

- der Zahlungsverkehr wurde ordnungsgemäß abgewickelt, insbesondere sind die Einzahlungen und Auszahlungen rechtzeitig und vollständig eingegangen oder geleistet worden und Verwahrgelder sowie Vorschüsse wurden unverzüglich abgewickelt,
- die erforderlichen Belege sind vorhanden und entsprechen nach Form und Inhalt den Vorschriften,
- die Kassenmittel wurden ordnungsgemäß bewirtschaftet, insbesondere war die Zahlungsbereitschaft der Kasse ständig gewährleistet und der tägliche Bestand an Bargeld und der Bestand auf den für den Zahlungsverkehr bei Kreditinstituten errichteten Konten überschritten den notwendigen Umfang nicht,
- die Bestimmungen über die Entgegennahme von Schecks sind beachtet worden,
- bei Forderungen wurden die nötigen Sicherungs-, Überwachungs- und Beitreibungsmaßnahmen getroffen,
- verwahrte Wertgegenstände und andere von der Kasse verwahrte oder verwaltete Gegenstände sind vorhanden sind und werden ordnungsgemäß aufbewahrt,
- die Kassensicherheit ist gewährleistet
- die Kassengeschäfte wurden im Übrigen ordnungsgemäß erledigt.

Wo von der Kasse die Funktion der Finanzbuchhaltung wahrgenommen wird, sollte z. B. gem. § 8 KommPrV Baden-Württemberg die Aussage ergänzt werden:

- die Bücher wurden ordnungsgemäß geführt.

Daraus lassen sich diese Prüfungsgegenstände der Kassenprüfung ableiten: *381*

- Zahlungsverkehr
- Buchführung und Belegwesen
- Liquiditätsmanagement
- Verwahrte (Wert)gegenstände
- Forderungsmanagement

Dies korrespondiert mit den Funktionen, die die Kasse in der Kommune z. B. gem. § 1 Abs. 1 GemKVO Hessen ausübt, so ist sie insbesondere zuständig für:

- die Annahme von Einzahlungen und Ausführung von Auszahlungen (Zahlungsabwicklung),
- die Verwaltung der Kassenmittel (Liquiditätsmanagement),
- die Buchführung einschließlich Sammlung der Belege (Finanzbuchhaltung)
- das Mahnwesen (Forderungsmanagement)
- die zwangsweise Einziehung von Geldforderungen (Vollstreckung).

Daneben können der Kasse durch die Verwaltungsleitung noch weitere Aufgaben übertragen werden, z. B. die Erfüllung der Pflichten nach dem Personal- und Finanzstatistikgesetz. Die Kassenprüfung adressiert alle diese Funktionen.

III. Rechtliche Anforderungen an die Kassen

382 Die Gesetzgeber haben einige Anforderungen in der Kommunalverfassungsgesetzen geregelt, wo nicht im Zuge der Doppik auf eine Regelung im Verordnungsweg verzichtet wurde, bestehen kommunale Kassenverordnungen auf der Grundlage einer Musterverordnung. Als repräsentatives Beispiel dient daher im Folgenden die GemKVO Hessen. Sie enthält Rahmen- und Mindestanforderungen, die eine ordnungsgemäße und sichere Erledigung der Kassengeschäfte gewährleisten sollen, zugleich verbleibt ein ausfüllungsbedürftiger Raum für eigene Regelungen. Ihre Einhaltung ist ebenfalls Gegenstand der Prüfung.

1. Zahlungsabwicklung

383 Zahlungen sollen nach Möglichkeit unbar abgewickelt werden (§ 13), notwendige Barzahlungen sind sicher durchzuführen.

a) Unbare Zahlungsabwicklung

Die Entscheidung, bei welchen Banken Konten unterhalten werden, ist durch die Verwaltungsleitung schriftlich zu treffen. Für neue Konten muss daher eine Dienstanweisung vorliegen.

Die Verbuchung des Zahlungsverkehrs kann noch **manuell** erfolgen. Bei manueller Buchung muss der Zusammenhang zwischen Ein- bzw. Auszahlung und Forderung bzw. Verbindlichkeit manuell hergestellt werden, um den Ausgleich offener Posten zu gewährleisten. Aufrechnungsmöglichkeiten von Verbindlichkeiten mit eigenen Forderungen müssen identifiziert und manuell vorgenommen werden.

Alternativ kann der Zahlungsverkehr überwiegend **maschinell** verbucht *384*
werden. Dann wird eine IT-Anwendung eingesetzt.

Auf der Grundlage einer Liste der fälligen offenen Posten ermittelt die Anwendung einen Zahlungsvorschlag. Der Anwender kann den Zahlungsvorschlag bestätigen oder ablehnen. Mit dem bestätigten Zahlungsvorschlag werden die für den elektronischen Zahlungsverkehr relevanten Daten entsprechend den Spezifikationen für den SEPA-Zahlungsverkehr verbunden und an die Bank zur Ausführung übermittelt. Gleichzeitig wird ein Buchungsvorschlag für die Buchungen im Hauptbuch und der Ausgleich der offenen Posten generiert, oder sie erfolgen automatisch.

Einzahlungen werden durch das maschinelle Einlesen elektronischer Kontoauszugsinformationen erfasst. Die Anwendung ordnet anhand von Merkmalen der Zahlungen automatisch die Einzahlungen den offenen Posten zu. Ein Zuordnungsvorschlag wird generiert. Die so getroffenen Zuordnungen können manuell geändert werden, nicht zugeordnete Kontoauszugsinformationen werden aufgelistet. Aus dem Zuordnungsvorschlag wird ein Buchungsvorschlag generiert oder die Buchungen im Hauptbuch und der Ausgleich der offenen Posten erfolgen automatisch.

Lassen sich Einzahlungen automatisch und manuell nicht zuordnen, z. B. weil noch keine Annahmeordnung oder eine Fehl- oder Überzahlung vorliegt, dann erfolgt eine Verbuchung auf vorläufigen Konten, die aber zeitnah aufgeklärt werden müssen (§ 10).

Unabhängig von der Verbuchung muss sichergestellt werden, dass gem. § 5 kein Unbefugter Zugriff hat und wenn es die personelle Ausstattung hergibt, Überweisungsaufträge, Abbuchungsaufträge und -vollmachten u. ä. durch zwei Personen autorisiert werden.

Bei Verwendung einer IT-Anwendung wird die von § 5 Abs. 5 geforderte Sicherstellung der Richtigkeit und Vollständigkeit der Daten durch eine angemessene Gestaltung der Kontrollaktivitäten wie Berechtigungs-, Plausibilitäts- und Integritätsprüfungen, Kontrollsummen, Prüfziffern, Vier-Augen-Prinzip, Arbeitsanweisungen, Stichprobenprüfungen sichergestellt.[5]

5 HMdIS, Hinweise zu Gemeindekassenverordnung vom 24. 01. 2016, Az: IV 4 16a 02.

b) Bargeschäfte

385 Die Abwicklung von Barzahlungsgeschäften ist grundsätzlich an die Kassenräume und das Kassenpersonal gebunden (§ 12 Abs. 2).

Zahlungsmittel, Wertgegenstände und technische Hilfsmittel zur Identifikation im Zahlungsverkehr sind sicher aufzubewahren und zu befördern (§§ 19, 20); die Verwaltungsleitung trifft die nötigen Anweisungen. Dabei sind auch die Bedingungen einer bestehenden Versicherung gegen Schäden aus Einbruchdiebstahl bzw. Beraubung zu berücksichtigen. Der Zugang zum Kassenbehälter (Tresor, Stahlschrank) sollte so geregelt werden, dass zwei Bedienstete nur gemeinsam den Kassenbehälter öffnen können. Zweitausfertigungen der Schlüssel, Zahlen- oder Buchstabenkombinationen oder elektronischen Zugangssysteme sollten sicher außerhalb der Kassenräume deponiert werden. Der Schutz der Beschäftigten vor Überfällen verlangt die Einhaltung der Unfallverhütungsvorschriften des Unfallversicherungsträgers.

Für den Ausschluss von Falschgeld sind die notwendigen Vorkehrungen zu treffen, dazu gehört die Schulung der Bediensteten ebenso wie technische Geräte und Regelungen zur Verwahrung und Einschaltung der Polizei.[6]

Bei Bareinzahlungen erteilt die Kasse eine **Quittung** (§ 14) mit mindestens folgenden Inhalten[7]:

- die Kasse bzw. Zahlstelle, die die Einzahlung angenommen hat;
- das Empfangsbekenntnis;
- den Namen des Zahlungspflichtigen und ggfs. des Einzahlers;
- den Betrag;
- den Zahlungsgrund;
- den Ort und das Datum der Einzahlung;

Sie muss von einer dazu berechtigten Person unterschrieben sein. Bei Erstellung mit Hilfe einer IT-Anwendung reicht ein Handzeichen aus. Die Namen, Unterschriftproben und Handzeichen dieser Personen sind durch Aushang im Kassenraum bekanntzugeben. Sollen Gebührenmarken, Gebührenstempler oder Kassenbons als Quittungsform zugelassen werden, dann ist dies von der Verwaltungsleitung zu regeln. Für Barauszahlungen sind ebenfalls Quittungen zu verlangen (§ 17). Ihre Mindestbestandteile orientieren sich an denen der Einzahlungsquittung.[8]

---

6 HMdIS, Hinweise zu Gemeindekassenverordnung vom 24.01.2016, Az: IV 4 16a 02.
7 HMdIS, Hinweise zu Gemeindekassenverordnung vom 24.01.2016, Az: IV 4 16a 02.
8 HMdIS, Hinweise zu Gemeindekassenverordnung vom 24.01.2016, Az: IV 4 16a 02.

Kassengeschäfte außerhalb der Kasse erfordern die Einrichtung von **Zahlstellen** (§ 3) oder die Ausgabe von Handvorschüssen (§ 4). Zahlstellen sind dort erforderlich, wo in kommunalen Einrichtungen Ein- und Auszahlungen in größerem Umfang anfallen (z. B. Theater, Krankenhäuser, Schwimmbäder, Schlachthöfe). Neben ihrer Einrichtung und den Berechtigten muss von der Verwaltungsleitung geregelt werden, ob die Einzahlungen und Auszahlungen der Zahlstellen einzeln oder zusammengefasst in die Bücher der Kasse zu übernehmen sind und zu welchen Terminen.

Wie **Handvorschüsse** werden Automaten z. B. für die Ausgabe von Parkscheinen, Eintrittskarten oder Wechselgeld behandelt (§ 4 Abs. 3).

Zu den Pflichten der Kasse im Rahmen der Durchführung des Zahlungsverkehrs gehört auch die Pflicht, einen **Tagesabschluss** zu fertigen (§ 22).

2. Liquiditätsmanagement

Die Kommune muss jederzeit zahlungsfähig sein.[9] Es ist Aufgabe der Kasse, darauf zu achten, dass die für die Auszahlung erforderlichen Mittel rechtzeitig verfügbar sind (§ 18 Abs. 1 S. 1). Auszahlungen müssen zum Zeitpunkt der Fälligkeit geleistet werden (§ 16 Abs. 1). Dies erfordert eine dokumentierte Liquiditätsplanung, die auch die Grundlage der Genehmigung der Aufsichtsbehörde für den Höchstbetrag der in der Haushaltssatzung festgesetzten Liquiditätskredite bildet.[10] Auch unterjährig sollte durch Dienstanweisungen die Verpflichtung begründet sein, dass die fachlich zuständigen Dienststellen größere Ein- und Auszahlungen der Kasse avisieren. *386*

Die Kasse muss einen Bestand an flüssigen Mitteln vorhalten[11]. Gleichzeitig ist der Bestand an Bargeld und liquiden Guthaben so gering als möglich zu halten (§ 18 Abs. 1 S. 2). Dabei ist auch die Deckungssumme der Einlagensicherung gem. § 8 Einlagensicherungsgesetz zu berücksichtigen. Nicht kurzfristig benötigte flüssige Mittel sind anzulegen, alle Bestände auf Konten, die bei Banken unterhalten werden, müssen dazu regelmäßig zusammengeführt werden. Geldanlagen müssen in erster Linie sicher sein und darüber hinaus möglichst ertragreich.[12]

Entsteht trotzdem eine Liquiditätslücke, kann auf Weisung der Verwaltungsleitung ein Liquiditätskredit – als Festbetragskredit oder Kontokorrentkredit – aufgenommen werden (§ 18 Abs. 3). Ist ein Kontokorrent-

9 Z. B. § 106 Abs. 1 S. 1 HGO.
10 Z. B. § 105 Abs. 2 HGO.
11 Z. B. § 106 Abs. 1 S. 2 HGO.
12 Z. B. § 108 Abs. 2 S. 2 HGO.

kredit grundsätzlich eingeräumt, muss der Prüfer feststellen, ob er in Anspruch genommen wurde und ob der Höchstbetrag eingehalten wurde. Dies gelingt am einfachsten durch Abzug der Zahlungsbuchungsdaten und Simulation des Kontostandes für jeden Tag.

Sowohl für Geldanlagen als auch für Liquiditätskredite muss der Prüfer feststellen, ob eine Markterkundung stattgefunden hat und eine an der Wirtschaftlichkeit orientierte Auswahl getroffen wurde.

3. Forderungsmanagement

387 Ein weiteres Instrument des Liquiditätsmanagements ist die rechtzeitige Einziehung der Forderungen. Die Kasse soll bei Einzahlungen, die nicht rechtzeitig eingegangen sind, grundsätzlich unverzüglich die zwangsweise Einziehung veranlassen (§ 15 Abs. 2).

Bedeutsamer für die Liquidität ist aber die zeitnahe Erstellung eines Bescheides in der fachlich zuständigen Dienststelle und die Buchung einer Forderung in der Finanzbuchhaltung.[13]

Danach ist eine Überwachung der Forderung erforderlich, die sicherstellt, dass rechtzeitig gemahnt und dann vollstreckt wird *(s. u. Rn. 389)*.

388 Über Stundung, Niederschlagung oder Erlass entscheidet die fachlich zuständige Dienststelle, sie ist verantwortlich für das Vorliegen der Voraussetzungen. Sie sollte dabei aber Informationen der Kasse über die Solvenz des Zahlungspflichtigen, z. B. aus bereits laufenden Vollstreckungsverfahrens erhalten und berücksichtigen. Die Autorisierung der Entscheidung wird durch die vom Anordnungsbefugten unterschriebene Änderung der Annahmeanordnung dokumentiert. Gegenstand der Kassenprüfung ist Umsetzung dieser Entscheidungen durch die Kasse. **Stundungen**, darunter fällt auch die Vereinbarung einer Ratenzahlung, verschieben die Fälligkeit einer Forderung und sind in der Regel verzinslich. **Niederschlagungen** stellen lediglich eine verwaltungsinterne Entscheidung dar auf die Verfolgung – ggf. vorläufig – zu verzichten. Diese Entscheidung kann jederzeit wieder rückgängig gemacht werden, dann wird die Forderung wieder verfolgt. Die Niederschlagung lässt die Fälligkeit der Forderung unberührt und verursacht keine Zinsforderung. Durch den **Erlass** wird auf die Forderung wirksam verzichtet.[14] Die Kasse hat entsprechend Fälligkeiten anzupassen, Mahnsperren einzurichten und bei Stundungen und vorläufigen Niederschlagungen erneut zeitnah zu mahnen. Zinsforderungen müssen eingebucht werden. Besteht wie bei Kommunalabgaben und Verwaltungs-

13 Z. B. § 26 GemHVO Hessen.
14 Z. B. § 30 GemHVO Hessen.

kosten eine Ermächtigungsgrundlage zur Erhebung von Säumniszuschlägen[15] sind auch hierfür Forderungen einzubuchen. Bei Verzinsung und Säumniszuschlägen, die ab Fälligkeit zu berechnen sind, müssen veränderte Fälligkeiten berücksichtigt werden. Bereits vor Stundung und Niederschlagung entstandene Ansprüche auf Zinsen und Säumniszuschläge leben nach der Beendigung wieder auf.

Gestundete und niedergeschlagene Forderungen sind im Rahmen der Jahresabschlussarbeiten Gegenstand einer **Einzelwertberichtigung**. Erlassene Forderungen sind zeitnah auszubuchen. Erkenntnisse der Kasse über die Ausfallwahrscheinlichkeit verschiedener Forderungsarten und die Kosten der Beitreibung fließen in die Bemessung der **Pauschalwertberichtigung** ein.

4. Vollstreckung von Geldforderungen

Die Kasse ist nach den Verwaltungsvollstreckungsgesetzen der Länder die *389*
Vollstreckungsbehörde für Forderungen der Kommunen.[16] Das Mahnwesen ist bereits dem Vollstreckungsverfahren zugeordnet.[17] Mahnungen sind zum frühestmöglichen Zeitpunkt und grundsätzlich mit der kürzesten Zahlungsfrist auszusprechen.

Alle Entscheidungen im Vollstreckungsverfahren sind pflichtgemäß zu treffen. Dabei sind beide – gegensätzlichen – Maßgaben für das Verfahren, nämlich eine gütliche und eine zügige Erledigung zu ermöglichen,[18] zu berücksichtigen. Auch wirtschaftliche Überlegungen, ob weitere Kosten durch die Vollstreckung voraussichtlich eingebracht werden können, sind einzubeziehen. Solche Entscheidungen sind z. B.:

- Maßnahmen zur Erforschung der Vermögenssituation des Schuldners,
- Entscheidung, in welches Vermögen vollstreckt wird,
- Erforderlichkeit von Sicherungsmaßnahmen (Sicherungshypothek, dinglicher Arrest),
- Erteilung eines Vollstreckungsauftrags an den Vollziehungsbeamten, Anzahl und Termine von Pfändungsversuchen,
- Entscheidung zur Verwertung eines Pfandgegenstands,
- Anordnung einer eidesstattlichen Vermögensauskunft des Schuldners
- Antrag auf Haftbefehl

15 Z. B. § 46 VwKostG Hessen, § 4 KAG Hessen i. V. m. § 240 AO.
16 Z. B. § 16 VwVG Hessen.
17 Z. B. § 19 VwVG Hessen.
18 Z. B. § 29a VwVG Hessen.

- Antrag auf Eröffnung eines Verfahrens der Zwangsversteigerung oder Zwangsverwaltung oder Beitritt zu einem Verfahren,
- Antrag auf Eintragung ins Schuldnerverzeichnis gem. § 882h Abs. 1 ZPO,
- Stundung oder Gewährung von Ratenzahlungen.

Aufgrund des Verhältnismäßigkeitsgrundsatzes ist zuerst die den Schuldner am wenigsten belastende Alternative zu wählen, soweit Aussicht auf Erfolg besteht. Maßnahmen können mehrfach und mit ansteigender Belastung angewandt werden. Dadurch ist das Risiko von Misserfolgen und Verzögerungen immanent. Zu prüfen ist, ob insbesondere durch ein System zeitnaher Wiedervorlagen und dokumentierter Entscheidungen ein straffer Prozess gewährleistet ist.

390 Auch die im Vollstreckungsverfahren anfallenden Gebühren und Auslagen sind zutreffend zu ermitteln und geltend zu machen.[19] Auch hier sind Säumniszuschläge zu berücksichtigen.[20]

Werden Zinsen, Kosten und Säumnisgebühren mittels einer IT-Anwendung auf der Grundlage von Buchungsinformationen automatisch ermittelt, sollte der Prüfer sich vergewissern, dass im System die richtigen Parameter hinterlegt sind, in ausgewählten Einzelfällen die richtigen Buchungsinformationen eingegeben wurden und ebenfalls anhand von Einzelfällen, dass die Anwendung richtig rechnet.

5. Finanzbuchhaltung

a) Kasse hat Funktion der Finanzbuchhaltung

391 Wo die Kasse auch die Funktion der Finanzbuchhaltung hat, adressiert die Kassenprüfung die Einhaltung der Grundsätze ordnungsmäßiger Buchführung durch diese Organisationseinheit. Die Gemeindehaushaltsverordnungen formulieren einige dieser Anforderungen. Dabei kann zwischen den Anforderungen an die Buchführung i. e. S., Anforderungen an die Belege und Anforderungen an die Archivierung unterschieden werden.

Anforderungen an die Buchführung i. e. S.

392 Hierbei handelt es sich um formale Anforderungen an die Technik der Buchführung. Wird wie regelmäßig mittels einer IT-Anwendung gebucht sind die folgenden Grundsätze ordnungsmäßiger DV-gestützter Buchführungssysteme dargestellt am Beispiel von § 35 Abs. 5 Muster-GemHVO zu beachten; so muss sichergestellt werden, dass:

19 Z. B. § 80 VwVG Hessen.
20 Z. B. § 80 VwVG Hessen i. V. m. § 15 VwKostG Hessen.

1. fachlich geprüfte Programme verwendet werden; sie müssen dokumentiert und von der vom Bürgermeister bestimmten Stelle freigegeben sein,
2. in das automatisierte Verfahren nicht unbefugt eingegriffen werden kann,
3. die gespeicherten Daten nicht verloren gehen und nicht unbefugt verändert werden können,
4. die Buchungen bis zum Ablauf der Aufbewahrungsfristen der Bücher jederzeit in angemessener Frist ausgedruckt werden können;
5. die Unterlagen, die für den Nachweis der ordnungsgemäßen maschinellen Abwicklung der Buchungsvorgänge erforderlich sind, einschließlich der Dokumentation der verwendeten Programme und eines Verzeichnisses über den Aufbau der Datensätze bis zum Ablauf der Aufbewahrungsfrist der Bücher verfügbar sind und jederzeit in angemessener Frist lesbar gemacht werden können.

Die Prüfung der Einhaltung dieser Grundsätze stellt eine IT-Systemprüfung dar, sie ist unter *K.I.2.* dargestellt.

Zu den Pflichten der Kasse im Rahmen der Buchführung i. e. S. gehört auch die Pflicht, einen Quartalsabschluss zu fertigen (§ 23 GemKVO Hessen).

Die Prüfung der Einhaltung der materiellen Grundsätze ordnungsmäßiger *393*
Buchführung ist grundsätzlich Gegenstand der Jahresabschlussprüfung. Hier sei nur auf das erhöhte Fehlerrisiko für die Zuordnung zum Haushaltsjahr hingewiesen, das sich aus § 24 GemKVO Hessen ergibt. Danach sind die Bücher am 31. 12. abzuschließen, nach dem Stichtag sind nur noch Abschlussbuchungen zulässig, darunter die Bildung von Rückstellungen. In den Eigenbetrieben und Beteiligungsgesellschaften bleiben die Bücher noch einige Zeit im neuen Jahr offen, so dass insbesondere Eingangsrechnungen, die Leistungen aus dem alten Jahr betreffen, als Verbindlichkeiten des alten Jahres erfasst werden können. Die Kommune muss – im Rahmen der Aufstellungswesentlichkeit – für diese Sachverhalte Rückstellungen für ausstehende Rechnungen bilden und eine Belastung des neuen Jahres vermeiden.

Anforderungen an die Belege

Hier wird zwischen Belegen für zahlungswirksame Buchungen (Zahlungs- *394*
anordnungen) und zahlungsunwirksamen Buchungen (Buchungsanordnungen) unterschieden. Für **Buchungsanordnungen** bestehen lediglich die allgemeinen Anforderungen aus § 36 Abs. 4 Muster-GemHVO wonach Buchungen durch Unterlagen, aus denen sich der Grund der Buchung ergibt (begründende Unterlagen), belegt sein müssen und die Buchungsbelege Hinweise enthalten müssen, die eine Verbindung zu den Eintragungen in den Büchern herstellen.

Für **Zahlungsanordnungen** stellt § 7 GemKVO Hessen weitergehende Anforderungen auf:

- den anzunehmenden oder auszuzahlenden Betrag,
- den Grund der Zahlung,
- den Zahlungspflichtigen oder Empfangsberechtigten,
- den Fälligkeitstag,
- die Buchungsstelle oder ein Merkmal, welches eine eindeutige Verbindung zur sachlichen Buchung herstellt, und das Haushaltsjahr,
- die Bestätigung, dass die sachliche und rechnerische Feststellung nach § 11 Abs. 1 vorliegt oder die Verbindung der Feststellung mit der Zahlungsanordnung,
- das Datum der Anordnung und die Unterschrift des Anordnungsberechtigten.

Auf einige dieser Angaben kann im Fall von allgemeinen Anordnungen gem. § 8 GemKVO Hessen verzichtet werden, in den Fällen des § 10 GemKVO Hessen ist eine Zahlungsanordnung entbehrlich.

Anforderungen an die Archivierung buchungsbegründender Unterlagen

395 Die Finanzbuchhaltung trägt auch die Verantwortung dafür, dass die Pflichten zur Aufbewahrung von Unterlagen, z. B. gem. § 39 Muster-GemHVO, erfüllt werden.

Jahresabschlüsse sind ausgedruckt dauernd aufzubewahren, Bücher und Inventare sind zehn Jahre, die Belege sechs Jahre aufzubewahren. Ergeben sich Zahlungsgrund und Zahlungspflichtige oder Empfangsberechtigte nicht aus den Büchern, sind die Belege so lange wie die Bücher aufzubewahren. Gutschriften, Lastschriften und die Kontoauszüge der Kreditinstitute sind wie Belege aufzubewahren.

Bei den Belegen findet eine Trennung statt zwischen den Anordnungen und den die Anordnungen begründenden Unterlagen. Die Anordnungen sind von der Kasse aufzubewahren, die begründenden Unterlagen, die nicht den Kassenanordnungen beigefügt waren, durch die anordnende Stelle.

Eine Digitalisierung und Aufbewahrung nur der Bild- oder Datenträger anstatt der Originale ist zulässig, es muss jedoch sichergestellt sein, dass die Daten innerhalb der Frist jederzeit in ausgedruckter Form lesbar gemacht werden können.

Werden rechnungslegungsrelevante IT-Anwendungen verändert oder abgeschafft, muss gewährleistet werden, dass gespeicherte Informationen innerhalb der Frist gelesen und ausgewertet werden können.[21]

Die Fristen beginnen am 1. Januar des der Feststellung des Jahresabschlusses folgenden Haushaltsjahres.

b) Kasse als Kontrollinstanz im Prozess der Finanzbuchhaltung

Die Zahlungsanordnung als Beleg dokumentiert zwei Kontrollaktivitäten, *396*
die Prüfung der sachlichen und rechnerischen Richtigkeit durch den Feststellungsbefugten und die Anordnung der Buchung durch den Anordnungsbefugten. In den Fällen, in denen die Feststellung nicht vor der Anordnung erfolgt ist, muss sie unverzüglich nachgeholt werden, die anordnungsberechtigte Stelle hat der Kasse eine Bestätigung, dass die Feststellung vorliegt, als Beleg zuzuleiten.

Inhalt der Prüfung der sachlichen und rechnerischen Richtigkeit gem. § 11 GemKVO Hessen ist,[22] ob:

- die in der Anordnung und in den begründenden Unterlagen enthaltenen, für die Zahlung und Buchung maßgebenden Angaben vollständig und richtig sind,
- die Lieferung oder Leistung als solche und auch die Art ihrer Ausführung geboten war
- die Lieferung oder Leistung entsprechend der zugrunde liegenden Vereinbarung oder Bestellung sachgemäß und vollständig ausgeführt worden ist,
- Abschlagszahlungen, Vorauszahlungen, Pfändungen und Abtretungen vollständig und richtig berücksichtigt worden sind,
- die haushaltsrechtlichen Voraussetzungen für die Zahlung vorliegen,
- die angeforderte Zahlung nach Rechtsgrund und Höhe richtig ermittelt worden ist.

Erforderlichenfalls sind für die Feststellung fachtechnische Fragen, z. B. zur Verwirklichung von Leistungsphasen nach HOAI, vorab durch Einschaltung eines Sachverständigen zu klären.

Im Rahmen der Erteilung der Anordnung, die primär Buchung oder Zahlung legitimiert, prüft der Befugte nochmals, ob die haushaltsrechtlichen

---

21 Z. B. § 39 Abs. 4 GemHVO Hessen.

22 HMdIS, Hinweise zu Gemeindekassenverordnung vom 24. 01. 2016,. Az: IV 4 16a 02.

Voraussetzungen vorliegen und ob die sachliche und rechnerische Richtigkeit festgestellt wurde.

397 Der Kasse obliegt beim Vollzug der Zahlungsanordnung ihrerseits eine wichtige Kontrolltätigkeit. Sie darf gem. § 6 Abs. 1 GemKVO Hessen nur auf Grund einer schriftlichen oder in elektronischer Form übermittelten Anordnung Einzahlungen annehmen, Auszahlungen leisten und Buchungen vornehmen. Anordnungen, die in der Form nicht den Vorschriften entsprechen oder die sonst zu Bedenken Anlass geben, darf sie erst ausführen, wenn die anordnende Stelle die Anordnung berichtigt hat oder sie aufrechterhält.

Damit kontrolliert sie – integriert in den Buchhaltungsprozess –, ob eine Anordnung vorliegt, ob eine Prüfung der sachlichen und rechnerischen Richtigkeit durchgeführt wurde und ob der Anordnende dazu befugt war. Wird statt der Bestätigung die Feststellung beigelegt, erstreckt sich die Prüfung auch darauf, dass der Feststellende dazu befugt war. Die Kasse muss auch kontrollieren, ob die Anordnungsbefugten ihrer Verpflichtung, die Feststellung nachträglich durchzuführen zu lassen, nachkommen.

Die Kasse ist damit ein wichtiges Element im IKS des Buchhaltungsprozesses. Die Aufgabe der Kassenprüfung ist es insbesondere, zu überwachen, ob und wie die Kasse ihrer Kontrolltätigkeit nachgekommen ist und damit dieses IKS aufrechtzuerhalten.

Dieser Aufgabe der Kasse ist auch die strikte Trennung der Funktionen: Mittelbewirtschaftung/Anordnung, Zahlungsverkehr und Rechnungsprüfung geschuldet. So können Anordnungsbefugte. Leiter und Prüfer des Rechnungsprüfungsamts nicht gleichzeitig die Aufgaben eines Kassenverwalters wahrnehmen (§ 110 Abs. 3 HGO). Und kein Bediensteter in der Kasse darf Zahlungen anordnen (§ 110 Abs. 5). Es darf zwischen dem Kassenverwalter und seinem Stellvertreter, diesen und der Verwaltungsleitung, dem Leiter und den Prüfern des Rechnungsprüfungsamtes auch kein Näheverhältnis bestehen (§ 110 Abs. 4 HGO), das die Funktionentrennung unterlaufen würde. Im Rahmen der Kassenprüfung kann auch dies durch Einsicht in die Personalakten geprüft werden.

Die Bedeutung der Kontrolltätigkeit der Kasse für die Fehlerwahrscheinlichkeit im Geschäftsprozess hängt von der Gestaltung des Prozesses ab. Sind z. B. diese Sicherungsmaßnahmen eingerichtet:

- die Prozessschritte Feststellung und Anordnung sind integriert in die IT-Anwendung, Finanzbuchhaltung und ggf. Zahlungsverkehr;
- Zahlungen und Buchungen können grundsätzlich nur nach Durchlaufen der Prozessschritte Feststellung und Anordnung vorgenommen werden und

- es ist ein Rollen- und Berechtigungskonzept hinterlegt, wonach nur Befugte feststellen, anordnen, buchen und Zahlungen bewirken können und
- die Administration der Anwendung von den übrigen Aufgaben personell getrennt ist,

dann wird die Kasse ihre Kontrollen auf abweichende Fälle, wie nachträglich einzuholende Zahlungsanordnungen und Feststellungen beschränken.

IV. Kassenprüfung und Jahresabschlussprüfung

Für die Kassenprüfung und die Jahresabschlussprüfung sind gesonderte Berichte zu fertigen. Beide haben aber gemeinsame Prüfungsgegenstände. So muss sich die Prüferin im Rahmen der Jahresabschlussprüfung nicht nur ein Verständnis des **Geschäftsprozesses Buchführung und Rechnungslegung** und der dabei beteiligten Organisationseinheiten verschaffen, sondern auch feststellen, ob dieser Prozess so organisiert ist, dass gewährleistet ist, dass keine wesentlichen Fehler für die Rechnungslegung daraus resultieren. Dazu kann und sollten die Ergebnisse der Prüfungen des internen Kontrollsystems der Kasse herangezogen werden.

Weiterhin sind in der Jahresabschlussprüfung im **Prüffeld Kasse/Bank** Aussagen zum Vorhandensein, der Vollständigkeit und dem richtigen Ausweis der flüssigen Mittel und Liquiditätskredite und etwaiger Sicherheiten und weiteren finanziellen Verpflichtungen und zur Richtigkeit und zutreffenden Periodenzuordnung damit verbundener Aufwendungen und Erträge wie Zinsen zu treffen. Eine gebotene Prüfungshandlung ist die Einholung von Bankbestätigungen[23] von allen Banken, mit denen Geschäftsbeziehungen bestehen. Zu den durch Bankbestätigungen festzustellenden Angaben gehören somit insbesondere[24]:

- bestehende Konten und deren Kontostände
- bestehende Kreditlinien
- gestellte Sicherheiten
- Avale und sonstige Gewährleistungen
- Geschäfte über Finanzderivate
- Unterschriftsberechtigungen.

Diese Informationen aus der Jahresabschlussprüfung insbesondere zur Vollständigkeit sollten bei der Kassenprüfung berücksichtigt werden.

23 IDR Prüfungsleitlinie 200, Rz. 82.
24 WP-Handbuch, IDW-Verlag, 17. Aufl. 2021, L Rz. 1003.

Q. Prüfung der Investitionen und ihrer Finanzierung

I. Prüfungsaufgabe

Investitionen sind übereinstimmend definiert als Auszahlungen bzw. Ausgaben für die Veränderung des Anlagevermögens.[1] Anlagevermögen sind die Teile des Vermögens, die dauernd/langfristig der Aufgabenerfüllung dienen.[2] Es gliedert sich in das immaterielle, das Sachanlage- und das Finanzanlagevermögen. 398

Auf Grund der regelmäßig hohen Beträge, der Finanzierung zumeist durch Kredite, der häufig damit verbundenen Folgekosten und der langen Nutzungsdauer haben Investitionen erhebliche Auswirkungen auf die kommunale Vermögens-, Finanz- und Ertragslage und müssen daher einen Schwerpunkt der Rechnungsprüfung bilden.

Dabei ist die Prüfung der Investitionen ein Querschnittsthema. Inhaltlich sind Prüfungsurteile zur Rechtmäßigkeit und zur Wirtschaftlichkeit abzugeben. Zeitlich ist der Prozess von der Aufnahme in die Haushaltsplanung über die Fertigstellung oder dem Betrieb hinaus bis zum Verkauf oder Rückbau relevant. Unumstritten besteht ein Prüfungsrecht im Rahmen der Aufgabe der Jahresabschlussprüfung, sobald sich eine Investition im Jahresabschluss niederschlägt. Dann darf auch die Rechtmäßigkeit und Wirtschaftlichkeit aller Entscheidungen bis zum Zeitpunkt der Aufnahme in die Rechnungslegung geprüft werden. Wo die Prüfung der Vergaben zu den Aufgaben gehört, kann die Prüfung zu Beginn des Vergabeverfahrens einsetzen (s. *R. Vergabeprüfung*). Die vorgelagerten Phasen der Bedarfsermittlung, Planung, Veranschlagung und Finanzierung sind Gegenstände der allgemeinen Wirtschaftlichkeitsprüfung. Hier ermöglicht eine Prüfung in einem dieser frühen Stadien, Fehler zu vermeiden oder korrigieren, die bei späterer Aufdeckung bereits unvermeidbare finanzielle Auswirkungen haben können.

Aber auch wo die allgemeine Wirtschaftlichkeitsprüfung nicht übertragen wurde, besteht im Rahmen der Zuständigkeit für die Prüfung des Jahresabschlusses auch die Zuständigkeit für die Prüfung bestimmter Elemente eines **Risikomanagementsystems**. Nämlich solcher Bestandteile, die sicher-

1 Z. B. § 98 Nr. 38 GemHVO Doppik Bayern; § 58 Nr. 18 GemHVO Hessen.

2 Z. B. § 61 Nr. 21 GemHVO Baden-Württemberg, § 98 Nr. 4 GemHVO Doppik Bayern, §§ 58 Nr. 4 GemHVO Hessen.

stellen sollen, dass die Berichterstattung über Chancen und Risiken der künftigen Entwicklung im Rechenschaftsbericht/Lagebericht vollständig und zutreffend sind. Dazu gehören auch die vom Gesetz- und Verordnungsgeber vorgeschriebenen Elemente eines Risikomanagementsystems, die das Hauptrisiko einer Gebietskörperschaft adressieren: Aufgrund fehlender Leistungsfähigkeit nicht in der Lage zu sein, die stetige Aufgabenerfüllung zu gewährleisten. Zu diesen Elementen zählen und sind im Kontext der Investitionen relevant: die Pflicht zur Haushaltsplanung und zum Haushaltsausgleich, Genehmigungserfordernisse für Kreditaufnahmen, Verpflichtung zur Vorlage von Wirtschaftlichkeitsuntersuchungen, Berichtspflichten beim Haushaltsvollzug.

Sinnvoll für die Prüfung ist eine Unterscheidung in diese Phasen:[3]

1. Bedarfsermittlung
2. Grobplanung, Kostenschätzung und Wirtschaftlichkeitsvergleich
3. Herstellung der Veranschlagungsreife und Veranschlagung
4. Vergabe der Leistungen
5. Ausführung der Leistungen und Abnahmen
6. Nutzung/Normalbetrieb
7. Instandhaltung
8. Nutzungsaufgabe/Verkauf/Rückbau

II. Bedarfsermittlung

Der erste Schritt hin zu einer Investition ist die Formulierung eines Bedarfs durch die fachlich zuständige Verwaltung, gelegentlich motiviert durch eine Initiative aus der Volksvertretung. Bereits hier ist eine wichtige Stellschraube, um das Wirtschaftlichkeitsgebot zu verwirklichen.

Formuliert werden muss nicht der Bedarf für eine bestimmte Maßnahme, sondern Bedürfnisse von künftigen Nutzern, angestrebte Ziele, benötigte Funktionen. Dabei ist der Sparsamkeitsgrundsatz zu berücksichtigen. Diese Ziele bilden auch die Grundlage des im Rahmen des kommunalen Risikomanagements erforderlichen und ggf. eingerichteten Investitionscontrollings.

Für die Verwirklichung dieser Bedürfnisse, Ziele und Funktionen werden dann im zweiten Schritt unter Berücksichtigung der Rahmenbedingungen

3 Vergl. NRW, NKF-Handreichung, 7.Aufl., S.2357.

Handlungsoptionen definiert, darunter eine Investition, die eigene Herstellung, der Bezug von Leistungen Dritter, Neuerstellung oder Instandsetzung und möglicherweise auch die Alternative Unterlassen, die im nächsten Schritt einem Wirtschaftlichkeitsvergleich gem. § 12 Abs. 1 Muster-GemHVO unterzogen werden.

III. Wirtschaftlichkeitsvergleich

1. Anwendungsbereich

Investitionen haben einen langen zeitlichen Vorlauf. Ihren ersten – haushaltsrechtlich relevanten – Niederschlag finden sie im Investitionsprogramm der Kommune, die den Zeithorizont der mittelfristigen Ergebnis- und Finanzplanung teilt.[4] Bereits zu diesem Zeitpunkt muss auch die Finanzierung geplant werden, da die Auszahlungen und Einzahlungen für jedes Planjahr ausgeglichen sein müssen.[5] Das Investitionsprogramm wird auf Grundlage eines Entwurfs der Verwaltungsleitung von der Volksvertretung beschlossen,[6] die mittelfristige Ergebnis- und Finanzplanung wird der Volksvertretung spätestens mit dem Entwurf der Haushaltssatzung lediglich zur Unterrichtung vorgelegt.[7] Es handelt sich noch nicht um eine Veranschlagung. *399*

§ 12 Muster-GemHVO unterscheidet daher zwischen den beiden Zeitpunkten Beschluss einer Investition und damit Aufnahme in das Investitionsprogramm und Veranschlagung einer Investition, hier begrenzt auf Baumaßnahmen. *400*

Weiterhin wird zwischen Investitionen oberhalb und unterhalb einer Wertgrenze unterschieden, wobei unterhalb der Wertgrenze auf einige Ermittlungen und Unterlagen verzichtet werden kann. Während die Muster-GemHVO verlangt, dass die Volksvertretung die Wertgrenze ausdrücklich festlegt, sprechen andere Verordnungen von erheblicher Bedeutung[8] und eröffnen damit die Frage, wie dieser Begriff auszulegen ist. *401*

Ein Zweck dieser Regelungen ist der Schutz des Budgetrechts der Volksvertretung.[9] Deshalb kann die Volksvertretung die Wertgrenze selber festlegen. Unterlässt sie das, dann kann sich die erhebliche Bedeutung einerseits aus dem finanziellen Gewicht und bzw. oder dem kommunalpolitischen

4 § 9 Abs. 2 Muster-GemHVO.
5 § 9 Abs. 4 Muster-GemHVO.
6 Z. B. § 101 Abs. 2 HGO.
7 Z. B. § 101 Abs. 4 HGO.
8 Z. B. § 12 GemHVO Baden-Württemberg, § 12 GemHVO Bayern, § 12 GemHVO Hessen.
9 *Rauber,* PdK He B-9a, GemHVO § 12 Rn. 1, beck-online.

Gewicht der Maßnahme ergeben. Als Methode, um das finanzielle Gewicht der einzelnen Maßnahme zu bestimmen, wird folgender Vorschlag gemacht:[10] Betrachtet wird das Verhältnis der geplanten Auszahlungen für die Investition zur Summe der Auszahlungen für Investitionstätigkeit in der Finanzrechnung. Investitionen in Finanzanlagen bleiben bei der Gesamtsumme außer Betracht und wegen der Schwankung dieser Kennzahl über die Haushaltsjahre wird ein gleitender Durchschnitt über mehrere Haushaltsjahre gebildet. Der Anteil, ab dem erhebliche Bedeutung anzunehmen ist, sinkt mit höheren Gesamtauszahlungen, um sicherzustellen, dass in größeren Kommunen nicht zu viele Maßnahmen außen vor bleiben.

402 Nach Abs. 1 muss vor Beschluss von Investitionen oberhalb der Wertgrenze unter mehreren in Betracht kommenden Möglichkeiten durch einen **Wirtschaftlichkeitsvergleich**, mindestens durch einen Vergleich der Anschaffungs- oder Herstellungskosten und der Folgekosten, die für die Kommune wirtschaftlichste Lösung ermittelt werden.

403 Teilweise wird die Verpflichtung zum Wirtschaftlichkeitsvergleich auch auf Instandhaltungs- und Instandsetzungsmaßnahmen und vergleichbare Maßnahmen erstreckt, wenn sie – wie oben dargestellt – erheblich sind.[11] **Instandhaltungs- und Instandsetzungsmaßnahmen** sind keine Investitionen, sondern Aufwendungen, die erforderlich sind, um einen Vermögensgegenstand der Gemeinde betriebsbereit zu erhalten (beispielsweise Wartungskosten, Inspektionskosten) oder Aufwendungen, die erforderlich sind, um einen Vermögensgegenstand der Gemeinde wieder betriebsbereit zu machen (z. B. Reparaturkosten).[12] Anschaffungs- und Herstellungskosten, also Zugänge zum Anlagevermögen und damit Investitionen, können zwar auch noch nach Fertigstellung und Inbetriebnahme anfallen, setzen aber gem. § 44 Abs. 2 Muster-GemHVO eine Erweiterung oder wesentliche Verbesserung gegenüber dem Zustand bei ursprünglicher Fertigstellung voraus. **Vergleichbare Maßnahmen** sind Investitionsförderungsmaßnahmen, d. h. Zuweisungen, Zuschüsse und Darlehen der Kommune für Investitionen Dritter, darunter auch Sondervermögen mit Sonderrechnung.[13]

2. Durchführung

404 Die Minimalversion des Wirtschaftlichkeitsvergleichs umfasst gem. § 12 Abs. 1 Muster-GemHVO einen Vergleich der Anschaffungs- oder Herstellungskosten und der Folgekosten.

10 *Rauber,* PdK He B-9a, GemHVO § 12 Rn. 7,8, beck-online.
11 Z. B. § 12 Abs.3 GemHVO Hessen.
12 VV zu § 12 GemHVO Hessen HMdIS vom 27. 09. 2021, Az: IV 2 - 15i 01.04.
13 *Rauber,* PdK He B-9a, GemHVO § 12 Rn.10, beck-online.

Als Beispiel für diese Minimalversion kann das unten stehende Muster zur Berechnung jährlicher Folgekosten dienen.[14] Es handelt sich um eine statische Kosten- bzw. – bei der Einbeziehung von Erlösen – **Gewinnvergleichsrechnung** *(s. T.II.1.a)*. Betrachtet wird ein durchschnittliches bzw. repräsentatives Folgejahr; die unterschiedlichen Anschaffungs- und Herstellungskosten werden über die kalkulatorischen Abschreibungen und die kalkulatorischen Zinsen in den Vergleich einbezogen.

Daneben werden noch zwei weitere Kennzahlen ermittelt, als Signalwerte I und II bezeichnet. Signalwert I ist der Quotient aus der Summe der Anschaffungs- und Herstellungskosten und den so ermittelten durchschnittlichen jährlichen Folgekosten. Er stellt den Zeitraum dar, in dem die Folgekosten, die Summe der Anschaffungs- und Herstellungskosten überschreiten. Funktion dieses Signalwertes ist es offensichtlich, bei den politischen Entscheidern das Bewusstsein dafür zu wecken, wann die Folgekosten das ausschlaggebende Argument für eine Investitionsentscheidung sein müssen, insbesondere wenn die Investition durch hohe Zuwendungen und niedrige Kreditkosten günstig finanziert werden kann.

Signalwert II versucht, die Bindung künftiger Einnahmen durch die Investitionsentscheidung darzustellen. Hier werden die jährlichen Folgekosten umgerechnet bei Gemeinden in eine Erhöhung des Hebesatzes der Grundsteuer B und bei umlagefinanzierten Körperschaften in die Erhöhung des Hebesatzes der jeweiligen Umlage um x Punkte.

Muster zur Berechnung jährlicher Folgekosten:

	KVKR	Kostenart/Erlösart	jährliche Folgekosten
1	60–61	Aufwendungen für Material, Energie und sonstige verwaltungswirtschaftliche Tätigkeit sowie Aufwendungen für bezogene Leistungen	
2	62, 62, 640–643; 647–649, 65	Personalaufwendungen	
3	67–69	Aufwendungen für sonstige Sach- und Dienstleistungen mit Ausnahme Kto 670	
4	670	Aufwendungen für Miet-, Leasing-, Erbbauzinsen	

14 Anlage 1 VV zu § 12 GemHVO Hessen HMdIS vom 27.09.2021, Az: IV 2 - 15i 01.04.

	KVKR	Kostenart/Erlösart	jährliche Folgekosten
5	71	Aufwendungen für Zuweisungen und Zuschüsse sowie besondere Finanzaufwendungen	
6	72	Aufwendungen für sonstige Leistungen an Dritte (Transferleistungen)	
7	73	Steueraufwendungen einschließlich Aufwendungen aus gesetzlichen Umlageverpflichtungen	
8	71, 74, 786	Sonstige ordentliche Aufwendungen	
9		Kalkulatorische Abschreibungen	
10		Kalkulatorische Zinsen	
11		Σ Summe der jährlichen Folgekosten (Bruttokosten)	
12		unmittelbare Erlöse oder/und Kosteneinsparungen oder/und Kostenerstattungen	
13		Σ Summe der jährlichen Folgekosten (Nettokosten)	

405 Die statischen Verfahren sind nur für den Vergleich wenig komplexer Investitionen mit kürzerer Laufzeit geeignet; Investitionen, die diese Bedingungen nicht erfüllen, sollten mit Hilfe der Methode der vollständigen Finanzpläne verglichen werden (*s. T.II.1.b.dd*). Hier kann dann auch der gesamte **Lebenszyklus** einer Investition berücksichtigt werden.

Sind Varianten zu vergleichen, die sich nicht nur anhand ihrer finanziellen Auswirkungen unterscheiden, dann müssen auch qualitative Methoden (*s. T.II.2*) wie die Nutzwertermittlung und die Kosten-Wirksamkeitsanalyse verwendet werden.

Die Ermittlung der beiden Signalwerte für die Investitionsentscheidung ist bei nicht selbsttragenden Investitionen dennoch sinnvoll.

Die Wirtschaftlichkeitsvergleiche und Folgekostenrechnungen müssen der Volksvertretung vollständig vorgelegt werden,[15] nur auf dieser Grundlage kann sie pflichtgemäß die Entscheidung für eine Investition treffen.

IV. Herstellung der Veranschlagungsreife

406 Nach § 12 Abs. 2 Muster-GemHVO dürfen Auszahlungen und Verpflichtungsermächtigungen erst veranschlagt werden, wenn bestimmte Unter-

15 VV zu § 12 GemHVO Hessen HMdIS vom 27.09.2021, Az: IV 2 - 15i 01.04.

lagen vorliegen. Gegenüber dem Anwendungsbereich von § 12 Abs. 1 Muster-GemHVO gilt dies nur für Baumaßnahmen, diese umfassen aber auch Instandhaltungen und -setzungen.

Benötigt werden die folgenden Unterlagen:

- Pläne,
- Kostenberechnungen,
- Erläuterungen zu
  - Art der Ausführung,
  - Kosten der Maßnahme,
  - des Grunderwerbs,
  - der Einrichtung,
  - voraussichtliche Jahresraten,
  - Kostenbeteiligung Dritter,
- Bauzeitplan,
- Schätzung, der nach Fertigstellung der Maßnahme entstehenden jährlichen Haushaltsbelastungen.

Dabei stellt sich die Frage nach der Präzision und dem Detailgrad der Schätzungen und Planungen. Eine Kostenschätzung wurde ja bereits für den Wirtschaftlichkeitsvergleich benötigt. Die Kostenermittlung hängt unmittelbar vom Detailgrad der zugrunde liegenden Objektplanung ab. *407*

Werden Planungen und Kostenermittlungen nicht von eigenem Personal, sondern von Dienstleistern erstellt, dann wird Vertragsgrundlage die Verordnung über die Honorare für Architekten- und Ingenieurleistungen (HOAI).[16]

Sie definiert in § 2 Abs. 10 die **Kostenschätzung** als überschlägige Ermittlung der Kosten auf der Grundlage der **Vorplanung**. Ihr liegen zugrunde die Vorplanungsergebnisse, Mengenschätzungen, erläuternde Angaben zu den planerischen Zusammenhängen, Vorgängen sowie Bedingungen und Angaben zum Baugrundstück und zu dessen Erschließung. Verwiesen wird auf die Möglichkeit die Kostenschätzung nach § 4 Abs. 1 Satz 3 auf der Grundlage der DIN 276 zu erstellen. Dann müssen die Gesamtkosten nach Kostengruppen mindestens bis zur ersten Ebene der Kostengliederung ermittelt werden. Die Kostenschätzung ist die vorläufige Grundlage für Finanzierungsüberlegungen.

---

16 I. d. F. v. 12. November 2020 (BGBl. I S. 2392).

Mit der Bezugnahme auf die Vorplanung wird eine Leistungsphase der HOAI angesprochen. Am Beispiel der Gebäudeplanung werden gem. § 34 Abs. 4 HOAI diese Leistungsphasen unterschieden:

- LP1: Grundlagenermittlung
- LP2: Vorplanung
- LP3: Entwurfsplanung
- LP4: Genehmigungsplanung
- LP5: Ausführungsplanung.
- LP6: Vorbereitung der Vergabe
- LP7: Mitwirkung bei der Vergabe
- LP8: Objektüberwachung – Bauüberwachung und Dokumentation
- LP9: Objektbetreuung

Die geforderten Inhalte der Leistungsphasen sind in Anlage 10 zur HOAI definiert. Eine Kostenschätzung setzt daher voraus, dass die Grundlagenermittlung und eine Vorplanung stattgefunden haben.

Die **Kostenberechnung** definiert § 2 Abs. 11 HOAI als Ermittlung der Kosten auf der Grundlage der **Entwurfsplanung**. Es müssen durchgearbeitete Entwurfszeichnungen, Mengenberechnungen und für die Berechnung und Beurteilung der Kosten relevante Erläuterungen vorliegen. Auch hier wird verwiesen auf die Möglichkeit, die Kostenschätzung nach § 4 Abs. 1 S. 3 auf der Grundlage der DIN 276 zu erstellen. Dann müssen die Gesamtkosten nach Kostengruppen mindestens bis zur zweiten Ebene der Kostengliederung ermittelt werden.

Die Schätzung des Auftragswertes für die Vergabe der Gewerke erfordert eine abgeschlossene Ausführungsplanung. Die Kostenberechnung in Gestalt der sog. »fortgeschriebenen Kostenermittlung« (bepreistes LV) bildet die Grundlage der vergaberechtlichen Kostenschätzung gem. § 3 I VgV. (*s. R. Vergabeprüfung*).

Die **DIN 276**[17] regelt – geringfügig abweichend von der HOAI– die Stufen der Kostenermittlung im Bauwesen nach ihrem Zweck, den erforderlichen Grundlagen und dem Detaillierungsgrad.[18]

Die DIN 276 verwendet eine Kostengliederung mit drei Ebenen. So bilden für die Kostengruppe 300 Baukonstruktion u. a. die Kostengruppen 330 Außenwände, 340 Innenwände, 350 Decken und 360 Dächer die zweite

17 In der Fassung DIN 276: 2018-12.

18 *Siemeon, Speckhals* u. a., Baukostenplanung und Steuerung bei Neu- und Umbauten, 7. Aufl. 2021, Springer Vieweg, S. 1.

Ebene, während die Kostengruppe 340 Innenwände Kostengruppen für Innenwände, Innentüren/Fenster und Bekleidungen/Beschichtungen umfasst. Zuordnungsobjekt kann ein Bauteil oder ein Gewerk sein.

Regelungen zum Stand der Planung und dem Detailgrad der Kostenermittlung im Rahmen von Parallelvorschriften zu § 12 Muster-GemHVO in den Ländern fehlen teilweise oder sind unpräzise.[19] Im Konflikt zwischen frühzeitiger Berücksichtigung in der Planung und Veranschlagung, um z. B. eine Nachtragssatzung zu vermeiden, und präzise Informationen als Grundlage der Investitionsentscheidung erscheint es ausreichend, wenn für die Ermittlung der Anschaffungs- und Herstellungskosten im Rahmen des Wirtschaftlichkeitsvergleichs eine Vorplanung und eine Kostenschätzung gem. § 2 Abs. 10 HOAI vorliegt. Und für eine Veranschlagung ist das Stadium der Entwurfsplanung und eine Kostenberechnung gem. § 2 Abs. 11 HOAI erforderlich, aber auch ausreichend. 408

Veranschlagt werden müssen auch **Verpflichtungsermächtigungen** (§ 11 Muster-GemHVO), also das Eingehen von Verpflichtungen zur Leistung von Auszahlungen in künftigen Jahren für Investitionen und Investitionsförderungsmaßnahmen.

V. Finanzierung

Auf der Grundlage der Kostenschätzung und noch vor Veranschlagung sind die Finanzierungsmöglichkeiten zu prüfen. In Frage kommen eine Eigenfinanzierung, eine Fremdfinanzierung, insbesondere durch Kredite, eine Zuwendungsfinanzierung und eine Kombination dieser Finanzierungsarten. 409

Die Entscheidung über einen Bedarf und die wirtschaftlichste Form der Befriedigung dieses Bedarfs, die gem. § 12 Abs. 1 Muster-GemHVO von der Volksvertretung getroffen werden muss, ist untrennbar verbunden mit der Entscheidung über die Finanzierung. Ein Bedarf kann nicht als berechtigt anerkannt werden, wenn die Finanzierung mit der dauernden Leistungsfähigkeit der Kommune nicht vereinbar ist.

19 In den VV zu § 10 KommHV Bayern wird für die Veranlagung mit Bezug auf die HOAI eine Entwurfsplanung mit Kostenberechnung nach DIN 276 gefordert; die NKF-Handreichung, 7. Aufl., S. 2383, spricht davon, dass weitestgehend gesichert sein soll, dass die notwendige Baugenehmigung auch erteilt wird, was eine Genehmigungsplanung voraussetzen würde.

1. Kreditfinanzierung

410 Nach allen Kommunalverfassungsgesetzen dürfen Investitionen durch Kredit finanziert werden,[20] ebenfalls nach allen Kommunalverfassungsgesetzen sind Kredite zur Finanzierung nachrangig einzusetzen,[21] vorrangig ist also eine Eigenfinanzierung.

Wegen der Gefahr, die eine übermäßige Verschuldung für das dominierende Haushaltsziel aller Kommunen, die stetige Aufgabenerfüllung, darstellt, unterliegt die Kreditaufnahme nach allen Kommunalverfassungsgesetzen der Genehmigung der Rechtsaufsichtsbehörde. Gefordert wird eine Genehmigung des Gesamtbetrags der vorgesehenen Kreditaufnahmen für Investitionen und Investitionsförderungsmaßnahmen im Rahmen der Haushaltssatzung,[22] eine **Gesamtgenehmigung,** und bzw. oder – bei Vorliegen weiterer Voraussetzungen – eine **Einzelgenehmigung** vor Aufnahme des Kredits.[23] Die Genehmigung ist in der Regel zu versagen, wenn festgestellt wird, dass die Kreditverpflichtungen nicht mit der dauernden Leistungsfähigkeit der Kommune im Einklang stehen.[24]

411 Der Gesamtbetrag der genehmigten Kredite in der Haushaltssatzung bildet einen Rahmen für die Kreditaufnahme. Zum Zeitpunkt der Aufnahme eines konkreten Darlehens muss jedoch nochmals eine Prüfung zum Bedarf und zu den Konditionen stattfinden. Aufgenommen werden die Kredite nach dem Finanzbedarf aus der Investitionstätigkeit, die Investitionsauszahlungen im Haushaltsjahr stellen die Obergrenze für den Saldo aus Kreditaufnahmen und Tilgungen, die Nettoneuverschuldung, dar. Eine unmittelbare Zuordnung zwischen Investition und Kredit findet nicht statt, vielmehr gilt gem. § 18 Muster-GemHVO im Finanzhaushalt das Gesamtdeckungsprinzip.

Der Finanzmittelbedarf ist aufgrund des Sparsamkeitsprinzips zu den besten Konditionen zu decken. Dazu muss eine Markterkundung stattfinden. Verträge mit unterschiedlichen Kreditbedingungen wie Laufzeit, Zinssatz, Disagio, Tilgung, Gebühren und Währungssicherungsgeschäften werden mittels der Kapitalwertmethode (*s. T.II.1.b.aa*) vergleichbar gemacht.

412 Mit einer Kreditfinanzierung werden Finanzierungslasten in die Zukunft geschoben. Dies ist gerechtfertigt, da Investitionen in dieser Zukunft und durch künftige Steuerzahler genutzt werden. Daher sollte dem Grundsatz der intergenerationellen Gerechtigkeit in der Haushaltswirtschaft dadurch

---

20 Z. B. § 103 Abs. 1 S. 1 HGO.
21 Z. B. § 93 Abs. 3 HGO.
22 Z. B. § 103 Abs. 2 HGO.
23 Z. B. § 103 Abs. 4 HGO.
24 Z. B. § 103 Abs. 2 S. 3 HGO.

Rechnung getragen werden, dass die Laufzeit der Kredite nicht länger ist als die Nutzungsdauer der Vermögensgegenstände, für deren Finanzierung sie aufgenommen worden sind. Wegen fehlender Einzelzuordnung zwischen Krediten und Investitionen kann dies nur näherungsweise durch den Vergleich zweier Kennzahlen festgestellt werden. Die restliche Nutzungsdauer der Investitionen wird dadurch ermittelt, dass der Restbuchwert je Anlageklasse durch die Jahresabschreibungen dividiert wird. Die so ermittelten Restnutzungsdauern je Anlageklasse werden mit dem Restbuchwert gewichtetet zu einer Restnutzungsdauer zusammengefasst. Sie wird verglichen mit einer hypothetischen Restlaufzeit der Darlehen, die sich ergibt, wenn der Stand zum Stichtag durch die Tilgungen des Jahres in der Finanzrechnung geteilt werden. Diese Ermittlung geht davon aus, dass die Darlehen in regelmäßigen Raten getilgt werden.

Für die Kommune K ermitteln sich die folgenden Restbuchwerte und Jahresabschreibungen:

	RBW	Jahres-abschreibung	Restnutzungsdauer = RBW/ Jahresabschreibung	Restnutzungsdauer x RBW
Anlagenklasse 1	2.000.000,00	100.000,00	20,00	40.000.000,00
Anlagenklasse 2	100.000,00	15.000,00	6,67	667.000,00
Anlagenklasse 3	1.500.000,00	333.000,00	4,50	6.750.000,00
Summe	3.600.000,00	448.000,00	/	47.417.000,00
		=		
	gewichtete Restnutzungsdauer		13,17	

Der Darlehenstand zum selben Zeitpunkt beträgt 4,6 Mio €. Im Haushaltsjahr wurden laut Finanzrechnung 350 T€ getilgt, damit ergibt sich eine hypothetische Restlaufzeit der Darlehen von ebenfalls 13 Jahren. Es findet keine ungerechtfertigte Verschiebung der Lasten in die Zukunft statt.

Abweichungen zwischen geplantem Baufortschritt und damit Zahlungsmittelabfluss und tatsächlichem lassen sich nicht vermeiden. Der Abruf der Mittel aus Darlehen lässt sich anders als beim Kontokorrentkredit auch nicht vollständig mit dem Bedarf synchronisieren. Um zu verhindern, dass von Kreditermächtigungen vor Bedarf Gebrauch gemacht wird, sind sie über das Haushaltsjahr hinaus bis zum Ende des auf das Haushaltsjahr folgenden Jahres und, wenn die Haushaltssatzung für das übernächste Jahr nicht rechtzeitig bekannt gemacht wird, bis zur Bekanntmachung dieser Haushaltssatzung gültig.[25] Ein Gebrauchmachen von der Kreditermächtigung im zweiten Haushaltsjahr nach Veranschlagung wirft aber Fragen zur Veranschlagungsreife der Planung und dem Investitionscontrolling auf. 413

25 Z. B. § 103 Abs. 3 HGO.

2. Kreditähnliche Finanzierung

414 Die Begründung von Zahlungsverpflichtungen, die wirtschaftlich einer Kreditverpflichtung gleichkommen, wird nach demselben Kriterium beurteilt.[26] Für die Beurteilung der Situation sind daher auch Verpflichtungen aus Krediten und kreditähnlichen Geschäften gemeinsam zu betrachten. Deshalb sind auch die Rechtsaufsichtsbehörden eingebunden, teilweise ist eine Anzeige ausreichend, in anderen Bundesländern wird eine Genehmigung benötigt, soweit es sich nicht um einen Vorgang der laufenden Verwaltung handelt.

In diese Kategorie fällt auch das Leasing von Vermögensgegenständen. Eine Investition liegt aber definitionsgemäß nur vor, wenn der Vertrag zu einem Zugang beim Anlagevermögen der Kommune führt. Dies ist dann der Fall, wenn der Vertrag dem Leasingnehmer, der Kommune, das **wirtschaftliche Eigentum** vermittelt.[27] Der Leasingnehmer bilanziert nicht nur den Vermögensgegenstand zum Zeitpunkt des Zugangs mit seinen Anschaffungskosten, dem Barwert der vereinbarten Leasingraten, sondern auch eine Verbindlichkeit in gleicher Höhe. Der Vermögensgegenstand wird nach den allgemeinen Regeln abgeschrieben, die gezahlte Leasingrate auf einen Zins- und Tilgungsanteil aufgeteilt und die Verbindlichkeit entsprechend getilgt, der Zinsanteil ist Zinsaufwand.[28]

Für die Veranschlagung bedeutet dies, dass zum Zeitpunkt des Vertragsabschlusses eine Verpflichtungsermächtigung vorliegen muss, Tilgungen sind im Finanzhaushalt und Zinsaufwand ist im Ergebnishaushalt auszuweisen.

3. Finanzierung im Rahmen einer Öffentlich-Privaten-Partnerschaft

415 Eine Öffentlich-Private-Partnerschaft (ÖPP) in diesem Kontext ist eine Vertragsbeziehungen zwischen einer Kommune und einem privaten Partner, in der der private Partner Errichtung, Betrieb und gegebenenfalls Finanzierung einer Infrastruktur übernimmt und dafür vom öffentlichen Partner Entgelte erhält und/oder das Recht, Entgelte von den Nutzern der Infrastruktur zu erheben.[29] Die Finanzierung kann, muss aber kein Inhalt der ÖPP sein. Enthält die ÖPP ein Finanzierungselement, handelt es sich um ein kreditähnliches Rechtsgeschäft, daraus müssen die dargestellten

26 Z. B. § 87 Abs. 5 GemO BW; § 103 Abs. 7 HGO; § 86 Abs. 4 GemO NRW.

27 Zu den Kriterien s. BMF 19. 4. 1971, BStBl I, 264 (bewegliche WG); 21. 3. 1972, BStBl I, 188 (unbewegliche WG), ergänzt durch BStBl I 1992, 13 und 1996, 9.

28 *Justenhoven/Meyer*, in: Beck Bil-Komm., 13. Aufl. 2022, HGB § 246 Rn. 75.

29 Gutachten des Wissenschaftlichen Beirats beim Bundesministerium der Finanzen: Chancen und Risiken Öffentlich-Privater Partnerschaften 9/2016 S. 8.

haushaltsrechtlichen Folgen gezogen werden. Entsprechend kann rechtliches oder nach den oben genannten Kriterien wirtschaftliches Eigentum an der Infrastruktur bei der Kommune entstehen.

Aufgrund der Eigenständigkeit und der Komplexität jeder ÖPP stellt sie besondere Anforderungen an den Wirtschaftlichkeitsvergleich. Hilfestellung gibt der gemeinsame Erfahrungsbericht der Rechnungshöfe zur Wirtschaftlichkeit von ÖPP-Projekten:[30]

- Im Wirtschaftlichkeitsvergleich muss die ÖPP immer mit einer kreditfinanzierten Beschaffung verglichen werden;
- die Wirtschaftlichkeit eines ÖPP-Projekts muss über die gesamte Laufzeit hinweg (Lebenszyklusansatz) nachgewiesen sein;
- ÖPP-Projekte, die sich die Kommune konventionell finanziert nicht leisten kann, darf sie sich ebenso wenig alternativ finanziert leisten.

Die im Wirtschaftlichkeitsvergleich getroffenen Annahmen sind kritisch zu würdigen, die im Bericht dargestellten Prüfungserfahrungen zeigen, dass im Rückblick die Beschaffung mittels ÖPP nicht wirtschaftlicher war als eine kreditfinanzierte Beschaffung.

Die Veranschlagung der Entgelte im Haushaltsplan erfordert eine Aufteilung in konsumtive und investive Anteile. Entgelte für den Betrieb und den Unterhalt der Infrastruktur sind im Ergebnishaushalt auszuweisen.[31] Entgelte, die die Herstellung vergüten, sind im Finanzhaushalt auszuweisen. Diese Aufteilung erfordert grundsätzlich Einblick in die Kalkulation des Privaten.

Zu beachten ist, dass auch diese Form der Beschaffung grundsätzlich dem Vergaberecht unterliegt (*s. R.II.1.b) öffentlicher Auftrag/Konzession*). Im Vergabeverfahren ist zu bestimmen, dass die Bewerber die Bestandteile Herstellung, Betrieb, Unterhalt und Finanzierung getrennt bepreisen.

4. Zuwendungsfinanzierung

Eine wichtige Funktion hat die (anteilige) Finanzierung von Investitionen durch Zuwendungen Dritter, vor allem Land, Bund und der Europäischen Union.

30 Hrg: Präsidentinnen und Präsidenten der Rechnungshöfe des Bundes und der Länder vom 14. 9. 2011 unter https://www.rechnungshof.baden-wuerttemberg.de/media/978/Gemeinsamer%20Erfahrungsberichtc%20zur%20Wirtschaftlichkeit%20von%20%D6PP-Projekten.pdf.

31 Vergl. NRW, NKF-Handreichung, 7. Aufl., S. 953 f.

Zuwendungen werden regelmäßig auf der Grundlage eines Förderprogrammes unter dem Vorbehalt von Haushaltsmitteln auf Antrag gewährt.[32] Im Förderprogramm und im gewährenden Rechtsakt sind an die Zuwendung Verpflichtungen geknüpft, die die Empfängerin einhalten muss.[33] Die Einhaltung dieser Verpflichtungen wird grundsätzlich von der gewährenden Stelle geprüft.[34] Grundlage sind Informationen, die die Empfängerin liefern muss, der sog. **Verwendungsnachweis**.[35] Bei Verletzung der Verpflichtungen sind Sanktionen vorgesehen.[36]

Die Rechnungsprüfung der Empfängerin kann im Rahmen der Jahresabschlussprüfung oder der Wirtschaftlichkeitsprüfung prüfen, ob die Kommune ihren Verpflichtungen aus gewährten Zuwendungen nachgekommen ist und insbesondere den Verwendungsnachweis rechtzeitig und richtig vorgelegt hat. Die Verletzung dieser Verpflichtungen birgt erhebliche finanzielle Risiken.

Davon zu unterscheiden ist die Frage, ob die Rechnungsprüfung von der gewährenden Stelle verpflichtet werden kann, quasi als vorgelagerte Prüfungseinrichtung für diese tätig zu werden und ihr zu bestätigen, dass die empfangende Gemeinde alle Pflichten aus dem Zuwendungsverhältnis eingehalten hat. Ein Beispiel für diese Vorgehensweise ist 7.2 der allgemeinen Nebenbestimmungen für Zuwendungen zur Projektförderung an Gebietskörperschaften und Zusammenschlüsse von Gebietskörperschaften (AN-Best-Gk), die gem. VV 5.1 zu § 44 BHO verpflichtend unverändert zum Bestandteil des Zuwendungsbescheides zu machen sind. Danach gilt: Unterhält der Zuwendungsempfänger eine eigene Prüfungseinrichtung, ist von dieser der Verwendungsnachweis vorher zu prüfen und die Prüfung unter Angabe ihres Ergebnisses zu bescheinigen. Diese Regelung wird in einem Gutachten im Auftrag des Instituts der Rechnungsprüfer als verfassungswidrig beurteilt.[37]

32 Z. B. Zuwendungen zur Projektförderung an Gebietskörperschaften und Zusammenschlüsse von Gebietskörperschaften.

33 Z. B. 1, 3 VV zu § 44 BHO.

34 Z. B. 11 VV zu § 44 BHO.

35 Z. B. 10 VV zu § 44 BHO.

36 Z. B. 8 VV zu § 44 BHO.

37 *Obbecke,* Testatspflichten der örtlichen Rechnungsprüfung der Gemeindehaushalt, 6/2022, S. 121 ff.

VI. Baumaßnahmensteuerung

Nach Durchführung der Vergaben beginnt der Bauprozess im engeren Sinne. Er birgt erhebliche Risiken. Umplanungen, Verzögerungen im Baufortschritt, Schadensereignisse und steigende Kosten gefährden die Wirtschaftlichkeit der Baumaßnahme.

Grundsätzlich ist die Kommune als Auftraggeberin drei Risiken ausgesetzt:

- dem Leistungsrisiko,
- dem Zeitrisiko und
- dem Kostenrisiko.

Das Leistungsrisiko ist das Risiko, nicht das zu erhalten, was vereinbart war. Diesem Risiko begegnet die Kommune dadurch, dass sie durch baufachlich qualifiziertes Personal den Baufortschritt beobachten und die Abnahmen vornehmen lässt.

Das Zeitrisiko ist das Risiko, dass sich die Fertigstellung gegenüber der ursprünglichen Planung verzögert. Ein wichtiger Faktor für den reibungslosen Ablauf ist die Kommunikation zwischen den Beteiligten. Immer wieder sind auch Entscheidungen des Auftraggebers erforderlich. Dies erfordert die Einrichtung einer Prozesssteuerung, die auf die Einhaltung der vereinbarten Termine drängt, bei Störungen zeitliche Umplanungen und neue Terminvereinbarungen vornimmt und dafür sorgt, dass die Auftraggeberentscheidungen von den Verantwortlichen zeitnah getroffen werden.

Das Kostenrisiko ist das Risiko, dass die Baumaßnahme gegenüber der Kostenschätzung und Kostenberechnung im Rahmen der Haushaltsplanung deutlich teuer wird. Eine Studie stellte 2015 eine durchschnittliche Kostenüberschreitung von 73 % bei großen Infrastrukturprojekten in Deutschland, darunter auch kommunalen fest.[38] Dort identifizierte Ursachen waren u. a. unrealistische Kostenschätzungen unter politischem Druck, die Bereitschaft zu technischen Pionierprojekten, fehlende Governance beim öffentlichen Auftraggeber, fehlendes Kostencontrolling, Planänderungen in der Bauphase und Verzögerungen.

Auch wenn die Kostensteuerung durch eigenes Personal vorgenommen wird statt durch Dienstleister, könnten sich die Vergleiche der Kostenermittlung an den Leistungsphasen nach HOAI orientieren.

38 *Kostka, Anzinger,* Large Infrastructure Projects in Germany: A Cross-sectoral Analysis, Working Paper 1, Hertie School of Governance.

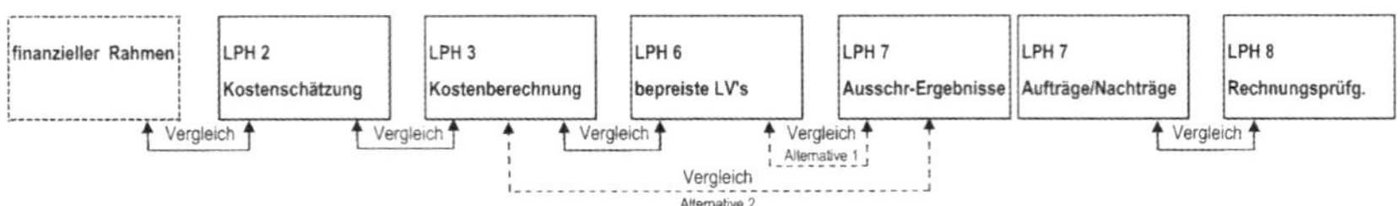

Abbildung 11: Systematische Darstellung der Kostenermittlungsvergleiche nach HOAI
Quelle: Siemeon, Speckhals u.a. Baukostenplanung und Steuerung bei Neu- und Umbauten 7.Aufl. 2021 Springer-Vieweg S. 20

Ziel ist ein Kostensteuerungssystem, das zeitlich durchgehend über den gesamten Projektverlauf die jeweils aktuellen Gesamtkosten – aus nachvollziehbaren anteiligen Kosten in unterschiedlicher Ermittlungstiefe und einem Prognoseanteil – prognostiziert.[39]

Wie das beispielhaft aussehen könnte, zeigt die folgende Abbildung:

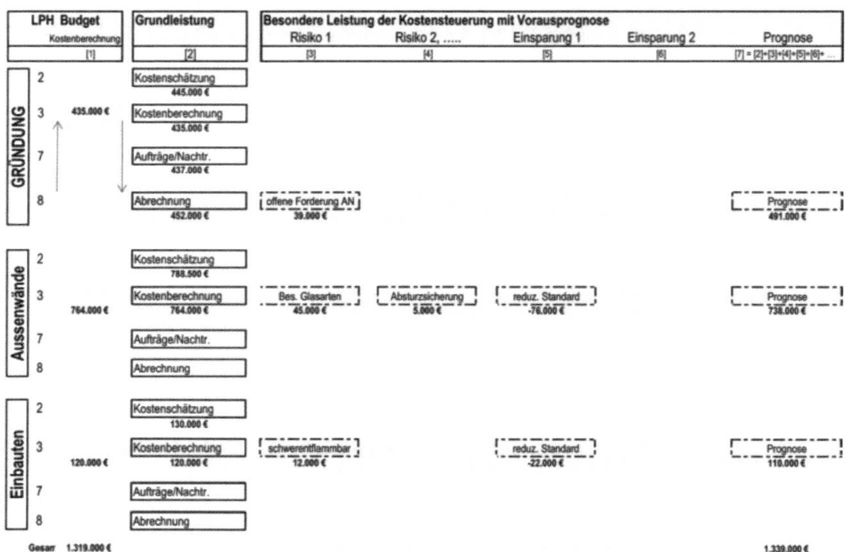

Abbildung 12: Auszug der Kostensteuerung zum Zeitpunkt der Fertigstellung der Bauwerksgründung (Schlussabrechnung) und der Kosten der Fassade und der Einbauten als Entwurfsstatus
Quelle: Siemeon, Speckhals u.a. Baukostenplanung und Steuerung bei Neu- und Umbauten 7. Aufl. 2021 Springer-Vieweg S. 20

39 *Siemeon, Speckhals* u.a., Baukostenplanung und Steuerung bei Neu- und Umbauten, 7.Aufl. 2021, Springer-Vieweg, S. 20.

Ohne eigenes baufachliches Spezialwissen wird es der Prüferin schwer fallen, im Prozess eigene Kontrollen durchzuführen. Dann kann die Prüfung darauf fokussieren, ob eine angemessene Prozesssteuerung und ein Kostencontrolling eingerichtet wurden und die damit Beauftragten tätig geworden sind.

R. Vergabeprüfung

I. Prüfungsaufgabe

416 Die Prüfung einer Vergabe kann nachträglich, nach Abschluss eines Verfahrens, wenn und soweit buchungspflichtige Geschäftsvorfälle entstanden sind, im Rahmen der Jahresabschlussprüfung erfolgen. Dann können Prüfungsurteile zur Rechtmäßigkeit und Wirtschaftlichkeit des Verfahrens abgegeben werden.

Gehört entweder – ausdrücklich – die Prüfung der Auftragsvergaben oder allgemein die Prüfung der Ordnungsmäßigkeit und Zweckmäßigkeit der Verwaltung zu den Aufgaben des Organs der Rechnungsprüfung, dann können Vergaben auch schon vor Abschluss des Verfahrens geprüft werden.

Gegenstand der Prüfung sind dann einzelne laufende Vergabeverfahren, die auf ihre Rechtmäßigkeit und Wirtschaftlichkeit geprüft werden. Für diese laufenden Verfahren ist auch die Feststellung zu treffen, ob Haushaltsmittel vorhanden sind, *(s. Q. Prüfung von Investitionen)*.

Alternativ und ergänzend kann aber auch ein Beschaffungsprozess daraufhin geprüft werden, ob seine Gestaltung und sein internes Kontrollsystem die Gewähr für eine rechtmäßige und wirtschaftliche Beschaffung bieten *(s. J.III.1. IKS als Prüfungsgegenstand)*.

Außer bei der Kommune selber sind Vergabeprüfungen grundsätzlich *(s. O.II. Kommunalunternehmen/rechtsfähige Anstalten des öffentlichen Rechts bzw. III. Eigenbetriebe)* auch bei ihren Eigenbetrieben und rechtsfähigen Anstalten des öffentlichen Rechts möglich. Der Umfang des Prüfungsrechts bei Unternehmen in der Privatrechtsform erlaubt eine solche Prüfung in der Regel nicht, weshalb die folgende Darstellung des Vergaberechts diese Aspekte ausklammert.

II. Rechtsrahmen

417 Die Beschaffung von Gütern und Dienstleistungen durch Gebietskörperschaften und andere sogenannte öffentliche Auftraggeber ist reguliert. Auftraggeber aus diesem Kreis sollen vor unwirtschaftlicher Beschaffung und Korruption geschützt werden, die potentiellen Auftragnehmer vor Diskriminierung.

Welche Vorschriften bei einem konkreten Beschaffungsverfahren zu beachten sind, ist abhängig von drei Faktoren.

- Auftragswert: oberhalb oder unterhalb von Schwellenwerten
- Bereich der Beschaffung: Sektorenbereich (Verkehrs-, Energie- und Wasserversorgung), Verteidigung und Sicherheitsbereich und übrige Beschaffungsvorgänge
- Art der Beschaffung: Aufträge oder Konzessionen

1. Vergaben im Geltungsbereich des EU-Rechts

418 Mit dem Ziel, die Grundfreiheiten des EU Vertrages, insbesondere die Warenverkehrs-und Dienstleistungsfreiheit zu verwirklichen und EU-weit eine diskriminierungsfreie öffentliche Beschaffung zu ermöglichen, wurden drei Richtlinien erlassen. Die Richtlinie 2014/24/EU für die Vergabe öffentlicher Aufträge durch öffentliche Auftraggeber; die Richtlinie 2014/25/EU über die Vergabe von Aufträgen durch Auftraggeber im Bereich der Wasser-, Energie- und Verkehrsversorgung; die Richtlinie 2014/23/EU regelt die Vergabe von Bau- und Dienstleistungskonzessionen.

Einzelheiten regeln zum Beispiel die Verordnung (EG) Nr. 2195/2002 über das Gemeinsame Vokabular für öffentliche Aufträge (CPV), also die bei Ausschreibungen zu verwendenden Begrifflichkeiten oder die Durchführungsverordnung (EU) 2015/1986 zur Einführung von Standardformularen für die Veröffentlichung von Vergabebekanntmachungen für öffentliche Aufträge. Für die Vergabe von Verkehrsleistungen ist die Verordnung (EG) Nr. 1370/2007 über öffentliche Personenverkehrsdienste auf Schiene und Straße zu beachten.

Die Richtlinien sind nicht unmittelbar anwendbar, sondern wurden durch den 4. Teil des GWB sowie ergänzend durch die Vergabeverordnung (VgV), Verordnung über die Vergabe von öffentlichen Aufträgen im Bereich des Verkehrs, der Trinkwasserversorgung und der Energieversorgung (SektVO), Konzessionsvergabeverordung (KonzVgV), sowie die Verdingungsordnung Bau (VOB/A) in deutsches Recht umgesetzt. Für die Auslegung des nationalen Rechts sind aber die Richtlinien und die Rechtsprechung des EuGHs bestimmend.

419 Der 4. Teil des GWB ist anwendbar, wenn:

- Ein Auftraggeber gem. § 98 GWB, also ein öffentlicher Auftraggeber gem. § 99 GWB, ein Sektorenauftraggeber gem. § 100 GWB oder ein Konzessionsgeber gem. § 101 GWB,
- einen Auftrag gem. § 103 GWB oder eine Konzession gem. § 105 GWB vergeben will,

- der Auftragswert dabei den Schwellenwert des § 106 GWB übersteigt und
- keine Ausnahme nach den §§ 107 ff GWB vorliegt.

a) *Auftraggeber gem. § 98 GWB*

Kommunen und ihre Eigenbetriebe sind öffentliche Auftraggeber gem. § 99 Nr. 1 GWB, ihre rechtsfähigen Anstalten des öffentlichen Rechts solche gem. § 99 Nr. 2 GWB. *420*

Sektorenauftraggeber üben eine Sektorentätigkeit i. S. d. § 102 GWB aus, also betreiben z. B. eine Trinkwasser-, Elektrizitäts-, Gas- oder Wärmeversorgung oder stellen ein entsprechendes Netz bereit, stellen Verkehrsleistungen oder Häfen und Flughäfen zur Verfügung.

Ist die Kommune oder ihr Unternehmen zugleich öffentlicher Auftraggeber und Sektorenauftraggeber, ist danach zu unterscheiden, für welche Tätigkeit beschafft wird. Wird für eine Sektorentätigkeit beschafft, dann gehen die spezielleren Vorschriften für die Sektorenvergabe vor, ansonsten gelten die allgemeinen Vergabevorschriften.[1]

b) *Öffentlicher Auftrag/Konzession*

Ein öffentlicher Auftrag ist gem. § 103 Abs. 1 GWB zunächst ein entgeltlicher Vertrag zwischen einem öffentlichen Auftraggeber oder Sektorenauftraggeber und Unternehmen über die Beschaffung von Leistungen, die die Lieferung von Waren, die Ausführung von Bauleistungen oder die Erbringung von Dienstleistungen zum Gegenstand haben. *421*

Ein Fehlerrisiko besteht hier darin, dass nicht erkannt wird, dass ein öffentlicher Auftrag erteilt wird. Ein Vertrag ist z. B. immer anzunehmen, wenn ein Leistungsaustausch gewollt ist, auch wenn er die Form einer gesellschaftsrechtlichen Weisung oder eines Verwaltungsakts annimmt.[2] Unternehmen ist jede wirtschaftlich tätige, d. h. auf dem Markt Güter oder Leistungen anbietende, natürliche oder juristische Person, die selbstständig am Rechtsverkehr teilnimmt, auch wenn diese selber öffentlicher Auftraggeber ist.[3] Kein Auftrag, sondern ein innerstaatlicher Organisationsakt

---

1 *Goede, Stoye, Stolz,* Handbuch des Vergaberechts, 2. Auflage 2021, Werner Verlag, Kap. 2, Rz. 123.

2 *Goede, Stoye, Stolz,* Handbuch des Vergaberechts, 2. Auflage 2021, Werner Verlag, Kap. 3, Rz. 10.

3 *Goede, Stoye, Stolz,* Handbuch des Vergaberechts, 2. Auflage 2021, Werner Verlag, Kap. 3, Rz. 14.

liegt vor bei einer Kompetenzübertragung zwischen Kommunen im Rahmen einer kommunalen Gemeinschaftsarbeit.[4]

Im weiteren Sinne fallen gem. § 103 Abs. 6 GWB auch die **Wettbewerbe** unter den Begriff des Auftrags, dabei handelt es sich um Auslobungsverfahren, die dem Auftraggeber aufgrund vergleichender Beurteilung durch ein Preisgericht mit oder ohne Verteilung von Preisen zu einem Plan oder einer Planung verhelfen sollen.

422 **Konzessionen** sind gem. § 105 Abs. 1 GWB entgeltliche Verträge, mit denen mindestens ein Konzessionsgeber mindestens ein Unternehmen entweder mit der Erbringung von Bauleistungen (Baukonzessionen) oder mit der Erbringung von Dienstleistungen (Dienstleistungskonzessionen) betrauen. Die Gegenleistung besteht dabei in dem Recht zur Nutzung des Bauwerks bzw. zur Verwertung der Dienstleistungen ggf. zusätzlich zu einer Zahlung. Bei Konzessionen finanziert sich der Konzessionsnehmer typischerweise durch von den Nutzern der baulichen Anlagen bzw. Dienstleistungen zu entrichtende Entgelte.

Relevant für die Abgrenzung einer Konzession von einem Auftrag ist gem. § 105 Abs. 2 GWB das Betriebsrisiko für die Nutzung des Bauwerks oder für die Verwertung der Dienstleistungen. Bei Konzessionen muss das Betriebsrisiko auf den Konzessionsnehmer übergehen. Dabei kann es sich um ein Nachfrage- oder ein Angebotsrisiko handeln. Ein Betriebsrisiko besteht, wenn unter normalen Betriebsbedingungen nicht gewährleistet ist, dass die Investitionsaufwendungen oder die Kosten für den Betrieb des Bauwerks oder die Erbringung der Dienstleistungen wieder erwirtschaftet werden können, und der Konzessionsnehmer den Unwägbarkeiten des Marktes tatsächlich ausgesetzt ist, sodass potenzielle geschätzte Verluste des Konzessionsnehmers nicht vernachlässigbar sind. Die typischen ÖPP-Modelle, die der (Vor-)Finanzierung dienen und bei denen die Kommune z. B. das Schulgebäude langfristig anmietet, erfüllen dieses Kriterium nicht.

Typische Beispiele für eine Baukonzession sind Sportstätten, Parkhäuser, Ver- und Entsorgungsanlagen, Kraftwerke sowie sonstige Infrastruktureinrichtungen, aber auch eine Veräußerung von kommunalen Grundstücken oder eine Vergabe von Erbbaurechten darauf nicht ausschließlich zum Höchstpreis, sondern im Rahmen von wettbewerblichen Verfahren nach der Qualität des Nutzungskonzeptes unter Bewertung des Erfüllungsgrades der vorgegeben ökologischen, sozialen, wohnungs- und städtebaulichen Kriterien kann, wenn für den Investor eine Baupflicht besteht.[5]

4 *Immenga/Mestmäcker/Dreher*, 6. Aufl. 2021, GWB, § 108, Rz. 68.

5 *Burgi/Dreher/Opitz*, Beck'scher Vergaberechtskommentar, Bd. 1 4. Auflage 2022, Rn. 58, 59.

Beispiele für Dienstleistungskonzessionen sind die Einräumung des Rechts durch die Kommune, in ihren kommunalen Einrichtungen im eigenen Namen und auf eigene Rechnung Verpflegungsleistungen anzubieten;[6] die gewerberechtliche Festsetzung eines Wochen- oder Weihnachtsmarktes zugunsten eines Veranstalters.[7] Oder die Erlaubnis zum Aufstellen von Containern für Alttextilien.[8]

c) *Schwellenwerte*

Der **Schwellenwert** für den Auftragswert ergibt sich gem. § 106 Abs. 2 GWB *423*

- für öffentliche Aufträge und Wettbewerbe, die von öffentlichen Auftraggebern vergeben werden, aus Artikel 4 der Richtlinie 2014/24/EU, hier wird zwischen Bauaufträgen und Liefer- und Dienstleistungsaufträgen unterschieden
- für öffentliche Aufträge und Wettbewerbe, die von Sektorenauftraggebern zum Zweck der Ausübung einer Sektorentätigkeit vergeben werden, aus Artikel 15 der Richtlinie 2014/25/EU
- für Konzessionen aus Artikel 8 der Richtlinie 2014/23/EU

Die Schwellenwerte werden regelmäßig angepasst und im Amtsblatt der Europäischen Union und anschließend im Bundesanzeiger veröffentlicht.

Da der Auftragswert regelmäßig erst nach Abschluss des Vergabeverfahrens feststeht, ist er sachgerecht zu schätzen. Wenn im Verfahren alle Angebote über dem geschätzten Auftragswert liegen und auch über dem Schwellenwert, der geschätzte Auftragswert aber nicht, dann ist dies für sich genommen noch kein Nachweis für eine nicht sachgerechte Schätzung und die rechtswidrige Vermeidung von GWB-Vergaberecht. Die Beurteilung hängt von der Qualität der Prognose, insbesondere der Markterkundung und ihrer Dokumentation ab. Je näher der geschätzte Auftragswert dem Schwellenwert kommt, desto größer sind die Anforderungen an die Schätzung und ihre Dokumentation. *424*

Mehrere Leistungen werden als Teil eines funktional einheitlichen Gesamtauftrags betrachtet, wenn zwischen ihnen eine innere Kohärenz und funktionelle Kontinuität in wirtschaftlicher und technischer Hinsicht besteht. Ein Beispiel ist die zeitversetzte, abschnittsweise Realisierung von Großprojek-

6 VK Brandenburg, Beschl. v. 12.8.2003 – VK 48/03; OLG Dresden, Beschluss v. 8. Oktober 2009 – WVerg 5/09.

7 OVG Berlin-Brandenburg, Beschluss v. 30.11.2010 - 1 S 107/10; VG Köln, Urteil v. 16.10.2008 - 1 K 4507/08.

8 OLG Düsseldorf, Beschl. v. 7.3.2012 • VII-Verg 78/11.

ten.[9] Ihre Auftragswerte sind für die Prüfung des Schwellenwerts zusammenzurechnen. Hier besteht das Risiko eines unzulässigen Splittings, um ein Überschreiten der Schwellenwerte und die Anwendung von GWB-Vergaberecht zu vermeiden.

Näheres zur Schätzung des Auftragswertes regeln § 3 VgV für allgemeine Vergabeverfahren, § 2 SektVO für Sektorentätigkeiten und § 2 KonzVgV für die Beauftragung mit Konzessionen.

Für alle gilt: Zu schätzen ist der voraussichtliche Gesamtwert der vertragsgegenständlichen Leistungen zum Zeitpunkt der Einleitung des Vergabeverfahrens. Umsatzsteuer wird nicht berücksichtigt. Werterhöhende Faktoren wie Prämien, Optionen und Vertragsverlängerungen werden einbezogen.

Bei einer Rahmenvereinbarung ist der Gesamtwert aller Einzelaufträge zu schätzen, die während der gesamten Laufzeit der Rahmenvereinbarung geplant sind (§ 3 Abs. 4 VgV, § 2 Abs. 4 SektVO).

425 Auch bei einer Stückelung eines Vorhabens in Lose ist der geschätzte Gesamtwert aller Lose zugrunde zu legen. Erreicht er den maßgeblichen Schwellenwert, gilt das GWB-Vergaberecht grundsätzlich für die Vergabe jedes Loses (§ 3 Abs. 7 VgV, § 2 Abs. 7 SektVO).

Abweichend davon kann der Auftraggeber einzelne Lose, deren geschätzter Auftragswert bei Liefer- und Dienstleistungen unter 80 T€ und bei Bauleistungen unter 1 Mio. € liegt, vom GWB-Vergaberecht ausnehmen, solange und soweit die Summe der Auftragswerte dieser Lose 20 Prozent des Gesamtwertes aller Lose nicht übersteigt (§ 3 Abs. 9 VgV, § 2 Abs. 9 SektVO).

Neben der Schätzung des Auftragswertes der Einzellose sind auch die Gründe für eine Zuweisung zum 20 %-Kontingent zu dokumentieren. Es können dies der prognostizierte Verfahrensaufwand der einzelnen Lose, der zu erwartende Preisvorteil durch einen europaweiten Wettbewerb, die Bedeutung einzelner Lose im Projektzeitplan als besonders zeitkritisch oder auch das Risiko aus einer Nachprüfung sein.[10]

Das Bauvorhaben Neubau einer städtischen Schule soll nach den Gewerken als Lose vergeben werden. Der geschätzte Auftragswert beträgt für den Tiefbau 1,2 Mio. €, für den Rohbau 3 Mio. €, für die technische Gebäudeausstattung 800 T€, für Sanitär 900 T€, für den Innenausbau 950 T€ und für die Außenanlagen 450 T€, in Summe 7,3 Mio. €. 20 % dieser Summe sind 1,46 Mio. €. Die Vergabe von Tief- und Rohbauleistungen unterliegt unmittelbar dem GWB-Ver-

9 *Goede, Stoye, Stolz,* Handbuch des Vergaberechts, 2. Auflage 2021, Werner Verlag, Kap. 3, Rz. 14.

10 *Goede, Stoye, Stolz,* Handbuch des Vergaberechts, 2. Auflage 2021, Werner Verlag, Kap. 3, Rz. 61.

gaberecht. Die übrigen Lose können teilweise von der Anwendung ausgenommen werden. Der Auftraggeber könnte die Lose technische Gebäudeausstattung und Außenanlagen (1,25 Mio. €) oder Innenausbau und Außenanlagen (1,4 Mio. €) oder Sanitär und Außenanlagen (1,35 Mio. €) dem 20 %-Kontingent zuordnen.

Die Schätzung des Vertragswertes einer Konzession berücksichtigt den Gesamtumsatz, den der Konzessionsnehmer während der Vertragslaufzeit als Gegenleistung für die konzessionsgegenständlichen Bau- oder Dienstleistungen und damit verbundene Lieferungen erzielt. Auch hier wird grundsätzlich auf den Zeitpunkt der Einleitung des Verfahrens abgestellt. Weicht der Auftragswert zum Zeitpunkt des Zuschlags mehr als 20 % vom geschätzten Wert ab, dann ist gem. § § 2 Abs. 5 Satz 2 KonzVgV der aktuelle Wert maßgeblich. Dies verlangt, wenn das günstigste eingegangene Angebot 20 % über der Schätzung und damit jetzt oberhalb des Schwellenwertes liegt, eine Aufhebung des laufenden Verfahrens und die Durchführung eines Verfahrens nach GWB-Vergaberecht.[11] In Fällen mit großen Schätzunsicherheiten knapp unterhalb des Schwellenwertes kann daher eine vorsorgliche Anwendung des GWB-Vergaberechts sinnvoll sein.

d) *Ausnahmen*

Von der Anwendung des 4. Teils des GWB gibt es Ausnahmen. Für alle Auftraggeber i. S. d. § 98 GWB gelten die **Ausnahmen** gem. §§ 107 bis 109 GWB. Daneben bestehen gem. §§ 116 bis 118 GWB weitere Ausnahmen für die öffentlichen Auftraggeber, gem. §§ 137 bis 140 GWB für Sektorenauftraggeber und gem. §§ 149, 150, 154 Nr. 1 GWB für die Konzessionsvergabe. Für alle Ausnahmen gilt: Sie sind abschließend aufgezählt und zur Vermeidung von Umgehungen eng auszulegen.[12] *426*

Eine in der kommunalen Praxis bedeutsame Ausnahme ist die öffentlich-öffentliche Zusammenarbeit gem. § 108 GWB. *427*

Hierbei ist zu unterscheiden zwischen der Beauftragung eines Unternehmens, das eine besondere Nähebeziehung zum öffentlichen Auftraggeber aufweist (Abs. 1–5), die sog. **In-house-Vergabe** und den Formen einer kommunalen Gemeinschaftsarbeit (Abs. 6, 7).

Ein Unternehmen aus dem Konzern (Tochter-, Enkel-, Schwestergesellschaft) eines öffentlichen Auftraggebers kann von diesem ausschreibungsfrei beauftragt werden, wenn

---

11 *Burgi/Dreher/Opitz*, Beck'scher Vergaberechtskommentar 3. Aufl. 2019, KonzVgV § 2 Rn. 39.

12 BGH, Beschl. v. 08. 02. 2011 – X ZB 4/10; EuGH, Urt. v. 13. 01. 2005 – Rs. C-84/03.

1. der öffentliche Auftraggeber über die juristische Person eine ähnliche Kontrolle wie über seine eigenen Dienststellen ausübt,
2. mehr als 80 Prozent der Tätigkeiten der juristischen Person der Ausführung von Aufgaben dienen, mit denen sie von dem öffentlichen Auftraggeber oder von einer anderen juristischen Person, die von diesem kontrolliert wird, betraut wurde;
3. an der juristischen Person keine direkte private Kapitalbeteiligung besteht, mit Ausnahme nicht beherrschender Formen der privaten Kapitalbeteiligung und Formen der privaten Kapitalbeteiligung ohne Sperrminorität, die durch gesetzliche Bestimmungen vorgeschrieben sind und die keinen maßgeblichen Einfluss auf die kontrollierte juristische Person vermitteln.

Das Kriterium der **Kontrolle wie über eine eigene Dienststelle** ist bei rechtsfähigen Anstalten des öffentlichen Rechts im Verhältnis zum alleinigen Träger, bei der GmbH zum Alleingesellschafter gegeben. Für die AG verneint der EuGH grundsätzlich auch bei einer 100-prozentigen Beteiligung die ähnliche Kontrolle wie über eine eigene Dienststelle.[13] Eine ausreichende Kontrollmöglichkeit kann aber durch den Abschluss eines Beherrschungsvertrags i. S. d. § 291 AktG hergestellt werden, aus dem ein Weisungsrecht gem. § 308 AktG folgt.[14] Ein solcher Beherrschungsvertrag ist aber wegen der aus § 302 AktG folgenden Pflicht zur Übernahme von Verlusten in unbestimmter oder unangemessener Höhe kommunalrechtlich problematisch.

Gem. § 108 Abs. 4 GWB ist es ausreichend, wenn der Auftraggeber zwar nicht allein, aber zusammen mit anderen öffentlichen Auftraggebern die Kontrolle ausübt. Anwendungsbeispiele hierfür sind im Rahmen einer kommunalen Gemeinschaftsarbeit gegründete gemeinsame Gesellschaften und Anstalten des öffentlichen Rechts.

Betrauen ist hier ebenso zu verstehen wie im Kontext des Beihilferechts.[15] Das Tätigwerden im Umfang von mindestens **80 %** wird nach § 108 Abs. 7 GWB beurteilt. Maßstab ist der Umsatz der letzten drei Jahre vor Vergabe des öffentlichen Auftrags. Alternativ sind auch andere tätigkeitsgestützte Wert wie z. B. die Kosten als Maßstab möglich. Für neugegründete oder umstrukturierte Unternehmen kann eine Schätzung vorgenommen werden.

Gemischt-wirtschaftliche Unternehmen mit privater Kapitalbeteiligung sind grundsätzlich nicht in-house-fähig. Der zulässige Fall einer **privaten**

13 EuGH, Urt. v. 13. 11. 2008 - Rs. C-324/07.

14 *Immenga/Mestmäcker/Dreher*, 6. Aufl. 2021, GWB, § 108, Rz. 20.

15 *Immenga/Mestmäcker/Dreher*, 6. Aufl. 2021, GWB, § 108, Rz. 28.

Kapitalbeteiligung ohne Sperrminorität, die durch gesetzliche Bestimmungen vorgeschrieben ist und die keinen maßgeblichen Einfluss auf die kontrollierte juristische Person vermittelt gilt z. B. für Wasserverbände in Nordrhein-Westfalen, bei denen Private Pflichtmitglieder sind.[16]

Sonderregeln bestehen für Sektorenauftraggeber und mit ihnen verbundene Unternehmen gem. § 138 GWB.

Verträge im Rahmen einer **kommunalen Gemeinschaftsarbeit** sind aus- 428
schreibungsfrei, wenn

1. der Vertrag eine Zusammenarbeit zwischen den beteiligten öffentlichen Auftraggebern begründet oder erfüllt, um sicherzustellen, dass die von ihnen zu erbringenden öffentlichen Dienstleistungen im Hinblick auf die Erreichung gemeinsamer Ziele ausgeführt werden,

2. die Durchführung der Zusammenarbeit nach Nummer 1 ausschließlich durch Überlegungen im Zusammenhang mit dem öffentlichen Interesse bestimmt wird und

3. die öffentlichen Auftraggeber auf dem Markt weniger als 20 Prozent der Tätigkeiten erbringen, die durch die Zusammenarbeit nach Nummer 1 erfasst sind.

Vor der Prüfung der Voraussetzungen dieser Ausnahme muss festgestellt werden, ob mit dem Vertrag überhaupt ein vergaberechtsrelevanter **Auftrag gem. § 103 GWB** erteilt werden soll. Innerstaatliche Organisationsvorgänge ohne Beschaffungsqualität werden vom Vergaberecht nicht erfasst.[17] Als solche qualifiziert der EuGH aber nur die Neuordnung von Kompetenzen.[18] In diesen Fällen fehlt es zudem an der geforderten Entgeltlichkeit, auch für Fälle, bei denen die für die Ausübung der Zuständigkeit bisher verwendeten Mittel übertragen werden oder die übertragende Stelle verpflichtet ist, die Einnahmen übersteigende Mehrkosten auszugleichen.[19] Voraussetzung ist allerdings, dass mit der Kompetenz die Zuständigkeit und die Befugnisse übergehen und die neu zuständige Stelle über eine eigene Entscheidungsbefugnis verfügt und finanziell unabhängig ist.[20]

Die wichtigsten Fälle einer interkommunalen Zusammenarbeit sind die 429
Gründung bzw. der Beitritt zu einem Zweckverband und der Abschluss von Zweckvereinbarungen.

16 *Immenga/Mestmäcker/Dreher*, 6. Aufl. 2021, GWB, § 108, Rz. 47.
17 *Immenga/Mestmäcker/Dreher*, 6. Aufl. 2021, GWB, § 108, Rz. 68.
18 EuGH, 21. 12. 2016, Rs. C-51/15.
19 EuGH, 21. 12. 2016, Rs. C-51/15.
20 EuGH, 21. 12. 2016, Rs. C-51/15.

Bei der Gründung eines Zweckverbandes bzw. beim Beitritt geht die kommunale Aufgabe selbst auf den Zweckverband über. Er ist insoweit Aufgabeninhaber und -träger. Er übt die Befugnisse wie den Erlass von Satzungen und Verwaltungsakten – soweit nichts anderes vereinbart ist – im eigenen Namen aus.[21]

Bei den Zweckvereinbarungen werden delegierende und mandatierende Zweckvereinbarungen unterschieden.

Im Falle einer **delegierenden Zweckvereinbarung** übernimmt eine Kommune die Aufgaben einer anderen Kommune dergestalt, dass künftig die Übernehmerin für die Aufgabenerfüllung verantwortlich ist, die übertragende Kommune wird von der Pflicht zur Aufgabenwahrnehmung im Umfang der Übertragung frei. Die Übernehmerin übt die Befugnisse wie den Erlass von Satzungen und Verwaltungsakten im eigenen Namen aus.[22]

Bei einer **mandatierenden Zweckvereinbarung** bleibt die Zuständigkeit und Verantwortung der übertragenden Kommune zur Wahrnehmung der Aufgabe unberührt, die Übernehmerin führt die Aufgabe lediglich durch. Befugnisse werden im Namen der Überträgerin ausgeübt.[23]

Nach den oben genannten Grundsätzen fehlt es daher bei der Gründung/dem Beitritt zu einem Zweckverband und bei einer delegierenden Zweckvereinbarung an einem öffentlichen Auftrag gem. § 103 GWB, Vergaberecht ist nicht anzuwenden. Mandatierende Zweckvereinbarungen stellen aber Aufträge dar und sind vom Vergaberecht nur ausgenommen, wenn die Voraussetzungen gem. § 108 Abs.6 GWB erfüllt sind.

430 Das Kriterium der **Zusammenarbeit** in § 108 Abs. 6 GWB verlangt eine gemeinsame Definition von Bedarf und Lösung (kooperative Initiative) und eine Bündelung der Anstrengungen (kooperative Strategie).[24] Finanztransfers sind unschädlich, eine reine Leistungsbereitstellung gegen Entgelt begründet aber keine Zusammenarbeit. [25]

---

21 Als Beispiel für entsprechende Regelungen in allen Bundesländern § 8 KGG Hessen.

22 Als Beispiel für entsprechende Regelungen in allen Bundesländern § 24 Abs. 1 Nr. 1, § 25 Abs. 1 KGG Hessen.

23 Als Beispiel für entsprechende Regelungen in allen Bundesländern § 24 Abs. 1 Nr. 2, § 25 Abs. 2 KGG Hessen.

24 EuGH, 4. 6. 2020 – C-429/19.

25 EuGH, 4. 6. 2020 – C-429/19.

e) Verfahrensvorschriften

Gem. § 119 Abs. 2 GWB müssen Öffentliche Auftraggeber grundsätzlich entweder das offene Verfahren oder das nicht offene Verfahren mit einem Teilnahmewettbewerb wählen. Das **offene Verfahren** ist gem. § 119 Abs. 3 GWB ein Verfahren, in dem der öffentliche Auftraggeber eine unbeschränkte Anzahl von Unternehmen öffentlich zur Abgabe von Angeboten auffordert; das **nicht offene Verfahren mit Teilnahmewettbewerb** ist gem. Abs. 4 ein Verfahren, bei dem der öffentliche Auftraggeber nach vorheriger öffentlicher Aufforderung zur Teilnahme eine beschränkte Anzahl von Unternehmen nach objektiven, transparenten und nichtdiskriminierenden Kriterien auswählt (Teilnahmewettbewerb), die er zur Abgabe von Angeboten auffordert. *431*

Ausnahmen bestehen für soziale und andere besondere Dienstleistungen i. S. d. § 130 GWB und Architekten- und Ingenieurleistungen. Hier kann der öffentliche Auftraggeber nach § 65 Abs. 1 VgV bzw. § 73 ff. VgV auch andere Verfahrensarten wie Verhandlungsverfahren mit Teilnahmewettbewerb, wettbewerblicher Dialog und Innovationspartnerschaft wählen.

Weitere Ausnahmen bestehen nach erfolgloser Durchführung eines offenen oder nicht offenen Verfahrens oder wenn der Auftrag nicht abschließend beschrieben werden kann und die weiteren Voraussetzungen von § 14 Abs. 3 und 4 VgV vorliegen. Dann kann im Verhandlungsverfahren mit und ohne Teilnahmewettbewerb oder im wettbewerblichen Dialog beschafft werden.

Sektorenauftraggeber haben gemäß § 13 Abs. 1 SektVO die Wahl zwischen dem offenen Verfahren, dem nicht offenen Verfahren, dem Verhandlungsverfahren mit Teilnahmewettbewerb und dem wettbewerblichen Dialog.

Das Verhandlungsverfahren ist in § 17 VgV/§§ 15, 16 SektVO, der wettbewerbliche Dialog in § 18 VgV/§ 17 SektVO und die Innovationspartnerschaft in § 19 VgV/§ 18 SektVO geregelt.

Für die Vergabe von Bauaufträgen sind gem. § 2 VgV lediglich die §§ 1–13 und §§ 21–27 der VgV anzuwenden. Ansonsten gelten die Vorschriften aus Teil A Abschnitt 2 der Vergabe- und Vertragsordnung für Bauleistungen (VOB/A).

Seit dem 18. 10. 2018 ist gem. § 97 Abs. 5 GWB die **E-Vergabe**, also das Senden, Empfangen, Weiterleiten und Speichern von Daten mittels elektronischer Mittel Pflicht. Die Praxis verwendet dafür Vergabeplattformen[26] und IT-Anwendungen, die das Fehlerrisiko stark reduzieren *(s. III. Fehlerrisiken)*. *432*

26 Z. B. vergabe.NRW, HAD (Hessische Ausschreibungsdatenbank).

433 Die folgende Darstellung orientiert sich an der Vergabe einer sonstigen Leistung durch einen öffentlichen Auftraggeber im offenen Verfahren.

Ein Vergabeverfahren lässt sich in fünf Phasen unterteilen:

- Vorbereitung des Vergabeverfahrens
- Verfahrenseinleitung durch Auftragsbekanntmachung
- Angebotsphase
- Prüfung und Wertung der Angebote
- Zuschlagserteilung oder Aufhebung

Die **Vorbereitungsphase** dient der Feststellung des konkreten Beschaffungsbedarfs und der Erstellung der Vergabeunterlagen.

434 Die **Vergabeunterlagen** bestehen gem. § 29 Abs. 1 S. 2 aus einem Anschreiben, einer Beschreibung des Verfahrens, der Leistungsbeschreibung und den Vertragsbedingungen. Im Anschreiben wird zur Teilnahme am Verfahren aufgefordert. Die Verfahrensbeschreibung enthält den Verfahrensablauf, insbesondere die Form und die Fristen, die Zuschlagskriterien in Form einer Wertungsmatrix und die weiteren Teilnahmebedingungen.

Zuschlagskriterien können neben dem Preis gem. § 127 Abs. 1, 3 GWB auch qualitative, umweltbezogene und soziale Aspekte sein, soweit sie mit dem Auftragsgegenstand in Verbindung stehen. Anerkannt werden gem. § 58 Abs. 2 S. 2 VgV z. B. Qualität, technischer Wert, Ästhetik, Zweckmäßigkeit, Zugänglichkeit, Design für Alle, soziale, umweltbezogene und innovative Eigenschaften und Handel sowie die damit verbundenen Bedingungen; Qualifikation und Erfahrung des mit der Ausführung des Auftrags betrauten Personals, wenn die Qualität des eingesetzten Personals erheblichen Einfluss auf das Niveau der Auftragsausführung haben kann, oder Kundendienst und technische Hilfe, Lieferbedingungen wie Liefertermin, Lieferverfahren sowie Liefer- oder Ausführungsfristen.[27] Möglich ist auch die Vorgabe eines Festpreises, so dass die Anbieter nur über die Qualität der Leistung miteinander konkurrieren.

Gem. § 48 VgV sind die Eignungskriterien festzulegen und die Nachweise, z. B. Eigenerklärungen, mit denen der Bieter seine Eignung zur Erbringung der angefragten Leistung und das Nicht-Vorliegen von Ausschlussgründen nachweist. Bund und Länder stellen Muster-Vergabeunterlagen zur Verfügung.[28] Schwierig bleibt die präzise und diskriminierungsfreie Beschrei-

---

27 Entsprechend § 16d EU Abs. 1 Nr. 5 VOB/A Abschnitt 2.

28 Z. B. unter https://www.abz-bayern.de/abz/inhalte/Info-Recht/Informationen-und-Merkblaetter-zur-oeffentlichen-Auftragsvergabe2/Auftraggeber/Muster-vergabeakte.html.

bung der Leistung gem. § 31 VgV und die Festlegung und Gewichtung der Zuschlagskriterien. Die Verwendung einer Vergabe-Software und von elektronisch auszufüllenden Formularen erleichtert die Auswertung erheblich.

Der **Auftrag** ist gem. § 37 VgV europaweit nach einem vorgegebenen Muster im Supplement des Amtsblatts der Europäischen Union für das europäische öffentliche Auftragswesen **bekanntzugeben.** Durch diese werden alle interessierten Unternehmen über den Beschaffungsvorgang informiert und aufgefordert, am Angebotsverfahren teilzunehmen.

Der Auftraggeber gibt gem. § 41 Abs. 1 VgV eine elektronische Adresse an, unter der die Vergabeunterlagen unentgeltlich, uneingeschränkt, vollständig und direkt abgerufen werden können.

Während der **Angebotsphase** läuft die festgesetzte Angebotsfrist, die gem. § 15 Abs. 2, 4 VgV grundsätzlich mindestens 30 Tage betragen muss. Innerhalb dieser Frist muss der Bieter sein Angebot elektronisch und verschlüsselt einreichen. In dieser Phase kann er Fragen an den Auftraggeber stellen, die dieser spätestens sieben Tage vor Ablauf der Angebotsfrist beantworten muss. Unverzüglich nach Ende der Angebotsfrist werden im Rahmen eines sog. **Submissionstermins** die Angebote gem. § 55 VgV von zwei Vertretern des Auftraggebers geöffnet. Bei der elektronischen Öffnung der Angebote wird die gem. § 8 VgV erforderliche Niederschrift der Angebotsöffnung automatisch aus den Angaben der Bieter in den elektronisch auszufüllenden Formularen generiert und ist ggf. nur noch zu ergänzen.

Die **Prüfung und Wertung** der Angebote vollzieht sich in vier Stufen: *435*

- Einhaltung der Formalien gem. § 56 VgV
- Eignung der Bieter gem. § 57 Abs. 1 VgV
- Angemessenheit des Angebotspreises gem. § 60 Abs. 1 VgV
- vergleichende Angebotswertung anhand der bekannt gemachten Zuschlagskriterien

Angebote, die nicht fristgemäß eingegangen sind, die nicht die Formalien z. B. Textform gem. § 126b BGB einhalten, die Änderungen oder Ergänzungen an den Vergabeunterlagen enthalten, werden gem. § 57 Abs. 1 VgV auf der 1. Stufe von der weiteren Wertung ausgeschlossen.

Auf der Stufe der Eignungsprüfung werden die Unternehmen ausgesondert, die die erforderliche Fachkunde und Leistungsfähigkeit – wie in den Vergabeunterlagen definiert – nicht mitbringen oder bei denen Ausschlussgründe gem. §§ 123 ff. GWB vorliegen.

Auf der dritten Stufe werden die Angebote identifiziert, die ein Missverhältnis zwischen Preis und Leistung aufweisen. Die Ursache ist mindestens durch eine Anfrage beim Anbieter zu erforschen. Kann die Ursache nicht zufriedenstellend aufgeklärt werden, wird das Angebot ausgeschlossen.

Die verbleibenden Angebote werden auf der vierten Stufe anhand der in den Vergabeunterlagen definierten Zuschlagskriterien und deren Gewichtung bewertet. Auf das nach diesen Kriterien „beste" Angebot muss gem. § 127 GWB der Zuschlag erteilt werden.

Zuvor muss der Auftraggeber gem. § 134 GWB die Bieter, deren Angebote nicht berücksichtigt werden sollen, über den Namen des Unternehmens, dessen Angebot angenommen werden soll, über die Gründe der vorgesehenen Nichtberücksichtigung ihres Angebots und über den frühesten Zeitpunkt des Vertragsschlusses unverzüglich in Textform informieren. Der Zuschlag darf – bei E-Vergabe – frühestens zehn Kalendertage nach Absendung dieser Information erteilt werden.

Spätestens 30 Tage nach der Vergabe eines Auftrags übermittelt der Auftraggeber gem. § 39 VgV eine **Vergabebekanntmachung** an das Amt für Veröffentlichungen der EU.

436 Statt mit einem Zuschlag kann ein Verfahren auch mit seiner **Aufhebung** enden. Dafür ist es nicht erforderlich, dass einer der Aufhebungsgründe gem. § 63 Abs. 1 VgV vorliegt, die Entscheidung zur Aufhebung ist aber eine Ermessensentscheidung, die pflichtgemäß ausgeübt werden muss.[29] Gem. § 63 Abs. 2 muss der Auftraggeber den Bietern unverzüglich die Gründe für seine Entscheidung mitteilen.

437 **Auftragsänderungen** sind gem. § 134 GWB nur innerhalb der Vertragslaufzeit bei Vorliegen der Gründe aus Abs. 2 und 3 ohne erneute Durchführung eines Vergabeverfahrens möglich. Nachbestellungen sind z. B. nur bis 10 % des ursprünglichen Auftragswertes möglich.

438 Inhalte und Umfang der notwendigen **Dokumentation des Verfahrens** bestimmt § 8 VgV. Die Dokumentation hat parallel zu den einzelnen Verfahrensschritten zu erfolgen, so dass auch zu jedem Zeitpunkt im Verfahren eine Prüfung einsetzen kann. Durch die e-Vergabe wird die Dokumentation erheblich erleichtert. Alle Dokumente aus dem Verfahren sind zum Ende der Laufzeit des Vertrags, mindestens jedoch für drei Jahre, aufzubewahren.

29 *Burgi/Dreher/Opitz,* Beck'scher Vergaberechtskommentar VgV, § 63 3. Auflage 2019, Rn. 21, 52.

2. Vergaben im Geltungsbereich der landesrechtlichen Vergabegesetze

Die Länder haben überwiegend von ihrer Gesetzgebungskompetenz für Vergaben unterhalb der Schwellenwerte des GWB Gebrauch gemacht.[30] Einige Vorschriften z. B. zur Tariftreue oder der Einhaltung des Mindestlohns können auch oberhalb der Schwellenwerte anwendbar sein. Teilweise werden eigene Schwellenwerte definiert, das Landesvergabegesetz beansprucht dann nur Geltung oberhalb dieser Schwellenwerte.[31] 439

Der Kreis der Auftraggeber wird jeweils individuell und abweichend von § 98 GWB definiert, die Kommunen, ihre Eigenbetriebe und ihre Anstalten des öffentlichen Rechts gehören regelmäßig dazu, die Sektorenauftraggeber gehören zumeist nicht dazu. Auch die Vergabe von Konzessionen wird uneinheitlich geregelt oder nicht geregelt.

Regelmäßig werden für die Vergabe von Bauleistungen die Vorschriften der VOB/A Abschnitt 1 und für die Vergabe von sonstigen Leistungen die Unterschwellenvergabeordnung (UVgO) – jeweils mit Modifikationen – für anwendbar erklärt.[32]

Der Bund hat mit der Unterschwellenvergabeordnung (UVgO) eine Verfahrensordnung für die Vergabe öffentlicher Liefer- und Dienstleistungsaufträge unterhalb der EU-Schwellenwerte erlassen. Die UVgO orientiert sich strukturell an der VgV. Da dem Bund die Gesetzgebungskompetenz fehlt, gilt die UVgO in den Ländern nur, wenn sie z. B. durch Erlasse für anwendbar erklärt wurde.

3. Vergaben im Geltungsbereich der GemHVO

Unterhalb der Schwellenwerte der Landesvergabegesetze und bei nicht abschließender Regelung durch diese gelten für Kommunen die Gemeindehaushaltsverordnungen. Sie erklären regelmäßig z. B. gem. § 29 GemHVO Hessen, § 26 Abs. 2 KomHVO NRW, § 22 Abs. 2 GemHVO RLP die (Landes-)Verwaltungsvorschriften für das öffentliche Auftragswesen für anwendbar. Der in Hessen in Bezug genommene gemeinsame „Runderlass zum öffentlichen Auftragswesen“[33] erklärt die UVgO grundsätzlich für anwendbar, regelt aber in 2.1.1 verschiedene Ausnahmen. Ebenso ist 440

30 Z. B. Vergabe- und Tariftreuegesetz Hessen, Tariftreue- und Vergabegesetz Nordrhein-Westfalen, Sächsisches Vergabegesetz, Vergabegesetz Mecklenburg-Vorpommern, Thüringer Vergabegesetz.

31 § 1 Abs. 1 HVTG, § 1 Abs. 3 Vergabegesetz MV, § 1 Abs. 5 VTG NRW, § 1 Abs. 1 S. 1 ThürVG.

32 § 1 Abs. 2 SächsVG, § 1 Abs. 6 HVTG, § 2 Vergabegesetz SH, § 1 Abs. 2 S. 1 ThürVG.

33 StAnz. 2021. S. 109.

grundsätzlich die VOB/A Abschnitt 1 anzuwenden, allerdings mit einigen Modifikationen (2.1.2.). Ähnliches gilt in NRW durch den Runderlass „Vergabegrundsätze für Gemeinden nach § 26 der Kommunalhaushaltsverordnung Nordrhein-Westfalen“ (4.1. und 5.1) [34] und in Rheinland-Pfalz aufgrund des Erlasses „Öffentliches Auftragswesen in Rheinland-Pfalz“ (3.2).[35] In Bayern wird aufgrund des Erlasses „zur Vergabe von Aufträgen im kommunalen Bereich“[36] der Abschnitt 1 der VOB/A angewandt (1.1.1).

Zu beachten sind auch andere (befristete) Modifikationen des Vergaberechts zumeist im Wege von Erlassen zuletzt im Zusammenhang mit der Corona-Pandemie.

441 Die Anwendung dieser haushaltsrechtlichen Vorschriften ergibt sich für die Eigenbetriebe und Anstalten des öffentlichen Rechts durch Verweise in den Eigenbetriebsgesetzen und -verordnungen[37] bzw. den Regelungen für Kommunalunternehmen/Anstalten des öffentlichen Rechts auf das kommunale Haushaltsrecht. Die Regelungen sind uneinheitlich.

In Bayern haben die Eigenbetriebe gem. § 9 EBV bei der Auftragsvergabe die Vergabegrundsätze des § 31 KommHV entsprechend anzuwenden. Für die Kommunalunternehmen fehlt eine solche Regelung. Gleiches gilt in Niedersachsen, wo § 11 der EBV die Anwendung der kommunalen Vorschriften gem. § 28 KomHKVO anordnet. In der Verordnung über kommunale Anstalten fehlt ein Verweis.

In Nordrhein-Westfalen sind die Eigenbetriebe im Erlass (1.2.a) ausdrücklich aus dessen Anwendungsbereich ausgenommen, während die Kommunalunternehmen gem. § 8 KUV den Erlass nur dann anwenden müssen, wenn die Auftragsvergabe der Erfüllung von durch Satzung übertragenen hoheitlichen Aufgaben aus den in § 107 Abs. 2 der Gemeindeordnung angeführten Bereichen dient.

Rheinland-Pfalz verzichtet implizit (arg. § 39 der Eigenbetriebs- und Anstaltsverordnung) sowohl für den Eigenbetrieb als auch für die rechtsfähige Anstalt auf die sinngemäße Anwendung des § 22 GemHVO. Dasselbe gilt für Sachsen-Anhalt, da Regelungen im EigenbetriebsG und dem Gesetz über die kommunalen Anstalten des öffentlichen Rechts fehlen.

442 Die wesentlichen Unterschiede zum Verfahren oberhalb der GWB-Schwellenwerte ergeben sich durch den Vergleich zum einen der UVgO mit der

---

34 GV. NRW 2018. S. 708.

35 MinBl. 2021, 91.

36 AllMBl. 2018 S. 547.

37 § 9 EigBVO Bayern.

VgV und zwischen VOB/A Abschnitt 1 und Abschnitt 2, wobei es landesrechtliche Besonderheiten gibt.

Wesentliche Unterschiede zwischen der UVgO und der VgV sind:[38]

- Die UVgO läßt **Ausnahmen zur elektronischen Vergabe** zu (§ 7), so kann der Auftraggeber gem. § 38 Abs. 4 die Einreichung von Teilnahmeanträgen oder Anboten in Papierform zulassen und auch sonst im weiteren Verfahren schriftlich kommunizieren, wenn der geschätzte Auftragswert 25.000 € nicht überschreitet oder eine Beschränkte Ausschreibung ohne Teilnahmewettbewerb oder eine Verhandlungsvergabe ohne Teilnahmewettbewerb durchgeführt wird.
- Die gem. § 8 Abs. 2 grundsätzlich anzuwendenden Verfahrensarten Öffentliche Ausschreibung oder **beschränkte Ausschreibung mit Teilnahmewettbewerb** entsprechen trotz der anderen Bezeichnung dem offenen Verfahren und dem nicht offenen Verfahren mit Teilnahmewettbewerb der VgV. Die UVgO lässt aber mehr Ausnahmen von diesen Verfahren zu. Bei Vorliegen der Gründe des § 8 Abs. 3 kann auf einen Teilnahmewettbewerb verzichtet werden; in den Fällen des § 8 Abs. 4 ist ein **Verhandlungsverfahren** zulässig. Gem. § 14 kann bei einem voraussichtlichen Auftragswert von 1.000 € ohne ein Vergabeverfahren beschafft werden und ein **Direktauftrag** erteilt werden.
- Es besteht gem. § 13 nur eine Pflicht, angemessene **Angebots- und Teilnahmefristen** zu setzen, während die VgV Mindestfristen vorgibt. Bei der Formulierung ist § 54 zu beachten, wonach Fristen nach einem konkreten Kalendertag zu bestimmen sind. Angaben wie „nach Ablauf von einer Woche“ oder „bis Ende des übernächsten Werktages“ sind nicht zulässig.
- **Auftragsbekanntmachungen** sind gem. § 28 auf den Internetseiten des Auftraggebers oder auf Internetportalen zu veröffentlichen, zusätzlich ist eine Veröffentlichung in Tageszeitungen, amtlichen Veröffentlichungsblättern oder Fachzeitschriften möglich.
- Hat der Auftraggeber nach Durchführung einer Beschränkten Ausschreibung ohne Teilnahmewettbewerb oder einer Verhandlungsvergabe ohne Teilnahmewettbewerb einen Auftrag mit einem Auftragswert von 25.000 € oder mehr erteilt, muss er gem. § 30 eine **Vergabebekanntmachung** im Internet veröffentlichen.
- **Auftragsänderungen** auch außerhalb der Vertragslaufzeit, also z. B. Nachbestellungen, die 20 % des ursprünglichen Auftragswertes nicht

38 Erläuterungen des Bundesministeriums für Wirtschaft und Energie zur UVgO, BAnz AT, 07. 02. 2017, B1.

überschreiten und durch die sich der Gesamtcharakter des Auftrags nicht ändert, sind gem. § 47 Abs. 2 ohne Durchführung eines neuen Vergabeverfahrens zulässig.

- Die Anforderungen an die **Dokumentation** sind gem. § 6 niedriger als gem. § 8 VgV, insbesondere ist kein förmlicher Vergabevermerk gefordert und die Aufbewahrungsfrist für Angebote unterlegener Bieter ist auf drei Jahre beschränkt.

443 Bedeutsame Unterschiede zwischen VOB/A Abschnitt 1 und Abschnitt 2 sind:

- Abschnitt 1 verpflichtet nicht dazu, im Verfahren nur in **elektronischer Form** zu kommunizieren. Zwar müssen die Vergabeunterlagen gem. § 11 Abs. 2 elektronisch zur Verfügung gestellt werden, aber die Angebote können nach Wahl des Auftraggebers gem. § 13 schriftlich eingereicht werden. Dann dürfen die Bieter gem. § 14a Abs. 1 beim Submissionstermin anwesend sein.
- Die gem. § 3a Abs.1 grundsätzlich anzuwendenden Verfahrensarten Öffentliche Ausschreibung oder **beschränkte Ausschreibung mit Teilnahmewettbewerb** entsprechen trotz der anderen Bezeichnung dem offenen Verfahren und dem nicht offenen Verfahren mit Teilnahmewettbewerb des Abschnitts 2. Abschnitt 1 lässt aber mehr Ausnahmen von diesen Verfahren zu. § 3a Abs. 2 Nr. 1 gestattet unterhalb bestimmter Schwellenwerte auch eine beschränkte Ausschreibung **ohne Teilnahmewettbewerb**, dann sollen mindestens drei geeignete Unternehmen aufgefordert werden (§ 3b Abs. 3). Bis zu einem Auftragswert von 10.000 € kann gem. § 3a Abs. 3 eine **freihändige Vergabe** erfolgen[39] und für Bauleistungen unter 3.000 € muss kein Vergabeverfahren stattfinden **(Direktauftrag)**.
- Beabsichtigt der Auftraggeber, eine beschränkte Vergabe ohne Teilnahmewettbewerb durchzuführen, deren Auftragswert 25.000 € übersteigt, dann informiert er darüber gem. § 20 Abs. 4 im Internet.
- Für den Normalfall sind gem. § 10 Abs. 1 und 3 angemessene **Angebots- und Teilnahmefristen** zu setzen, während im Abschnitt 2 Mindestfristen vorgegeben sind.
- **Auftragsbekanntmachungen** können gem. § 12 in nationalen Medien oder Internetportalen nach Wahl des Auftraggebers erfolgen.
- Hat der Auftraggeber – nach Durchführung einer beschränkten Ausschreibung ohne Teilnahmewettbewerb mit einem Auftragswert über

---

39 Zu den Anforderungen an eine freihändige Vergabe *Meiners,* in: BeckOK Vergaberecht, *Gabriel/Mertens/Prieß/Stein,* VOB/A § 3 Arten der Vergabe, 24. Edition Stand: 30. 04. 2022.

25.000 € oder einer freihändigen Vergabe ab einem Auftragswert von 15.001 € – einen Auftrag erteilt, muss er gem. § 20 Abs. 3 eine **Vergabebekanntmachung** im Internet veröffentlichen.

- **Auftragsänderungen** innerhalb der Vertragslaufzeit erfordern gem. § 22 grundsätzlich nicht, dass ein neues Vergabeverfahrens durchgeführt wird.
- Die Inhalte der **Dokumentation** sind in § 20 Abs. 1 detailliert geregelt. Anforderungen an die Form bestehen nicht, auch die Aufbewahrungsfristen sind nicht geregelt, während Abschnitt 2 auf § 8 VgV verweist.

Für Aufträge ab 25.000 €, also auch für solche unterhalb der GWB-Schwellenwerte, übermitteln Auftraggeber gem. § 98 GWB Informationen an das statistische Bundesamt, näheres regelt die Verordnung zur Statistik über die Vergabe öffentlicher Aufträge und Konzessionen. *444*

III. Fehlerrisiken

Die Komplexität des Vergaberechts, die Vielzahl unbestimmter Rechtsbegriffe und Ermessen stellen ein erhebliches Risiko dar, dass weichenstellende Entscheidungen fahrlässig falsch getroffen werden. Darüber hinaus bestehen auch Anreize für vorsätzliche Fehlentscheidungen. *445*

Die Schätzung des Auftragswertes birgt als Prognose ein besonderes Fehlerrisiko. Sie ist auch manipulationsanfällig. Die stärkere Formalität einer Ausschreibung nach GWB-Vergaberecht und größere Risiken bei einer Überprüfung stellen in der Praxis einen Anreiz dar, die Schwellenwerte bei der Schätzung nicht zu überschreiten. Einen Schwerpunkt der Prüfung muss daher die Prüfung der Ermittlungen bilden, die der Schätzung des Auftragswertes zugrunde lagen. Sie darf sich nicht lediglich auf die bisherigen Erfahrungen des Auftraggebers stützen und muss mindestens eine zwischenzeitliche Entwicklung berücksichtigen.

Es kann schwierig sein zu erkennen, dass z. B. ein öffentlich-rechtliches Handeln die Vergabe eines Auftrags oder einer Dienstleistungskonzession darstellt. Der „Vorteil" eines Übersehens besteht in der Vermeidung eines Vergabeverfahrens. Ebenfalls schwierig ist die Abgrenzung zwischen einer Konzession und einem Auftrag anhand der Verteilung des Betriebsrisikos. An der Annahme einer Konzession kann ein Interesse vermutet werden, da zum einen aufgrund des höheren Schwellenwerts für Konzessionen ein Verfahren nach GWB-Vergaberecht entbehrlich sein kann, zum anderen aber auch oberhalb des Schwellenwertes, da wegen der geringeren Regelungsdichte in der KonzVgV diese ein flexibleres Verfahren ermöglicht.

Risiken sowohl für die Rechtmäßigkeit als auch Wirtschaftlichkeit der Vergabe liegen in der Formulierung der **Leistungsbeschreibung**. Hier gibt es auch Ansatzpunkte für Manipulationen. Die Leistung muss sowohl gem. *446*

§ 7 Abs. 1 Nr. 1 VOB/A Abschnitt 1 als auch Abschnitt 2, gem. § 121 Abs. 1 GWB und § 23 Abs. 1 UVgO eindeutig und erschöpfend beschrieben werden.

§ 7b Abs. 1 VOB/A Abschnitt 1 und Abschnitt 2 verlangen dazu ein in Teilleistungen gegliedertes Leistungsverzeichnis. Nur ausnahmsweise ist auch ein Leistungsprogramm gem. § 7c möglich. Die Teilleistung wird als Position bezeichnet.

Eine **Bedarfsposition** (Eventualposition) wird nur unter der Bedingung Vertragsgegenstand, dass der Auftraggeber ihre Ausführung aufgrund eines nachträglich festgestellten Bedarfs anordnet.[40]

Bei einer **Wahlposition** (Alternativposition) steht grundsätzlich fest, dass eine Leistung ausgeführt werden soll. Der Auftraggeber behält sich aber ein Wahlrecht hinsichtlich der Art und Weise der Ausführung vor. Er schreibt mehrere Varianten der Leistungserbringung aus, von denen er nach Kenntnisnahme der Angebote eine für den Zuschlag auswählt.[41]

Die Unbestimmtheit des endgültigen Vertragsgegenstandes führt dazu, dass der Bieter sein Angebot nicht sicher kalkulieren und der Auftraggeber entsprechende Angebote nicht angemessen vergleichen kann.[42] Beide Positionsarten gefährden die Transparenz des Vergabeverfahrens und verstoßen daher gegen einen allgemeinen Vergabegrundsatz. Bedarfspositionen dürfen gem. § 7 Abs. 1 Nr. 4 S. 1 VOB/A Abschnitt 1 und Abschnitt 2 grundsätzlich nicht aufgenommen werden. Der wichtigste Sonderfall sind die **Stundenlohnarbeiten**. Sie dürfen nach S. 2 nur, wenn ein Zusammenhang mit der Position besteht und nur im unbedingt erforderlichen Umfang aufgenommen werden.

Wahl- und Bedarfspositionen sind Indizien für eine nicht ausreichend sorgfältige und genaue Planung. Sie dienen dazu, erforderliche Entscheidungen zu einem späteren Zeitpunkt zu treffen. Dies allein stellt schon ein Risiko für die Wirtschaftlichkeit einer Investition oder einer Maßnahme dar.

447 Darüber hinaus eröffnen diese Positionen Möglichkeiten zur **Manipulation** und **Korruption**.

Durch entsprechende Entscheidungen für Wahlpositionen bei der Wertung kann ein Bieter gezielt bevorzugt werden. Dies fällt besonders leicht, wenn

40 *Prieß*, Die Leistungsbeschreibung – Kernstück des Vergabeverfahrens (Teil 1), NZBau 2004, 25.

41 *Prieß*, Die Leistungsbeschreibung – Kernstück des Vergabeverfahrens (Teil 1), NZBau 2004, 25.

42 *Prieß*, Die Leistungsbeschreibung – Kernstück des Vergabeverfahrens (Teil 1), NZBau 2004, 20.

der Bieter sein Angebot entsprechend gestaltet hat, weil er die Information, welche Wahlposition zum Zug kommen wird, durch an der Wertung Beteiligte vorab erhalten hat.

Einheitspreise für Bedarfspositionen fließen nicht in den Endpreis ein und beeinflussen daher die Vergabeentscheidung nicht. Es besteht deshalb für den Bieter ein Anreiz, diese Positionen mit höheren Preisen zu versehen. Hat er Informationen, dass Bedarfspositionen zur Ausführung kommen werden, kann er die Normalpositionen in einer „Mischkalkulation" besonders günstig anbieten und den Zuschlag erhalten. Werden dann in der Ausführung die Bedarfspositionen mit den überhöhten Preisen abgerufen, kann das Preis-/Leistungsverhältnis deutlich schlechter ausfallen, als die Ergebnisse des Vergabeverfahrens vermuten ließen. Für den Bieter bestehen Anreize, sich Informationen über die Wahrscheinlichkeit der Ausführung von Bedarfspositionen bereits vor Abgabe des Angebots zu beschaffen oder später auf den Entscheider in der Ausführung einzuwirken, dass Bedarfspositionen ausgeführt werden.

Soweit noch Angebote in Papierform oder die Einreichung per mail zugelassen werden, besteht das Risiko, dass die Vergabeentscheidung durch vermeintliche Rechenfehler beeinflusst wird. Rechenfehler des Bieters führen nicht zum Ausschluss, sondern müssen im Rahmen der Wertung vom Auftraggeber korrigiert werden.[43] 448

Bei einer Menge von 1.000 Quadratmetern wird für eine Leistung ein Einheitspreis von 9 € angegeben. Als Positionssumme wird nicht der sich tatsächlich ergebende Betrag von 9.000 €, sondern ein Betrag von 29.000 € eingetragen. Die Endsumme des Gesamtangebots wird unter Berücksichtigung des Betrages von 29.000 € errechnet. Stellt sich nun bei der Wertung heraus, dass der Anbieter mit 29.000 € nicht den ersten Platz erreicht, berichtigt der Werter die Positionssumme auf 9.000 €. Ist der Anbieter auch unter Berücksichtigung der Positionssumme von 29.000 € an erster Stelle, kann der Werter es dem Anbieter ermöglichen, vor dem Einheitspreis von 9 € eine „2" zu setzen, damit den Einheitspreis auf 29 € festzulegen, und so die Positionssumme stimmig zu machen

Durch eine konsequente elektronische Vergabe ist diese Form der Manipulation ausgeschlossen. Die in ein elektronisches Formular eingetragenen Preise können – eine ausreichende IT-Sicherheit vorausgesetzt – nachträglich nicht mehr verändert werden. Die aufwendige rechnerische Prüfung kann entfallen; auch im weiteren Verlauf (Abnahme, sachlich/rechnerische Prüfung der Rechnung, Aufbewahrung) ist die elektronische Form wirtschaftlicher.

Verringert werden diese Risiken durch ein geeignetes IKS. Eine zentrale Vergabestelle, die mit sachverständigen Mitarbeitern besetzt ist, macht weniger Rechtsfehler. Ihr wird dann auch die Submission und Wertung der 449

43 VK Sachsen-Anhalt, Beschluss v. 17. 10. 2014 – 3 VK LSA 82/14.

Angebote zugeordnet, so dass eine Funktionstrennung zwischen Erstellern des Leistungsverzeichnisses und Werter möglich ist.

450 Eine wesentliche Reduzierung des Fehlerrisikos kann durch die E-Vergabe erreicht werden, die in ein angemessenes IKS eingebettet ist, das vor allem auch die IT-Risiken adressiert[44] (*s. K. IT in der Rechnungsprüfung*).

- Es besteht ein Rollen- und Berechtigungskonzept. Berechtigte melden sich mit persönlicher Kennung am System an, der Zugriff ist auf Berechtigte beschränkt, jeder Zugriff wird protokolliert.
- Mit der Festlegung des Vergabeverfahrens wählt das System die dafür notwendigen, hinterlegten Formulare aus, extern erstellte Leistungsverzeichnisse können über Schnittstellen eingelesen werden. Eine Vergabeakte wird automatisch erstellt.
- Die Reihenfolge der Arbeitsschritte ist damit definiert, nicht ausgeführte Arbeitsschritte werden vom System angemahnt.
- Die Erstellung von Wertungskriterien wird in der Vergabeakte protokolliert, sie können nachträglich nicht mehr verändert werden. Die Wertungskriterien werden automatisch in alle relevanten Formulare (wie z. B. Vergabebekanntmachung, Wertungstabelle für den Vergleich der Angebote) übernommen.
- Bevor die Vergabebekanntmachung ausgelöst werden kann, findet eine Plausibilitätsprüfung auf Vollständigkeit der Vergabeunterlagen statt.
- Der Bewerber authentifiziert sich auf der Plattform und erhält dann Zugriff auf die Vergabeunterlagen und die Schlüssel für die Verschlüsselung. Eine Liste der Interessenten wird generiert.
- Bieteranfragen und die Antworten darauf sind auf der Plattform einsehbar, alle Interessenten werden bei Einstellung einer Antwort automatisch per mail informiert. Dasselbe gilt für von der Vergabestelle ausgelöste Veränderungen/Ergänzungen der Vergabeunterlagen.
- Die einheitlichen Angebotsvorlagen müssen maschinenlesbar ausgefüllt werden. Offene Pflichtfelder und offensichtliche Falscheingaben verhindern eine weitere Bearbeitung. Die Unterlagen werden verschlüsselt auf die Plattform hochgeladen und sind dann kaum noch unerkannt manipulierbar. Auch der Abgabezeitpunkt ist protokolliert.

44 Bundesverband Materialwirtschaft, Einkauf und Logistik und Beschaffungsamt des BMI (Hrg.), Korruptionsprävention bei der elektronischen Vergabe unter https://www.bescha.bund.de/SharedDocs/Downloads/02_kdb_subsite/Publikationen/informationsbroschuere_korruptionsprevaention.pdf?__blob=publicationFile&v=2.

- Das Berechtigungskonzept ermöglicht im Submissionstermin die Entschlüsselung der Angebotsunterlagen nur unter vier Augen. Die Öffnung wird automatisch protokolliert.
- Die Übernahme in ein Archivierungssystem erfolgt automatisch, die Aufbewahrungsfristen sind hinterlegt.
- Die Wertung erfolgt in der Anwendung. Einige Prüfungen auf Vollständigkeit der Unterlagen und die rechnerische Prüfung übernimmt die Anwendung. Die Bewertungsmatrix wird automatisch erstellt.
- Das System generiert auf der Grundlage der Bewertungsmatrix die Information an die Bieter, die Vergabebekanntmachung und statistische Meldungen.

Ist die Dokumentation in der e-Vergabeakte grundsätzlich sachlich und zeitlich so lückenlos, können notwendige Verfahrensschritte kaum ausgelassen werden und sind Dokumente nur schwer manipulierbar, dann wird der Verlauf des Verfahrens und die Einhaltung der Formalien keinen Prüfungsschwerpunkt mehr bilden.

Wird die Planung und Erstellung des Leistungsverzeichnisses durch externe Dienstleister übernommen, dann sollten diese auftragsbezogen auf die gewissenhafte Erfüllung ihrer Obliegenheiten gemäß dem Gesetz über die förmliche Verpflichtung nichtbeamteter Personen verpflichtet werden.[45] Damit werden die Strafandrohungen der §§ 331, 332 StGB (Vorteilsannahme und Bestechlichkeit) sowie § 353b StGB (Verletzung des Dienstgeheimnisses und einer besonderen Geheimhaltungspflicht) auch gegenüber diesen Personen wirksam. Weiterhin empfiehlt es sich, die Vergabeunterlagen ohne Hinweis auf den Dienstleister zu gestalten und im weiteren Verfahren einen Kontakt zwischen Bietern und Dienstleistern zu vermeiden.[46] *451*

Für eine umfassende eigene Prüfung der Ausschreibungsreife der Unterlagen und der zutreffenden Schätzung der Massen und Mengen im Baubereich sind Architekten und Ingenieure als Spezialisten in der Rechnungsprüfung erforderlich. Dies gilt in besonderem Maße für die Prüfung laufender Vergabeverfahren. Nach Durchführung der Baumaßnahme können auch Prüfer ohne diese Spezialkenntnisse durch den Vergleich der Rapporte, Aufmaße, Abnahmeprotokolle und der Schlussrechnung mit dem Angebot eine aussagekräftige Prüfung durchführen. Sie können insbesondere feststellen, ob Schwächen der Leistungsbeschreibung zu Mehrkosten geführt und den Zuschlag beeinflusst haben. *452*

45 *Ruff*, Vorschläge zur Verhinderung von Korruption bei der Ausschreibung von kommunalen Bauleistungen, KommJur 2012, 287.

46 *Ruff*, Vorschläge zur Verhinderung von Korruption bei der Ausschreibung von kommunalen Bauleistungen, KommJur 2012, 287.

Um jedoch Abweichungen der „Papierform“ von der Wirklichkeit feststellen zu können, sind eigene Erkenntnisse durch regelmäßige sachverständige Inaugenscheinnahme vor Ort erforderlich.

S. Prüfung kostenrechnender Einrichtungen, Selbstkostenrechnungen und Gebühren-bedarfsberechnungen

I. Anwendungsbereich

Das kommunale Haushaltsrecht begründet mit der Notwendigkeit der Verwaltungssteuerung und zum Zweck der Beurteilung der Wirtschaftlichkeit und Leistungsfähigkeit der Verwaltung entweder eine Pflicht oder doch zumindest eine Empfehlung zur Einrichtung einer Kosten- und Leistungsrechnung.[1] Dies gilt unabhängig vom Stil der Haushaltswirtschaft.[2] *453*

Verwendung finden die Ergebnisse der KLR:

- in der Darstellung der Teilhaushalte,
- bei produktorientierter Budgetierung,
- bei der Bewertung aktivierter Eigenleistungen,
- für Kennzahlen und Drittvergleiche,
- als Grundlage für die Entscheidung, Leistungen selber zu erstellen oder zu beziehen,
- bei der Verrechnung interner Leistungen,
- um Entgelte gegenüber Externen zu rechtfertigen, entweder in Form von Verwaltungskostenerstattungen oder als privatrechtliche Entgelte, Gebühren oder Beiträge.

Die Prüfung der Kosten- und Leistungsrechnung und ihrer Ergebnisse ist daher notwendiger Bestandteil der Jahresabschlussprüfung, (*s. M. Jahresabschlussprüfung*) aber auch Gegenstand besonderer Prüfungsaufträge. Einen Anwendungsfall stellt die Prüfung der sachlichen und rechnerischen Richtigkeit der Selbstkostenrechnung und der sonstigen Voraussetzungen für die Festsetzung der Pflegesätze durch den Bayerischen Kommunalen Prüfungsverband auf Antrag der Bezirksregierung dar (Art. 2 Abs. 2 BayKPVG). *454*

---

* Die Autorin dankt Herrn Dipl. Kaufm. B. Kuntz für wertvolle Hinweise.

1 § 14 KommHV-Doppik Bayern; § 14 GemHVO Hessen; § 17 KomHVO NRW; § 12 GemHVO RLP.

2 § 11a KommHV-Kameralistik Bayern.

455 Das Haushaltsrecht verlangt lediglich, dass die Kosten und Erlöse nachprüfbar aus der Buchführung herzuleiten sind. Weitere Grundsätze sind in einer Dienstanweisung zu regeln. Darüber hinaus muss die KLR sachgerecht sein. Ihre Sachgerechtigkeit bzw. Zweckmäßigkeit ist danach zu beurteilen, ob die mit ihr verfolgten Zwecke erreicht werden. Der Aufbau der KLR wird wesentlich dadurch bestimmt, welche steuerungsrelevanten Informationen mit ihrer Hilfe gewonnen werden sollen. Daher muss auch dazu eine Entscheidung getroffen werden. Nur dann kann der Prüfer feststellen, ob die bestehende KLR diese Informationen generiert und ob mit ihnen gesteuert wird.

Wird die Kostenrechnung einer Beitrags- oder Gebührenbedarfsberechnung gemäß KAG zugrunde gelegt, dann wird sie maßgeblich durch das Gesetz und die dazu ergangene Rechtsprechung bestimmt. Aber auch bei der Kalkulation privatrechtlicher Entgelte bestehen rechtliche Vorgaben wie z. B. die Netzentgeltverordnungen.

II. Allgemeine Anforderungen an ein System der Kosten- und Leistungsrechnung

Ausgangspunkt der Kosten- und Leistungsrechnung bilden die Konten der Ergebnisrechnung. Die dort gebuchten Aufwendungen bilden den Verbrauch von Gütern und Leistungen durch die Kommune im Haushaltsjahr ab. Entsprechend bilden die Erträge den Zuwachs an Gütern und Leistungen bei der Kommune im Haushaltsjahr ab.

456 Die erste Stufe der Kosten- und Leistungsrechnung, die **Kostenartenrechnung** hat drei Funktionen. Zuerst trennt sie den Gesamtaufwand in den durch den normalen Leistungsprozess verursachten **Zweckaufwand** und den **neutralen Aufwand**. Der neutrale Aufwand ist entweder betriebsfremd, wie z. B. Spenden oder periodenfremd, wie z. B. Nachzahlungen oder außerordentlich, wie z. B. Schadensfälle. Dasselbe gilt für die Erlösartenrechnung. Nur der Zweckaufwand bzw. die Zweckerlöse stellen Kosten/Leistungen im Sinne der KLR dar.

Dann nimmt die Kostenartenrechnung die Kosten auf, die zwar dem Grunde nach als Aufwand in der Ergebnisrechnung berücksichtigt werden, aber in anderer Höhe, sogenannte **Anderskosten**. Beispiele wären die Anwendung der degressiven Abschreibung in der Finanzbuchhaltung und der linearen Abschreibung in der Kostenrechnung oder die Verwendung von Standard-Personalkostensätzen statt tatsächlicher Personalkosten. Dazu können die **Zusatzkosten** treten, Kosten, die in der Ergebnisrechnung nicht erfasst werden, wie kalkulatorische Abschreibungen, kalkulatorische Wagnisse, kalkulatorische Zinsen.

Diese Kosten und Erlöse werden anschließend in den Kategorien der KLR, wie Materialkosten und Personalkosten zusammengefasst, Grundlage bildet der Kostenartenplan der Kommune.

Die zweite Stufe der KLR ist die **Kostenstellenrechnung**. Sie gibt Auskunft auf die Frage: Wo sind die Kosten und Erlöse entstanden? Mittels der Kostenstellenrechnung werden die in der Kostenartenrechnung erfassten Kosten und Erlöse möglichst verursachungsgerecht den Kostenstellen zugeordnet. *457*

Dazu muss die Kommune in Kostenstellen gegliedert werden. **Kostenstellen** sind organisatorische Teilbereiche, die als Kontierungseinheiten für die KLR verwendet werden. Ihr Zuschnitt wird bestimmt durch betriebliche Funktionen und Verantwortungsbereiche. Mindestens muss in Kommunen mit doppischer Haushaltswirtschaft je Teilhaushalt eine Kostenstelle gebildet werden; eine tiefere Gliederung nach Ämtern, Abteilungen, Sachgebieten bis hin zu einzelnen Dienstposten aber auch Objekten wie Gebäuden wird sinnvoll sein. Zum Zuschnitt sind auch rechentechnische Erwägungen anzustellen. Für jede Kostenstelle müssen sich möglichst genaue Maßgrößen der Kostenverursachung finden lassen. Für eine genaue Kostenträgerrechnung werden die Kostenstellen so definiert, dass sich auf einer Kostenstelle nur Arbeitsvorgänge und Sachverhalte gleicher Art befinden, die sich nach dem gleichen Schlüssel auf andere Kostenstellen bzw. Kostenträger abwälzen lassen.

Die gebildeten Kostenstellen werden im Kostenstellenplan verzeichnet.

Auf der dritten Stufe der KLR, der **Kostenträgerrechnung** werden schließlich die Kosten eines Kostenträgers entweder in einem Zeitraum als Kostenträger-Zeitrechnung oder bezogen auf die erstellte Menge als Kostenträger-Stückrechnung ermittelt. Auch der Kostenträger ist ein Kontierungsobjekt der KLR. Als Kostenträger werden die Verwaltungsleistungen mit Außenwirkung und die innerbetrieblichen Leistungen definiert. Daher dienen mindestens die haushaltsrechtlich erforderlichen Produkte als Kostenträger. *458*

Der Zweckaufwand ist entweder auf einen Kostenträger oder eine Kostenstelle zu kontieren. Auch das Anlagevermögen muss entweder einem Kostenträger oder einer Kostenstelle zugeordnet werden.

Bei der Zurechnung ist zwischen **Einzelkosten** und **Gemeinkosten** bzw. -Erlösen zu unterscheiden. Kostenträgereinzelkosten lassen sich direkt einem Kostenträger zuordnen und müssen daher verrechnungstechnisch nicht die Kostenstellenrechnung durchlaufen. Kostenträgergemeinkosten dagegen werden von mehreren Kostenträgern gemeinsam verursacht und können deshalb nur indirekt über die Kostenstellenrechnung auf die Kos- *459* tenträger verrechnet werden. Auch in der Kostenstellenrechnung ist zwischen Kostenstelleneinzel- und Kostenstellengemeinkosten zu unterscheiden. Die Kostenstellen-Einzelkosten lassen sich den Kostenstellen direkt zurechnen, wie z.B. die in der Kostenstelle anfallenden Personalkosten. Die Kostenstellen-Gemeinkosten fallen für mehrere Kostenstellen an und können diesen nur durch Schlüsselung, zum Beispiel anhand von Raumgrößen, technischen Maßgrößen, Personenzahlen oder Leistungsmengen zugerechnet werden. Es sind dies Kosten wie Miete, Versicherungen oder Energieverbrauch.

Kostenstellen, bei denen Kostenstellengemeinkosten anfallen, werden als **Vorkostenstellen** oder **Hilfskostenstellen** bezeichnet und behandelt. Dies bedeutet, dass die dort angefallenen Kosten mithilfe von Schlüsseln auf andere Kostenstellen umgelegt werden. Kostenstellen, in denen nur Kosten anfallen, die eigenen Kostenträgern zuzurechnen sind, dienen als **Endkostenstellen**, auch als **Hauptkostenstellen** bezeichnet. Ihre Kosten werden ihren Kostenträgern zugerechnet. Kosten der Vorkostenstellen werden vollständig auf die Endkostenstellen umgelegt, sodass nach Durchführung der Kostenstellenrechnung diese Vorkostenstellen keine Kosten mehr aufweisen. Die Endkostenstellen enthalten dann nicht nur ihre Einzelkosten als sogenannte Primärkosten, sondern auch umgelegte Gemeinkosten als Sekundärkosten.

Die Organisation Bäder-Betriebe definiert die Betriebsleitung als Vorkostenstelle und jedes Bad und jede Sauna jeweils als Hauptkostenstelle. Die Kosten der Betriebsleitung werden nach der Anzahl der Eintritte vollständig auf die Bäder und Saunen umgelegt. Jedes Bad hat die drei Kostenträger: Schulschwimmen, Vereinsschwimmen und allgemeines Schwimmen.

460 Die Umlage und Entlastung wird im **Betriebsabrechnungsbogen** nachvollziehbar. Bei ihm handelt sich um eine Tabelle, deren Spalten den Kostenstellen und deren Zeilen den Kostenarten entsprechen. Im Schnittpunkt von Zeile und Spalte stehen der Anteil der jeweiligen Kostenart, der der zur Spalte gehörenden Kostenstelle zugeordnet wird. Die Struktur des Betriebsabrechnungsbogens ist variabel und wird vom Kostenarten- und -stellenplan der konkreten Organisation bestimmt.

Im oberen Teil werden die Kosten der Vorkostenstellen auf die Hauptkostenstellen umgelegt und die Vorkostenstellen dadurch vollständig entlastet. Im unteren Teil werden die Ergebnisse der innerbetrieblichen Leistungsverrechnung dargestellt (s. Abb. 13 BAB).

461 Die **innerbetriebliche Leistungsverrechnung** wird erforderlich, weil und wenn die Endkostenstellen nicht nur als Produkte definierte Leistungen erbringen, sondern auch Vorleistungen für Produkte anderer Kostenstellen. Diese Leistungen müssen zwischen den leistenden Kostenstellen verrechnet werden. Dazu muss ein Verrechnungspreis für die Leistung bestimmt werden. Dieser kann, je nach beabsichtigter Steuerungswirkung, Ergebnis

Betriebsabrechnungsbogen

Kostenstellen nach Kostenstellenplan	Vorkosten-stelle 1	Vorkosten-stelle 2	Vorkosten-stelle 3	Hauptkostenstelle 1			Hauptkostenstelle 2			Hauptkostenstelle 3		Summe
				ohne KT	Kostenträger 1	Kostenträger 2	ohne KT	Kostenträger 3	Kostenträger 4	ohne KT	Kostenträger 5	
Kostenarten nach Kostenartenplan												
Kostenart 1	100	200	300	400	500	600	700	800	900	1.000	1.100	
Kostenart 2	200	300	400	500	600	700	800	900	1.000	1.100	1.200	
Kostenart 3	300	400	500	600	700	800	900	1.000	1.100	1.200	1.300	
Kostenart 4	400	500	600	700	800	900	1.000	1.100	1.200	1.300	1.400	
Kostenart 5	500	600	700	800	900	1.000	1.100	1.200	1.300	1.400	1.500	
Kostenart 6	600	700	800	900	1.000	1.100	1.200	1.300	1.400	1.500	1.600	
Summe	2.100	2.700	3.300	3.900	4.500	5.100	5.700	6.300	6.900	7.500	8.100	56.100
Umlageschlüssel VKSt 1	100			10			60			30		
Umlageschlüssel VKSt 2		100		-			10			90		
Umlageschlüssel VKSt 3			100	50			30			20		
Umlage VKSt1	- 2.100			210			1.260			630		
Umlage VKSt2		- 2.700		-			270			2.430		
Umlage VKSt3			- 3.300	1.650			990			660		
Summe	-	-	-	5.760	4.500	5.100	8.220	6.300	6.900	11.220	8.100	56.100
Verrechnungspreis ibL				10			11			12		
Anzahl ibL HKSt 1							4			2		
Anzahl ibL HKSt 2				2						3		
Anzahl ibL HKSt 3				3			3					
Kosten aus ibL HKSt 1							10			20		30
Kosten aus ibL HKSt 2				22						33		55
Kosten aus ibL HKSt 3				36			36					72
Kosten aus ibL				58			46			53		157
Erlöse aus ibL				- 30			- 55			- 72		- 157
Summe				5.788	4.500	5.100	8.211	6.300	6.900	11.201	8.100	56.100

Abbildung 13: Betriebsabrechnungsbogen
Quelle: eigene Darstellung

Kostenträgerstückrechnung

	Hauptkostenstelle 1			Hauptkostenstelle 2			Hauptkostenstelle 3		Summe
	ohne KT	Kostenträger 1	Kostenträger 2	ohne KT	Kostenträger 3	Kostenträger 4	ohne KT	Kostenträger 5	
	5.788	4.500	5.100	8.211	6.300	6.900	11.201	8.100	56.100
Zuschlagsverfahren									
Zuschlagsbasis	9.600	47%	53%	13.200	48%	52%	8.100	100%	
GK-Zuschlag		2.713	3.075		3.919	4.292		11.201	
KT-Kosten		7.213	8.175		10.219	11.192		19.301	56.100
Äquivalenzzahlenverfahren									
Arbeitsstunden/KT		20	30		15	70		3	
Aufteilung GK		40%	60%		18%	82%		100%	
GK-Anteil		2.315	3.473		1.449	6.762		11.201	
KT-Kosten		6.815	8.573		7.749	13.662		19.301	56.100

Abbildung 14: Kostenträgerstückrechnung
Quelle: eigene Darstellung

der (angepassten) Ist-Kostenrechnung des Vorjahres oder einer Plankostenrechnung sein; wo verfügbar, könnte ein Marktpreis verwendet werden.

So könnte das Personalamt die Leistung Personalkosten-Abrechnung und die Kämmerei die Leistung Finanzbuchhaltung für das Produkt Bauaufsicht oder die Kostenstelle Bauamt erbringen. Das Personalamt würde einen Preis für die Leistung Personalkosten-Abrechnung je Kopf und Monat verlangen und die Kämmerei einen Preis für die Leistung Finanzbuchhaltung je Buchungssatz. Im Umfang ihrer Inanspruchnahme würden diese Leistungen an das Produkt oder die Kostenstelle verrechnet und dort Kosten aus interner Leistungsverrechnung darstellen, während Personalamt und Kämmerei in derselben Höhe Erlöse verzeichnen könnten.

Aufgabe der Kostenträger-Stückrechnung ist es, die Erstellungskosten je Kostenträger zu ermitteln. Dabei gilt es den Kostenträgern neben den bereits direkt auf sie gebuchten Kostenträger-Einzelkosten ihre Gemeinkosten zuzuordnen. Diese Gemeinkosten wurden in der Kostenstellenrechnung auf die Hauptkostenstellen verteilt. Für die Zuordnung gibt es verschiedene Methoden, darunter die Zuschlagsmethode und die Äquivalenzziffern-Methode (s. Abb. 14 Kostenträgerstückrechnung).

Bei der **Zuschlagsmethode** werden die Kostenträgergemeinkosten im Verhältnis der Kostenträgereinzelkosten als Zuschlag auf die Kostenträger verteilt. Das bedeutet, dass der Kostenträger mit den höheren Einzelkosten auch die höheren Gemeinkosten trägt.
Bei der Äquivalenzziffern-Methode wird ein Merkmal definiert, das bei allen Kostenträgern im unterschiedlichen Umfang vorhanden ist und die Gemeinkosten wesentlich bestimmt. In der Verwaltung liegt die erforderliche Arbeitszeit nahe. Hier werden die Gemeinkosten im Verhältnis der z.B. für die Erstellung des Kostenträgers erforderlichen Arbeitszeit verteilt. Diese Methode hat den Vorteil, die Kosten stärker verursachungsgerecht zuzuordnen, erfordert aber zusätzliche Erhebungen.

Die nicht direkt den Kostenträgern Schulschwimmen, Vereinsschwimmen und allgemeines Schwimmen zugeordneten Kosten der Kostenstelle Bad A könnten den Kostenträgern anteilig im Verhältnis der genutzten Schwimmzeiten verrechnet werden.

III. Prüfungsaussagen zur Sachgerechtigkeit der Kosten- und Leistungsrechnung

Wird ein Prüfungsurteil zur Sachgerechtigkeit der Kosten- und Leistungs- *462*
rechnung benötigt, die der Darstellung der Teilhaushalte zugrunde liegt, ist zu differenzieren. Werden Teilhaushalte nach der örtlichen Organisation gegliedert, so handelt es sich um eine Aggregation von Kostenstellen; werden sie nach Produktbereichen, -gruppen oder Produkten gegliedert, werden Kostenträger aggregiert.

Ausgehend von der notwendig verkürzten Darstellung einer kommunalen Kostenrechnung, hat die Prüferin dann Aussagen zu treffen darüber, dass:

- der Zweckaufwand richtig aus der Finanzbuchhaltung abgeleitet wurde und
- zutreffend der Kostenstelle oder dem Kostenträger zugeordnet wurde,
- der neutrale Aufwand richtig abgegrenzt wurde,
- das Anlagevermögen zutreffend zugeordnet ist,
- Kostenarten- und Kostenstellenplan vorliegen und eingehalten wurden,
- Zusatzkosten zu Recht berücksichtigt wurden,
- Umlageschlüssel und Verrechnungspreise verursachungsgerecht, sinnvoll und richtig sind und
- zeitlich konsistent verwendet werden,
- die Kostenrechnung rechnerisch richtig ist.

Technisch sollte zur Prüfung ein Datenabzug der Buchungen in der Finanzbuchhaltung einschließlich der Kontierungen für die Kostenrechnung stattfinden. Mithilfe von Pivot-Tabellen lässt sich dann die Kostenrechnung zumindest teilweise nachbilden.

Ein in der Praxis immer noch häufiges Problem im Umgang mit der KLR ist das Versäumnis, die Informationsbedarfe der Leitung systematisch abzufragen und das Berichtswesen darauf auszurichten. Das führt zum einen dazu, dass Steuerungsinformationen ungenutzt bleiben oder aufwendige zusätzliche Untersuchungen erfolgen.[3] Auch dazu sollte der Prüfer Feststellungen treffen.

IV. Kostenrechnungen zur Ermittlung der Herstellungskosten eines Vermögensgegenstandes

463 Selbsterstellte Vermögensgegenstände müssen mit den Herstellungskosten in der Vermögensrechnung angesetzt werden. Dabei wird es sich in der Praxis zumeist um selbsterstelltes Anlagevermögen in Gestalt von Gebäuden, Wegen und Anlagen aus den Bereichen Bauhof, Grünanlagen und Friedhof handeln. Zur Ermittlung der Herstellungskosten ist eine Kostenrechnung erforderlich.

Die aktivierungspflichtigen Herstellungskosten eines Vermögensgegenstandes werden gem. § 44 Abs. 2 Muster-GemHVO gebildet durch:

- die Materialkosten,
- die Fertigungskosten und
- die Sonderkosten der Fertigung.

---

3 Prüfungsmitteilung des BRH v. 13. 07. 2020, Kosten- und Leistungsrechnung in der Bundesverwaltung (Querschnittsprüfung), Tz. 6.1, 6.2.

Darüber hinaus sind – im Rahmen eines Wahlrechts – aktivierungsfähig:

- angemessene Teile der notwendigen Materialgemeinkosten,
- der notwendigen Fertigungsgemeinkosten und
- des Wertverzehrs des Anlagevermögens, soweit er durch die Fertigung veranlasst ist,
- und Zinsen für Fremdkapital, das zur Finanzierung der Herstellung verwendet wird, soweit sie auf den Zeitraum der Herstellung entfallen.

Somit sind die Einzelkosten eines Vermögensgegenstandes im Zeitraum der Fertigung notwendige Herstellungskosten, angemessene Gemeinkosten im Fertigungszeitraum einbeziehungsfähig. Für die Unterscheidung zwischen Einzel- und Gemeinkosten kommt es nicht auf die im Einzelfall aus Praktikabilitätsgründen angewendete Methode an, vielmehr darauf, ob der Einsatz an Gütern und Leistungen sich in der jeweiligen Maßeinheit (Menge, Zeit, Wert) unmittelbar dem Vermögensgegenstand zurechnen lässt, dann Einzelkosten oder nur durch Umlage oder Schlüssel, dann Gemeinkosten.[4]

Der Zeitraum der Fertigung beginnt mit der konkreten Planung und endet, wenn der Vermögensgegenstand bestimmungsgemäß nutzbar ist.[5]

Zu den Fertigungseinzelkosten gehören insbesondere die Fertigungslöhne. Sie umfassen die Bruttolöhne einschließlich der Sonderzulagen und Sonderleistungen wie Lohnfortzahlung im Krankheitsfall, Mutterschaftsbezüge, Urlaubslohn, Zuschläge für Überstunden und Feiertagsarbeit und die gesetzlichen Sozialabgaben. Aufwendungen für die betriebliche Altersversorgung gehören dagegen zu den Fertigungsgemeinkosten.[6] Dass der Fertigungslohn auf die zur Herstellung unmittelbar verwendete Fertigungszeit umgerechnet werden muss, hindert die Beurteilung als Einzelkosten nicht.

Angemessene Abschreibungen sind die planmäßigen Abschreibungen der Werkzeuge, Maschinen und Anlagen, die bei der Herstellung Verwendung finden, über den Zeitraum der Fertigung.[7]

> Die Friedhofsverwaltung lässt Wege durch eigenes Personal anlegen. Hier besteht eine gesetzliche Pflicht zur Aktivierung in der Vermögensrechnung, die auch dafür sorgt, dass der entsprechende Personal- und Sachaufwand nicht unzutreffenderweise in der Kostenrechnung für die Gebührenermittlung berücksichtigt wird. Durch die Aktivierung und Abschreibung wird dieser Aufwand anders über die Perioden verteilt. Der Teilhaushalt Friedhof wird daher einen Kostenträger Wegebau in seiner Kostenrechnung anlegen. Ihm werden Material und Fremdleistungen direkt zugerechnet. Für die beteiligten Mitarbeiter werden Fertigungsstundenlöhne ermittelt und nach den Angaben aus den Arbeitszeitaufzeichnungen von der Kostenstelle auf den Kosten-

4 IDW HFA RS 31n. F., Tz. 19, 14.
5 IDW HFA RS 31n. F., Tz. 7, 10.
6 Beck'scher Bilanz-Kommentar, § 255 Rn. 253, 13. Auflage 2022.
7 IDW HFA RS 31 n. F., Tz. 22.

träger verrechnet. Für die Maschinen und Geräte, die zum Einsatz kommen, kann aus den Abschreibungen ein Maschinenstundensatz ermittelt und ebenfalls verrechnet werden. Der so ermittelte Betrag könnte in der Anlagenbuchhaltung vereinfachend zuerst auf die Anlagen im Bau und von dort nach Fertigstellung abschnittsweise nach räumlicher Lage oder als Zugänge des Jahres ins Sachanlagevermögen umgebucht werden. Dabei werden die Personalaufwendungen und Abschreibungen nicht gekürzt, sondern in der Ergebnisrechnung sonstige aktivierte Eigenleistungen ausgewiesen.

Im Rahmen der Jahresabschlussprüfung sind dann diese Prüfungsaussagen zu treffen:

- Alle materiellen selbsterstellten Vermögensgegenstände wurden aktiviert;
- in ihre Bewertung sind nur die haushaltsrechtlich zulässigen Kostenbestandteile eingeflossen.

V. Öffentliches Preisrecht

464 Die Verordnung Preisrecht Nr. 30/53 mit der Anlage der Leitsätze für die Preisermittlung auf Grund von Selbstkosten (LSP) geben, wo der gesetzliche Anwendungsbereich eröffnet ist, ein in sich geschlossenes, vollständiges System zur Ermittlung eines kostenbezogenen Entgelts vor, ansonsten können die LSP als Modell dienen, mit dem „angemessene" Entgelte für Leistungen ermittelt werden, für die es keinen Markt gibt.

So definiert § 10 LSP eine Mindestgliederung der Kalkulation in:

- Fertigungsstoffkosten
- Fertigungskosten
- Entwicklungs- und Entwurfskosten
- Verwaltungskosten
- Vertriebskosten
- Selbstkosten
- Kalkulatorischer Gewinn
- Selbstkostenpreis

Innerhalb der Kalkulationsbereiche sind Einzel- und Gemeinkosten getrennt auszuweisen.

Stoffkosten und -mengen werden ebenso definiert (§§ 11–21 LSP) wie Personalkosten (§§ 22–25) und sonstige Kosten (§§ 26–26). Die LSP legt fest, wie kalkulatorische Zinsen und Abschreibungen ermittelt werden (§§ 37–46), welche kalkulatorischen Wagnisse ansatzfähig sind und wie diese und ein kalkulatorischer Gewinn anzusetzen sind (§§ 47–52).

VI. Besonderheiten bei Anwendung des Kommunalabgabengesetzes

465 Für die Kostenrechnung, die der Kalkulation von Benutzungsgebühren dient, machen die Kommunalabgabengesetz der Länder Vorgaben. Die Grundsätze werden je nach Gebührenart (Wasser, Abwasser, Abfall, Straßenreinigung, Friedhof, ...) auch von der Rechtsprechung stärker ausdifferenziert. Im Folgenden wird die Rechtslage in Hessen am Beispiel der Wassergebühren betrachtet.

Das KAG Hessen verpflichtet nicht zu einer Plankostenrechnung, einer Kalkulation, um Gebühren zu erheben. „Gegriffene" Gebührensätze machen eine Gebührensatzung nicht rechtswidrig, solange diese jedenfalls nicht zu einer Kostenüberdeckung führen.[8] Dies muss im Falle einer Anfechtung durch den Gebührenschuldner dem Gericht mit einer Ist-Kostenrechnung nachgewiesen werden. Die Verpflichtung zu einer Kalkulation resultiert hier aus dem Wirtschaftlichkeitsgebot und dem Vorrang der Entgelte vor einer Steuerfinanzierung gem. § 93 Abs. 2 Nr. 1 HGO.

466 § 10 KAG Hessen verlangt:

- Die Gebührensätze sind in der Regel so zu bemessen, dass die Kosten der Einrichtung gedeckt werden.
- Das Gebührenaufkommen soll die Kosten der Einrichtung nicht übersteigen.
- Die Kosten sind nach betriebswirtschaftlichen Grundsätzen zu ermitteln. (a)
- Zu den Kosten gehören auch kalkulatorischen Kosten. (a)
- Zu den Kosten zählen insbesondere Aufwendungen für die laufende Verwaltung und Unterhaltung der Einrichtung, Entgelte für in Anspruch genommene Fremdleistungen, angemessene Abschreibungen sowie eine angemessene Verzinsung des Anlagekapitals. (a)
- Bei der Verzinsung bleibt der aus Beiträgen und Zuschüssen Dritter aufgebrachte Kapitalanteil außer Betracht. (a)
- Abschreibungen dürfen auf beitragsfinanzierte Investitionsaufwendungen nur erfolgen, wenn die zu ihrer Finanzierung erhobenen Beiträge jährlich in einem der Abschreibung entsprechenden Zeitraum aufgelöst werden. (a)

---

8 VGH Kassel, Urteil vom 16. 10. 1997 – 5 UE 1593/94, anders z. B. VGH Mannheim, Urteil vom 27. 01. 2000 – 2 S 1621/97.

- Der Berechnung der Abschreibungen kann der Anschaffungs- oder Herstellungswert oder der Wiederbeschaffungszeitwert zugrunde gelegt werden. (a)
- Der Ermittlung der Kosten kann ein mehrjähriger Kalkulationszeitraum zugrunde gelegt werden, der fünf Jahre nicht überschreiten soll.
- Kostenüberdeckungen, die sich am Ende dieses Zeitraumes ergeben, sind innerhalb der folgenden fünf Jahre auszugleichen, Kostenunterdeckungen sollen in diesem Zeitraum ausgeglichen werden.
- Die Gebühr ist nach Art und Umfang der Inanspruchnahme der Einrichtung zu bemessen (Wirklichkeitsmaßstab). (b)
- Wenn das besonders schwierig oder wirtschaftlich nicht vertretbar ist, kann ein Wahrscheinlichkeitsmaßstab gewählt werden, der nicht in einem offensichtlichen Missverhältnis zu der Inanspruchnahme stehen darf. (b)
- In der Satzung können Mindestsätze festgelegt werden. (b)
- Die Erhebung einer Grundgebühr ist neben einer an der Inanspruchnahme orientierten Gebühr zulässig. (b)
- Bei der Gebührenbemessung können sonstige Merkmale, insbesondere soziale Gesichtspunkte oder eine Ehrenamtstätigkeit, berücksichtigt werden, wenn öffentliche Belange es rechtfertigen. Dies gilt nicht für Einrichtungen mit Anschluss- und Benutzungszwang. (b)

467 Eine typische Gebührenkalkulation, am Beispiel von Wassergebühren,[9] erfolgt in mindestens sechs Schritten:

- Aufstellung einer Gewinn- und Verlustrechnung zur Ermittlung der aufwandsgleichen Kosten,
- Ermitteln der Anschaffungs- und Herstellungskosten des Anlagevermögens zur Berechnung der kalkulatorischen Abschreibung und der kalkulatorischen Restwerte,
- Berechnung der kalkulatorischen Kostenpositionen,
- Kostenzuordnung auf die Kostenstellen,
- Kostenzuordnung zu fixen Kosten und variablen Kosten,
- Kostenzuordnung auf die Kostenträger (Zähler, Abnehmer).

Den Ausgangspunkt bilden die im Teilhaushalt Wasserversorgung ausgewiesenen Beträge der Teilergebnisrechnung; im Eigenbetrieb die Spartenrechnung des letzten Geschäftsjahres, die die Beträge der handelsrechtlichen Gewinn- und Verlustrechnung für das gesamte Unternehmen auf die

---

9 VKU/BDEW, Leitfaden Wasserpreiskalkulation unter https://www.vku.de/fileadmin/user_upload/VKU_BDEW_Leitfaden_Wasserpreiskalkulation.pdf.

verschiedenen Sparten (Strom, Gas, ÖPNV … und Wasser) verteilt. Gemeinsame Aufwendungen und Anlagen z.B. mit einem Betriebszweig Abwasser sind anteilig zuzuordnen.

Die Rechtslage schränkt zum einen die Kostenartenrechnung für eine Gebührenkalkulation ein (vergl. dazu die in Rn. 466 mit a) gekennzeichneten rechtlichen Vorgaben für Hessen, auf die sich die folgenden Ausführungen beziehen. *468*

Die **aufwandsgleichen Kosten** werden, soweit sie betrieblich veranlasst sind, in den Betriebsabrechnungsbogen aufgenommen. Da es sich bei der Kalkulation um eine Prognoserechnung handelt, können diese Vergangenheitswerte den Erwartungen für den Kalkulationszeitraum angepasst werden. Nicht übernommen werden die Abschreibungen und die Zinsen. Ebenfalls angesetzt werden betriebliche Erträge, also solche, die im Zusammenhang mit ansatzfähigen Kosten stehen, wie z. B. Erstattungen von Hausanschlusskosten.

Die **kalkulatorischen Abschreibungen** können entweder auf der Basis der historischen Anschaffungs- und Herstellungskosten (AHK) oder auf der Basis der Wiederbeschaffungszeitwerte ermittelt werden. Die Entscheidung für die Abschreibungsbasis wird bestimmt durch den gewählten Ansatz für die Unternehmenserhaltung. Die **Substanzerhaltung** betrachtet die Vermögensseite und verlangt, dass das Unternehmen imstande ist, eine Anlage nach dem Ende der Nutzungsdauer wiederzubeschaffen. Die kalkulatorischen Abschreibungen haben die Funktion, diejenigen finanziellen Mittel zu erwirtschaften, die es dem Einrichtungsträger ermöglichen, eine Ersatzbeschaffung/Wiederbeschaffung der Anlage zu finanzieren.[10] Die nominelle Substanzerhaltung ist erreicht, wenn nach Ablauf der Nutzungsdauer Mittel in Höhe der historischen AHK erwirtschaftet wurden. Dadurch ist aber nicht sichergestellt, dass mit diesen Mitteln eine Ersatzbeschaffung finanziert werden kann. Die Inflation macht zum Ersatzbeschaffungszeitraum höhere als die historischen AHK wahrscheinlich. Die reale Substanzerhaltung verlangt daher Abschreibungen auf den Wiederbeschaffungszeitwert. *469*

Der **Wiederbeschaffungszeitwert** ist der Preis, der zum Bewertungszeitpunkt für die Erneuerung eines vorhandenen Vermögensgegenstandes durch einen solchen gleicher Art und Güte gezahlt werden müsste. Dabei handelt es sich nicht um eine gleichermaßen abgenutzte Anlage, sondern eine neue Anlage gleichen Standards.[11]

10 OVG Münster, Urteil vom 05. 08. 1994 – 9 A 1248/92.
11 OVG Münster, Urteil vom 05. 08. 1994 – 9 A 1248/92.

Ermittelt wird der Wiederbeschaffungszeitwert durch Anpassung der historischen Anschaffungs- und Herstellungskosten an die Preisentwicklung in der Zeit zwischen Anschaffung/Herstellung und Bewertungsstichtag. In der Praxis wird dabei die **Indexmethode** verwendet. Hierbei werden die historischen Anschaffungs- und Herstellungskosten mit einem amtlichen Preisindex vervielfältigt. Der Einrichtungsträger trifft im Rahmen der Kalkulation eine Entscheidung über die Wahl geeigneter Indizes. In Frage kommen insbesondere verschiedene Baupreisindizes, die es auch für Ortskanäle und Nicht-Wohngebäude gibt, und der allgemeine Verbraucherpreisindex. Die Entscheidung wird zu Beginn des Kalkulationszeitraums auf Basis der dann verfügbaren aktuellen Indizes getroffen. Der Index kann entweder jährlich fortgeschrieben oder für den gesamten Kalkulationszeitraum beibehalten werden.

Die kalkulatorischen Abschreibungen ergeben sich durch die Abschreibung der gewählten Abschreibungsbasis über die vom Einrichtungsträger zu schätzende betriebsgewöhnliche Nutzungsdauer, für die die steuerlichen AfA-Tabellen ein Anhaltspunkt sind, bei der aber örtliche und anlagebezogene Besonderheiten berücksichtigt werden.[12] Auch die Abschreibungsmethode kann vom Einrichtungsträger gewählt werden,[13] der hessische Gesetzgeber geht von einer Orientierung an den Vorschriften der GemHVO und damit grundsätzlich von der Anwendung der linearen Methode aus.[14]

Die gem. § 11 KAG Hessen erhobenen Anschlussbeiträge werden gem. § 38 Abs. 4 S. 1 2. HS als Sonderposten in der Bilanz passiviert und jährlich aufgelöst. Wenn der Auflösungszeitraum oder die -methode nicht mit den für die Kalkulation gewählten Nutzungsdauern und Abschreibungsmethoden der korrespondierenden Vermögensgegenstände übereinstimmt, sind Restbuchwerte und Auflösungserträge neu zu ermitteln. Diese kalkulatorischen Auflösungsbeträge fließen als Erträge in die Kalkulation ein und kompensieren die Abschreibungen teilweise.

470 Ebenfalls zu den Kosten gehören **kalkulatorische Zinsen** auf das Anlagevermögen, soweit dieses nicht mit Beiträgen und Zuschüssen Dritter finanziert wurde. Zweck und innere Rechtfertigung der kalkulatorischen Verzinsung ist der Ausgleich für die durch die Aufbringung des in der Anlage gebundenen Kapitals seitens des Einrichtungsträgers zu tragenden finanziellen Belastungen.[15]

12 OVG Münster, Urteil vom 05.08.1994 – 9 A 1248/92.

13 *Christ/Obbecke,* Handbuch des Kommunalabgabenrechts, C.H.Beck-Verlag, 3. Aufl. 2016, D. Rz. 293.

14 LT-Drucksache 18/5453 S. 16.

15 OVG Münster, Urteil vom 1.9.1999 – 9 A 3342/98.

Die Basisgröße für die Verzinsung bilden die Restbuchwerte des Anlagevermögens, die sich durch Anwendung der für die Ermittlung der kalkulatorischen Abschreibungen verwendeten Methode und Nutzungsdauern auf die historischen AHK ergibt. Diese Restbuchwerte sind zu verzinsen, unabhängig davon, ob sie mit Eigen- oder Fremdkapital finanziert wurden. Von diesen Restbuchwerten sind die Restbuchwerte der Beiträge und Zuwendungen Dritter für Investitionen nach kalkulatorischer Auflösung abzuziehen. Alternativ können auf diese Restbuchwerte (negative) Zinsen ermittelt werden, die die kalkulatorischen Zinsen teilweise kompensieren. Voraussetzung für eine Verzinsung ist, dass das Anlagevermögen den Nutzern zur Verfügung steht, Anlagen im Bau werden daher nicht verzinst.[16]

Der Veränderung der Basisgröße im Kalkulationszeitraum durch Abschreibungen und Auflösungen wird entweder durch die „Restwertmethode" oder durch die „Durchschnittswertmethode" Rechnung getragen.[17] Bei der Restwertmethode wird für jedes Jahr der Nutzungsdauer aus dem Mittelwert des Buchwerts das gebundene Kapital ermittelt und verzinst. Mit sinkendem Buchwert sinken auch die Zinsen Jahr für Jahr. Die Durchschnittswertmethode stellt auf das während der gesamten Nutzungsdauer durchschnittlich gebundene Kapital ab und ermittelt so für jedes Jahr einheitliche Zinsen.

Sowohl bei der kalkulatorischen Abschreibung als auch bei der kalkulatorischen Verzinsung bleibt **nicht betriebsnotwendiges Vermögen** außer Ansatz.

Der angemessene Zinssatz bildet die am Kapitalmarkt zu erlangenden tat- *471*
sächlichen Nominalzinsen ab. Die Basisgröße bezieht sich auf Anlagegüter unterschiedlichsten Alters und verkörpert damit eine Kapitalbindung unterschiedlicher Dauer. Dem wird durch einen Durchschnittszinsatz für langfristige Kapitalanlagen Rechnung getragen.[18] Dem Einrichtungsträger steht auch hier ein Beurteilungsspielraum zu.

Der Einrichtungsträger hat die Wahl, entweder einen einheitlichen Zinssatz für Eigen- und Fremdfinanzierung zu verwenden oder den Fremdkapitalzins in voller Höhe und daneben einen angemessenen Eigenkapitalzins, auf den Anteil der Buchwerte, der eigenfinanziert wurde, anzusetzen.[19] Da dies jedoch die Bestimmung des Eigenkapitalanteils und die Begründung zweier Zinssätze verlangt, wird in der Praxis darauf oft verzichtet.

---

16 VGH München, Urteil vom 29.4.1999 – 23 B 97.1628.

17 VGH Kassel Entscheidung vom 07.01.2010 – A 2170/08.Z.

18 OVG Münster, Urteil vom 05.08.1994 – 9 A 1248/92.

19 OVG Münster, Urteil vom 1.9.1999 – 9 A 3342/98.

472 Kalkulatorische Wagniskosten stellen betriebswirtschaftlich Kosten dar, sie dienen dem Ausgleich von Risiken, bei denen unsicher ist, ob oder wann sie eintreten oder welche Kosten sie verursachen. Ein allgemeiner Wagniszuschlag, der eine Verlustgefahr durch die Aktivität abdeckt, ist in der Gebührenkalkulation unzulässig, Einzelwagnisse können grundsätzlich berücksichtigt werden, ein Beispiel sind uneinbringliche und verspätete Gebühren.[20]

473 Kostenüberdeckungen aus vorherigen Kalkulationsperioden müssen kostenmindernd, Kostenunterdeckungen können kostenerhöhend berücksichtigt werden. Zur Vorgehensweise s. Rn. 479. Teilweise wird eine Verzinsung der Kostenüberdeckung verlangt.[21]

474 Das KAG macht aber auch Vorgaben für die Kostenträgerrechnung im Rahmen einer Gebührenkalkulation, vergleiche dazu die in Rn. 466 mit b) gekennzeichneten rechtlichen Vorgaben.

Der Verteilung der gebührenfähigen Kosten ist ein **Gebührenmodell** zugrundezulegen. Es besteht aus mindestens einer Maßstabseinheit und einem Gebührensatz je Maßstabseinheit.[22] Die Maßstabseinheit soll Art und Umfang der Inanspruchnahme abbilden. Für die Wasserversorgung ist das die Menge des bezogenen Wassers. Zulässig sind aber Mindestsätze und eine Grundgebühr neben einer verbrauchsabhängigen Gebühr, sie bedürfen aber einer Rechtfertigung.

Grundgebühren berücksichtigen, dass bereits für Gewährleistung der Betriebsbereitschaft unabhängig von der Nutzung Kosten entstehen. Sie verlangen eine weitere Differenzierung in der Kostenrechnung, nämlich die Aufspaltung der Gesamtkosten in verbrauchsunabhängige Fixkosten und verbrauchsabhängige variable Kosten. Durch eine Differenzierung der Grundgebühr nach der Dauerlast der verwendeten Zähler wird der Grundsatz der Orientierung an der Inanspruchnahme auch bei der Grundgebühr berücksichtigt. Die Aufteilung der Fixkosten auf die Zähler erfolgt nach der Äquivalenzziffernmethode.

Sonstige Merkmale neben der Inanspruchnahme, wie soziale Gesichtspunkte dürfen bei der Wasserversorgung mit Anschluss- und Benutzungszwang nicht berücksichtigt werden.

Wird eine gebührenpflichtige öffentliche Einrichtung auch durch die Allgemeinheit genutzt, darf dies die Gebührenzahler nicht belasten. Eine

20 VGH Kassel, Urteil vom 17. 3. 1977 – V OE 12/73.

21 § 12 Abs. 3 S. 1 SächsKAG; VGH München, Urteil vom 20. 10. 1997 – 4 N 95.3631.

22 *Christ/Obbecke,* Handbuch des Kommunalabgabenrechts, C. H. Beck-Verlag, 3. Aufl. 2016, D. Rz. 362.

solche Nutzung der Wasserversorgung ist die für Feuerlöschzwecke. Sie wird in der Kalkulation dadurch berücksichtigt, dass 3% der Gesamtkosten nicht verteilt werden. [23]

Alternativ kann die hessische Kommune die Wasserversorgung als wirtschaftliches Unternehmen nach dem Ertragsprinzip führen. Dann ist sie von der Beachtung des Kostenüberschreitungsverbots freigestellt.[24] Für die Bemessung der Erträge gilt dann § 121 Abs. 8 HGO (*s O. Prüfung kommunaler Unternehmen*). 475

Ein als wirtschaftliches Unternehmen geführter Eigenbetrieb kann im Rahmen des gem. § 11 Abs. 5 HessEigBG zulässigen Gewinnanteils am Gesamtgebührenaufkommen gem. § 11 Abs. 2 S. 2 HessEigBG auch Wasser für den Brandschutz, für die Reinigung von Straßen und Abwasseranlagen sowie für öffentliche Zier- und Straßenbrunnen unentgeltlich oder verbilligt liefern.[25]

Aus dem Jahresergebnis im Teilhaushalt bzw. der Sparte kann die Einhaltung des Kostendeckungsgebotes bzw. des Kostenüberschreitungsverbotes nicht abgelesen werden. Diese Funktion kann eine Überleitungsrechnung (Abb. 15) übernehmen. Abweichungen zwischen Jahresüberschuss nach Gemeindehaushalts- bzw. Handelsrecht und Kostendeckung nach KAG sind hauptsächlich auf Abschreibungen auf den höheren Wiederbeschaffungszeitwert zurückzuführen und darauf, dass die Verzinsung des Anlagevermögens höher ausfällt als die tatsächlich gezahlten Fremdkapitalzinsen. Überschüsse können dem allgemeinen Haushalt zugutekommen und beeinflussen die Gebührenhöhe nicht. 476

Das Jahresergebnis wird aber durch die Veränderung des gem. § 41 Abs. 7 GemHVO Hessen zu bildenden **Sonderpostens** für den Gebührenausgleich beeinflusst. Er ist in der Vermögensrechnung auf der Passivseite anzusetzen, wenn und soweit in einem Haushaltsjahr die Benutzungsgebühren die Kosten der Einrichtung übersteigen.

Die Feststellung, ob eine Kostenüberdeckung stattgefunden hat, erfordert eine Nachkalkulation. Während die **Vorkalkulation** zur Ermittlung der Gebührensätze im Kalkulationszeitraum Planwerte sowohl bezüglich der Kostenarten als auch bezüglich der Abnahme/Nachfrage zugrunde legt, ermittelt die **Nachkalkulation** die Differenz zwischen Kosten und Gebühren im Kalkulationszeitraum anhand der tatsächlichen Werte. 477

23 VGH Kassel, Entscheidung vom 18. 04. 2016 – 5 C 2174/13.N.

24 VGH Kassel, Urteil vom 16. 10. 1997 – 5 UE 1593–94.

25 VGH Kassel, Urteil vom 16. 10. 1997 – 5 UE 1593–94.

Gebühren				
Erträge aus der Auflösung von Sonderposten für Investitionszuwendungen und -beiträge		./.Erträge aus der Auflösung von Sonderposten für Investitionszuwendungen und -beiträge	+ kalkulatorische Erträge aus der Auflösung von Sonderposten für Investitionszuwendungen und -beiträge	
Erträge aus der Auflösung von Sonderposten Gebührenüberschüsse		./. Erträge aus der Auflösung von Sonderposten Gebührenüberschüsse		
sonstige Erträge		./. Nicht-Zweckerträge		
Abschreibungen		./. Abschreibungen	+ kalkulatorische Abschreibungen	
Zinsaufwand		./. Zinsaufwand	+ kalkulatorische Verzinsung	
Aufwand aus der Zuführung Sonderposten Gebührenüberschüsse		./. Aufwand aus der Zuführung Sonderposten Gebührenüberschüsse		
sonstige Aufwendungen		./. Nicht-Zweckaufwendungen		
	Saldo = Jahresergebnis im Teilhaushalt			**Saldo = Über-/ Unterdeckung im Haushaltsjahr**

Abbildung 15: Überleitungsrechnung
Quelle: eigene Darstellung

Der **Kalkulationszeitraum** wird in der Kalkulation festgelegt und kann gem. § 10 Abs. 2 S. 6 bis zu fünf Jahre betragen. Da der Zweck der Ausdehnung des Kalkulationszeitraumes die Ermöglichung einheitlicher Gebührensätze über längere Zeiträume ist,[26] muss für diesen Zeitraum auch ein einheitlicher Gebührensatz festgelegt werden.[27]

Vom Kalkulationszeitraum zu unterscheiden ist der **Ausgleichszeitraum**. Innerhalb des Ausgleichszeitraums müssen Kostenüberdeckungen ausgeglichen werden, Kostenunterdeckungen sollen ausgeglichen werden. Die Soll-Vorschrift bezieht sich auf die Möglichkeit der Kommune, auf eine Kostendeckung zu verzichten, ein Ausgleich von Kostenunterdeckungen nach Ablauf des Ausgleichszeitraums ist nicht zulässig.[28]

Der Ausgleichszeitraum beträgt gem. § 10 Abs. 2 S. 7 KAG fünf Jahre ab dem Ende eines Kalkulationszeitraums. Kostenüberdeckungen aus einem Kalkulationszeitraum mindern die Kosten, Kostenunterdeckungen erhöhen die Kosten in einem der nachfolgenden Kalkulationszeiträume, der noch innerhalb des Ausgleichszeitraums liegt.

26 LT-Drucksache 18/5453 S. 16.

27 *Christ/Obbecke*, Handbuch des Kommunalabgabenrechts, C. H. Beck-Verlag, 3. Aufl. 2016, D. Rz. 175.

28 LT-Drucksache 18/5453 S. 15 f.

Der Kalkulationszeitraum wurde auf zwei Jahre festgelegt. Im Jahr 200x+2 ergibt sich eine Kostenüberdeckung von 200 WE für den Kalkulationszeitraum 1. 1. 200x – 31. 12. 200x+1. Zum Zeitpunkt der Nachkalkulation gilt der Gebührensatz für den Kalkulationszeitraum 1. 1. 200x+2 – 31. 12. 200x+3. Die Kostenüberdeckung kann also erst in die Kalkulation für den Zeitraum 1. 1. 200x+4 – 31. 12. 200x+5 eingebracht werden. Dort mindert die Kostenüberdeckung aus der Vorvorkalkulationsperiode die geschätzten Kosten im Jahr 200x+4 und 200x+5 um jeweils 100 WE.

Wäre jeweils ein Kalkulationszeitraum von drei Jahren gewählt worden, wäre eine Einbringung der tatsächlich festgestellten Kostenüberdeckung erst in den Kalkulationszeitraum 1. 1. 200x+6 bis 31. 12. 200x+8 möglich, der Ausgleichszeitraum endet aber bereits am 31. 12. 200x+7.

Weil ein Ausgleich durch Einstellen in eine Gebührenkalkulation erst im Laufe des Bemessungszeitraums wirksam wird, muss der gesamte Kalkulationszeitraum, in dem eine Über- oder Unterdeckung aus Vorperioden berücksichtig wird, innerhalb der Ausgleichsfrist liegen.[29] 478

Die Kostenüber- oder -unterdeckung vor Ablauf der Kalkulationsperiode zu schätzen und rechtzeitig in die Kalkulation der Folgeperiode einzubringen, lehnt der VGH Mannheim in einem Hinweis ab.[30] Andere Gerichte lassen das ausdrücklich[31] oder implizit[32] zu. Folgte man dem VGH Mannheim, würde das bedeuten, dass längere als zweijährige Kalkulationszeiträume entgegen der ausdrücklichen gesetzlichen Regelung unzulässig wären.

Für den geforderten Ausgleich von Kostenüber- und -unterdeckungen ist es ausreichend, wenn diese in der Kalkulation berücksichtigt werden.[33] Es ist nicht erforderlich, dass in Folgeperioden eine tatsächliche Unter- oder Überdeckung in dieser Höhe entsteht. Im neuen Kalkulationszeitraum entstehen durch unvermeidbare Prognosefehlern bei Kosten und Inanspruchnahme neue Kostenüber- und -unterdeckungen,[34] so dass sich der Verbleib von Kostenüber- und -unterdeckungen aus Vorperioden nicht unmittelbar nachvollziehen lässt. Es ist insbesondere nicht sicher, ob eine Überdeckung tatsächlich den Gebührenschuldnern zugutekam. Im Ergebnis könnten zu hoch geschätzte Kosten eine materiell wirksame Erstattung im Ausgleichszeitraum verhindern (s. Abb. 16 und folgendes Beispiel). Der Ausgleich ist dennoch formell erfolgt, wenn die Prognose nicht vorsätzlich falsch war. Aus diesem Grund sollte der Prüfer die sachgerechte Schätzung besonders kritisch prüfen. 479

29 VGH Mannheim, Urteil vom 15. 02. 2008, Az. 2 S 2559/05.

30 VGH Mannheim, Urteil vom 27. 01. 2000, Az. 2 S 1621/09.

31 VGH München, Beschluss vom 30. 09. 2019 Az. 4 CE 19.93.

32 VGH Kassel, Beschluss vom 07. 03. 2012, Az. 5 C 206/10.N.

33 VGH München, Beschluss vom 30. 9. 2019 Az. 4 CE 19.93.

34 Vergl. *Giebler,* Gebührenrechtliche Überdeckungen im Kommunalabgabenrecht, KStZ 2007, 167 f., 169; *Gawel,* Kostenüberdeckung und Kostenunterdeckung als Problem der Gebührenkalkulation, KStZ 2010, 201.

	Formel		200x	200x+1	200x+2	200x+3	200x+4	200x+5	200x+6	200x+7	200x+8	200x+9
1.		gebührenfähige Kosten Plan	2.000,00	2.000,00	2.000,00	2.000,00	2.000,00	2.000,00	2.000,00	2.000,00	2.000,00	2.000,00
2.		Kostenüber/-unterdeckung VP	-50,00	-50,00	60,00	60,00	-75,00	-75,00	-221,80	-221,80	1,88	1,88
3.	1.+2.	Kosten Plan	1.950,00	1.950,00	2.060,00	2.060,00	1.925,00	1.925,00	1.778,20	1.778,20	2.001,88	2.001,88
4.		Einheiten Plan	100,00	100,00	100,00	100,00	100,00	100,00	100,00	100,00	100,00	100,00
5.	3./4.	Gebührensatz aufgrund Planzahlen	19,50	19,50	20,60	20,60	19,25	19,25	17,78	17,78	20,02	20,02
6.		Einheiten Ist	98,00	102,00	102,00	104,00	107,00	98,00	98,00	102,00	100,00	98,00
7.	6.x5.	Gebühren Ist	1.911,00	1.989,00	2.101,20	2.142,40	2.059,75	1.886,50	1.742,64	1.813,76	2.001,90	1.961,86
8.		Kosten Ist	1.850,00	1.900,00	1.800,00	2.000,00	2.050,00	1.900,00	2.100,00	2.000,00	1.800,00	1.900,00
9.	8./6.	Gebührensatz aufgrund Ist-Zahlen (HJ)	18,88	18,63	17,65	19,23	19,16	19,39	21,43	19,61	18,00	19,39
10.	7.-8.	Kostenüber/-unterdeckung	61,00	89,00	301,20	142,40	9,75	-13,50	-357,36	-186,24	201,90	61,86
11.		Zuführung SoPo	61,00	89,00	301,20	142,40	9,75		-	-	201,90	61,86
12.		Auflösung SoPo	-50,00	-50,00			-75,00	-84,75	-221,80	-221,80		
13.		SoPo 200x-200x+1	61,00	150,00			75,00	-				
14.		SoPo 200x+2-200x+3			301,20	443,60			221,80	-		
15.		SoPo 200x+4-200x+5					9,75	-9,75				
16.		SoPo 200x+6-200x+7								-		
17.		SoPo 200x+8-200x+9									201,90	263,76

Abbildung 16: Sonderposten für Gebührenüberschüsse
Quelle: eigene Darstellung

Aus der Verpflichtung, jährlich in der Schlussbilanz des Haushaltsjahres – bei Vorliegen einer Kostenüberdeckung – einen Sonderposten gem. § 41 Abs. 7 GemHVO Hessen anzusetzen, wird eine Verpflichtung zur jährlichen Nachkalkulation abgeleitet.[35] Ergibt sich für das Haushaltsjahr aufgrund der Ist-Größen eine Überdeckung gegenüber den der Vorkalkulation zugrunde gelegten Planwerten, dann ist dieser Überschuss als Sonderposten „Überschüsse Wassergebühren des Haushaltsjahres" auszuweisen. Wegen der unter Rn. 479 angesprochenen Problematik, den tatsächlichen Abbau der Überdeckung nachzuweisen, wird der Sonderposten jährlich über den Kalkulationszeitraum, in dem die Kostenüberdeckung kostenmindernd wirkt, in gleichen Beträgen aufgelöst. Aufwände aus der Bildung des Sonderpostens und Auflösungserträge beeinflussen das Jahresergebnis, haben aber keine Auswirkung auf die Gebühren. *480*

In der Abb. 6 werden Kostenüber- und Unterdeckungen aus einer Gebührenkalkulation und die Entwicklung der Sonderposten aus Gebührenüberschüssen über den Zeitraum von zehn Jahren verfolgt. Der Kalkulationszeitraum beträgt zwei Jahre, Kostenüber- und Unterdeckungen werden in der Kalkulation des übernächsten Kalkulationszeitraumes berücksichtigt. Auf eine Verzinsung der Überschüsse wurde verzichtet.

Zeile 5 zeigt den Kostensatz, der sich aufgrund der Planzahlen Inanspruchnahme und Kosten einschließlich der Berücksichtigung einer Über- oder Unterdeckung der Vorperioden ergibt. Zeile 9 zeigt den Kostensatz, der sich auf der Grundlage der Kosten und Inanspruchnahme des Haushaltsjahres ergeben würde. Im Jahr 200x wäre bei optimaler Prognose nur ein Kostensatz von 18,88 WE/Einheit gerechtfertigt gewesen, da sowohl die im Jahr anfallenden Kosten als auch die in Anspruch genommenen Einheiten niedriger waren als in der Planung angenommen. Tatsächlich mussten die Nutzer aufgrund der Planung aber einen Kostensatz von 19,50 WE/Einheit entrichten. Der in der Kalkulation zutreffend berücksichtigte Überschuss aus Vorjahren in Höhe von 50 WE hat materiell nicht zu einer Entlastung der Gebührenzahler geführt.

Hier wurde – soweit die Bildung erforderlich war – ein Sonderposten je Kalkulationszeitraum, z. B. für den Kalkulationszeitraum 200x und 200x+1 gebildet, zu dem jährlich zugeführt wird; die Auflösung erfolgte in gleichen Beträgen unabhängig vom Ergebnis einer Nachkalkulation im Haushaltsjahr 200x+4 und 200x+5.

Ergibt sich am Ende einer Kalkulationsperiode wie z.B. 200x+5, dass sich in Summe für den Kalkulationszeitraum keine Überdeckung errechnet, wird der 200x+4 gebildete Sonderposten für die laufende Kalkulationsperiode wieder aufgelöst. Der Sonderposten weist am Ende einer Kalkulationsperiode den Betrag der Überdeckung für diese Kalkulationsperiode aus und ist am Ende der Kalkulationsperiode, in der die Überdeckung in der Kalkulation angesetzt wurde, vollständig aufgelöst.

Voraussetzung für eine rechtmäßige Gebührenerhebung ist auch die Rechtmäßigkeit der Satzung. Insbesondere sollte die ordnungsgemäße Beschlussfassung, Ausfertigung und Bekanntmachung geprüft werden. *481*

§ 2 KAG Hessen bestimmt in Satz 2 Mindestbestandteile einer Abgabensatzung. Sie muss den Kreis der Abgabepflichtigen, den die Abgabe begründenden Tatbestand, den Maßstab und den Satz der Abgabe sowie den Zeitpunkt der Entstehung und der Fälligkeit der Schuld bestimmen.

---

35 *Kröckel,* in: PdK He B-9a, GemHVO § 41 Rz. 143, beck-online.

Bei Rückwirkung ist zu prüfen, ob § 3 KAG Hessen beachtet wurde.

Die wesentlichen Entscheidungen, die einer Kalkulation zugrunde liegen, wie Kalkulationszeitraum, Ausgleichsentscheidungen, Abschreibungsbasis und Gebührenmodell, müssen in einem Sachbeschluss der Vertretungskörperschaft getroffen werden.[36]

482 Aufgrund der obigen Darstellung der hessischen Rechtslage bei Kalkulationen von Benutzungsgebühren für die Wasserversorgung hat die Prüferin, um die Rechtmäßigkeit der Gebührenbemessung beurteilen zu können, mindestens die folgenden Prüfungsaussagen zu treffen:

- Die Satzung ist formell rechtmäßig und enthält insbesondere alle Pflichtbestandteile.
- Die für die Gebührenfestsetzung zuständige Vertretungskörperschaft hat die wesentlichen Kalkulationsgrundlagen, wie Kalkulationszeitraum, Ausgleichszeitraum, in Kauf genommene Unterdeckungen, Abschreibungsbasis und Gebührenmodell beschlossen.
- Eine Vorkalkulation ist erfolgt.
- In die Kostenartenrechnung sind die betriebsbedingten, ansatzfähigen Kosten und die dazugehörigen Erlöse vollständig eingeflossen.
- Die gebildeten Kostenträger bilden das gewählte, den Vorschriften des KAG entsprechende Gebührenmodell ab.
- Die Prognosen der Kostenarten und Gebührenmaßstabseinheiten sind sachgerecht.
- Die Berechnungen sind rechnerisch richtig.
- Eine jährliche Nachkalkulation ist erfolgt.
- Der Sonderposten gem. § 41 Abs. 7 GemHVO wurde zutreffend bewertet.

36 *Kröckel,* in: PdK He B-9a, GemHVO § 41 Rn. 140, 141, beck-online.

T. Wirtschaftlichkeitsuntersuchungen

I. Prüfungsaufgabe

Die Kommunen und damit alle, die Entscheidungen für sie treffen und handeln, sind zur Wirtschaftlichkeit verpflichtet.[1] Die Prüfung dieser Entscheidungen auf Wirtschaftlichkeit ist nach allen Kommunalverfassungsgesetzen eine Aufgabe der Organe der Rechnungsprüfung (*s. C. Aufgaben*). Die Prüferin wendet dazu selber die Methoden der Wirtschaftlichkeitsuntersuchung an. Aber auch die Entscheider stützen ihre Entscheidung auf Überlegungen zur Wirtschaftlichkeit, in vielen Fällen sind Unterlagen gefordert, um eine Entscheidung zu begründen. So verlangt § 12 der Muster-GemHVO Doppik, dass bevor Investitionen oberhalb festgelegter Wertgrenzen beschlossen und im Haushaltsplan ausgewiesen werden, unter mehreren in Betracht kommenden Möglichkeiten durch einen Wirtschaftlichkeitsvergleich, mindestens durch einen Vergleich der Anschaffungs- oder Herstellungskosten und der Folgekosten, die für die Gemeinde wirtschaftlichste Lösung ermittelt werden soll.[2] Hier prüft die Prüferin nicht nur, ob die Unterlagen vorliegen, sondern stellt auch fest, ob sie die Entscheidung tragen, methodisch und rechnerisch richtig sind und die zugrundeliegenden Annahmen sachgerecht getroffen wurden. *483*

II. Methoden der Wirtschaftlichkeitsuntersuchung

Wirtschaftlichkeitsuntersuchungen sollen die Frage nach der Vorteilhaftigkeit einer Maßnahme beantworten. Dies kann die Vorteilhaftigkeit gegenüber der Alternative des Unterlassens, die **absolute Vorteilhaftigkeit** sein. Oft wird die Frage nach dem ob aber politisch beantwortet werden, dann ist lediglich die Vorteilhaftigkeit gegenüber anderen Alternativen, die **relative Vorteilhaftigkeit** zu prüfen. *484*

Grundsätzlich wird unterschieden zwischen den quantitativen und den qualitativen Methoden. **Quantitative Verfahren** der Wirtschaftlichkeits-

1 Z. B. § 92 Abs. 2 HGO.

2 Beschluss der ständigen Konferenz der Innenminister und -senatoren der Länder vom 21. 11. 2003 http://www.innenministerkonferenz.de/IMK/DE/termine/tobeschluesse/20031121.html?nn=4812206.

untersuchung bewerten und vergleichen Maßnahmen anhand der finanziellen Auswirkungen. Dazu ist es erforderlich, dass die Maßnahmen sich nur aufgrund dieser finanziellen Auswirkungen – also Kosten/Erlöse oder Ein- und Auszahlungen – unterscheiden und diese bezifferbar sind.

Qualitative Verfahren werden dann angewandt, wenn sich alternative Maßnahmen durch nicht-monetäre Aspekte (z. B. Qualität oder Sicherheit) unterscheiden und anhand dieser Aspekte verglichen und bewertet werden sollen.

Das **Mischverfahren** der Kosten-Wirksamkeits-Analyse berücksichtigt beide Kategorien und vergleicht Maßnahmen gleichzeitig sowohl anhand quantitativer als auch qualitativer Aspekte. Dazu werden die Methoden der quantitativen und der qualitativen Verfahren kombiniert.

1. Quantitative Methoden

485 Innerhalb der quantitativen Verfahren, auch als Methoden der Investitionsrechnung bezeichnet, wird weiter zwischen statischen und dynamischen Verfahren unterschieden. **Statische Verfahren** betrachten nur eine Periode und rechnen mit Durchschnittswerten. **Dynamische Verfahren** betrachten mehrere Perioden und berücksichtigen durch Auf- und Abzinsung, dass Ein- und Auszahlungen zu unterschiedlichen Zeitpunkten anfallen.

a) Statische Verfahren

486 Da die statischen Verfahren nur eine Periode betrachten, muss diese repräsentativ für die gesamte Dauer sein, unregelmäßig anfallende Kosten/Erlöse oder Ein-/Auszahlungen sind mittels Durchschnittsbildung zu berücksichtigen. Die Ermittlung gestaltet sich dadurch einfacher, die Ergebnisse sind aber auch ungenauer. Die statischen Verfahren sind daher nur geeignet für kleinere Investitionen mit wenigen relevanten Parametern.

aa) Kostenvergleichsrechnung

487 Die Kostenvergleichsrechnung betrachtet die Zielgröße der Kosten, die eine bestimmte Maßnahme auslöst. Sie kann gewählt werden, wenn die ihr zugrundeliegende Annahme, dass die Erlöse bei jeder Alternative identisch sind, zutrifft. Dies ist z. B. bei Ersatz- und Rationalisierungsinvestitionen der Fall, wenn die Investition mit der Alternative Unterlassen der Investition verglichen wird.

Betrachtet werden die Kostenarten:

- Personalkosten
- Materialkosten
- sonstige Kosten
- Abschreibungen
- Zinsen

Unterschieden werden Fixkosten und variable Kosten. **Fixkosten** sind Kosten, die unabhängig von der Inanspruchnahme anfallen. Dazu gehören die Abschreibungen und die Zinsen. Die **variablen Kosten** verändern sich abhängig von der Inanspruchnahme.

Die Veränderung kann linear sein, d. h. die variablen Kosten steigen im selben Maß wie die Inanspruchnahme. Bei gleichbleibenden Materialstückkosten steigen Materialkosten entsprechend der Anzahl der verwendeten Stücke. Sinken die Materialstückkosten bei zunehmender Menge, zum Beispiel durch Großkundenrabatte, dann ist die Veränderung degressiv. Steigen die Materialstückkosten, weil zum Beispiel ein günstiger Vorrat aufgebraucht ist, entwickeln sich die variablen Kosten progressiv.[3]

Auch Personalkosten sind variabel, wenn angenommen werden kann, dass das Personal auch anders eingesetzt werden kann. Ein Beispiel für sonstige variable Kosten ist eine Kfz-Versicherung, die abhängig von der Fahrleistung ist.

Die durchschnittlichen Abschreibungen werden mittels der Formel „Anschaffungskosten abzüglich eines eventuellen Liquidationserlöses am Ende der Nutzungsdauer geteilt durch die Nutzungsdauer“ ermittelt.

Unabhängig von der geplanten Finanzierung durch Eigen- oder Fremdmittel werden kalkulatorischen Zinsen angesetzt, um Alternativen mit unterschiedlichen Anschaffungskosten und damit Kapitaleinsatz vergleichen zu können. Dabei wird unterstellt, dass Kapital in der erforderlichen Höhe zum Kalkulationszinssatz beschafft und auch angelegt werden kann.[4]

Für die Ermittlung der durchschnittlichen Zinsen ist die Bestimmung des durchschnittlich gebundenen Kapitals erforderlich. Vereinfachend kann von einer kontinuierlichen Amortisation im Zeitraum zwischen Investitionen und Liquidation ausgegangen werden.[5] Das durchschnittlich gebundene Kapital wird dann nach der Formel „Anschaffungskosten zuzüglich

3 Vergl. *Reichardt*, Wirtschaftlichkeitsrechnung in der öffentlichen Verwaltung, Boorberg-Verlag 2009, S. 25.

4 *Götze, Bloech*, Investitionsrechnung, Springer-Verlag, 4. Aufl. 2004, S. 34.

5 *Götze, Bloech*, Investitionsrechnung, Springer-Verlag, 4. Aufl. 2004, S. 34.

eventuell anfallender Liquidationserlös geteilt durch 2" ermittelt. Die durchschnittlichen Zinsen ergeben sich durch Multiplikation des durchschnittlich gebundenen Kapitals mit dem Kalkulationszinssatz.

488 Für jede Alternative ergibt sich so eine Kostenfunktion, die die Kosten in Abhängigkeit von der Inanspruchnahme ermittelt. Sie kann auch grafisch darstellt werden. Die Kostenfunktion kann auch herangezogen werden, um das Maß an Inanspruchnahme zu bestimmen, ab dem eine von mehreren Alternativen vorteilhaft ist.

Zu entscheiden ist, ob ein Dienstwagen gekauft oder geleast werden soll. Das Angebot des Leasinggebers umfasst die KFZ-Versicherung, -steuer und die Wartung des Fahrzeugs im Leasingzeitraum. Die übrigen Annahmen zeigt die Tabelle.

	Formel		Anschaffung	Leasing
1.		Anschaffungskosten	50.000,00	
2.		Verkaufserlös	10.000,00	
3.		Nutzungsdauer in J.	4	
4.	(1.-2.)/3.	Abschreibungen	10.000,00	
5.		Leasingraten		13.000,00
6.	(1.+2.)/2	Kapitalbindung (durchschn.)	30.000,00	
7.		kalk. Zinssatz (%)	3,00	
8.	6.x7.	Zinsen	900,00	
9.		KFZ-Steuern	500,00	
10.		KFZ-Versicherung Fahrleistung bis 30.000 km	650,00	
11.		KFZ-Versicherung Fahrleistung > 30.000 km	850,00	
12.		Wartung Fahrleistung bis 50.000 km	600,00	
13.		Wartung Fahrleistung > 50.000 km	1.200,00	
14.	4.+5.+8.+9.	Fixkosten	11.400,00	13.000,00
15.	10.+12.	variable Kosten bis 30.000 km	1.250,00	-
16.	11.+12.	variable Kosten zwischen 30.000 und 50.000 km	1.450,00	-
17.	11.+13.	variable Kosten ab 50.000 km	2.050,00	-

Grafisch sieht die Kostenfunktion in diesem Fall so aus:

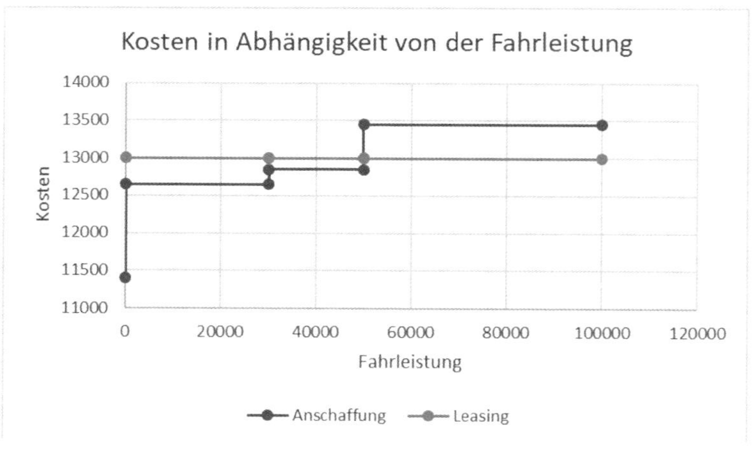

Das Ergebnis wäre, dass bei einer erwarteten Fahrleistung über 50.000 km der Leasingvertrag günstiger ist als die Anschaffung.

bb) Gewinnvergleichsrechnung

Trifft die Annahme gleicher Erlöse für die Entscheidungsalternativen nicht zu, dann müssen die Erlöse in den Vergleich mit einbezogen werden, die Zielgröße ist dann der Gewinn als Differenz von Erlösen und Kosten. An die Stelle von externen Erlösen können auch ersparte Kosten treten. 489

Zu entscheiden ist, ob eine von zwei Mähmaschinen angeschafft werden soll. Dabei ist eine der beiden Maschinen leistungsfähiger und schafft die gesamte zu mähende Fläche in kürzerer Zeit. Der Mitarbeiter, der die Maschine bedient, könnte auch anderswo eingesetzt werden.

	Formel		Mäher I	Mäher II
1.		Anschaffungskosten	15.000,00	18.000,00
2.		Verkaufserlös	-	-
3.		Nutzungsdauer in J.	10	10
4.	(1.-2.)/3.	Abschreibungen	1.500,00	1.800,00
5.	(1.+2.)/2	Kapitalbindung (durchschn.)	7.500,00	9.000,00
6.		kalk. Zinssatz (%)	3,00	3,00
7.	5.x6.	Zinsen	225,00	270,00
8.		Wartung (nur teurere Ersatzteile)	1.500,00	1.800,00
9.		sonstige Fixkosten (Steuern, Versicherung)	500,00	500,00
10.		Kraftstoffkosten je Einsatzstunde	10,00	16,00
11.		Leistung (m2) je Einsatzstunde	3.000,00	4.000,00
12.		Einsatzstunden für gesamte Mähfläche	700,00	625,00
13.		Stundensatz Mitarbeiter	45,00	45,00
14.	4.+7.+8.+9.	Fixkosten	3.725,00	4.370,00
15.	10.+13.	variable Kosten	38.500,00	38.125,00
16.	(12.II ./. 12.I.)x13.	Erlöse als ersparte Personalkosten		3.375,00
17.		Gewinn	- 42.225,00	- 39.120,00

Die Gewinnvergleichsrechnung zeigt, dass der Verlust bei Anschaffung der Mähmaschine II geringer ausfällt und damit vorteilhaft ist, während bei einer Betrachtung nur der Kosten Mähmaschine I präferiert würde.

cc) Rentabilitätsvergleichsrechnung

Werden tatsächlich Erlöse erzielt und ergibt sich ein Gewinn als Überschuss der Erlöse über die Kosten, z. B. weil der Bauhof seine Maschine verleiht, dann kann auch ein Vergleich anhand der Zielgröße Rentabilität einer Investition sinnvoll sein. 490

Die Rentabilität ist das Verhältnis einer Gewinngröße zu einer Kapitaleinsatzgröße. Beide Größen können unterschiedlich definiert werden; sinnvoll ist es, die Gewinngröße aus dem durchschnittlichen Gewinn zuzüglich der Durchschnittszinsen zu ermitteln und die Kapitaleinsatzgröße als die durchschnittliche Kapitalbindung festzulegen.[6]

$$\text{Rentabilität} = \frac{\text{durchschnittlicher Gewinn + durchschnittliche Zinsen}}{\text{durchschnittliche Kapitalbindung}}$$

Investitionen mit (nahezu) identischen Gewinnerwartungen können sich durch die Kapitalbindung unterscheiden, dann ist der Investition mit der höheren Rendite der Vorzug zu geben.

dd) Amortisationsrechnung

491 Die Zielgröße der Amortisationsrechnung ist die Amortisationszeit, definiert als der Zeitraum, in dem das eingesetzte Kapital aus den durchschnittlichen Rückflüssen der Investition wiedergewonnen wird. Da künftige Rückflüsse unsicher sind und umso unsicherer werden, je weiter sie in der Zukunft liegen, ist es vorteilhaft, wenn die Amortisationszeit kurz ist. Die Amortisationszeit bildet das mit der Investition verbundene Risiko ab. Die Amortisationsrechnung kann daher eine Gewinnvergleichs- oder Rentabilitätsrechnung nur ergänzen, nicht ersetzen.

Das eingesetzte Kapital entspricht den Anschaffungskosten, ggf. vermindert um einen Liquidationserlös. Der Rückfluss ist der Saldo aus laufenden Ein- und Auszahlungen. Er entspricht näherungsweise dem Gewinn als Saldo aus Erlösen und Kosten, mit Ausnahme der Abschreibungen. Daraus ergibt sich die folgende Formel:

$$\text{Amortisationszeit} = \frac{\text{eingesetztes Kapital}}{\text{durchschnittlicher Gewinn + Abschreibungen}}$$

b) Dynamische Verfahren

492 Die Nachteile der statischen Verfahren sind die Vorteile der dynamischen Verfahren.

Statische Verfahren ignorieren die zeitliche Struktur von Zahlungs- oder Erfolgsgrößen. Da aber frühere Zuflüsse späteren und spätere Abflüsse früheren vorgezogen werden bzw. eine längere Kapitalbindung vorteilhafte Investitionen verhindert, ist dies nicht realistisch. Weiterhin lassen sich mit den dynamischen Verfahren auch Investitionen mit unterschiedlichen Nutzungsdauer vergleichen.[7]

---

6 *Götze, Bloech,* Investitionsrechnung, Springer-Verlag, 4. Aufl. 2004, S. 60.

7 *Mühlkamp,* Wirtschaftlichkeit und Wirtschaftlichkeitsuntersuchungen im öffentlichen Sektor, Speyerer Arbeitsheft Nr. 204, Hochschule für Verwaltungswissenschaften, Speyer 2011, S. 30.

aa) Kapitalwertmethode

Die Kapitalwertmethode charakterisiert Investitionen anhand der von ihnen verursachten Ein- und Auszahlungen, die sich prognostizieren und bestimmten Zeitpunkten zurechnen lassen. Sie arbeitet mit der Annahme eines vollkommenen Kapitalmarkts, was die Verwendung eines einheitlichen Kalkulationszinssatzes für die Aufnahme und die Anlage von Finanzmitteln erlaubt.[8] Die Zielgröße ist der Kapitalwert als Summe aller auf einen Zeitpunkt ab- oder aufgezinsten Ein- und Auszahlungen, die von der Investition verursacht werden. *493*

Wenn vereinfachend angenommen werden kann, dass der Kalkulationszinssatz für alle Perioden gleich hoch ist und die Anschaffungsausgabe zum Beginn der ersten Periode und die weiteren Einzahlungen und Auszahlungen zum Ende der jeweiligen Periode eintreten, dann ergibt sich folgende Formel:

$$KW_0 = -A_0 + \sum_{t=0}^{n} \frac{(E_t - A_t)}{(1+i)^t}$$

KW = Kapitalwert
t = Zeitindex
E/A = Ein- und Auszahlungen
i = Kalkulationszinssatz

Hier sollen wieder die beiden Mähmaschinen verglichen werden. Beide werden voraussichtlich jährlich 800 Stunden im Einsatz sein und an interne und externe Stellen für einen Maschinenstundensatz ausgeliehen. Der Stundensatz für Mäher I beträgt 5,10 €, der für Mäher II 6,20 €, weil er zwar leistungsfähiger ist, aber auch mehr Kraftstoff verbraucht. Betrachtet werden die auszahlungsgleichen Kosten, also alle mit Ausnahme der Abschreibungen. Angenommen wird eine vollständige Fremdfinanzierung zum Zinssatz von 3 %, der daher auch für die Abzinsung verwendet wird. Da die Entleiher die variablen Kosten tragen, bleiben diese außen vor. Mäher I hat eine Nutzungsdauer von 10 Jahren und ist dann wertlos. Mäher II soll 5 Jahre genutzt werden und kann danach voraussichtlich für 9.000 € verkauft werden.

Mäher I

	Zeitpunkt	Einzahlungen	Auszahlungen	Einzahlungsüberschuss	KWt=0
1.	0		15.000.00	–15.000,00	–15.000,00
2.	1	4.080,00	2.225,00	1.855,00	1.800,97
3.	2	4.080,00	2.225,00	1.855,00	1.748,52
4.	3	4.080,00	2.225,00	1.855,00	1.697,59
5.	4	4.080,00	2.225,00	1.855,00	1.648,14

8 *Götze, Bloech,* Investitionsrechnung, Springer-Verlag, 4. Aufl. 2004, S. 70.

Mäher I

	Zeitpunkt	Ein-zahlungen	Aus-zahlungen	Einzahlungs-überschuss	KWt=0
6.	5	4.080,00	2.225,00	1.855,00	1.600,14
7.	6	4.080,00	2.225,00	1.855,00	1.553,53
8.	7	4.080,00	2.225,00	1.855,00	1,508,28
9.	8	4.080,00	2.225,00	1.855,00	1.464,35
10.	9	4.080,00	2.225,00	1.855,00	1.421,70
11.	10	4.080,00	2.225,00	1.855,00	1.380,29
Σ					**823,53**

Mäher II

	Zeitpunkt	Ein-zahlungen	Aus-zahlungen	Einzahlungs-überschuss	KWt=0
1.	0		18.000.00	–18.000,00	–18.000,00
2.	1	4.960,00	2.570,00	2.390,00	2.320,39
3.	2	4.960,00	2.570,00	2.390,00	2.252,80
4.	3	4.960,00	2.570,00	2.390,00	2.187,19
5.	4	4.960,00	2.570,00	2.390,00	2.123,48
6.	5	13.960,00	2.570,00	11.390,00	9.825,11
Σ					**708,98**

Da beide Investitionen einen positiven Kapitalwert aufweisen, sind sie vorteilhaft gegenüber der Alternative, die Investition zu unterlassen. Im Vergleich weist aber Mäher I den höheren Kapitalwert aus und ist daher gegenüber Mäher II vorteilhaft.

494 Neben der Schätzung der künftigen Ein- und Auszahlungen hat der verwendete **Kalkulationszinssatz** einen erheblichen Einfluss auf das Ergebnis dynamischer Methoden. Da der Kalkulationszinssatz auf der Annahme eines vollkommenen Kapitalmarktes beruht, dieser aber in der Realität nicht gegeben ist, kann er auch nicht auf dem Markt beobachtet werden. Er ist als Näherung zu bestimmen. Mehrere Faktoren beeinflussen den Kalkulationszinssatz. Die Aufnahme von Finanzmitteln und die Anlage freiwerdender Finanzmittel wird unterschiedlich verzinst. Die Kosten für Eigen- und Fremdkapital unterscheiden sich. Investitionen sind unterschiedlich riskant und Kapitalgeber erwarten eine Kompensation des Risi-

kos durch die Rendite. Ein wichtiger Risikofaktor ist die Laufzeit einer Investition, deshalb sind Marktzinssätze laufzeitabhängig. Wegen dieser Schwierigkeiten veröffentlicht das Bundesministerium der Finanzen grundsätzlich jährlich den Kalkulationszinssatz, der für Wirtschaftlichkeitsuntersuchungen nach § 7 BHO verwendet werden soll.[9] Für Wirtschaftlichkeitsuntersuchungen bei finanziell bedeutsamen und längerfristigen Maßnahmen, für die Handlungsalternativen mit einem wesentlichen privaten Finanzierungsanteil infrage kommen, wird auf Renditen börsennotierter Bundeswertpapiere mit gleichen Laufzeiten und Stichtagen verwiesen.

Ein Vergleich der Kapitalwerte von Investitionen mit unterschiedlichen 495
Laufzeiten ist zulässig, da mit der Annahme gearbeitet wird, dass jederzeit eine Anlage oder Aufnahme finanzieller Mittel zum Kalkulationszinssatz möglich ist. Der Kapitalwert einer fiktiven Ersatzinvestition zur Überbrückung der Laufzeitdifferenz ist dann null[10]. Überwiegend ist aber die Planung einer konkreten Ersatzinvestition realistischer.

bb) Annuitätenmethode

Sind mehrere Investitionsalternativen auf ihre relative Vorteilhaftigkeit zu 496
prüfen und weisen diese Alternativen unterschiedliche Laufzeiten auf und ist die Annahme einer Ersatzinvestition zum Kalkulationszinssatz nicht realistisch, dann kann die Annuitätenmethode herangezogen werden. Die Zielgröße der Annuitätenmethode ist die Annuität, eine Folge gleich hoher Zahlungen die rechnerisch im Betrachtungszeitraum anfallen und dem Kapitalwert entsprechen. Unter der Annahme, dass die Zahlungen am Ende der Periode anfallen, ergibt sich die folgende Formel:

$$Ann = KW \bullet \frac{(1+i)^T \bullet i}{(1+i)^T - 1}$$

KW = Kapitalwert und
T = Betrachtungszeitraum
i = Kalkulationszinssatz

Bei dieser Funktion handelt es sich lediglich um eine Umformung des Kapitalwerts, sodass sich bei gleichem Betrachtungszeitraum die relative Vorteilhaftigkeit nicht ändert. Ist aber die Annahme der Kapitalwertmethode, wonach künftige (Ersatz-) Investitionen zum Kalkulationszinssatz getätigt werden können, zum Beispiel wegen langer Laufzeiten nicht plausibel,

9 Bundesministerium der Finanzen unter www.bundesfinanzministerium.de/Content/DE/Standardartikel/Themen/Oeffentliche_Finanzen/Bundeshaushalt/personalkostensaetze-2020-anl.pdf?__blob=publicationFile&v=2.

10 *Götze, Bloech*, Investitionsrechnung, Springer-Verlag, 4. Aufl. 2004, S. 79.

dann kann die Annahme einer unendlichen, identischen Wiederholung derselben Investition realistischer sein. In diesem Fall werden Investitionen mit unterschiedlicher Laufzeit anhand des Kapitalwerts als Barwert einer ewigen Rente aus der Annuität der Investition, die mit den Annuitäten aller Folgeinvestitionen übereinstimmt, ermittelt.[11] Die Formel für den Kapitalwert einer ewigen Rente lautet:

$$KW_{Ann\infty} = \frac{Ann}{i}$$

Die beiden Mähmaschinen vom letzten Beispiel werden anhand ihrer Annuität verglichen. Für die beiden Betrachtungszeiträume fünf und zehn Jahre, die jeweiligen Nutzungsdauern, ergibt sich folgendes:

Annuität	**T=5**	**T=10**
Mäher I	179,82	96,54
Mäher II	154,81	83,11

Der Vergleich der Annuität von Mäher I über die Nutzungsdauer (96,54 €) gegenüber der Annuität von Mäher II über dessen Nutzungsdauer (154,81 €) ergibt einen Vorteil von Mäher II trotz des höheren Kapitalwerts von Mäher I. Die Annuität von Mäher II ist höher, aber es sind nur fünf Annuitäten vorgesehen, während es bei Mäher I zehn sind.

Bezogen auf denselben Betrachtungszeitraum ist Mäher I immer vorteilhaft, dadurch ergeben sich gegenüber der Kapitalwertbetrachtung keine neuen Erkenntnisse.

Wird der Kapitalwert der ewigen Rente einer Annuität über die Nutzungsdauer verglichen, ergibt sich das folgende Bild:

	Kapitalwert der ewigen Rente
Mäher I	3.218,08
Mäher II	5.160,30

Mäher II ist der Vorzug zu geben.

cc) Amortisationsrechnung

497 Wie die statische Amortisationsrechnung betrachtet auch die dynamische Amortisationsrechnung den Amortisationszeitraum, also den Zeitraum, in dem das eingesetzte Kapital durch die Einzahlungsüberschüsse der Investition wiedergewonnen wird. Auch hier wird das Risiko einer Investition betrachtet. Sie ergänzt Aussagen der Kapitalwert- und Annuitätenmethode.[12]

11 *Götze, Bloech,* Investitionsrechnung, Springer-Verlag, 4. Aufl. 2004, S. 95.

12 *Götze, Bloech,* Investitionsrechnung, Springer-Verlag, 4. Aufl. 2004, S. 107.

Die Kapitalwerte der Einzahlungsüberschüsse je Periode aus dem Beispiel zur Kapitalwertmethode werden kumuliert.

		kumulierter Kapitalwert	
	Zeitpunkt	Mäher I	Mäher II
1.	0	–15.000,00	–18.000,00
2.	1	–13.199,03	–15.679,61
3.	2	–11.450,51	–13.426,81
4.	3	– 9.752,92	–11.239,62
5.	4	– 8.104,78	– 9.116,13
6.	5	– 6.504,64	708,98
7.	6	– 4.951,11	
8.	7	– 3.442,83	
9.	8	– 1.978,47	
10.	9	– 556,77	
11.	10	823,53	

Der Vergleich zeigt, dass sich die Anschaffungsauszahlung für Mäher II am Ende von Jahr 5, mit Erhalt des Veräußerungserlöses amortisiert hat, während dies für Mäher I erst zwischen Jahr 9 und 10 der Fall ist. Das Risiko einer Investition in Mäher II ist geringer.

dd) Methode der vollständigen Finanzpläne

Die Kritik, dass die beiden Annahmen der Kapitalwertmethode, die eines einheitlichen Zinssatzes für die Aufnahme und Anlage von Finanzmitteln und die eines langfristig gleichbleibenden Zinssatzes, evident unrealistisch sind, vermeidet die Methode der vollständigen Finanzpläne. Ihr ist daher bei langlaufenden, komplexen Investitionen der Vorzug zu geben. 498

Im vollständigen Finanzplan werden alle einer Investition zurechenbaren Zahlungen einschließlich der monetären Konsequenzen finanzieller Dispositionen in tabellarischer Form dargestellt.[13] Der Vergleich mehrerer Alternativen findet anhand des Vermögens am Ende der Nutzungsdauer statt.

Das Beispiel zu Kapitalwertmethode wird durch die folgenden Annahmen präzisiert:

Für die Investition stehen 10.000 € Eigenkapital zur Verfügung, der Rest wird mit einem Darlehen finanziert, das Darlehen hat eine Laufzeit von fünf Jahren und ist jährlich zum Ende der Periode in gleichen Beträgen zu tilgen. Die Darlehenszinsen betragen 4 %. Nicht benötigte Finanzmittel werden zum Zinssatz von einem Prozent angelegt. Zinszahlungen erfolgen am Ende der Periode, die Verzinsung bezieht sich auf den Betrag zum Anfang der Periode. In den Einzahlungsüberschüsse sind keine Zinsen berücksichtigt.

Der vollständige Finanzplan für Mäher I sieht so aus:

13 *Grob*, Investitionsrechnung mit vollständigen Finanzplänen, München 1989. S. 5.

Mäher I	**t=0**	**t=1**	**t=2**	**t=3**	**t=4**	**t=5**	**t=6**	**t=7**	**t=8**	**t=9**	**t=10**
Einzahlungsüberschuss	-15.000,00	2.080,00	2.080,00	2.080,00	2.080,00	2.080,00	2.080,00	2.080,00	2.080,00	2.080,00	2.080,00
Eigenkapital											
-Entnahme											
+Einlage	10.000,00										
Kredit											
+Aufnahme	5.000,00										
-Tilgung		-1.000,00	-1.000,00	-1.000,00	-1.000,00	-1.000,00					
-Zinsen		- 200,00	- 160,00	- 120,00	- 80,00	- 40,00					
Geldanlage											
-Geldanlage		- 880,00	- 920,00	- 968,80	-1.018,00	-1.067,00	-2.117,87	-2.128,54	-2.149,72	- 2.171,00	- 2.192,50
+Auflösung											
+Habenzinsen			-	8,80	18,00	27,69	37,87	48,54	69,72	91,00	112,50
Finanzierungssaldo	0,00	0,00	- 0,00	- 0,00	- 0,00	0,00	- 0,00	- 0,00	- 0,00	0,00	- 0,00
Bestandsgrößen											
Kredit	- 5.000,00	-4.000,00	-3.000,00	-2.000,00	-1.000,00	-	-	-	-	-	-
Guthaben		-	880,00	1.800,00	2.768,80	3.786,80	4.854,49	6.972,36	9.100,90	11.250,62	13.421,60
Bestandssaldo	- 5.000,00	-4.000,00	-2.120,00	- 200,00	1.768,80	3.786,80	4.854,49	6.972,36	9.100,90	11.250,62	13.421,60

Der vollständige Finanzplan für Mäher II sieht so aus:

Mäher II	**t=0**	**t=1**	**t=2**	**t=3**	**t=4**	**t=5**
Einzahlungsüberschuss	- 18.000,00	2.660,00	2.660,00	2.660,00	2.660,00	11.660,00
Eigenkapital						
-Entnahme						
+Einlage	10.000,00					
Kredit						
+Aufnahme	8.000,00					
-Tilgung		- 1.600,00	- 1.600,00	- 1.600,00	- 1.600,00	- 1.600,00
-Zinsen		- 320,00	- 256,00	- 192,00	- 128,00	- 64,00
Geldanlage						
-Geldanlage		- 740,00	- 804,00	- 875,40	- 947,44	-10.020,19
+Auflösung						
+Habenzinsen			-	7,40	15,44	24,19
Finanzierungssaldo	0,00	0,00	0,00	0,00	- 0,00	0,00
Bestandsgrößen						
Kredit	- 8.000,00	- 6.400,00	- 4.800,00	- 3.200,00	- 1.600,00	-
Guthaben		-	740,00	1.544,00	2.419,40	13.387,03
Bestandssaldo	- 8.000,00	- 6.400,00	- 4.060,00	- 1.656,00	819,40	13.387,03

Mit der Investition in Mäher I wird nach Ablauf der Nutzungsdauer mit 13.421 € ein geringfügig höheres Endvermögen erreicht als bei Investition in Mäher II (13.387 €)

2. Qualitative Bewertungsmethoden

499 Mit Hilfe der qualitativen Bewertungsmethoden können Vorhaben nicht nur anhand anderer Eigenschaften als der ihrer finanziellen Auswirkungen verglichen werden, es können auch mehrere Zielgrößen gleichzeitig betrachtet werden.

a) Nutzwertanalyse

Die Nutzwertanalyse ordnet Handlungsalternativen anhand der Präferenzen des Entscheidungsträgers in einem multidimensionalen Zielsystem.[14] Betrachtet wird der Gesamtnutzwert als Summe von Teilnutzwerten, die sich jeweils als Produkt einer Zielgröße mit ihrem Gewicht ergeben.

Sie läuft in den folgenden Schritten ab:

1. Bestimmung der Zielkriterien
2. Gewichtung der Zielkriterien
3. Festlegung des Zielerreichungsgrades
4. Bestimmung der Teilnutzen
5. Ermittlung des Nutzwertes

Die Zielkriterien müssen so formuliert sein, dass die Zielerreichung auf einer Skala gemessen werden kann. Die Kriterien müssen grundsätzlich voneinander unabhängig sein, d. h. die Erreichung eines Kriteriums ist möglich, ohne dass dies die Erfüllung eines anderen Kriteriums erfordert. Ist dies nicht der Fall, dann müssen diese Kriterien zusammengefasst und gemeinsam beurteilt werden.

Die Gewichtung der Zielkriterien kann mithilfe eines Paarvergleichs ermittelt werden.[15] Hierbei wird jedes Kriterium mit jedem anderen verglichen. Das Kriterium, das wichtiger ist, erhält eine höhere Anzahl an Punkten, das unwichtigere eine geringere. Sind beide Kriterien gleich wichtig, erhalten beide gleich viele Punkte. Die Gewichtung eines Kriteriums ergibt sich als Anteil seiner Punkte an allen Punkten.

---

14 *Zangemeister*, Nutzwertanalyse in der Systemtechnik, 5. Aufl. 2014, Eigenverlag, S. 7.

15 Bundesministerium des Innern, Handbuch für Organisationsuntersuchungen und Personalbedarfsermittlung, Stand 2021, unter https://www.orghandbuch.de/OHB/DE/Organisationshandbuch/node.html.

Für jede Handlungsalternative und jede Zielgröße ist anschließend der Grad der Zielerfüllung zu bewerten. Vorgeschlagen wird eine Bewertungsskala von 0 bis 10, mit 0 für Kriterium nicht erfüllt und 10 Kriterium überragend erfüllt.[16]

Die unvermeidbare Subjektivität der Entscheidungen bei der Gewichtung und beim Erfüllungsgrad kann dadurch reduziert werden, dass mehrere unabhängig voneinander bewerten und ein Mittelwert oder Median verwendet wird.

In einem stark vereinfachenden Beispiel soll eine IT-Anwendung beschafft werden. Die für die Entscheidung relevanten Zielgrößen sind Sicherheit, Verfügbarkeit und einfache Handhabung. Aus dem Paarvergleich ergibt sich die folgende Gewichtung dieser Zielgrößen:

	Sicherheit	**Verfügbarkeit**	**einfache Handhabung**	Σ
Sicherheit		1	0	
Verfügbarkeit	2		1	
einfache Handhabung	2	2		
Σ	4	3	1	8
Anteil an allen Punkten	50 %	38 %	12 %	100 %

Die anschließende Bewertung, inwieweit jede der drei Alternativen diese Kriterien auf einer Skala von 0 bis 10 erfüllt, ergibt folgendes Bild:

Zielerfüllungsgrad	**Sicherheit**	**Verfügbarkeit**	**einfache Handhabung**
Alternative 1	5	3	8
Alternative 2	2	8	7
Alternative 3	6	3	3

16 Bundesministerium des Innern, Handbuch für Organisationsuntersuchungen und Personalbedarfsermittlung, Stand 2021, unter https://www.orghandbuch.de/OHB/DE/Organisationshandbuch/node.html.

Die Teilnutzwerte je Kriterium und der Gesamtnutzwert für jede Alternative ermittelt sich so:

Nutzwert	**Sicherheit**	**Verfügbarkeit**	**einfache Handhabung**	Σ
	50 %	38 %	12 %	
Alternative 1	5	3	8	
	2,5	1,1	1,0	**4,6**
Alternative 2	2	8	7	
	1	3	0,9	**4,9**
Alternative 3	6	3	3	
	3,0	1,1	0,4	**4,5**

Damit ist der Alternative 2 der Vorzug zu geben.

Mit der Nutzwertanalyse kann nur relative Vorteilhaftigkeit ermittelt werden, nicht aber, dass eine Maßnahme absolut vorteilhaft wäre.

Neben der starken Subjektivität, die der Nutzwertanalyse den Ruf eingetragen hat, jedes beliebige Ergebnis begründen zu können,[17] wird weiterhin kritisiert, dass die Gewichte der verschiedenen Kriterien unabhängig voneinander und damit möglicherweise nicht konsistent bestimmt werden. Dies ist aber die Bedingung für eine additive Ermittlung des Gesamtnutzens.[18]

Andere Verfahren, die diese Nachteile teilweise vermeiden, aber deutlich schwieriger zu handhaben sind, werden z. B. von U. Götze, J. Bloech Investitionsrechnung Springer-Verlag 4. Aufl. 2004 S. 188 ff. dargestellt.

b) Kosten-Wirksamkeitsanalyse

500 Die Kosten-Wirksamkeitsanalyse kombiniert quantitative Kostenaspekte mit qualitativen Nutzenaspekten und gehört damit zu den gemischten Verfahren. Sie findet Anwendung, wenn den Handlungsalternativen zwar Kosten zugeordnet werden können, ihr Nutzen aber nicht oder nur mit unverhältnismäßigem Aufwand monetär bewertet werden kann.

17 *Mühlkamp,* Wirtschaftlichkeit und Wirtschaftlichkeitsuntersuchungen im öffentlichen Sektor, Speyerer Arbeitsheft Nr. 204, Hochschule für Verwaltungswissenschaften, Speyer 2011, S. 56.

18 *Götze, Bloech,* Investitionsrechnung, Springer-Verlag, 4. Aufl. 2004, S. 188.

Sie kombiniert die folgenden Schritte:[19]

1. Ermittlung des Nutzwertes jeder Alternative
2. Ermittlung der durchschnittlichen Kosten jeder Alternative mit dem Verfahren der Kostenvergleichsrechnung o d e r des Kapitalwertes der Kosten
3. Ermittlung des Kosten-Wirksamkeitsindex

Zur Ermittlung des Kostenwirksamkeitsindex werden entweder die Kosten oder der Kapitalwert der Kosten jeder Alternative durch ihren Nutzwert dividiert und so die Kosten pro Nutzwertpunkt ermittelt. Es ist die Alternative zu bevorzugen, deren Kosten-Wirksamkeitsindex am kleinsten ist, also pro Nutzenpunkt die geringsten Kosten verursacht.

Im vorigen Beispiel sollen nun auch noch die Kosten der IT-Anwendung in die Entscheidung einfließen. Sie verursacht jährlich Lizenzgebühren. Dadurch ergeben sich für die Alternativen die folgenden Kosten-Wirksamkeitsindizes:

Kosten-Wirksamkeitsindex	**Kosten**	**Nutzwert**	**Kosten-Wirksamkeitsindex**
Alternative 1	12.000,00	4,6	2.594,59
Alternative 2	13.000,00	4,9	2.666,67
Alternative 3	14.000,00	4,5	3.111,11

Auf dieser Grundlage ist die Alternative 1 vorteilhaft.

Die Kosten-Wirksamkeitsanalyse teilt die Annahmen und Kritikpunkte der Nutzwert-, Kostenvergleichs- und Kapitalwertmethode.

Auch die berechtigte Kritik an den Methoden der Wirtschaftlichkeitsuntersuchungen hindert nicht daran, festzustellen, dass in einer unsicheren Welt Lösungen, die sich zumindest durch eine strukturierte Herangehensweise an Entscheidungen empfehlen, immer besser sind als ein Stochern im Nebel.

19 Bundesministerium des Innern, Handbuch für Organisationsuntersuchungen und Personalbedarfsermittlung, Stand 2021, unter https://www.orghandbuch.de/OHB/DE/Organisationshandbuch/node.html.

U. Zweckmäßigkeitsprüfungen

Nach einigen Kommunalverfassungsgesetzen gehört zu den Aufgaben der Rechnungsprüfung auch die Prüfung, ob die Verwaltung zweckmäßig gehandelt hat (§ 131 Abs. 1 Nr. 4 HGO, § 102 Abs. 1 Nr. 5 BbgKVerf), oder die Aufgabe kann ihr übertragen werden (§ 104 Abs. 2 Nr. 1 GemO NRW, § 155 Abs. 2 Nr. 2 NKomVG). Alternativ wird für die Prüfungsaufgabe auch die Formulierung verwendet, ob die Aufgaben wirksamer erfüllt werden können (Art. 106 Abs. 1 Nr. 4 GO Bayern, § 84 Abs. 1 Nr. 4 ThürKO). 501

Zweckmäßig bzw. wirksam ist das Verwaltungshandeln, wenn es seinen Zweck gut erfüllt bzw. eine beabsichtigte Wirkung erzielt.[1] Als Referenzpunkt für die Beurteilung wird daher zum einen ein Zweck oder ein Ziel benötigt. Zum anderen kann nicht das gesamte Verwaltungshandeln, die Aufgabenerfüllung generell betrachtet werden, sondern es muss eine Konkretisierung auf bestimmte Ausschnitte stattfinden. Zwischen dem Ausschnitt des Verwaltungshandelns und dem Zweck/Ziel wird eine Ursache-Wirkungsbeziehung vermutet. 502

Das Bundesministerium der Finanzen behandelt die Zweckmäßigkeit und Wirksamkeit als Unterfall der Wirtschaftlichkeit. In den Verwaltungsvorschriften zu § 7 BHO, der die den Haushalt bewirtschaftenden Stellen zur Wirtschaftlichkeit verpflichtet, werden Wirtschaftlichkeitsuntersuchungen nicht nur im Stadium der Planung, sondern auch als Instrumente der Erfolgskontrolle verlangt. Dabei werden drei Ebenen unterschieden[2]: 503

- Die **Zielerreichungskontrolle**, hier wird durch einen Vergleich der geplanten Ziele mit der tatsächlich erreichten Zielrealisierung (Soll-Ist-Vergleich) festgestellt, welcher Zielerreichungsgrad zum Zeitpunkt der Erfolgskontrolle gegeben ist. Weitergehend wird überlegt, ob die vorgegebenen Ziele nach wie vor Bestand haben.
- Die **Wirkungskontrolle** ermittelt, ob die Maßnahme für die Zielerreichung geeignet und ursächlich war. Es sind alle beabsichtigten und unbeabsichtigten Auswirkungen der durchgeführten Maßnahme zu identifizieren.

1 Duden online-Version, Stand September 2022.

2 Abschnitt 3 VV-BHO, 2.2. RdSchr. d. BMF v. 14.03.2001 – II. A 3 – H 1005 – 5/01.

- Die **Wirtschaftlichkeitskontrolle** untersucht einerseits, ob der Vollzug der Maßnahme im Hinblick auf den Ressourcenverbrauch wirtschaftlich war (Vollzugswirtschaftlichkeit), aber auch, ob die Maßnahme im Hinblick auf übergeordnete Zielsetzungen insgesamt wirtschaftlich war (Maßnahmenwirtschaftlichkeit).

Der Ausschnitt aus dem Verwaltungshandeln, der einer solchen Erfolgskontrolle unterzogen werden soll, wird beim Bund als **Maßnahme** bezeichnet, beispielhaft werden darunter Beschaffungen und Organisationsänderungen, Investitionsvorhaben, Subventionen und Maßnahmen der Sozial- und Steuerpolitik, aber auch Gesetzgebungsvorhaben gezählt.[3]

504 Die Frage nach der Vollzugswirtschaftlichkeit, also ob die Maßnahme mit minimalem Ressourceneinsatz realisiert wurde, wird hier nicht als Zweckmäßigkeitsprüfung, sondern als Wirtschaftlichkeitsuntersuchung betrachtet und unter *T. Wirtschaftlichkeitsuntersuchungen* behandelt.

505 Grundsätzlich bietet die Zweckmäßigkeitsprüfung viel Potential für eine evident „nützliche“ Rechnungsprüfung. Dem Satz von *Peter F. Drucker*: „There is surely nothing quite so useless as doing with great efficiency what should not be done at all“[4], ist allseitige Zustimmung sicher. Sie begegnet auf kommunaler Ebene aber auch großen Schwierigkeiten.

Zum einen werden ausdrücklich formulierte Zwecke und Ziele benötigt, die zumeist von der Volksvertretung, seltener von der Verwaltung gesetzt werden. Das Setzen von politischen Zwecken und Zielen für die Aufgabenerfüllung ist eine Entscheidung im Verlauf eines demokratischen Prozesses und daher der Volksvertretung vorbehalten. Zum anderen muss ein direkter Zusammenhang zwischen den Zwecken/Zielen und bestimmten Maßnahmen herstellbar sein.

506 Gem. § 10 Abs. 3 Muster-GemHVO[5] sollte eine solche Zuordnung über Produkte und wirkungsorientierte Ziele im Haushalt erfolgen. Wo sie vorhanden sind, findet eine Prüfung, in welchem Umfang mit den Produkten die beabsichtigte Wirkung wirklich erzielt wurde, also eine Zweckmäßigkeitsprüfung, bereits aus Anlass der Aufstellung des Jahresabschlusses durch die Budgetverantwortlichen und dann durch die Rechnungsprüfung im Rahmen der Jahresabschlussprüfung statt. Diese wirkungsorientierten Haushaltsziele sind allerdings in der Praxis nicht sehr verbreitet *(s L.I.1. Kennzahlen zur Haushaltssteuerung).*

3 Abschnitt 3 VV-BHO, 1. RdSchr. d. BMF v. 14.03.2001 – II. A 3 – H 1005 – 5/01.

4 Managing for Business Effectiveness, Harvard Business Review, May 1963 Issue.

5 Beschluss der ständigen Konferenz der Innenminister und -senatoren der Länder vom 21.11.2003 http://www.innenministerkonferenz.de/IMK/DE/termine/tobeschluesse/20031121.html?nn=4812206.

Werden Aufgaben durch Gesetz auf die Kommunen übertragen, dann werden die damit verbundenen Zwecke/Ziele zumeist zumindest in der Begründung kommuniziert, wenn es aber wegen detaillierter Vorgaben von Maßnahmen durch den Gesetzgeber keinen Entscheidungsspielraum gibt, stellt sich die Frage nach der Zweckmäßigkeit für die kommunale Rechnungsprüfung nicht. Ansätze für die kommunale Rechnungsprüfung bestehen daher eher im Bereich der Selbstverwaltungsaufgaben. 507

In Koalitionsvereinbarungen und Grundsatzbeschlüssen der Mitglieder der Volksvertretung werden Ziele und Maßnahmen dokumentiert, aber zumeist nicht für alle Ziele bereits Maßnahmen zur Zielerreichung definiert oder allen Maßnahmen messbare Zwecke zugeordnet. Gibt es allerdings z. B. einen Beschluss, Neubauten künftig nach Passivhausstandard zu errichten, mit dem Ziel die Energieeffizienz von kommunalen Gebäuden zu verbessern, dann kann die Zweckmäßigkeitsprüfung die Frage stellen, ob Energieverbrauch und -kosten bei diesen Bauten tatsächlich deutlich niedriger als bei vergleichbaren Objekten sind. 508

Wird geprüft, wie eine von der Volksvertretung beschlossene Maßnahme ein oder mehrere ebenfalls von der Volksvertretung gesetzte Ziele erreicht, dann handelt es sich um politische Erfolgskontrolle. Der Rechnungsprüfung wird von den gewählten Vertretern gern entgegengehalten, sie sei Aufgabe des Wählers.

Literaturverzeichnis

Amerkamp/Kröckel u. a. (Hrg.), Kommentar zum Gemeindehaushaltsrecht in Dirnberger/Henneke Praxis der Kommunalverwaltung Hessen, Kommunal- und Schulverlag, beck-online, Stand 8/2022

Atteslander, Methoden der empirischen Sozialforschung, 13. Aufl. 2010, ESV

Baetge, Rechtsgutachterliche Untersuchung zu Fragen hinsichtlich des Einsatzes von Prüfer*innen der örtlichen Rechnungsprüfung außerhalb der Prüfungstätigkeit unter https://www.idrd.de/fileadmin/user_upload/idr/downloads/Gutachten/2020_08_Gutachten_Prof.Baetge_Rechtsgutachterliche_Untersuchung_RPA.pdf

Baumbach/Hopt (Hrg.), Kommentar zum HGB, 37. Aufl. 2016, Verlag C. H. Beck

Bennemann/Daneke u. a. (Hrg.), Kommentar zur HGO in Dirnberger/Henneke Praxis der Kommunalverwaltung Hessen, Kommunal- und Schulverlag, beck-online, Stand 8/2022

Binus, Peer Review als Mittel zur Verbesserung von Effektivität und Effizienz der Finanzkontrolle, in: Hill/ Mühlenkamp, Neue Wege in der Finanzkontrolle. Beiträge zur Tagung der Deutschen Universität für Verwaltungswissenschaften, Duncker/ Humblot Berlin 2017

Brinktrine/Schollendorf (Hrg.), BeckOK, BeamtenR Bund, 24. Edition, Stand 1. 8. 2021

Brösel/Freichel u. a., Wirtschaftliches Prüfungswesen, 3. Aufl. 2015, Verlag Vahlen

Brown, Independent Auditor Judgement in the Evaluation of Internal Audit Functions, Journal of Accounting Research 21 (1983), S. 444–455

Bungartz, Handbuch interne Kontrollsystem, Erich Schmidt Verlag, 6. Aufl. 2020

Bungartz, Interne Kontrollsysteme, Basiswissen für den Aufsichtsrat, Erich Schmidt Verlag 2017

Burgi/Dreher/Opitz (Hrg.), Beck'scher Vergaberechtskommentar, 3. Aufl. 2019, Verlag C. H. Beck

Christ/Obbecke, Handbuch des Kommunalabgabenrechts, Verlag C. H.Beck, 3. Aufl. 2016

Dellmann, Kennzahlen und Kennzahlensysteme, in: Handwörterbuch Unternehmensrechnung und Controlling, 4. Aufl. 2002, Schäffer-Poeschel Verlag

Desens/Oebbecke, Die Rechtsstellung der Leitungen der örtlichen Rechnungsprüfung, 1. Aufl. 2012, Kommunal- und Schulverlag

Dietlein/Heusch (Hrg.), BeckOK, KommunalR NRW, 19. Edition, Stand 1. 3. 2022

Dietlein/Ogorek (Hrg.) BeckOK, KommunalR Hessen, 16. Edition, Stand 1. 8. 2021

Drescher/Fleischer (Hrg.), Münchner Kommentar zum HGB, 4. Aufl. 2020, Verlag C. H. Beck

Drucker, Managing for Business Effectiveness, Harvard Business Review, 5/1963

Dünchheim, Das transparente Stadtwerk? – Auskunftspflichten nach Informationsfreiheitsgesetz, Pressegesetz und Kommunalverfassungsrecht, KommJur 2016, 441

Dürig/Herzog/Scholz (Hrg.), Kommentar zum Grundgesetz, 97. Ergänzungslieferung, Stand 1/2022, Verlag C. H.Beck

Eibelshäuser, Mühlhausen, Nowak, Rechnungshofkontrolle und Insiderbegriff, ZögU 2005, S. 377

Erdmann, Risikoorientierte Prüfungsplanung in der öffentlichen Finanzkontrolle, Kommunal- u. Schulverlag 2013

Eulner, Nachhaltigkeitsberichterstattung: Inwieweit sind öffentliche Unternehmen davon betroffen?, WPg 2022, 745 f.

Fasswand, Scherwa, Digitalisierung der Verwaltung – Auswirkungen auf die Prüfung, in: Hill/Mühlenkamp, Neue Wege in der Finanzkontrolle. Beiträge zur Tagung der Deutschen Universität für Verwaltungswissenschaften, Duncker/Humblot Berlin 2017

Fiebig, Juncker, Korruption im öffentlichen Dienst, Erich Schmidt Verlag, 2. Aufl. 2004

Gabriel/Mertens (Hrg.), BeckOK Vergaberecht, 24. Edition, Stand: 30. 04. 2022

Gadatsch, Grundkurs Geschäftsprozessmanagement, 8. Aufl. 2017, Springer-Verlag

Gawel, Kostenüberdeckung und Kostenunterdeckung als Problem der Gebührenkalkulation, KStZ 2010, 201 ff.

Giebler, Gebührenrechtliche Überdeckungen im Kommunalabgabenrecht, KStZ 2007, 167 ff.

Gießen, Die Informations- und Prüfungsrechte der Gemeinden gegenüber Beteiligungsunternehmen GemHH, 10/1989, S. 223–225

Gladen, Performance Measurement – Controlling mit Kennzahlen –, 6. Aufl. 2014, Springer Gabler

Goede/Stoye/Stolz (Hrg.), Handbuch des Vergaberechts, 2. Auflage 2021, Werner Verlag

Gohlke, Die örtliche Rechnungsprüfung: Funktion, Effektivität und Effizienz in kritischer Analyse, 1996 Loewen-Verlag

Götz/Gattinger u. a., Erkenntnisse aus Geschäftsprozessen als Basis für Entscheidungen kommunaler Organe und Verwaltungen, BKPV-Geschäftsbericht 2015

Götze, Bloech, Investitionsrechnung, Springer-Verlag, 4. Aufl. 2004, S. 34

Grob, Investitionsrechnung mit vollständigen Finanzplänen, Diss. Uni Münster 1989

Grottel/Justenhoven u. a. (Hrg.), Beck'scher Bilanz-Kommentar, 13. Auflage 2022, Verlag C. H. Beck

Häublein/Hoffmann-Theinert (Hrg.) BeckOK HGB, 37. Edition 1. 8. 2022

Hauschka/Moosmayer/Lösler (Hrg.) Corporate Compliance Handbuch der Haftungsvermeidung im Unternehmen, 3. Aufl. 2016, Verlag C. H. Beck

Herrmann, Die überörtliche Prüfung in Rheinland-Pfalz, 2005, unter www.rechnungshof-rlp.de

Hill, Prüfung situativ experimentellen Verwaltungshandelns, in: Hill/Mühlenkamp, Neue Wege in der Finanzkontrolle. Beiträge zur Tagung der Deutschen Universität für Verwaltungswissenschaften, Duncker/Humblot Berlin 2017

IDW (Hrg.), WP-Handbuch, 17. Aufl. 2021, IDW-Verlag

Immenga/Mestmäcker u. a. (Hrg.) Wettbewerbsrecht, 6. Aufl. 2021, Verlag C. H. Beck

Jarass/Pieroth (Hrg.) Kommentar zum Grundgesetz, 17. Aufl. 2022, Verlag C. H. Beck

Kämmerling, Prüfungsrechte und Datenschutz in der kommunalen Rechnungsprüfung, Gemeindehaushalt 2021, 148

Keilmann/Volk, Vergleichende überörtliche Prüfung in Hessen, in: Hill/Mühlenkamp (Hrsg.), Neue Wege in der Finanzkontrolle; Beiträge zur Tagung der Deutschen Universität für Verwaltungswissenschaften, Schriftenreihe der Deutschen Universität für Verwaltungswissenschaften Speyer (HS), Band 237, 2019

Kipker/Voskamp (Hrg.), Sozialdatenschutz in der Praxis, Nomos-Verlag, 1. Aufl. 2021

Kisker, Insichprozess und Einheit der Verwaltung, Nomos-Verlag 1986

Kostka, Anzinger Large Infrastructure Projects in Germany: A Cross-sectoral Analysis Working Paper 1, Hertie School of Governance

Luderer/Nollau/Vetters, Mathematische Formeln für Wirtschaftswissenschaftler, 8. Aufl. 2015, Springer-Verlag

Marten, Quick, Ruhnke, Wirtschaftsprüfung, Schäffer-Pöschel-Verlag, 5. Aufl. 2015

Matzeit, Götz, Risikoorientierte Prüfungsplanung in der kommunalen Rechnungsprüfung, GemH 2019, S. 127 ff.

Mühlkamp, Wirtschaftlichkeit und Wirtschaftlichkeitsuntersuchungen im öffentlichen Sektor, Speyerer Arbeitsheft Nr. 204, Hochschule für Verwaltungswissenschaften, Speyer 2011

Muth (Hrg.) Potsdamer Kommentar, Loseblatt-Sammlung, Carl Link Kommunal Verlag, Stand 8/2022

Obbecke, Testatspflichten der örtlichen Rechnungsprüfung GemHH 6/2022, S. 121 ff.

Ogorek, Der Kommunalverfassungsstreit im Verwaltungsprozess, JuS 2009, 511 ff.

Patrzek, Systemisches Fragen professionelle Fragekompetenz für Führungskräfte, Berater und Coaches, 3. Aufl., SpringerGabler 2021

Preusche, Zu den Klagearten für kommunalverfassungsrechtliche Organstreitigkeiten, NVwZ 1987, 854 ff.

Prieß, Die Leistungsbeschreibung – Kernstück des Vergabeverfahrens (Teil 1), NZBau 2004, 25

Reichardt, Wirtschaftlichkeitsrechnung in der öffentlichen Verwaltung, Boorberg-Verlag 2009

Richter, Leitbild einer modernen kommunalen Rechnungsprüfung – Gutachten zur Bewertung der Beamtenstellen in der kommunalen Rechnungsprüfung v. 30.6.2013 unter https://www.idrd.de/fileadmin/user_upload/idr/downloads/Gutachten/Stellenplangutachten_2013_06_30.pdf

Ruff, Vorschläge zur Verhinderung von Korruption bei der Ausschreibung von kommunalen Bauleistungen, KommJur 2012, 287

Schnell, Survey Interviews. Methoden standardisierter Befragungen, 2. Aufl., Springer Verlag 2019

Schoch/Schneider (Hrg.) Kommenar zum VwVfG, 1. EL August 2021, Verlag C. H. Beck

Schulz von Thun, Miteinander reden 1, Rowohlt e-book, 1. Aufl. 2013, AV Verlag Haupt, 12. Aufl. 2020

Siemeon, Speckhals u. a. Baukostenplanung und Steuerung bei Neu- und Umbauten, 7. Aufl. 2021, SpringerVieweg

v. Roetteken/Rothländer, Kommentar zum BeamtStG, Verlag r. v. Decker 2021

Watzlawick, Beavin, Jackson, Menschliche Kommunikation. Formen, Störungen, Paradoxien, 13. Aufl. 2017, Verlag Hogrefe

Wieden, Die Unabhängigkeit sicherstellen, Kommunale Rechnungsprüfung als Element öffentlicher Finanzkontrolle, PUBLICUS, Der Online-Spiegel für das Öffentliche Recht, Boorberg-Verlag 9/2014

Wiese, Aussagebezogene Abschlussprüfung, IDW-Verlag 2013

Wissenschaftlicher Beirat beim Bundesministerium der Finanzen, Gutachten: Chancen und Risiken Öffentlich-Privater Partnerschaften 9/2016 unter https://www.bundesfinanzministerium.de/Content/DE/Downloads/Ministerium/Wissenschaftlicher-Beirat/Gutachten/2016-09-22-chancen-und-risiken-oeffentlich-privater-partnerschaften.pdf?__blob=publicationFile&v=8

Wurzel/Schraml/Gaß (Hrg.), Rechtspraxis der kommunalen Unternehmen, Verlag C. H. Beck, 4. Aufl. 2021

Zahradnik, Personalstellen und -struktur städtischer Rechnungsprüfungsämter in Deutschland, GemHH 2018, S. 1

Zangemeister, Nutzwertanalyse in der Systemtechnik, 5. Aufl. 2014, Eigenverlag

Ziemons/Jaeger/Pöschke (Hrg.), BeckOK GmbHG, 31. Edition, Stand: 01. 05. 2017

Sonstige Quellen

Bayerischer Landesbeauftragter für den Datenschutz, Informationspflichten bei der Rechnungsprüfung bayerischer öffentlicher Stellen – Arbeitspapier –, Stand 1. 7. 2020 unter https://www.datenschutz-bayern.de/datenschutzreform2018/AP_Rechnungspruefung.pdf

Bund der Steuerzahler, Rundschreiben Nr. 5/2022, Steuerzahlergedenktag und Einkommensbelastungsquote 2022 unter https://www.steuerzahler.de

Bundesamt für die Sicherheit in der Informationstechnik (BSI), IT- Grundschutz Kompendium, Edition 2022 unter https://www.bsi.bund.de/SharedDocs/Downloads/DE/BSI/Grundschutz/Kompendium/IT_Grundschutz_Kompendium_Edition2022.pdf?__blob=publicationFile&v=3#download=1

Bundesministerium der Finanzen, Grundsätze guter Unternehmens- und aktiver Beteiligungsführung im Bereich des Bundes i. d. F. von 16. 9. 2020 unter https://www.bundesfinanzministerium.de/Content/DE/Standardartikel/Themen/Bundesvermoegen/Privatisierungs_und_Beteiligungspolitik/Beteiligungspolitik/grundsaetze-guter-unternehmens-und-aktiver-beteiligungsfuehrung.html

Bundesministerium des Innern, Handbuch für Organisationsuntersuchungen und Personalbedarfsermittlung, Stand 2021 unter https://www.org-handbuch.de/OHB/DE/Organisationshandbuch/node.html

Bundesministerium des Innern, Digitale Verwaltung 2020, verwaltung-innovativ.de unter https://www.verwaltung-innovativ.de/SharedDocs/Publikationen/Pressemitteilungen/programmdokument_div.pdf;jsessionid=A6CD83D591367060111B656F981B67E5.1_cid340?__blob=publicationFile&v=5.

Bundesverband Materialwirtschaft, Einkauf und Logistik und Beschaffungsamt des BMI (Hrg.), Korruptionsprävention bei der elektronischen Vergabe unter https://www.bescha.bund.de/SharedDocs/Downloads/02_kdb_subsite/Publikationen/informationsbroschuere_korruptionsprevaention.pdf?__blob=publicationFile&v=2

Committee of Sponsoring Organizations of the Treadway Commission (COSO), COSO, Internal Control Integrated Framework, Stand: Mai 2013, S. 5, https://www.coso.org/Pages/default.aspx

Europäischer Rechnungshof, aware, web-basierte Audit-Ressource des Rechnungshofes unter https://methodology.eca.europa.eu/aware/Pages/Home.aspx

Eurostat, Updated accounting maturities of EU governments and EPSAS implementation cost, Bericht vom 23. 11. 2020 unter https://ec.europa.eu/eurostat/documents/9101903/9700113/Updated-accounting-maturities-and-EPSAS-implementation-cost-June+2020.pdf

Eurostat, Ausgaben 2021 in der Gliederung der volkswirtschaftlichen Gesamtrechnung unter https://ec.europa.eu/eurostat

Institut der Rechnungsprüfer e. V., Arbeitshilfe Qualitätsmanagement in der Rechnungshilfe der VERPA e. V., 2. Auflage 2014

Institut der Rechnungsprüfer e. V., IDR Leitbild einer modernen kommunalen Rechnungsprüfung unter https://www.idrd.de/idr-update/idr-leitbild

Institut der Rechnungsprüfer e. V., IDR-Stellungnahme Einheitliche Normen der Rechnungsprüfung vom 16. 11. 2016

Institute of Internal Auditors, The IIA and INTOSAI: A Comparison of Authoritative Guidance verfügbar unter https://na.theiia.org/standards-guidance/leading-practices/Pages/The-IIA-and-INTOSAI-A-Comparison-of-Authoritative-Guidance.aspx.

Kommunale Gemeinschaftsstelle für Verwaltungsmanagement, KGSt-Gutachten Nr. 1/2009, Stellenplan – Stellenbewertung

Kommunale Gemeinschaftsstelle für Verwaltungsmanagement, KGSt-Bericht 3/2015, Prozesse im Personalmanagement

Kommunale Gemeinschaftsstelle für Verwaltungsmanagement, KGSt-Bericht 5/2011, Kommunales Risikomanagement

Kommunale Gemeinschaftsstelle für Verwaltungsmanagement, KGSt-Bericht 1/2019, Stand der Einführung des Kommunalen Risikomanagements

Ministerium des Innern des Landes Nordrhein-Westfalen, NRW NKF Handreichung, 7. Aufl.

Organisation for Economic Cooperation and Development (OECD), Taxing Wages 2022 unter https://www.oecd.org/tax/tax-policy/taxing-wages-brochure.pdf

Präsidentinnen und Präsidenten der Rechnungshöfe des Bundes und der Länder, Gemeinsamer Erfahrungsbericht zur Wirtschaftlichkeit von ÖPP-Projekten vom 14. 9. 2011 unter https://www.rechnungshof.baden-wuerttemberg.de/media/978/Gemeinsamer%20Erfahrungsbericht%20zur%20Wirtschaftlichkeit%20von%20%D6PP-Projekten.pdf

Rechnungshof Rheinland-Pfalz, Kommunalbericht 1999, Landtagsdrucksache 13/2987 unter https://www.rechnungshof-rlp.de

Rechnungshof Hessen, Bemerkungen – Geschäftsbericht 2009

Springer Gabler Verlag (Hrg.), Gabler Wirtschaftslexikon, online-Version

Statistisches Bundesamt, Ausgaben des Öffentlichen Gesamthaushalts Kassenstatistik, bereinigt um Zahlungen der Einheiten untereinander unter www.destatis.de

Statistisches Bundesamt, Vorläufiger Schuldenstand des Öffentlichen Gesamthaushalts beim nicht-öffentlichen Bereich 2021, unter www.destatis.de

Verband kommunaler Unternehmen (VKU)/Bundesverband der Energie- und Wasserwirtschaft (BdEW) (Hrg.), Leitfaden Wasserpreiskalkulation unter https://www.vku.de/fileadmin/user_upload/VKU_BDEW_Leitfaden_Wasserpreiskalkulation.pdf

Stichwortverzeichnis

K

L

M

N

O

P